电子技术基础

司淑梅　主编

復旦大學出版社

内 容 提 要

本书充分考虑高职教育培养应用型人才的实际需要，一改以往教材的编写模式，按照循序渐进、理论联系实际的原则编写，充分利用实际、实用的电路进行实训，既激发学生的兴趣，又能加深对理论的理解，同时还能提高学生的动手能力。

全书由半导体元件、放大电路基础、负反馈电路与基本运算电路、信号产生电路、直流稳压电源、逻辑代数基础、基本逻辑门电路、组合逻辑电路、触发器、时序逻辑电路、脉冲波形的产生与整形、数模与模数转换等12章组成。

根据高职高专培养目标的要求以及现代科学技术发展的需要，本书以现代电子技术的基本知识、基本理论为主线，使电子技术的基本理论与各种新技术有机地结合在一起。本书以应用为目的，注重理论联系实际，力求在内容、结构、理论教学与实践教学的衔接方面充分体现高职教育的特点。首先从实际应用出发，用通俗、易懂的语言阐述相关概念和方法，然后用实训项目来加深理解。在内容安排上，将理论知识的讲授、作业与技能训练有机地融为一体。每章都有习题和技能训练，可边讲边练，以充分调动学生学习本课程的主动性和积极性。

本书可作为高职高专电子信息、通信、自动控制等相关专业的电子技术理论课教材，也适合自学和从事电子工作的工程技术人员参考。

前　　言

本书充分考虑高职教育培养应用型人才的实际需要，一改以往教材编写模式，按照循序渐进、理论联系实际的原则编写，充分利用实际、实用的电路进行实训，既激发学生的兴趣，又能加深对理论的理解，同时还能提高学生的动手能力。本书可作为高职高专电子信息、通信、自动控制等相关专业的电子技术理论课教材，也适合自学和从事电工电子工作的工程技术人员参考。

根据高职高专培养目标的要求以及现代科学技术发展的需要，本书以现代电子技术的基本知识、基本理论为主线，使电子技术的基本理论与各种新技术有机地结合在一起。本书以应用为目的，注重理论联系实际，力求在内容、结构、理论教学与实践教学的衔接方面充分体现高职教育的特点。首先从实际应用出发，用通俗、易懂的语言阐述相关概念和方法，然后用实训项目来加深理解。在内容安排上，将理论知识的讲授、作业与技能的训练有机地结合融为一体。每章都有习题和技能训练，可边讲边练，以充分调动学生学习本课程的主动性和积极性。

本书共 12 章，前 5 章为模拟电子技术部分。第 1 章为半导体元件，第 2 章为放大电路基础，第 3 章为负反馈电路与基本运算电路，第 4 章为信号产生电路，第 5 章为直流稳压电源。这 5 章都为模拟电子技术的基础章节，是学生必须要掌握的章节。通过这一部分的学习，使学生掌握模拟电子技术的基本概念、基本理论、基本的分析方法及电子电路的实际应用。学生还应该能够对模拟电子技术的基本电路有了掌握，能进行简单电路的调试及检测，能设计出简单的模拟电子电路并进行调试。后 7 章为数字电子技术部分。第 6 章为逻辑代数基础，第 7 章为基本逻辑门电路，第 8 章为组合逻辑电路，第 9 章为触发器，第 10 章为时序逻辑电路，第 11 章为脉冲波形的产生与整形，最后一章为数模和模数转换。其中第 6 章到第 11 章为基础章节，第 12 章可以根据学时的多少自行安排。通过这 7 章的学习，学生可以掌握基本的数字电子知识，应该能够自己设计一些简单、实用的小制作。

由于时间仓促，加之水平有限，书中错漏和不妥之处在所难免，敬请读者予以批评指正，以便今后不断改进。

编　者

2008 年 11 月

前言

目　　录

第1章 半导体元件

半导体器件具有体积小、重量轻、使用寿命长、输入功率小和转换效率高等优点,因而在现代电子技术中得到广泛的应用。本章主要介绍了半导体的特点、PN 结的单向导电性,然后介绍了二极管、三极管、场效应管的结构、工作原理、特性及主要参数。

1.1 半导体的基础知识

导电能力介于导体和绝缘体之间的物质称为半导体,用来制造半导体的材料主要是硅(Si)、锗(Ge)和砷化镓(GaAs),其中硅用得最广泛。

1.1.1 本征半导体

纯净的半导体称为本征半导体。在电子器件中,用得最多的材料是硅和锗。硅和锗都是四价元素,最外层原子轨道上具有4个电子,称为价电子。每个原子的4个价电子不仅受自身原子核的束缚,而且还与周围相邻的4个原子的价电子发生联系,形成共用,如图1.1.1(a)所示。这种结构被称为共价键结构,共价键中的电子将受共价键的束缚。

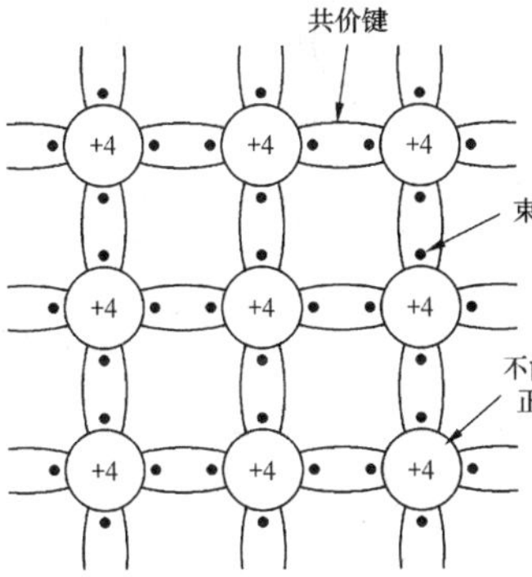

(a) 硅和锗的原子结构图

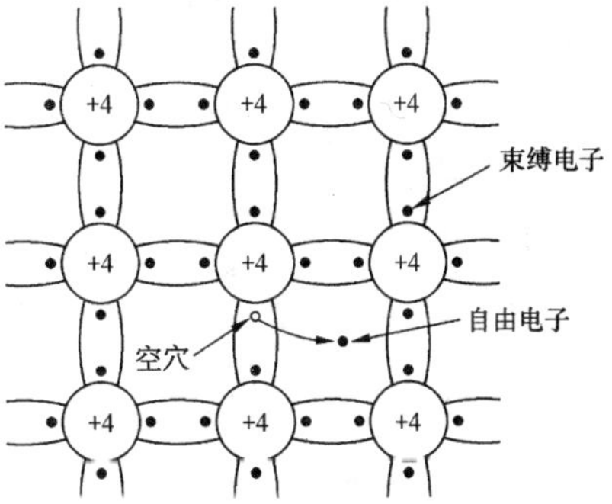

(b) 本征激发示意图

图1.1.1 硅和锗的原子结构图及本征激发示意

当温度升高或受光照时,少数价电子从外界获得一定的能量而挣脱共价键的束缚,成为自由电子,成为自由电子的价电子将不再受共价键的束缚。价电子成为自由电子以后,同时在原来共价键的相应位置上留下一个空位,这个空位称为空穴,把这种现象称为本征激发,如图1.1.1(b)所示。本征激发产生的自由电子和空穴是成对出现的,叫做电子—空穴对。

原子失去电子后带正电,可等效地看成是空穴带了正电,它所带的电荷和电子相等。由于出现了空位,邻近的价电子就可以填补到这个空位上,而在这个价电子原来的位置上又留下新的空位,把这种价电子填补空位的运动可以看成是空穴在运动,其运动方向与电子相反。电子和空穴在运动过程中会相遇重新结合而消失,这种现象称为复合。在一定时候,自由电子和空穴的产生与复合将达到动态平衡状态,这时自由电子和空穴的浓度一定。

可见在半导体中有两种导电的粒子,称为载流子,一种是电子载流子,一种是空穴载流子,这就是半导体和导体只有一种电子载流子的区别。

在电场的作用下,自由电子和空穴将做定向运动,运动方向相反,形成了电子电流和空穴电流,电流方向一致。

1.1.2 杂质半导体

本征半导体的导电能力比较弱,为了提高半导体的导电能力,在本征半导体中掺入微量杂质元素,就可以大大地提高半导体的导电能力。根据掺杂的不同,可分为 N 型半导体和 P 型半导体。

1. N 型半导体

在纯净的半导体硅、锗(以硅为例)中掺入微量五价元素(如磷)后,就可成为 N 型半导体。如图 1.1.2(a)所示。杂质原子代替了某些硅原子,杂质原子和硅原子结合形成共价键时多余一个价电子,这个多余的价电子在室温的情况下就能成为自由电子,使杂质成为正离子,称为施主离子。可见掺入的杂质磷可以带来自由电子,使自由电子的浓度大大地增加。自由电子浓度的增加使本征激发所产生的空穴复合的机会增大,使空穴的浓度反而减少。在这种半导体中,自由电子数远大于空穴数,导电以电子为主,故此类半导体亦称为电子型半导体。其中自由电子为多数载流子(简称多子),空穴为少数载流子(简称少子)。多子的浓度主要取决于掺杂的多少,少子的浓度主要取决于本征激发。

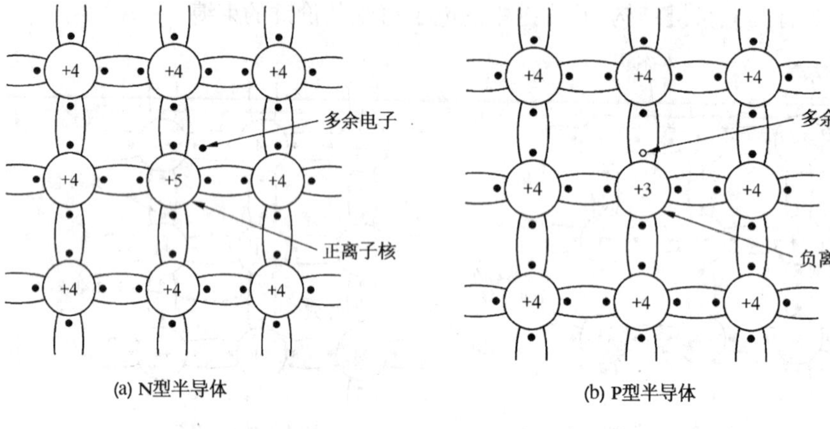

图 1.1.2 杂质半导体的示意图

2. P 型半导体

在纯净的半导体硅、锗中掺入微量三价元素(如硼)。如图 1.1.2(b)所示。硼原子只有 3 个价电子,它与周围硅原子组成共价键时因缺少一个电子而产生一个空位,这个空位极易被邻近的价电子填补而产生一个空穴,使杂质成为负离子,称为受主离子。可见掺入的杂质硼可带来空穴,使半导体中空穴数大于自由电子数,导电以空穴为主,故此类半导体亦称为空穴型半导体。其中空穴为多数载流子(简称多子),自由电子为少数载流子(简称少子)。

需要注意的是,杂质离子虽然带电荷,但它是被固定在某些结点上的而不能移动,故它不是载流子,不参与导电。杂质半导体中虽然有一种载流子占大多数,但是就整个半导体而言仍呈电中性。

1.1.3 PN结

1. PN结的形成

通过特殊的工艺,在一块半导体基片的一边形成N型半导体,一边形成P型半导体。由于在交界面处半导体类型不同,存在着电子和空穴的浓度差,使得载流子从浓度高的地方向浓度低的地方定向运动,把这种运动称为扩散运动。如图1.1.3(a)所示。这样就会使P区的空穴向N区扩散,N区的电子向P区扩散,在扩散的过程中电子和空穴复合而消失,结果在交界面处形成了不能移动的正负杂质离子构成的空间电荷区,同时建立了内建电场,内电场方向由N区指向P区。如图1.1.3(b)所示。

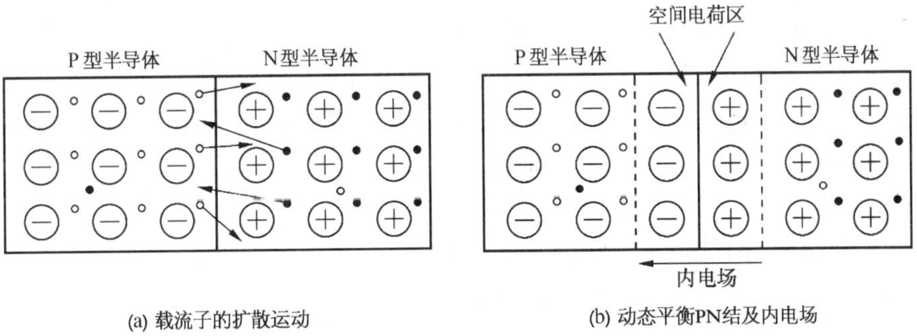

图1.1.3 PN结的形成

内电场有两个作用:一是阻碍多子的扩散作用,另一个是帮助交界面处的少子在内电场的作用下产生定向运动,称之为漂移运动。起始时内电场较小,扩散运动较强,漂移运动较弱,随着扩散的进行,空间电荷区增宽,内电场增大,使扩散运动变弱,漂移运动变强,最后扩散运动和漂移运动达到一种动态平衡状态。这时的空间电荷区宽度一定,内电场一定,形成了所谓的PN结。

PN结内电场的电位称为内建电位差,又叫接触电位,用 U_b 表示。一般硅材料的 U_b 为0.5~0.7 V,锗材料的 U_b 为0.2~0.3 V。

2. PN结的单向导电性

给PN结的P区接高电位、N区接低电位时,称之为加正向电压,简称正偏,反之使N区接高电位、P区接低电位,称之为反偏。

(1) PN结正偏时。

当PN结正偏时,如图1.1.4(a)所示,这时内电场与外电场方向相反。当外电场大于内电场的时候,外电场抵消内电场使空间电荷区变窄,内电场减弱,利于多子的扩散运动,更加阻碍少子的漂移运动。这时形成多子的扩散电流,称之为正向电流 I_F。外加电场越大,正向电流越大,PN结电阻越小。正向电流为多子的扩散电流,其数值比较大。为了限制正向电流,一般电路中要接限流电阻 R。

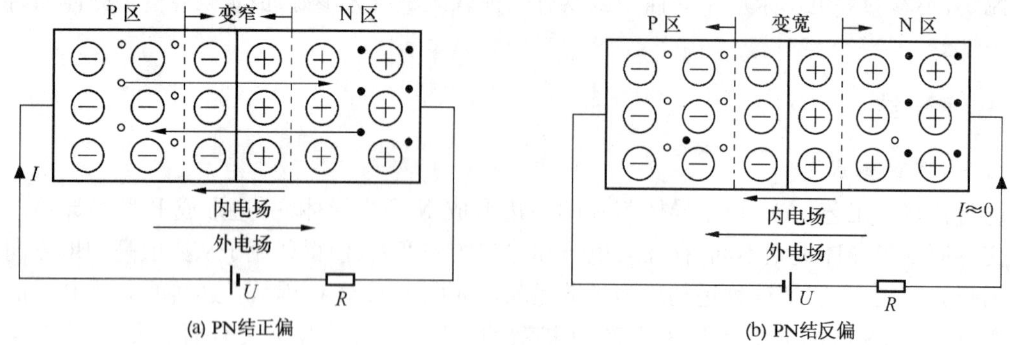

图 1.1.4 PN 结的单向导电性

(2) PN 结反偏时。

当 PN 结反偏时,如图 1.1.4(b)所示,这时外电场与内电场方向相同,使内电场作用增强,空间电荷区变宽。这更加有利于少子的漂移运动,不利于多子的扩散运动。外电场足够大时,扩散运动进行不下去。这时形成少子漂移电流。漂移电流是由少子形成的,少子的浓度是有限的,所以漂移电流数值是恒定的,基本与所加的反向电压的大小无关,称之为反向饱和电流,用 I_R 表示。由于反向电流是少子形成的电流,所以电流很小,即 PN 结电阻很大。

综上所述,PN 结正偏时导通,形成较大的正向电流,呈现很小的电阻;反偏时截止,反向电流近似为零,电阻很大。故 PN 结具有单向导电性。

1.2 二极管及其特性

1.2.1 二极管的结构和类型

1. 结构符号

从 PN 结的 P 区引出一根电极叫正极(或阳极),从 N 区引出一根电极叫负极(或阴极),然后用外壳封装便形成了二极管。二极管的外形及符号如图 1.2.1 所示。图中箭头的方向表示正向电流的方向,正向电流从二极管的正极流入、负极流出。

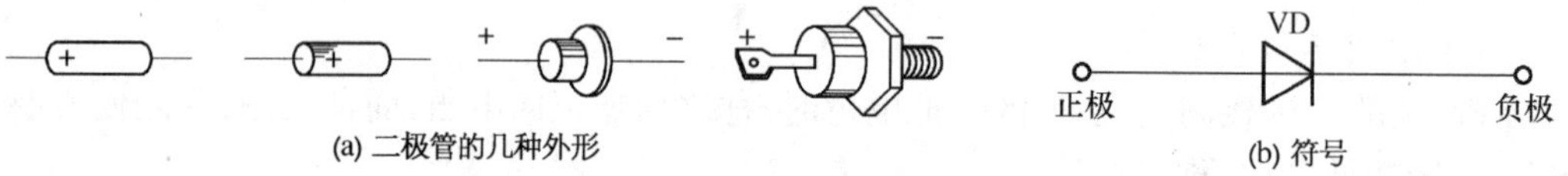

图 1.2.1 二极管的外形及符号

2. 二极管的类型

(1) 按材料分:有硅二极管、锗二极管和砷化镓二极管等。

(2) 按结构分:根据 PN 结面积大小,有点接触型、面接触型等二极管。如图 1.2.2 所示。点接触型的二极管是由一根很细的金属触丝和一块 N 型半导体接触,然后在正方向通过很大的瞬时电流,使触丝和半导体牢固地熔在一起。点接触型的二极管 PN 结面积很小,不能承受大的电流和高的电压,极间电容很小,一般适用于高频电路中。面接触型或者面结型的二极管 PN 面积大,是用合金法或者扩散法做成的,由于结面积大,可承受较高的电压和较大的电流,一般适用于低频电路或者整流电路中。

(3) 按用途分：有整流、稳压、开关、发光、光电、变容、阻尼等二极管。
(4) 按封装形式分：有塑封及金属封等二极管。
(5) 按功率分：有大功率、中功率及小功率等二极管。

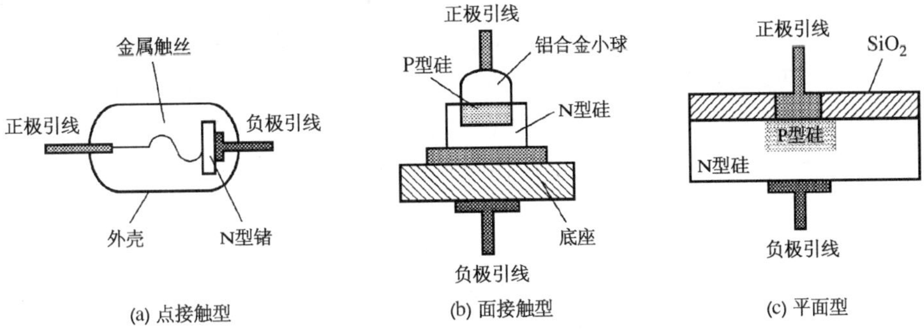

图 1.2.2　不同结构的各类二极管

1.2.2　二极管的伏安特性

二极管的伏安特性是指二极管两端的电压和通过二极管的电流之间的关系。二极管内部是一个 PN 结，因此它具有 PN 结的单向导电性，其特性曲线如图 1.2.3(a)所示。

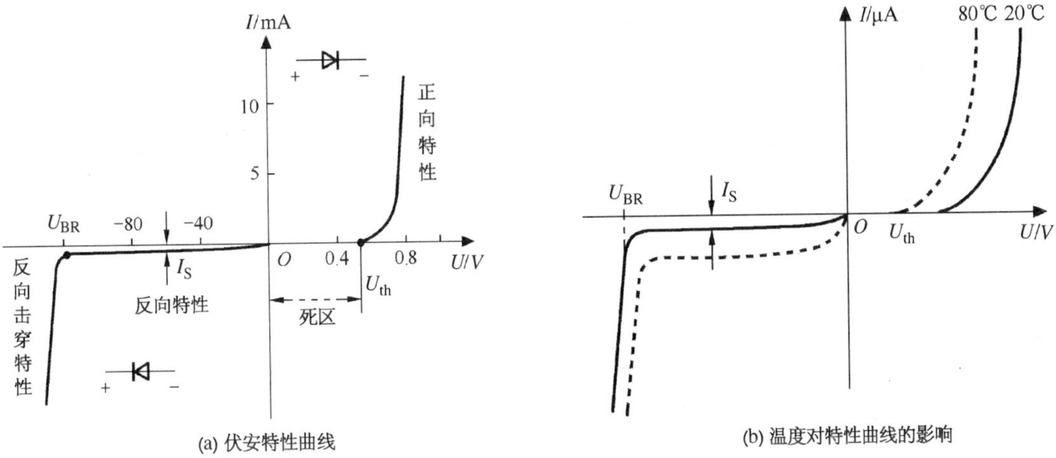

图 1.2.3　二极管的伏安特性曲线

1. 正向特性

正向特性是指二极管外加正向电压时的特性。如图 1.2.3(a)所示。当二极管承受正偏压较小时，外电场不足以克服内电场对多子扩散运动造成的阻碍作用，使正向电流很小，几乎为零，此时的二极管呈现很大的电阻，好像有一个门坎，这一段叫做死区，对应的电压叫做死区电压，或者叫门坎电压 U_{th}。通常硅材料的 $U_{th}=0.5\ V$，锗材料的 $U_{th}=0.1\ V$。当外加电压大于死区电压后，内电场被大大地削弱，正向电流随外加电压显著地增加。二极管导通后，正向压降基本不变，称为二极管导通压降，用 U_F 表示。一般硅管 $U_F=0.7\ V$，锗管 $U_F=0.3\ V$。理想二极管的导通压降可以看为零。

2. 反向特性

反向特性是指二极管外加反向电压时的特性，如图 1.2.3(a)第三像限中平坦的部分。当加反向电压时,内外电场一致,在开始很大范围内,二极管相当于阻值非常大的电阻,反向电流很小,且不随反向电压而变化。此时的电流称之为反向饱和电流 I_R。

二极管反向电压加到一定数值时,反向电流急剧增大,这种现象称为反向击穿。此时对应的电压称为反向击穿电压,用 U_{BR} 表示,如图 1.2.3(a)中第三像限电流急剧增加的部分。二极管的击穿分为雪崩击穿和齐纳击穿两种。当反向电压足够大的时候,PN 结的内电场加强,使少数载流子漂移速度加快,动能增大,通过空间电荷区与原子相撞,产生很多新的电子—空穴对,这些新产生的电子又会去撞击更多的原子,这种作用如同雪崩一样,使电流急剧增加,这种击穿称为雪崩击穿。雪崩击穿一般发生在掺杂浓度较低的 PN 结中,因为这种 PN 结阻挡层宽,因碰撞电离的机会就多。

齐纳击穿一般发生在高浓度的掺杂中,这种高浓度掺杂材料制成的 PN 结中耗尽区宽度窄,即使反向电压不高,也容易在很窄的耗尽区形成很强的电场,将价电子直接从共价键中拉出电子—空穴对,致使反向电流急剧增加。

一般这种击穿是可逆的。当电压降下来以后,二极管可以照常使用。但如果发生热击穿(击穿电流过大过热)的话将烧坏二极管。

3. 温度对二极管特性曲线的影响

温度对二极管的特性有显著的影响,如图 1.2.3(b)所示。当温度升高时,正向特性曲线左移,反向特性曲线向下移。变化规律是:在室温附近,温度每升高 1℃,正向压降约减小 2 ~ 2.5 mV 左右。温度每升高 10℃,反向电流约增大一倍。

1.2.3 二极管电路分析举例

例 1.2.1 已知二极管电路如图 1.2.4(a)所示,电阻 $R=1\ \text{k}\Omega$,电源电压 $U_{DD}=10\ \text{V}$,二极管为理想二极管,试求回路里电流 I_0 和负载电阻 R 上的电压 U_0。

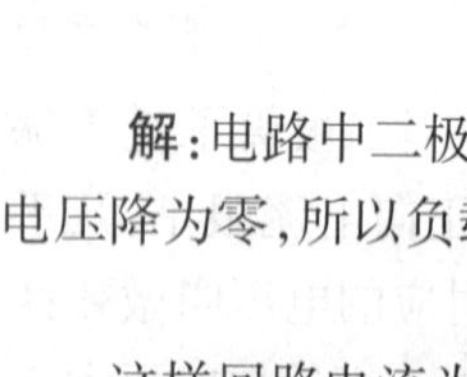

(a) 例1.2.1图

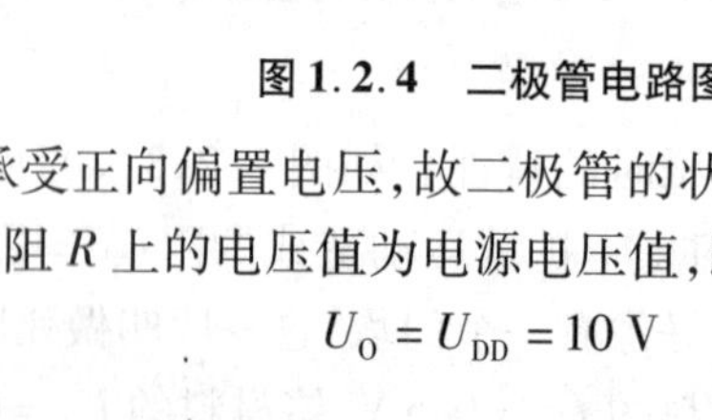

(b) 例1.2.2图

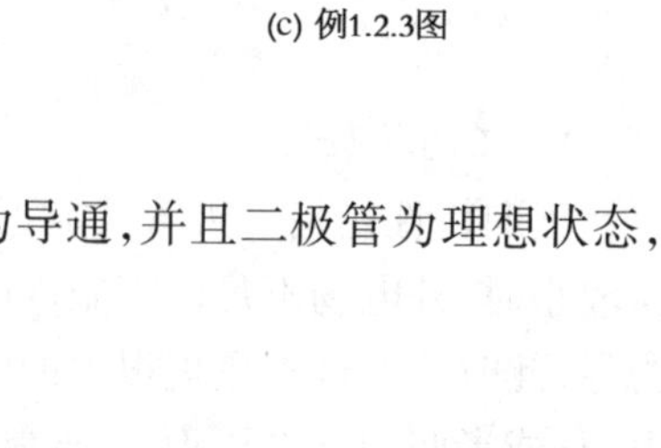

(c) 例1.2.3图

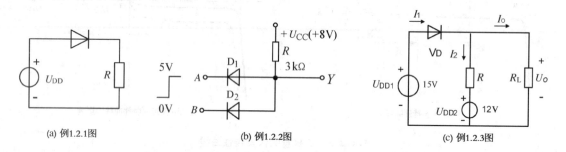

图 1.2.4 二极管电路图

解:电路中二极管承受正向偏置电压,故二极管的状态为导通,并且二极管为理想状态,电压降为零,所以负载电阻 R 上的电压值为电源电压值,即

$$U_O = U_{DD} = 10\ \text{V}$$

这样回路电流为

$$I_O = U_O/R = 10\ \text{V}/1\ \text{k}\Omega = 10\ \text{mA}$$

例 1.2.2 分析图 1.2.4(b)所示电路的功能。已知输入高电平为 5 V,输入低电平为 0 V。二极管 D_1、D_2 均为理想二极管。试分析输出与输入的关系。

解:先令 $U_A=U_B=0\ \text{V}$。由图 1.2.4(b)可见,二极管 D_1、D_2 均承受正向电压而导通,所以输出电压 $U_Y=0\ \text{V}$,为低电平输出。

当 $U_A=0\ V$、$U_B=5\ V$ 时，虽然刚接通 U_A、U_B 的时候，二极管 D_1、D_2 均承受正向偏置电压而导通，但由于 D_1 导通后，将使 Y 点电位下降为 0 V，迫使 D_2 管承受反向偏置电压而截止。所以这时，D_1 导通，D_2 截止，输出电压为 $U_Y=0\ V$。在电路中二极管有个优先导通的问题，就是哪个二极管承受的正向电压高，哪个二极管先导通。在图 1.2.4(b) 中，两个二极管的正极性端连在一起，电位相同，负极性端 D_1 管的电位比 D_2 管的电位低，故承受的正向电压高，所以实际上 D_1 先导通，迫使 D_2 管承受反向偏置电压而截止。

当 $U_A=5\ V$、$U_B=0\ V$ 时，D_2 管承受的正向偏置电压高于 D_1 管承受的正向偏置电压而优先导通，D_2 优先导通后，迫使 D_1 承受反向偏置电压而截止。故输出电压 $U_Y=0\ V$。

当 $U_A=5\ V$、$U_B=5\ V$ 时，D_1、D_2 均承受正向偏置电压而导通，输出电压 $U_Y=5\ V$，为高电平。

可见，U_A、U_B 都为高电平时，输出电压 U_Y 为高电平，只要输入有一个是低电平时，则输出电压就为低电平 0 V，实现了输出为输入的与逻辑功能（详见本书 6.7 节）。此电路常用在数字电路中，构成与门电路。

例 1.2.3　电路如图 1.2.4(c) 所示，已知电阻 $R=1\ k\Omega$，$R_L=3\ k\Omega$，二极管为理想二极管。试求电流 I_1、I_2、I_0 和电压 U_0。

解：因为电源电压 $U_{DD1}>U_{DD2}$，所以二极管承受正向偏置电压而导通，而二极管又是理想二极管，二极管两端的管压降为零，故 $U_O=U_{DD1}=15\ V$。由此可求得

$$I_O=U_O/R_L=15\ V/3\ k\Omega=5\ mA$$

$$I_2=\frac{U_O-U_{DD2}}{R}=\frac{15\ V-12\ V}{1\ k\Omega}=3\ mA$$

$$I_1=I_O+I_2=(5+3)\ mA=8\ mA$$

例 1.2.4　电路如图 1.2.5 所示，此电路为一双向限幅电路，已知硅二极管的导通压降为 0.7 V，试分析输出电压的波形。

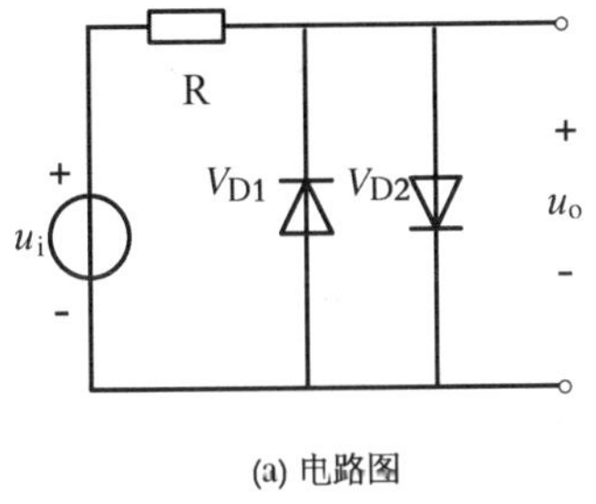

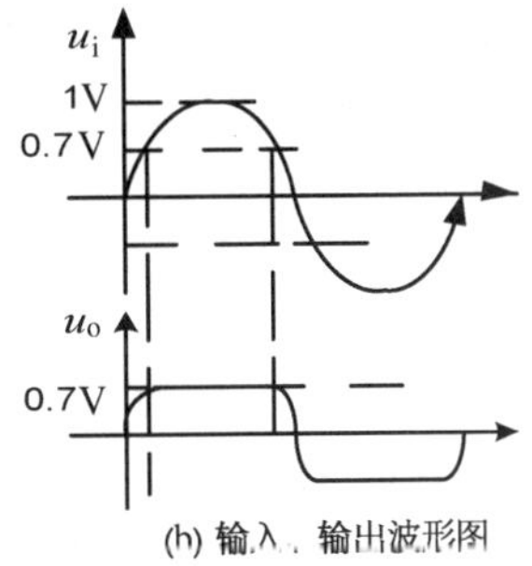

图 1.2.5　例 1.2.4 图

解：考虑到输入波形的幅值最大只有 1 V，而二极管又采用硅管，所以二极管的导通压降不能忽略。由图 1.2.5(a) 可知，在输入电压 u_i 正半周的时候，由于 V_{D1} 承受反向偏置电压而截止。当 $u_i<0.7\ V$ 时，二极管 V_{D2} 也截止，则输出电压等于输入电压 u_i。当 $u_i>0.7\ V$ 时，二极管 V_{D2} 导通，V_{D1} 还是截止，输出电压等于 V_{D2} 的导通电压 0.7 V。在负半周时，二极管 V_{D2} 承受反向偏置电压而截止，$u_i>-0.7\ V$ 时，V_{D1} 也截止，输出电压 u_o 等于输入电压 u_i。当 $u_i<-0.7\ V$ 时，二极管 V_{D1} 导通，V_{D2} 还是截止，这时输出电压等于 V_{D1} 的导通压降 −0.7 V。由此可得输出电压的波形如图 1.2.5(b) 所示。这是利用二极管的恒定导通电压限制输出电压的电路，为正反双向限幅电路。

1.2.4 半导体二极管的主要参数

二极管参数是反映二极管性能质量的指标,也是选择二极管的依据。在选用二极管的时候,必须根据二极管的参数合理选用。

1. 最大整流电流 I_F

指二极管长期运行时允许通过的最大正向平均电流。使用时若超过此值,有可能烧坏二极管。

2. 最大反向工作电压 U_{RM}

指允许加在二极管两端的最大反向电压,一般为击穿电压的一半。

3. 反向电流(反向饱和电流)I_R

指二极管未击穿时的反向电流值,此值会随着温度的升高而增加,此值越小,二极管的单向导电性越好。

4. 最高工作频率 f_M

指二极管单向导电作用的最高工作频率,当工作频率超过 f_M 时,二极管的单向导电性能会变差,甚至失去单向导电性。

1.3 特殊二极管

前面讨论了普通二极管的特性,另外还有一些常用的特殊二极管,如稳压二极管、发光二极管、光敏二极管等。

1.3.1 稳压二极管

稳压二极管是应用在反向击穿区能够提供稳定电压的特殊二极管。特性曲线和普通二极管一样,只是反向击穿区曲线很陡。其特性曲线和符号分别如图 1.3.1(a)和(b)所示。

正常情况下,稳压二极管工作在反向击穿区,反向电流变化很大时,端电压基本不发生变化,故具有稳压作用。只要反向电流不超过最大值,就不会形成热击穿,使用时应接适当的限流电阻。

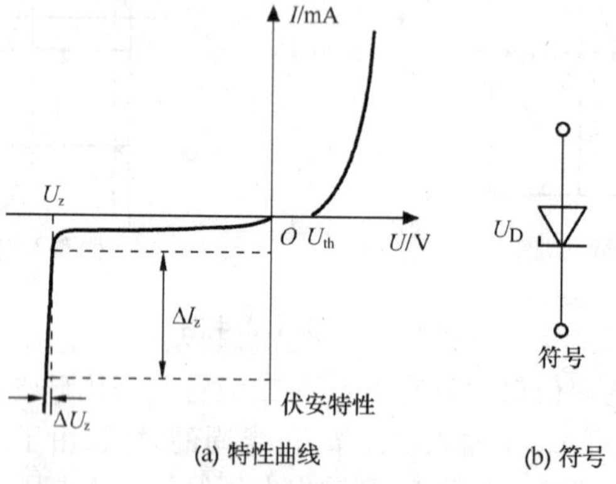

(a) 特性曲线 (b) 符号

图 1.3.1 稳压二极管的特性曲线及符号

稳压管的主要参数有:

1. 稳定电压 U_Z

稳定电压 U_Z 即反向击穿电压。

2. 稳定电流 I_Z

稳定电流 I_Z 是指稳压管工作至稳压状态时流过的电流。当稳压管稳定电流小于最小稳定电流 I_{zmin} 时，没有稳压作用；大于最大稳定电流 I_{Zmax} 时，管子因过流而损坏。

3. 额定耗散功率 P_{ZM}

额定耗散功率为稳压管允许的最大功耗。由管子允许的最高结温所决定，管子的实际功耗超过此值时，容易损坏管子。其大小为 $P_{ZM}=I_{ZM}U_{ZM}$。

稳压管在使用的时候要注意以下几点：稳压管稳压时，一定要外加反向电压，保证管子工作在反向击穿区。当外加的反向电压值大于或等于 U_Z 时，才能起到稳压作用；若外加的电压值小于 U_Z，稳压二极管相当于普通的二极管使用。在稳压管稳压电路中，一定要配合限流电阻使用，保证稳压管中流过的电流在规定的范围之内。

例 1.3.1　电路如图 1.3.2 所示。两个稳压管的稳压值 $U_{D1}=5\text{ V}$，$U_{D2}=7\text{ V}$，$u_i=20\text{ V}$。它们的正向导通压降均为 0.6 V，电路在(a)和(b)两种接法时，输出电压 U_o 各为多少？若电路输入为正弦信号 $u_i=20\sin\omega t(\text{V})$，试分析图 1.3.2(a)输出电压的情况。

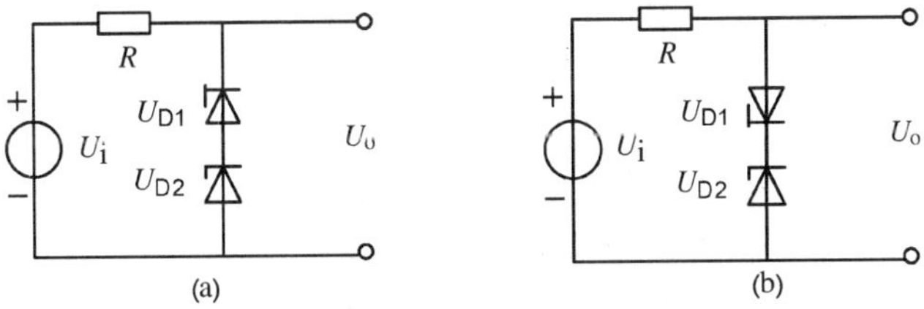

图 1.3.2　例 1.3.1 电路图

解：图 1.3.2(a)中，D_1、D_2 都承受反向偏压，并且电源电压值大于两个稳压管的稳压值，两个稳压管均工作于稳压状态，所以输出电压 $U_o=U_{D1}+U_{D2}=5\text{ V}+7\text{ V}=12\text{ V}$。

若输入正弦信号 $u_i=20\sin\omega t(\text{V})$，

在输入信号正半周，若 $u_i<12\text{ V}$，稳压管处于反向截止状态，$U_o=u_i$；若 $u_i\geqslant 12\text{ V}$，稳压管处于反向击穿状态，$U_o=12\text{ V}$。

在输入信号负半周，若 $u_i>-1.2\text{ V}$，稳压管处于截止状态，$U_o=u_i$；若 $u_i\leqslant -1.2\text{ V}$，稳压管处于正向导通状态，$U_o=-1.2\text{ V}$。

图 1.3.2(b)中，D_1 承受正向电压，D_2 承受反向偏压，所以输出电压 $U_o=0.6\text{ V}+7\text{ V}=7.6\text{ V}$。

例 1.3.2　电路如图 1.3.3 所示，此电路为利用稳压二极管组成的简单稳压电路，R 为限流电阻，试分析输出电压 U_o 稳定的原理。若 $U_I=20\text{ V}$，$R_L=1\text{ k}\Omega$，$R=1\text{ k}\Omega$，稳压管的参数为 $U_Z=8\text{ V}$，$I_Z=5\text{ mA}$，$P_{ZM}=150\text{ mW}$，求输出电压 U_o 和 I_Z。

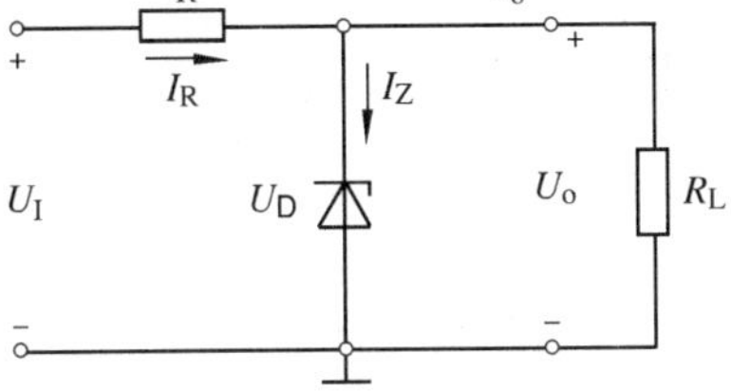

图 1.3.3　例 1.3.2 电路图

解：(1) 由图1.3.3可知，当稳压管正常工作时，有如下方程式：

$$U_o = U_I - I_R R = U_Z$$

$$I_R = I_Z + I_0$$

如果 U_I 增大，则 U_o 将会上升，加在稳压管两端的反向电压也随之上升，会使电流 I_Z 大大增加，由式 $I_R = I_Z + I_0$ 可知，也会使 I_R 随之显著增加，从而使限流电阻上的压降 $I_R R$ 也增大，其结果就是输入 U_I 的增加量绝大部分都降落在限流电阻 R 上，从而使输出电压 U_o 基本维持恒定。调节过程如下：

$$U_I \uparrow \rightarrow U_O \uparrow (U_Z \uparrow) \rightarrow I_Z \uparrow \rightarrow I_R \uparrow \rightarrow U_R = I_R R \uparrow \rightarrow U_O \downarrow = U_I - U_R$$

反之亦可以写出调节过程。

若负载电阻 R_L 增大(即负载电流 I_0 减小)，输出电压 U_o 也增大，使电流 I_Z 大大增加，故 I_R 也随之显著增加，从而使限流电阻上的压降 $I_R R$ 也增大，迫使输出电压 U_o 下降，维持输出电压 U_o 基本恒定。调节过程如下：

$$R_L \uparrow \rightarrow U_o \uparrow (U_Z \uparrow) \rightarrow I_Z \uparrow \rightarrow I_R \uparrow \rightarrow U_R = I_R R \uparrow \rightarrow U_o \downarrow = U_I - U_R$$

(2) 当 $U_I = 20\ \text{V}$ 时，稳压管工作在稳压状态，故 $U_Z = 8\ \text{V}$，所以

$$U_o = U_Z = 8\ \text{V}$$

则

$$I_O = U_O / R_L = 8/1\ \text{mA} = 8\ \text{mA}$$

这时 $U_R = U_I - U_Z = 20\ \text{V} - 8\ \text{V} = 12\ \text{V}$，则 $I_R = U_R / R = 12\ \text{V}/1\ \text{k}\Omega = 12\ \text{mA}$，故稳压管上的电流 I_Z 为

$$I_Z = I_R - I_O = 12\ \text{mA} - 8\ \text{mA} = 4\ \text{mA}$$

这时稳压管的功率为

$$P_Z = U_Z, I_Z = 8\ \text{V} \times 4\ \text{mA} = 32\ \text{mW}$$

没有超过稳压管所允许的最大耗散功率，所以稳压管可以正常工作。

1.3.2　光电二极管

1. 发光二极管(LED)

发光二极管是一种光发射器件，通以正向电流就会发光。英文缩写是LED。其符号和外形如图1.3.4所示。此类管子通常由镓(Ga)、砷(As)、磷(P)等元素的化合物制成，当导通电流足够大时，能把电能直接转换为光能发出光来。目前发光二极管的颜色有红、黄、橙、绿、白和蓝6种，所发光的颜色主要取决于制作管子的材料，例如用砷化镓发出红光，用磷化镓则发出绿光。其中白色发光二极管是新型产品，主要应用在手机背光灯、液晶显示器背光灯、照明等领域。

(a) 符号

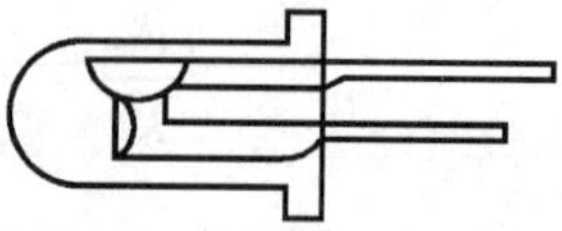
(b) 外形

图1.3.4　发光二极管

发光二极管工作时，导通电压比普通二极管大，其工作电压随材料的不同而不同，一般为1.7 V～2.4 V。普通绿、黄、红、橙色发光二极管工作电压约为2 V，白色发光二极管的工作电压

通常高于2.4 V,蓝色发光二极管的工作电压一般高于3.3 V。发光二极管的工作电流一般在2 mA ~25 mA 的范围内,并且发光的亮度随正向电流增大而增强。其伏安特性曲线和普通二极管相似。发光二极管应用非常广泛,常用作各种电子设备如仪器仪表、计算机、电视机等的电源指示灯和信号指示等,还可以做成七段数码显示器等。发光二极管的另一个重要用途是将电信号转为光信号。

2. 光敏二极管(光电二极管)

它的结构与普通二极管类似,使用时光敏二极管工作在反偏状态下,在光照情况下,反向电流随光照强度的增加而上升,故光敏二极管是一种将光信号装换成电信号的器件。其基本电路和符号如图 1.3.5 所示。

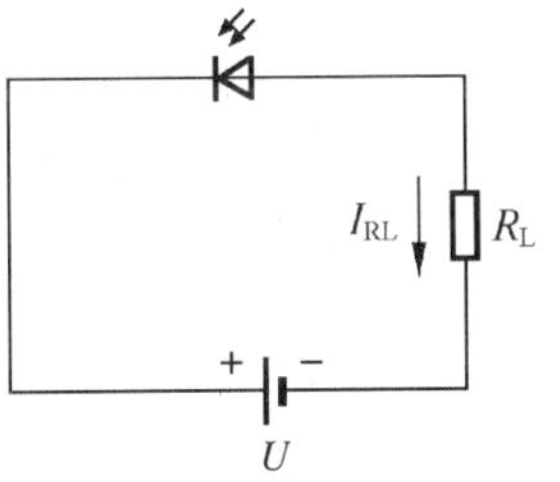

(a) 基本电路

(b) 符号

图 1.3.5　光敏二极管

3. 激光二极管

激光二极管是在发光二极管的 PN 结间安置一层具有光活性的半导体,构成一个光谐振腔。工作时接正向电压,可发射出激光。激光二极管的应用非常广泛,在计算机的光盘驱动器、激光打印机中的打印头、激光唱机、激光影碟机中,都有激光二极管。

1.4　双极型半导体三极管

双极型半导体三极管又称作晶体管,它由两个 PN 结、三个电极组成。但是它的两个 PN 结不同于单独的两个 PN 结,与二极管相比,功能发生了质的飞跃,故在电子线路中应用十分广泛。

1.4.1　三极管的结构和类型

三极管的结构示意图及符号如图 1.4.1(a)和(b)所示,常见的三极管外形如图 1.4.1(c)所示。

三极管是由三层不同性质的半导体组合而成的。按半导体的组合方式不同,可将其分为 NPN 型管和 PNP 型管两种导电类型。

无论是 NPN 型管还是 PNP 型管,均含有发射区、基区、集电区三个区。中间的区为基区,上下的两个区分别为集电区和发射区。从三个区各引出一个电极,分别称为发射极(e)、基极(b)和集电极(c)。同时在三个区的两个交界处形成两个 PN 结,发射区与基区之间形成的 PN 结称为发射结,集电区与基区之间形成的 PN 结称为集电结。三极管符号中箭头的方向表示发射结正向偏置时的电流方向。

三极管具有以下特点:基区很薄,掺杂浓度最低;发射区掺杂浓度最高;集电区掺杂浓度比发射区浓度低，但集电结面积大于发射结面积。这些制造工艺和结构特点是保证三极管具有电流放大能力的内部条件。

三极管根据材料的不同，可以分为硅管和锗管两大类。从频率特性可分为高频管和低频管。从功率大小分为大功率管、中功率管和小功率管。从结构分为 NPN 型和 PNP 型，实际中采用 NPN 型三极管较多，所以下面就以 NPN 型三极管为例来进行分析。PNP 型三极管和 NPN 型三极管具有几乎相同的特性，只不过各电极端的电压极性和电流流向不同而已。所以对 NPN 管特性、电流放大原理等的分析结论同样适用于 PNP 管。

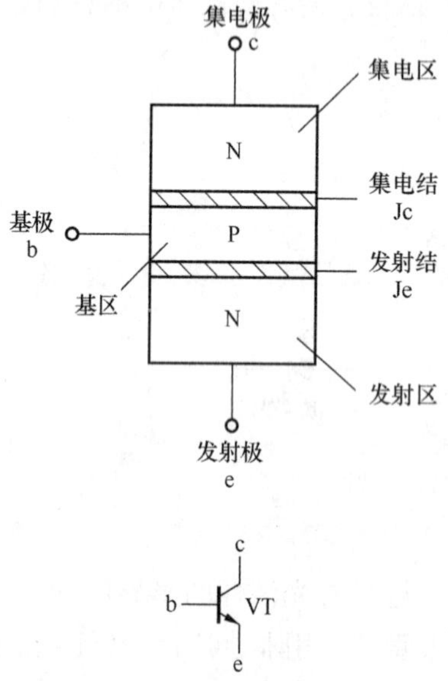

(a) NPN型三极管的结构与符号

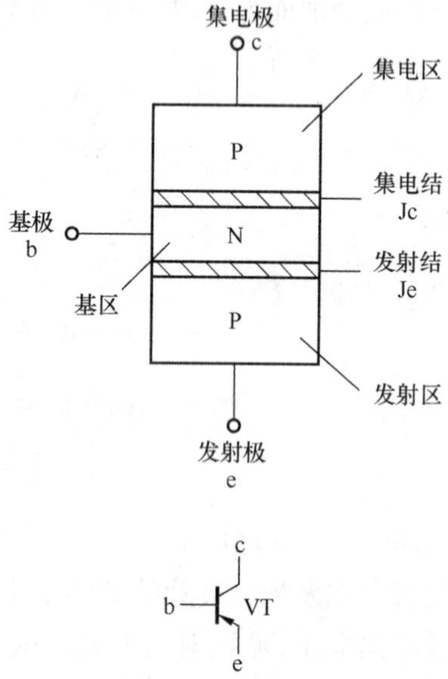

(b) PNP型三极管的结构与符号

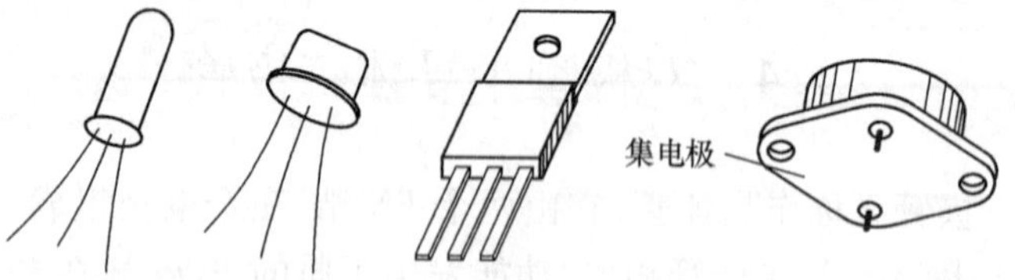

(c) 常见的三极管外形

图 1.4.1 三极管的结构示意图和符号

1.4.2 三极管的电流放大作用

三极管工作在放大状态时，外部条件必须保证发射结正偏、集电结反偏。现以 NPN 管为例，说明三极管内部电流分配关系。三极管内部载流子运动情况如图 1.4.2 所示。

1. 三极管电流的分配关系

(1) 发射结正偏时，因为发射区浓度很高，将有大量的电子向基区扩散，形成电流 I_{En}，同时从基区向发射区也有空穴的扩散，但发射区掺杂浓度远远高于基区，故形成的空穴扩散电流可以忽略不计，所以发射极电流 $I_E \approx I_{En}$。

(2) 从发射区进入基区的电子有很少的一部分和基区中的空穴复合形成电流 I_{Bn}，同时外电源不断从基区拉走电子，形成基极电流 I_B。另外集电结处于反偏状态，形成了少子漂移电流

I_{CBO}，故基极电流 $I_B=I_{Bn}-I_{CBO}$。

(3) 因为集电结反偏，而基区又很薄，到达基区的电子很快运动到集电结的边上，进入集电区，形成电流 I_{Cn}。在集电区的电子很快又被外电源 U_{CC} 拉走，形成电流 I_C，$I_C=I_{Cn}+I_{CBO}$。

从以上载流子的运动关系可以得到如下关系式：

$$I_E=I_C+I_B \tag{1.4.1}$$

从发射区到达基区的电子只有很少的一部分形成基极电流 I_B，大部分形成集电极电流 I_C，故集电极电流 I_C 远远大于基极电流 I_B。

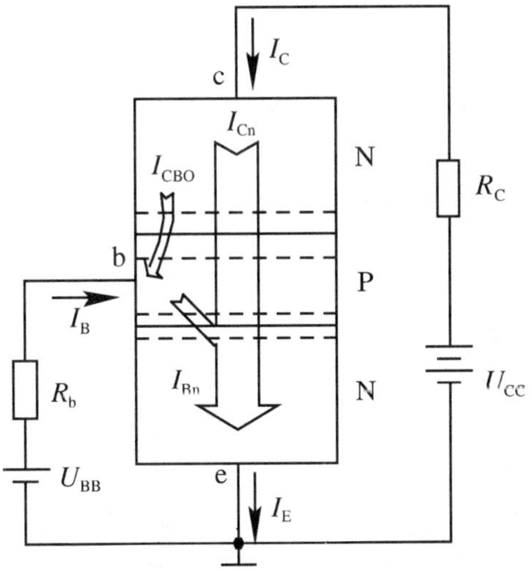

图1.4.2 三极管内部载流子运动情况及电流关系

2. 三极管电流的放大作用

通常用集电极电流 I_{Cn} 和基极电流 I_{Bn} 之比 $\bar{\beta}$ 来反映三极管的放大能力，定义 $\bar{\beta}$ 为三极管的直流电流放大系数。当忽略 I_{CBO} 时，

$$\bar{\beta}\approx\frac{I_C}{I_B} \tag{1.4.2}$$

当发射结正向偏置电压改变时，即基极电流改变时，发射区注入基区的载流子数将随之改变，从而使集电极电流 I_C 产生相应的变化。由于集电极电流 I_C 远远大于基极电流 I_B，基极电流 I_B 很小的变化就会引起集电极电流很大的变化，这就是三极管的电流放大能力。当三极管制成后，三极管的电流放大能力也就确定了。直流电流放大系数的数值大于1。

把集电极电流的变化量与基极电流变化量之比，定义为三极管的共发射极交流电流放大系数 β，其表达式为

$$\beta=\frac{\Delta I_C}{\Delta I_B} \tag{1.4.3}$$

1.4.3 三极管的特性曲线

三极管的特性曲线是指各电极间电压和电流之间的关系曲线。

1. 输入特性

三极管的输入特性和二极管的正向特性相似，如图1.4.3(a)所示。三极管输入特性曲线是指集电极、射极间电压 U_{CE} 一定时，基极电流 I_B 与基极、射极间电压 U_{BE} 之间的关系曲线，其

函数式为

$$I_B = f(U_{BE}) \mid U_{CE} = \text{常数} \tag{1.4.4}$$

(1) 当 $U_{CE}=0$ 时。

从输入端看进去，相当于两个 PN 结并联且正向偏置,此时的特性曲线类似于二极管的正向伏安特性曲线。

(2) 当 $U_{CE} \geqslant 1$ V 时。

$U_{CE} \geqslant 1$ V 的曲线比 $U_{CE}=0$ V 时的曲线稍向右移,即 U_{CE} 增大曲线右移,实际上 $U_{CE} \geqslant 1$ V 以后的曲线基本上重合。所以一般画三极管的输入特性曲线通常画 $U_{CE}=1$ V 的曲线。

2. 输出特性

输出特性是指 i_B 保持不变的情况下,集电极电流 I_C 与集、射极间电压 U_{CE} 的关系,如图 1.4.3(b)所示。三极管输出特性函数式为

$$I_C = f(U_{CE}) \mid I_B = \text{常数} \tag{1.4.5}$$

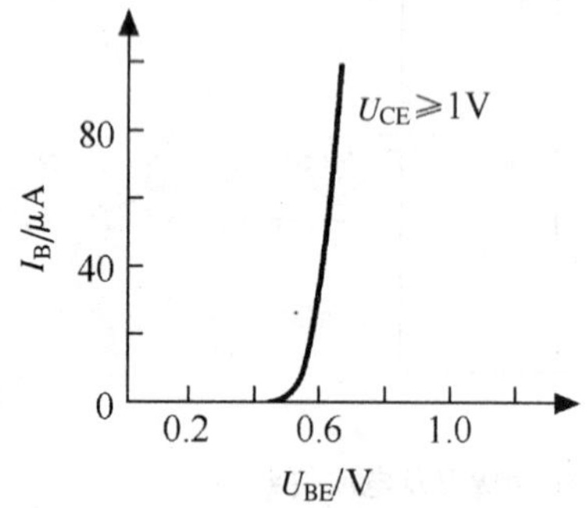

(a) 输入特性曲线

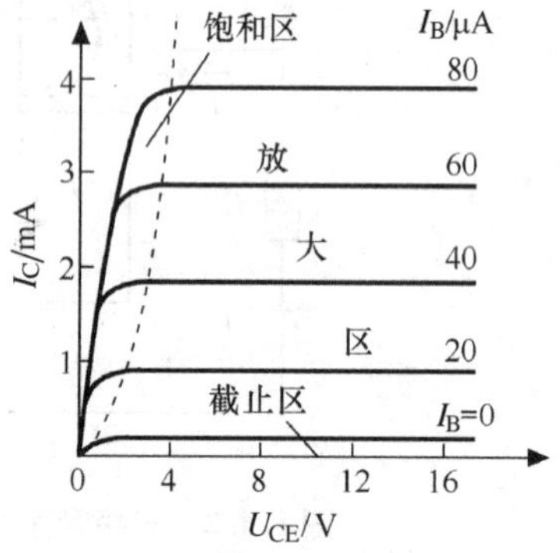

(b) 输出特性曲线

图 1.4.3 NPN 型三极管共发射极特性曲线

三极管的特性曲线分为截止区、放大区、饱和区三个区。

(1) 截止区:

一般将 $I_B \leqslant 0$ 的区域称为截止区，在图 1.4.3(b)中 $I_B=0$ 这一条曲线以下的部分。当发射结反向偏置时，发射区不再向基区注入电子,故电流 I_E 近似为零,此时 I_C 也近似为零。由于各极电流都基本上等于零,三极管处于截止状态,因而此时三极管没有放大作用。在截止区，三极管的两个结均处于反向偏置状态。对 NPN 三极管,$U_{BE}<0$，$U_{BC}<0$。三极管的集电极和发射极之间电阻很大,三极管相当于一个断开的开关。

(2) 放大区:

此时发射结正向偏置，集电结反向偏置。在曲线上是比较平坦的部分，表示当 I_B 一定时，I_C 的值基本上不随 U_{CE} 而变化,具有恒流特性。在这个区域内,当基极电流发生微小的变化量 ΔI_B 时，相应的集电极电流将产生较大的变化量 ΔI_C，此时两者的关系为

$$\Delta I_C = \beta \Delta I_B$$

该式体现了三极管的电流放大作用。对于 NPN 三极管，放大区有 $U_{BE} \geqslant 0.7$ V，而 $U_{BC}<0$。对于 NPN 型三极管,有电位关系 $U_C > U_B > U_E$。

(3) 饱和区:

输出特性曲线上升及拐点部分属于饱和区。在这个区域，不同 I_B 值的各条特性曲线几乎

重叠在一起，即：当 U_{CE} 较小时，管子的集电极电流 I_C 基本上不随基极电流 I_B 而变化，这种现象称为饱和。此时三极管失去了放大作用，$I_C=\beta I_B$ 或 $\Delta I_C=\beta\Delta I_B$ 关系不成立。

一般认为 $U_{CE}\approx U_{BE}$，即 $U_{CB}\approx 0$ 时，三极管处于临界饱和状态，当 $U_{CE}<U_{BE}$ 时，称为过饱和。三极管饱和时的管压降用 U_{CES} 表示。在深度饱和时，小功率管管压降 U_{CES} 通常小于0.3 V。

在饱和区时，发射结和集电结都处于正向偏置状态。对 NPN 三极管，$U_{BE}>0$，$U_{BC}>0$。三极管的集电极和发射极近似短接，三极管类似于一个接通的开关。三极管作为开关使用时，通常工作在截止和饱和导通状态；作为放大元件使用时，一般要工作在放大状态。

1.4.4 温度对三极管特性的影响

同二极管一样，三极管也是一种对温度十分敏感的器件，随温度的变化三极管的性能参数也会改变。温度的影响主要有以下3个方面。

1. 温度对 U_{BE} 的影响

三极管的输入特性曲线随温度升高，曲线左移，如图1.4.4(a)所示。在 I_B 相同的条件下，输入特性随温度升高而左移，使 U_{BE} 减小。温度每升高1℃，U_{BE} 就减小2～2.5 mV。

2. 温度对 I_{CBO} 的影响

温度升高，将使三极管的 I_{CBO} 增大，温度每升高10℃，I_{CBO} 约增大一倍。I_{CBO} 的增大使三极管输出特性曲线随温度升高向上移动，如图1.4.4(b)所示。

3. 温度对 β 的影响

温度升高，使三极管的 β 值也会增大，使输出特性各条曲线之间的间隔增大，如图1.4.4(b)所示。

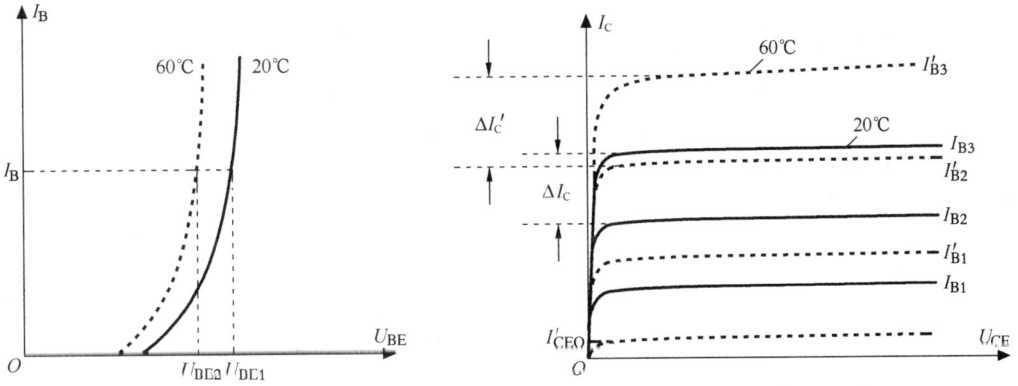

(a) 输入特性曲线　　(b) 输出特性曲线

图1.4.4 温度对三极管特性曲线的影响

1.4.5 三极管的主要参数

三极管的参数有很多，其主要参数有电流放大系数、极间反向电流和极限参数。可以反映三极管的性能，也是工程上选择三极管的依据。

1. 电流放大系数：反映三极管的放大能力

(1) 共发射极直流电流放大系数，$\bar{\beta}\approx I_C/I_B$。

（2）共发射极交流电流放大系数，$\beta = \Delta I_C / \Delta I_B$。

$\bar{\beta}$和β的定义是不一样的，但在输出特性线性较好的时候，两者的数值差别很小，一般不做严格区分。注意三极管是非线性器件，在I_C较大或者较小的时候，β值都会减小，只有特性曲线等距、平行部分其值才基本不变。选用三极管时要注意β的大小，又要注意三极管的稳定性。

2. 极间反向电流：反映管子的稳定性

三极管的反向电流有I_{CBO}和I_{CEO}，它们是衡量三极管质量的重要参数。I_{CBO}为发射极开路时集电极和基极之间的反向饱和电流，室温情况下数值一般为几到几十微安。I_{CEO}为基极开路时集电极直通到发射极的电流，又叫穿透电流。

$$I_{CEO} = (1+\beta) I_{CBO} \tag{1.4.6}$$

I_{CEO}和I_{CBO}都随温度的升高而增大，所以它的大小反映了三极管的温度稳定性，其值越小，三极管工作越稳定。

3. 极限参数：反映管子的安全工作范围

（1）集电极最大允许电流I_{CM}：

集电极电流过大时，β将下降，I_{CM}是指β明显下降时所对应的最大允许集电极电流。如果$I_C > I_{CM}$，三极管不一定会损坏，但β值明显下降。

（2）反向击穿电压：

U_{CBO}——发射极开路时，集电极和基极间的反向击穿电压。

U_{CEO}——基极开路时，集电极和发射极间的反向击穿电压。

U_{CER}——基极、发射极间接有电阻R时，集电极和发射极间的反向击穿电压。

U_{CES}——基极、发射极间短路时，集电极和发射极间的反向击穿电压。

U_{EBO}——集电极开路时，发射极和基极间的反向击穿电压。

（3）集电极最大耗散功率P_{CM}：

集电极最大耗散功率是指三极管正常工作时的最大允许消耗功率。三极管工作时，必须要处于工作安全区，否则将损坏三极管。

根据三极管的三个极限参数，可以确定三极管的安全工作区，如图1.4.5所示。三极管的最大耗散功率可以由下式确定：

$$P_{CM} = U_{CM} I_{CM} \tag{1.4.7}$$

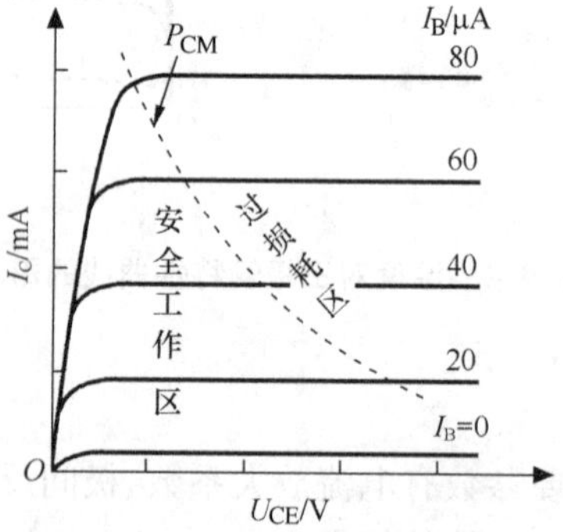

图1.4.5 三极管的安全工作区

1.5 单极型三极管

单极型三极管又叫场效应管(简称FET),是利用输入电压产生的电场效应来控制输出电流的,所以又称之为电压控制型器件。它工作时只有一种载流子(多数载流子)参与导电,故也叫单极型半导体三极管。因它具有很高的输入电阻,还具有热稳定性好、功耗低、噪声低、制造工艺简单、便于集成等优点,因而得到了广泛的应用。

根据结构不同,场效应管可以分为结型场效应管(JFET)和绝缘栅型场效应管(IGFET)。绝缘栅型场效应管是由金属、氧化物和半导体材料构成的,因此又叫MOS管。根据场效应管制造工艺和材料的不同,又可分为N型沟道场效应管和P型沟道场效应管。这里都以N沟道为例来讨论,结论同样适用于P沟道,只不过是电压的极性和电流的流向不同而已。

1.5.1 MOS型场效应管

MOS管可分为N沟道和P沟道两种。按照工作方式不同,可以分为增强型和耗尽型两类。这里以N沟道为例,讨论其特性。

1. N沟道增强型绝缘栅场效应管

(1) 结构和符号。

图1.5.1(a)是N沟道增强型MOS管的示意图。MOS管以一块掺杂浓度较低的P型硅片做衬底,在衬底上通过扩散工艺形成两个高掺杂的N型区,并引出两个极作为源极S(s)和漏极D(d)。在P型硅表面制作一层很薄的二氧化硅(SiO_2)绝缘层,在二氧化硅表面再喷上一层金属铝,引出栅极G(g)。这种场效应管栅极、源极、漏极之间都是绝缘的,所以称之为绝缘型栅场效应管。

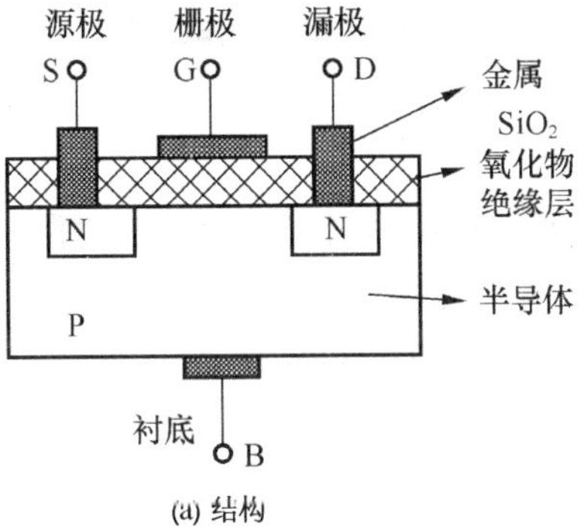

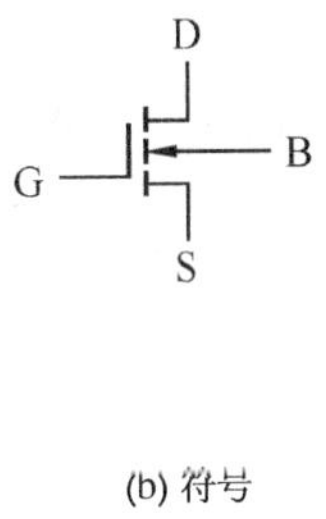

图1.5.1 N沟道增强型MOS管结构及符号

绝缘型栅场效应管的图形符号如图1.5.1(b)所示,箭头方向表示当PN结正偏时正向电流的方向。箭头指向管子的表示为N沟道MOS管,背离管子的为P沟道MOS管。

(2) 工作原理。

图1.5.2(a)是N沟道增强型MOS管的工作原理示意图,图1.5.2(b)给出U_{GS}对沟道的影响。由图1.5.2可见,D、S之间是两个背靠背的PN结,当G、S之间不加电压时,漏极和衬底以及源极之间形成了两个反向串联的PN结,无论在D、S间加正向电压还是反向电压,总有一个PN结是反偏的,所以D、S间没有电流。

正常工作时栅源之间加正向电源电压 U_{GS}，漏源之间加正向电源电压 U_{DS}，并且源极与衬底连接，衬底是电路中最低的电位点。当 $U_{GS}>0$ 时，栅极与衬底之间产生了一个垂直于半导体表面、由栅极 G 指向衬底的电场。这个电场的作用是排斥 P 型衬底中的空穴而吸引电子到表面层，当 U_{GS} 增大到一定程度时，绝缘体和 P 型衬底的交界面附近积累了较多的电子，形成了 N 型薄层，称为 N 型反型层。反型层使漏极与源极之间成为一条由电子构成的导电沟道，当加上漏源电压 U_{DS} 之后，就会有电流 I_D 流过沟道。通常将刚刚出现漏极电流 I_D 时所对应的栅源电压称为开启电压，用 $U_{GS(th)}$ 表示。

当 $U_{GS}>U_{GS(th)}$ 时，U_{GS} 增大，电场增强，沟道变宽，沟道电阻减小，I_D 增大；反之，U_{GS} 减小，沟道变窄，沟道电阻增大，I_D 减小。所以改变 U_{GS} 的大小，就可以控制沟道电阻的大小，从而达到控制电流 I_D 的大小，随着 U_{GS} 的增强，导电性能也跟着增强，故称之为增强型。

必须强调，这种管子当 $U_{GS}<U_{GS(th)}$ 时，反型层（导电沟道）消失，$I_D=0$。只有当 $U_{GS}\geq U_{GS(th)}$ 时，才能形成导电沟道，并有电流 I_D。

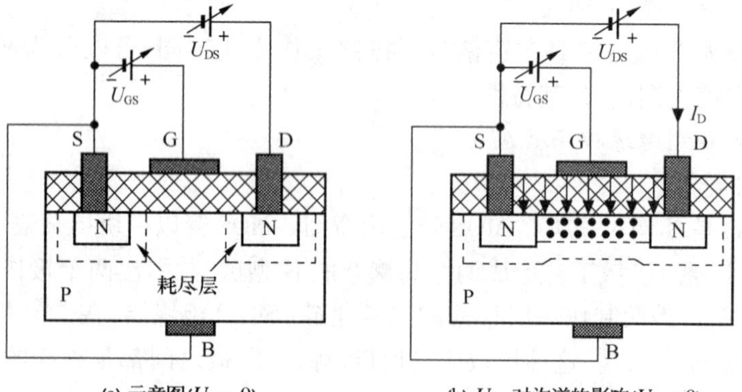

(a) 示意图(U_{GS}=0)　　(b) U_{GS}对沟道的影响(U_{GS}>0)

图 1.5.2　N 沟道增强型 MOS 管工作原理

(3) 特性曲线。

1) 转移特性曲线。

转移特性曲线是指在一定漏源电压 U_{DS} 作用下，栅极电压 U_{GS} 对漏极电流 I_D 的控制关系曲线，转移特性曲线如图 1.5.3(a)所示，函数关系式如下：

$$I_D=f(U_{GS})\mid U_{DS}=\text{常数}$$

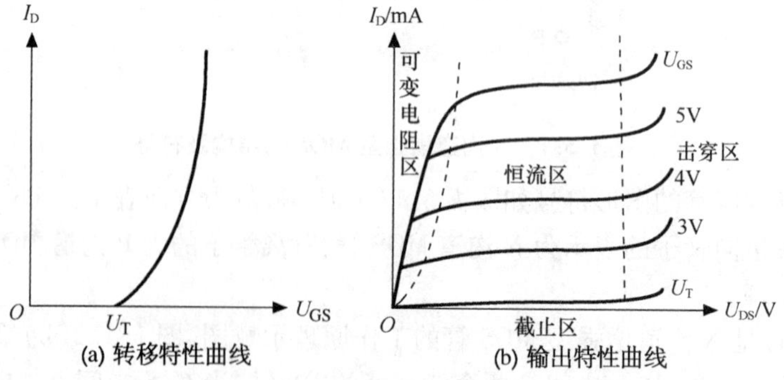

(a) 转移特性曲线　　(b) 输出特性曲线

图 1.5.3　N 沟道增强型 MOS 管特性曲线

从转移特性曲线可见，当 $U_{GS}<U_{GS(th)}$ 时，导电沟道没有形成，$I_D=0$。当 $U_{GS}\geq U_{GS(th)}$ 时，开

始形成导电沟道,并随着 U_{GS} 的增大,导电沟道变宽,沟道电阻变小,电流 I_D 近似按平方律上升。

2) 输出特性曲线。

输出特性曲线是指栅源电压为参变量时漏极电流与漏源电压之间的关系。如图1.5.3(b)所示,输出特性曲线可以分为4部分,分别如下。

① 可变电阻区:

当加上漏源电压 U_{DS} 时,将会使导电沟道发生一定的变化,靠近漏极端的沟道厚度变薄,但 U_{DS} 较小时沟道变化不大,基本均匀,沟道电阻基本固定。这时漏极电流 I_D 随着 U_{DS} 增加呈线性关系,如图1.5.3(b)中曲线上升的部分。此时场效应管D、S间相当于一个受电压 U_{GS} 控制的可变电阻,其阻值为相应直线斜率的倒数。

② 恒流区(放大区、饱和区):

当 $U_{DS} \geqslant U_{GS} - U_{GS(th)}$ 时,漏极附近的沟道就会消失,成为夹断。如果 U_{DS} 继续增加,夹断点就会随 U_{DS} 的增加继续向漏极附近扩展,使沟道完全夹断,这时导电沟道没有了。沟道夹断后,I_D 几乎不随 U_{DS} 变化。在特性曲线上其特点是:曲线近似为一族平行于 U_{DS} 轴的直线,I_D 仅受 U_{GS} 控制,而与 U_{DS} 无关,这种现象称为饱和,这一区域场效应管的漏、源之间相当于一个受电压 U_{GS} 控制的电流源,也称为恒流区。改变 U_{GS} 的大小就改变了 I_D 的大小。

③ 夹断区(截止区):

指 $U_{GS} < U_{GS(th)}$ 的区域,这时导电沟道消失,电流为0,管子处于截止状态。

④ 击穿区:

当 U_{DS} 增加到一定数值时,会出现漏极电流急剧增加,靠近漏极的PN结被击穿,管子不能正常工作,甚至被烧坏。

2. N沟道耗尽型绝缘栅场效应管

(1) 结构、符号和工作原理。

N沟道耗尽型MOS管的结构如图1.5.4(a)所示,图形符号如图1.5.4(b)所示。N沟道耗尽型MOS管在制造时,在二氧化硅绝缘层中就掺入了大量的正离子,这些正离子的存在使得 $U_{GS}=0$ 时,就有垂直电场进入半导体,并吸引自由电子到半导体的表层而形成N型导电沟道。这时在D、S间加电压就会有漏极电流 I_D。

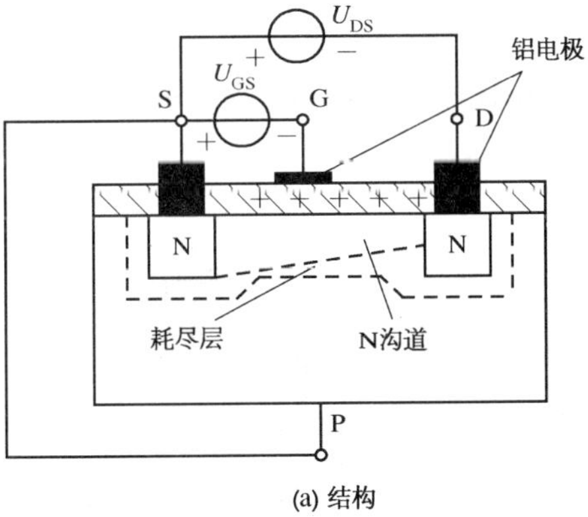

(a) 结构

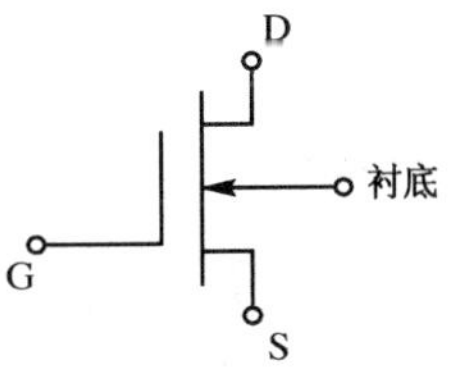

(b) 符号

图1.5.4 N沟道耗尽型MOS管结构及符号

如果在栅源之间加负电压,U_{GS} 所产生的外电场就会削弱正离子所产生的电场,使得沟道变窄,电流 I_D 减小;反之,电流 I_D 增加。故这种管子的栅源电压 U_{GS} 可以是正的,也可以是负的。改变 U_{GS} 就可以改变沟道的宽窄,从而控制漏极电流 I_D。

(2) 特性曲线。

1) 转移特性曲线。

N 沟道耗尽型 MOS 管的转移特性曲线如图 1.5.5(a)所示。可以看出,这种 MOS 管栅源电压 U_{GS} 可正可负,也可为零,灵活性较大。

当 $U_{GS}=0$ 时,靠绝缘层中正离子在 P 型衬底中感应出足够的电子而形成 N 型导电沟道,加上漏、源电压 U_{DS} 后,就获得一定的电流 I_{DSS}。I_{DSS} 叫漏极饱和电流。

当 $U_{GS}>0$ 时,垂直电场增强,导电沟道变宽,导电能力增强,电流 I_D 增大。

当 $U_{GS}<0$ 时,垂直电场减弱,导电沟道变窄,导电能力变弱,电流 I_D 减小。

当 U_{GS} 减小到一定数值的时候,导电沟道全夹断,反型层消失,场效应管截止,这时 $I_D=0$。把沟道全夹断时的栅源电压叫做夹断电压,用 $U_{GS(off)}$ 表示。

2) 输出特性曲线。

输出特性曲线和 N 沟道增强型 MOS 管类似,也分为可变电阻区、恒流区、截止区和击穿区。但 U_{GS} 可正可负,也可为零。

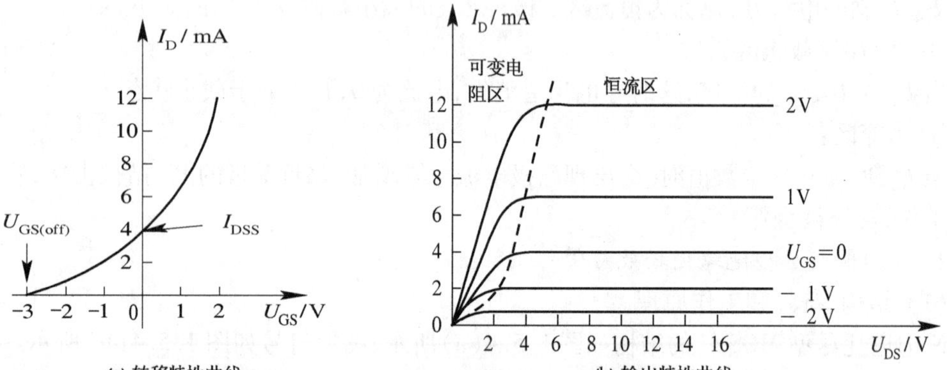

(a) 转移特性曲线　　(b) 输出特性曲线

图 1.5.5　N 沟道耗尽型 MOS 管特性曲线

1.5.2　结型场效应管

结型场效应管同 MOS 管一样,也是电压控制器件,但它的结构及工作原理与 MOS 管是不同的。

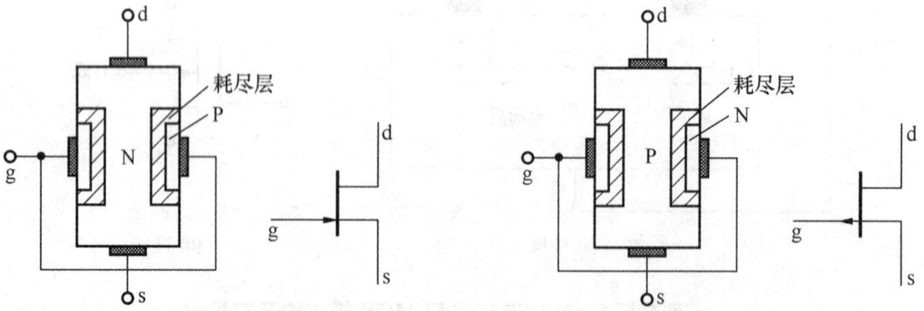

(a) N沟道结型场效应管结构及符号　　(b) P沟道结型场效应管结构及符号

图 1.5.6　结型场效应管的结构及符号

1. 结构与符号

如图1.5.6(a)所示,在一块N型硅半导体两侧制作两个P型区域,形成两个PN结,把两个P型区相连后引出一个电极,称为栅极,用字母G(或g)表示。然后上下各引出一个电极为漏极D(d)和源极S(s)。符号中箭头指向栅极为N沟道,背离栅极为P沟道。当D、S间加电压的时候,就会有电流 I_D 通过中间的导电沟道在D、S间流通,如果导电沟道是N型的,称为N沟道结型场效应管。如果导电沟道是P型的,就称为P沟道结型场效应管,如图1.5.6(b)所示。

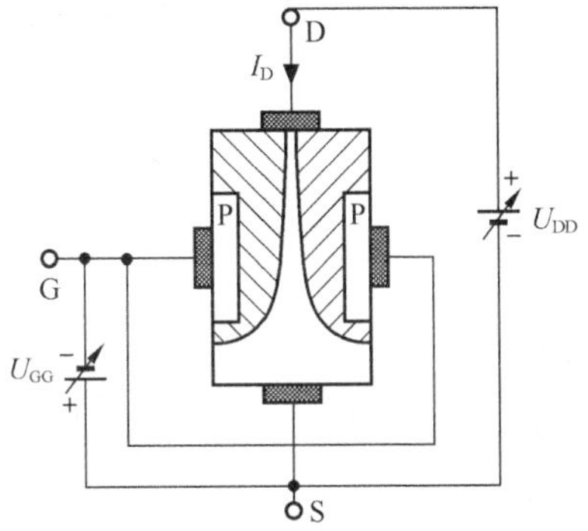

图1.5.7 N沟道结型场效应管工作原理

2. 工作原理

(1) 现以N沟道结型场效应管为例,讨论外加电场是如何来控制场效应管电流的。如图1.5.7所示,场效应管工作时它的两个PN结始终要加反向电压。对于N沟道,栅极间的外加电压变为 $U_{GS} \leqslant 0$,漏源之间加正向电压,即 $U_{DS} > 0$。当G、S两极间电压 U_{GS} 改变时,沟道两侧耗尽层的宽度也随着改变,由于沟道宽度的变化,导致沟道电阻值的改变,从而实现了利用电压 U_{GS} 控制电流 I_D 的目的。

(2) U_{GS} 对导电沟道的影响:

当 $U_{GS}=0$ 时,场效应管两侧的PN结均处于零偏置,形成两个耗尽层,如图1.5.8(a)所示。此时耗尽层最薄,导电沟道最宽,沟道电阻最小,电流 I_D 最大。

当 $|U_{GS}|$ 值增大时,栅源之间反偏电压增大,PN结的耗尽层增宽,如图1.5.8(b)所示。导致导电沟道变窄,沟道电阻增大,电流变小。

当 $|U_{GS}|$ 值增大到使两侧耗尽层相遇时,导电沟道全部夹断,如图1.5.8(c)所示。沟道电阻趋于无穷大。对应的栅源电压 U_{GS} 称为场效应管的夹断电压,用 $U_{GS(off)}$ 来表示。

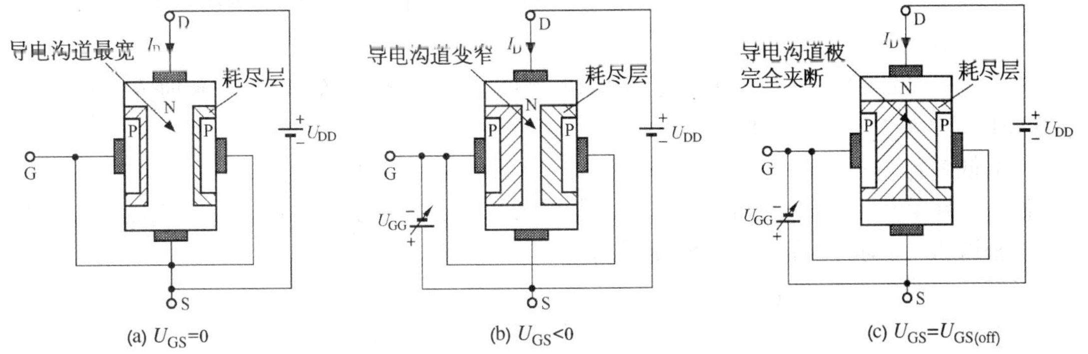

图1.5.8 栅源电压对导电沟道的影响

(3) U_{DS}对导电沟道的影响:

当U_{DS}增加时,漏极电流I_D从零开始增加,I_D流过导电沟道时,沿着沟道产生电压降,使沟道各点电位不再相等,沟道不再均匀。靠近源极端的耗尽层最窄,沟道最宽;靠近漏极端的电位最高,且与栅极电位差最大,因而耗尽层最宽,沟道最窄。电路如图 1.5.7 所示。

3. 特性曲线

特性曲线也分为转移特性曲线和输出特性曲线,分别如图 1.5.9 所示。其原理和 N 沟道增强型 MOS 管原理相似,也分为可变电阻区、恒流区、夹断区和击穿区。读者可自行分析,这里不再赘述。

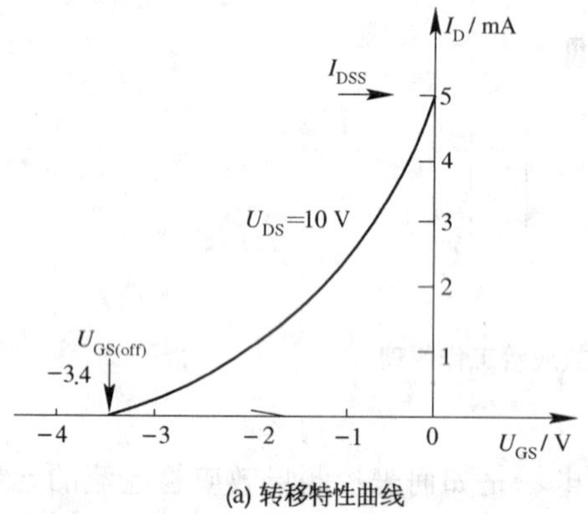

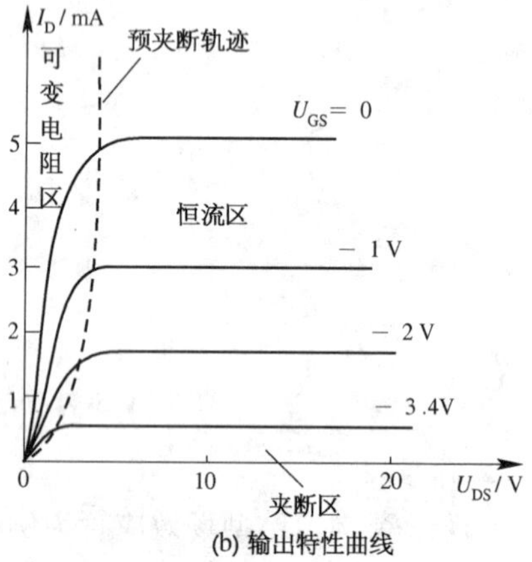

图 1.5.9 N 沟道结型场效应管特性曲线

1.5.3 场效应管的主要参数及使用注意事项

1. 主要参数

(1) 开启电压$U_{GS(th)}$(或U_T):

开启电压是增强型 MOS 管的参数。栅源电压小于开启电压的绝对值,场效应管不能导通。

(2) 夹断电压$U_{GS(off)}$(或U_P):

夹断电压是耗尽型场效应管的参数。当$U_{GS}=U_{GS(off)}$时,漏极电流为零。

(3) 饱和漏极电流I_{DSS}:

饱和漏极电流是耗尽型场效应管的参数。当$U_{GS}=0$时,所对应的漏极电流为I_{DSS}。

(4) 输入电阻R_{GS}

输入电阻是场效应管的栅源输入电阻的典型值。对于结型场效应管,反偏时$R_{GS}>10^7\ \Omega$,对于 MOS 管,R_{GS}约是$10^9\sim10^{15}\ \Omega$。

(5) 低频跨导g_m:

低频跨导反映了栅压对漏极电流的控制作用,这一点与电子管的控制作用相似。g_m可以在转移特性曲线上求取,单位是 mS(毫西门子)。

(6) 最大漏极功耗P_{DM}:

最大漏极功耗可由$P_{DM}=U_{DS}I_D$决定,与双极型三极管的P_{CM}相当。

2. 使用注意事项

(1) 选用场效应管时,不能超过其极限参数。

(2) 结型场效应管的源极和漏极可以互换。

(3) MOS 管有 3 个引脚时,表明衬底已经与源极连在一起,漏极和源极不能互换;有 4 个引脚时,源极和漏极可以互换。

(4) MOS 管的输入电阻高,容易造成因感应电荷泄放不掉而使栅极击穿、永久失效。因此,在存放 MOS 管时,要将 3 个电极引线短接;焊接时,电烙铁的外壳要良好接地,并按漏极、源极、栅极的顺序进行焊接,而拆卸时则按相反顺序进行;测试时,测量仪器和电路本身都要良好接地,要先接好电路再去除电极之间的短接。测试结束后,要先短接电极再撤除仪器。

(5) 电源没有关时,绝对不能把场效应管直接插入到电路板中或从电路板中拔出来。

(6) 相同沟道的结型场效应管和耗尽型 MOS 场效应管,在相同电路中可以通用。

本章小结

1. 半导体中有两种载流子:自由电子和空穴。本征激发产生自由电子空穴对,其浓度随温度的升高而增加。杂质半导体的多子主要取决于掺入杂质的多少,浓度很大,基本不受温度的影响。少子主要取决于本征激发,杂质半导体有 N 型半导体和 P 型半导体。N 型半导体中掺入五价的元素,多子为电子。P 型半导体中掺入三价的元素,多子为空穴。

2. PN 结是构成半导体器件的基础,它具有单向导电性。在 PN 结形成过程中,载流子有两种运动形式:扩散运动和漂移运动。扩散运动是因为载流子存在浓度差,故载流子从浓度高的地方向浓度低的地方进行定向运动,形成扩散运动。漂移运动是少子在内电场的作用下进行的一种定向运动。当 PN 结正偏时,PN 导通,有比较大的正向电流;当 PN 结反偏时,PN 截止,只有数值很小的反向漂移电流。PN 结不能加很高的反向偏置电压,否则将被击穿。

3. 半导体二极管的核心是一个 PN 结,特性基本与 PN 结相同。二极管的特性曲线分为正向特性和反向特性。在选择二极管的时候,一定要注意二极管的参数,尤其是极限参数。二极管构成的电路很多,要掌握其分析方法。另外还有一些其他类型的二极管。

4. 三极管各极电流之间有确定的关系,是一种电流控制器件,具有电流放大作用。所谓电流放大作用实质上是一种能量控制作用。放大作用的实现,必须保证三极管发射结正偏、集电结反偏。三极管有三种工作状态:放大区、截止区和饱和区。放大区时,三极管的发射结正偏,集电结反偏;截止区时,三极管的发射结反偏,集电结反偏;饱和区时,三极管的发射结正偏,集电结反偏。在使用三极管的时候,一定要注意三极管的极限参数 I_{CM}、P_{CM}、U_{CEO}。另外也要注意温度对三极管性能的影响。一般硅三极管的性能比锗三极管的性能要好一些,所以一般电路中都采用硅二极管。

5. 场效应管是一种电压控制器件,通过改变栅源电压来改变导电沟道的宽窄,进而控制电流的大小。场效应管有增强型和耗尽型。耗尽型在栅源电压为零时就有了导电沟道,加漏源电压就可以形成漏极电流。增强型只有栅源电压大于开启电压以后,才会形成导电沟道。MOS 管在制作工艺上简单,在大规模和超大规模数字集成电路中得到极为广泛的应用。

习 题

1.1 试述 PN 结的形成过程及单向导电性。

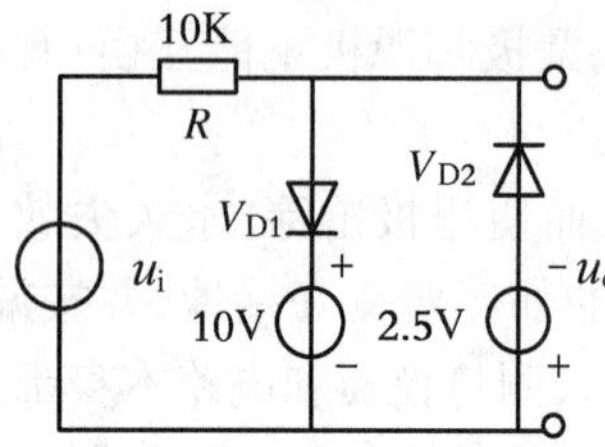

题 1.4 图

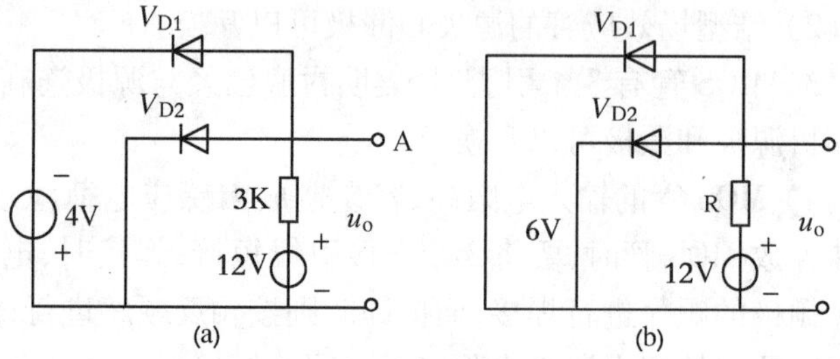

题 1.5 图

1.2　杂质半导体中有一种载流子占多数，所以半导体对外显电性，这种说法对不对？并阐述原因。

1.3　试述二极管伏安特性曲线的原理。

1.4　试画出如图所示的电路输出端 u_o 的波形，输入为 $u_i = 15\sin\omega t$V。

1.5　试分析如图所示的电路中各二极管的导通情况，并求输出电压 u_o。

1.6　设硅稳压管 V_{D1} 和 V_{D2} 的稳定电压分别为 5 V 和 10 V，求如图所示电路的输出电压 U_o。已知稳压管的正向压降为 0.7 V。

1.7　如图所示电路，V_{D1} 和 V_{D2} 为稳压二极管，其稳定工作电压分别为 6 V 和 7 V，且具有理想的特性。求输出电压 U_o。

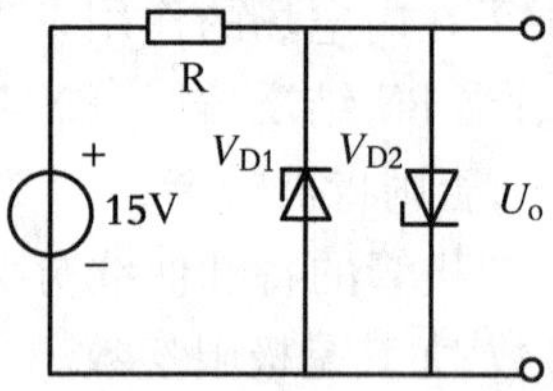

题 1.6 图

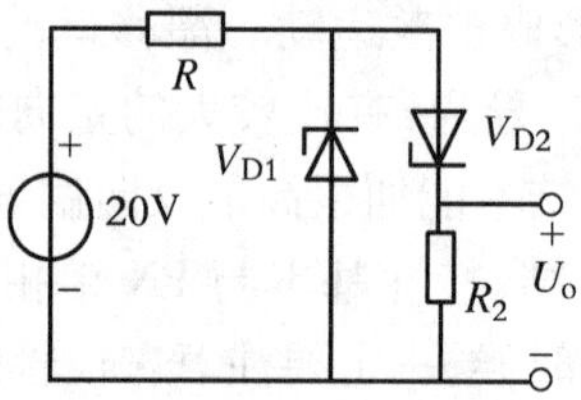

题 1.7 图

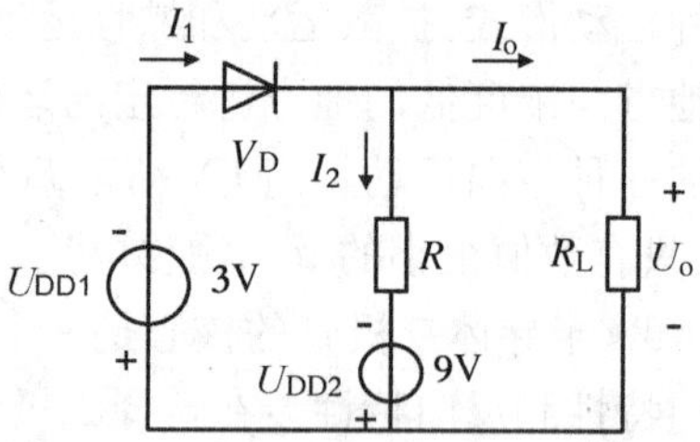

题 1.9 图

1.8　分析如图所示的电路中二极管的状态及求输出电压。

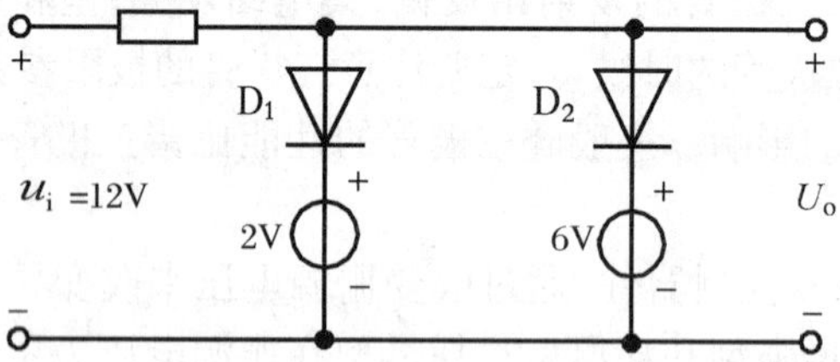

题 1.8 图

1.9　二极管电路如图所示。已知二极管的导通压降 $U_D = 0.7$ V，电阻 $R_L = 1$ kΩ，试求当 R 分别为 1 kΩ 和 4 kΩ 时，电路中的电流 I_1、I_2、I_0 和输出电压 U_0。

1.10　电路如图所示，设二极管为理想二极管，$u_i = 5\sin\omega t$V，试在(a)图中画出电阻两端的波形；在(b)图中画出二极管两端的波形。

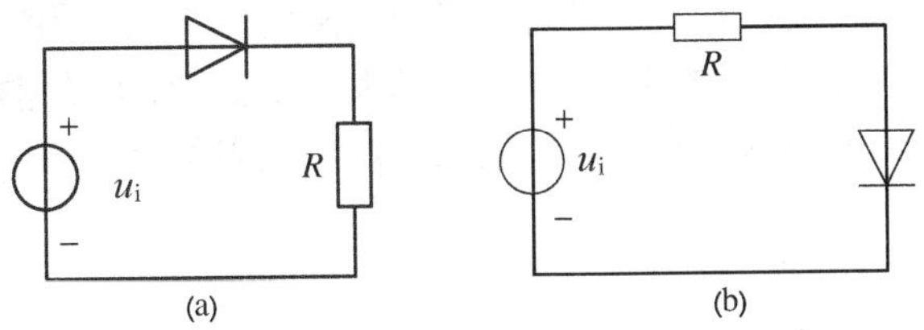

题1.10图

1.11　三极管是由两个二极管组成的，是否可以用两个二极管连接组成一个三极管使用？

1.12　三极管的发射极和集电极是否可以调换使用，为什么？

1.13　有两个三极管：第一个三极管的 $\beta=50$，$I_{CEO}=10\ \mu A$；第二个管子的 $\beta=150$，$I_{CEO}=200\ \mu A$。两个三极管的其他参数相同。用作放大时，哪一个管子更适合？

1.14　试述三极管伏安特性曲线的工作原理。

1.15　放大电路中有两个三极管，三个管脚分别为①、②、③，测得各脚对地电压分别为(1) −8 V、−3 V、−3.2 V；(2) 2 V、2.7 V、8 V。试判断管脚名称，并说明它是NPN管还是PNP管？是硅管还是锗管？

1.16　已知三极管各管脚对地的电位分别如下，试判断二极管工作在何种状态下？

(1) $U_B=3.7\ V$、$U_E=3\ V$、$U_C=12\ V$；(2) $U_B=2.0\ V$、$U_E=3\ V$、$U_C=12\ V$；(3) $U_B=3.7\ V$、$U_E=3.4\ V$、$U_C=3.5\ V$。

1.17　试述N沟道增强型MOS管的工作原理。

1.18　结型场效应管的漏极和源极可不可以互换使用，为什么？

技能训练

训练1.1　半导体二极管的识别与检测

一、训练目的

1. 熟悉半导体二极管的外形及引脚识别的方法。
2. 练习查阅半导体器件手册，熟悉半导体二极管的类别、型号及主要性能参数。
3. 掌握用万用表判别二极管好坏的方法。

二、设备与材料

万用表一只，半导体手册，不同规格、类型的半导体二极管若干。

三、内容及要求

1. 熟悉各种半导体器件的外形。
2. 半导体二极管的识别，记录各种二极管的类别、型号及主要参数。
3. 用万用表判别普通二极管极性及质量好坏，记录测得的正向、反向电阻的阻值及万用表的型号、档位。

将万用表置于“R×1K”档，调零后用表笔分别正接、反接于二极管的两端引脚，可以测得大小两个阻值。其中较大的阻值是二极管的反向电阻，较小的阻值是二极管的正向电阻。故测得正向电阻时，与二极管黑表笔相连的是二极管的正极。

二极管的材料及二极管的质量好坏，也可以从其正、反向电阻中判断出来。一般硅材料二极管的正向电阻为几千欧,而锗材料二极管的正向电阻为几百欧。判断二极管的好坏,关键是看它有无单向导电性。正向电阻越小、反向电阻越大的二极管,质量越好。如果一个二极管的正、反向电阻阻值相差不大,则必为劣质管;如果正反向电阻都是无穷大或都是零,则二极管已经断路或已被击穿短路。

四、检测报告要求

报告内容含训练目的、训练内容、测试仪表及材料,列出所测二极管的类别、型号、主要参数、测量数据及质量好坏的判别结果等。

训练 1.2 晶体三极管的识别及检测

一、训练目的

1. 熟悉半导体三极管的外形及引脚识别的方法。

2. 练习查阅半导体器件手册,熟悉半导体三极管的类别、型号及主要性能参数。

3. 掌握用万用表判别三极管好坏的方法。

二、设备与材料

万用表一只,半导体手册,不同规格、类型的半导体三极管若干。

三、内容及要求

1. 认识各种半导体三极管的外形。

2. 半导体三极管的识别,记录各种三极管的类别、型号及主要参数。

3. 用万用表判别三极管的引脚、类型,比较各种三极管的电流放大系数及穿透电流,并作测试记录。

4. 用万用表的“h_{FE}”档测三极管的 h_{FE},并记录结果。

四、测试的方法

1. 基极判别

将万用表置于“R×1K”档,用万用表两表笔去搭接三极管的任意两脚。如果阻值很大(几百千欧以上),将表笔对调一次再测,如果阻值也很大,则剩下的那只管脚引线就是基极 b。

2. 类型判别

三极管基极确定后,可用万用表黑表笔接基极,红表笔接另两管脚引线中的任意一个,如果测得的电阻阻值很大,则该管是 PNP 型管;如果测得的电阻阻值较小(几千欧以下),则该管是 NPN 型管。硅管、锗管的判断方法同二极管,硅管的 PN 结正向电阻约为几千欧,锗管的 PN 结正向电阻约为几百欧。

3. 集电极判别

测 NPN 型三极管的集电极时,先在除基极以外的两个电极中任设一个为集电极,并将万用表的黑表笔搭接在假设的集电极上,红表笔搭接在假设的发射极上,用一个电阻 R 接基极和假设的集电极,如果万用表指针有较大的偏转,则以上假设正确;如果万用表指针偏转很小,则假设不正确。为假设正确,一般将基极以外的两个电极先后假设为集电极,进行两次测量,万用表指针偏转角较大的那次测量中,与黑表笔相连的是三极管的集电极。

4. 电流放大能力估测

将万用表置于“R×1K”档,黑、红表笔分别与 NPN 型三极管的集电极、发射极相接,测 C、E 之间的电阻值。当用一电阻接于 b、c 两管脚间时,阻值示数会减小,即万用表指针右偏。三极管的电流放大能力越大,则指针右偏的角度越大。如果在测量过程中发现表针右偏角度很小,则说明被测三极管的放大能力很低,甚至是劣管。

5. 穿透电流 I_{CEO} 及热稳定性检测

穿透电流可以用三极管集电极与电源之间串接直流电流表的方法来测量,也可以用万用表测三极管 c、e 间电阻的方法来测量,将万用表置于"R×1K"档,红表笔与 NPN 型三极管的发射极相连,黑表笔与集电极相连,基极悬空。所测 c、e 之间的电阻值越大,则漏电流越小,管子的性能也越好。

在测 I_{CEO} 的同时,用手捏住三极管的管帽。若万用表指针变化不大,则该管的热稳定性较好;若迅速右偏,则热稳定性较差。

五、检测报告要求

报告内容含训练目的、训练内容、测试仪表及材料,列出所测三极管的类别、型号、主要参数、测量数据及质量好坏的判别结果等。

第 2 章　放大电路基础

用来对电信号进行放大的电路称为放大电路，也叫放大器，是使用最为广泛的电子电路之一。它实质上是一个受输入信号控制的能量转换器，放大的过程实质上是能量转换的过程。

本章主要讨论各种基本单元放大电路的组成、工作原理及基本分析方法等。重点以共发射极电路为例，分析了放大电路的图解分析法和小信号等效电路分析法。还介绍了差分放大电路抑制零漂的原理、功率放大电路的几种形式。最后讨论了多级放大电路和集成运放的一些基本知识。

2.1　放大电路的基本知识

2.1.1　放大电路的组成

放大电路一般由信号源、放大电路、负载和直流电源四部分组成。如图 2.1.1(a)所示。

信号源是所需放大的电信号，信号源都可等效为电压源或者电流源电路。它可以是前一级电路的输出信号，也可以由将非电信号物理量变换为电信号的换能器提供。

负载是接受放大电路输出信号的元件(或电路)，它可由将电信号转换成非电信号的输出换能器构成，也可是下一级电子电路的输入电阻。一般情况下可把它等效为一纯电阻 R_L(但实际上不可能等效成纯电阻，只是为了分析方便)。

信号源和负载不是放大电路的本体，但实际电路中信号源和负载都会对放大电路的工作产生一定的影响，特别是它们与放大电路之间的连接方式，将会直接影响到放大电路的工作。

基本单元放大电路由半导体三极管构成，一般单元放大电路往往达不到实际要求，所以多使用由基本单元放大电路组成的多级放大电路。如图 2.1.1(b)所示。

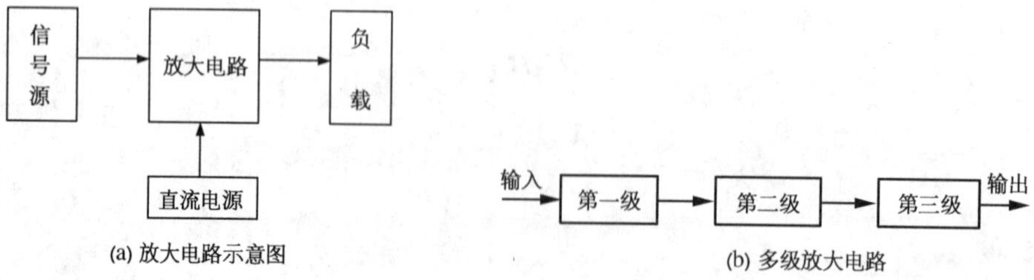

图 2.1.1　放大电路组成框图

2.1.2　放大电路的性能指标

放大电路的性能可以用很多指标来描述，主要有放大倍数、输入电阻、输出电阻等，现说明如下。

1. 放大倍数 A

放大倍数 A 是衡量放大电路能力的指标，有电压放大倍数、电流放大倍数、功率放大倍数。其中电压放大倍数应用最多。

电压放大倍数 A_u 定义为输出电压 u_o 和输入电压 u_i 的比值，即

$$A_u = u_o/u_i \tag{2.1.1}$$

电流放大倍数 A_i 定义为输出电流 i_o 和输入电流 i_i 的比值，即

$$A_i = i_o/i_i \tag{2.1.2}$$

功率放大倍数 A_P 定义为输出功率 P_o 和输入功率 P_i 的比值，即

$$A_P = P_o/P_i \tag{2.1.3}$$

工程上常用分贝(dB)来表示放大倍数，也叫增益，它是把放大倍数取 20lg$A$ 以后得到的。

2. 输入电阻 r_i

输入电阻是从输入端向放大电路内看进去的等效电阻，如图 2.1.2(a)所示，它等于放大电路输出端实际接负载以后输入电压与输入电流的比值，即

$$r_i = u_i/i_i \tag{2.1.4}$$

从图 2.1.2(a)中可以看出：

$$u_i = \frac{r_i}{r_s + r_i}u_s \tag{2.1.5}$$

从式(2.1.5)可见输入电阻的大小反映了放大电路对信号源的影响程度，输入电阻越小，放大电路从信号源吸取的电流就越小，信号源内阻上的压降就越小。当恒压输入时，输入电阻越大越好；恒流输入时，输入电阻越小越好。

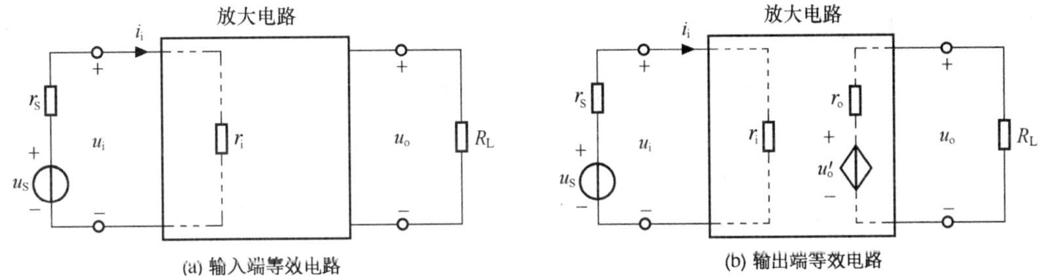

(a) 输入端等效电路　(b) 输出端等效电路

图 2.1.2　放大电路输入端、输出端的等效电路图

3. 输出电阻 r_o

从图 2.1.2(b)放大电路输出端看，放大电路对于负载相当于一个信号源，该信号源的内阻就是放大电路的输出电阻，用 r_o 表示，它定义为输出电压和输出电流的比值，即

$$r_o = u_o/i_o \tag{2.1.6}$$

求输出电阻时，要把负载电阻开路，同时把输入信号源电压 u_s 短路，但保留内阻 r_s，然后假想在放大电路的输出端加一个电压 u，产生一电流 i，则放大电路的输出电阻为

$$r_o = u/i \tag{2.1.7}$$

从图 2.1.2(b)可以看出放大电路实际输出电压为

$$u_o = \frac{u'_o}{R_L + r_o} \cdot R_L \tag{2.1.8}$$

输出电阻 r_o 越小，电路的输出电压越接近 u'_o。输出电压受负载的影响就越小，可以得到恒压输出。输出电阻大，可以得到恒流输出。因此，输出电阻 r_o 的大小反映了放大电路带负载能力的大小。

放大电路的输入电阻和输出电阻不是直流电阻，而是在线性运用情况下的交流电阻。一般情况下，放大电路的输入电阻和输出电阻不仅与电路的参数有关，而且与负载电阻和信号源内阻也有关。

4. 通频带与频率失真

放大电路通常含有电抗元件，它们的电抗值与信号频率有关，所以使放大电路对于不同频率的输入信号有着不同的放大能力。放大电路的增益 $A(f)$ 是频率的函数。在中频段的时候，放大倍数一般不变，用 A_{um} 表示。在低频段和高频段，放大倍数都要下降。当 $A(f)$ 下降到中频电压放大倍数 A_{um} 的 $1/\sqrt{2}$ 时，即 $0.7A_{um}$ 时，低端频率和高端频率之间的频率范围称为通频带 BW，把低端频率和高端频率分别叫上限和下限截止频率，用 f_L 和 f_H 表示，则通频带 BW 的表达式为

$$\mathrm{BW} = f_H - f_L \tag{2.1.9}$$

放大电路的通频带与输入信号的频带有关。为了不失真地放大信号，要求放大电路的通频带应大于信号的频带。如果放大电路的通频带小于信号的频带，由于信号的低频带或高频带的放大倍数下降过多，放大后的信号不能重现原来的形状，也就产生了失真，这种失真称为放大电路的频率失真，由于这种失真是电抗元件引起的，在输出信号中并不产生新的频率成分，仅是原有各频率分量的相对大小和相位发生了变化，故这种失真是一种线性失真。

5. 最大输出功率

放大电路的最大输出功率是指在输出信号基本不失真的情况下，能够向负载提供的最大功率。

2.1.3 放大电路的工作原理

以共射极放大电路为例，简单叙述放大电路的工作原理，电路如图 2.1.3 所示。输入信号 u_i 经过输入电容 C_1 加到三极管的基极和发射极上，使三极管的基极电流 i_B 发生变化，i_B 的变化又引起 i_C 的变化，i_C 在 R_C 的压降使三极管的输出电压发生变化，最后经过电容 C_2 输出交流电压 u_o。所以放大电路的放大实质是用微弱的信号电压 u_i 通过三极管的控制作用，去控制三极管集电极电流 i_C，i_C 又利用集电极电阻的作用转换成电压。其实质也就是实现小能量对大能量的控制和转换作用。根据能量守恒定律，在这种能量的控制和转换中，电源 U_{CC} 为输出信号提供能量。需要特别注意的是，信号的放大仅对交流量而言。

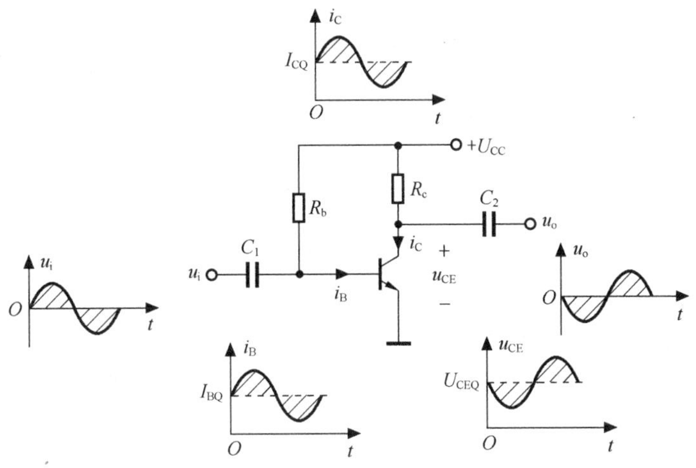

图 2.1.3 放大电路工作原理

2.2 三种基本组态放大电路

由三极管可以构成共射、共集、共基三种基本组态放大电路。由场效应管可以构成共源、共漏、共栅三种组态放大电路。本节重点介绍共射极放大电路的组成及分析方法。

2.2.1 固定偏置式共射极放大电路

1. 共发射极放大电路组成及各元件的作用

由 NPN 组成的共发射极放大电路如图 2.2.1(a)所示，此电路也叫固定偏置式共射极电路。

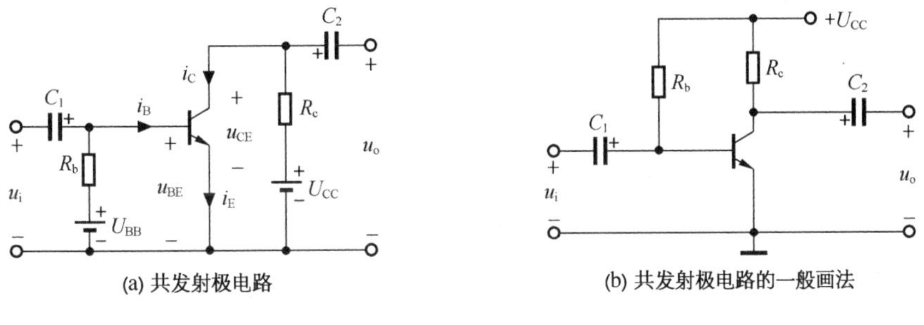

图 2.2.1 共发射极电路的组成

电路中各元件的作用如下：

(1) 集电极电源 U_{CC}：其作用是为整个电路提供能源，同时保证三极管的发射结正向偏置、集电结反向偏置。

(2) 基极偏置电阻 R_b：其作用是为基极提供合适的偏置电流。

(3) 集电极电阻 R_c：其作用是将集电极电流的变化转换成电压的变化。

(4) 耦合电容 C_1、C_2：其作用是隔直流、通交流。

(5) 基极电源 U_{BB}：为基极提供合适的偏置。

放大电路的组成原则为：外加电源的极性必须保证三极管的发射结正偏，集电结反偏；输

入电压 u_i 要能引起三极管的基极电流 i_B 作相应的变化;三极管集电极电流 i_C 的变化要尽可能转为电压的变化输出;放大电路工作时,直流电源 U_{CC} 要为三极管提供合适的静态工作电流 I_{BQ}、I_{CQ} 和电压 U_{CEQ},即电路要有一个合适的静态工作点。

共发射极放大电路一般画成单电源的形式,如图 2.2.1(b)所示。

2. 放大电路的分析

放大电路的分析方法有两种:一种是估算法,一种是图解法。

(1) 静态分析。

当输入信号电压 $u_i=0$ 时,放大电路的状态称为静态,或称直流工作状态。静态时各极的电压和电流在三极管输出特性曲线上就是一个点,一般称为静态工作点,用 Q 表示。一个放大电路必须要设置合理的静态工作点,否则就会产生失真现象,设置得太高,容易产生饱和失真;设置得太低,容易产生截止失真。若只研究在直流电源作用下,电路中各直流分量的大小称为直流分析(或称静态分析),一般所要求的数值有 I_{BQ}、I_{CQ}、U_{BEQ}、U_{CEQ}。

三极管电路的分析方法有两种:一种是估算法,一种是图解法。

1) 估算法。

用估算法求静态的时候用三极管电路的直流通路来求解。直流通路就是直流量所走过的路径。直流通路的画法就是把电路中含有电容的地方开路。图 2.2.1(b)的直流通路如图 2.2.2所示,可以得出

$$I_{BQ}=(U_{CC}-U_{BE})/R_b \tag{2.2.1}$$

$$I_{CQ}=\beta I_{BQ} \tag{2.2.2}$$

$$U_{CEQ}=U_{CC}-I_{CQ}R_C \tag{2.2.3}$$

公式(2.2.1)中的 U_{BE} 值,一般硅管取 0.7 V,锗管取 0.2 V。

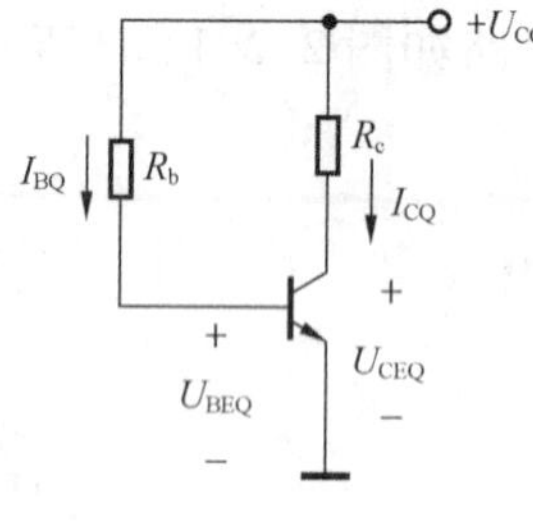

图 2.2.2 三极管电路的直流通路

例 2.2.1 在图 2.2.1 (b)电路中,已知 $R_b=115\ \text{k}\Omega$,$R_C=1\ \text{k}\Omega$,$\beta=50$,$U_{CC}=12\ \text{V}$,求静态工作点 Q。

解:(1)求静态电流 I_{BQ}:

$$I_{BQ}=(U_{CC}-U_{BE})/R_b=(12\ \text{V}-0.7\ \text{V})/115\ \text{k}\Omega=98\ \mu\text{A}$$

(2) 求 U_{CEQ}、I_{CQ}:

$$I_{CQ}=\beta I_{BQ}=50\times 0.098\ \text{mA}=4.9\ \text{mA}$$

$$U_{CEQ}=U_{CC}-I_{CQ}R_C=12-4.9\times 1=7.1\ \text{V}$$

2) 图解法。

所谓图解法就是利用三极管的特性曲线、通过作图的方法,来分析放大电路的性能。

从图 2.2.1(b)的输出回路可以得到输出回路方程

$$u_{CE} = U_{CC} - i_C R_C \tag{2.2.4}$$

它是一个直线方程,可以在图 2.2.3(a)中做出一条直线 MN。令 $i_C=0$,则 $u_{CE}=U_{CC}$,即 M 点。令 $u_{CE}=0$,则 $i_C=U_{CC}/R_C$,即 N 点。该直线 MN 与输出特性曲线族有许多交点,根据静态时 I_{BQ}值,可以找到直流负载线在输出特性曲线上和 I_{BQ}那条曲线有一个交点,该点就是要找的静态工作点 Q。Q 所对应的横坐标和纵坐标就是要求的 U_{CEQ}、I_{CQ}。

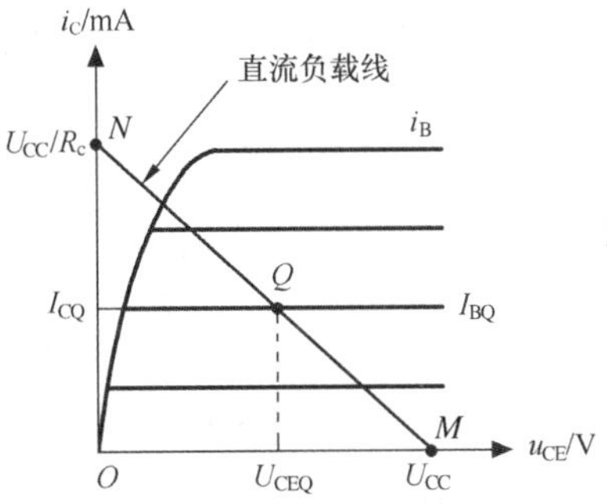

(a) 直流负载线

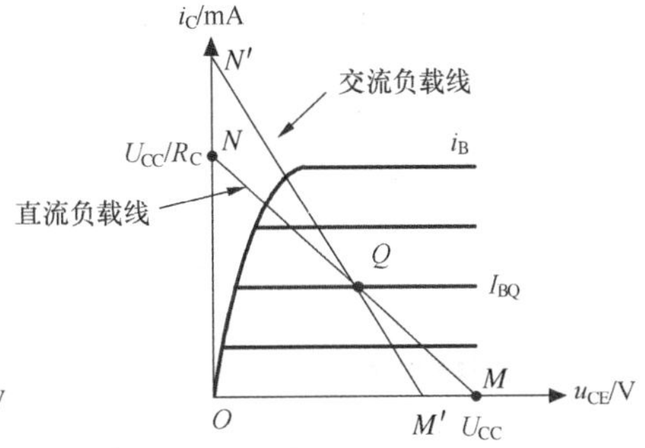

(b) 交流负载线

图 2.2.3　共射极电路的负载线

(2) 动态分析。

1) 图解法。

在输入端加上小信号正弦交流电压,三极管电路各极电压和电流将在静态的基础上随输入信号的变化而变化。变化的大小可以通过下面的图解得到。分析动态的时候,需要做放大电路的交流负载线。在前面做的是放大电路的直流负载线,是放大电路在静态时工作点的变化情况。在动态的时候需要考虑到负载电阻 R_L,这时输出回路的方程式为

$$u_{CE} = U_{CC} - i_C R'_L (R'_L = R_L // R_C)$$

根据上式可以做出放大电路的交流负载线,$M'(U_{CC},0)$,$N'(0, U_{CC}/R'_L)$。如图 2.2.3(b)所示。交流变化量在变化过程中一定要经过零点,此时 $u_i=0$,与静点 Q 相符合。所以 Q 点也是动态过程中的一个点。交流负载线和直流负载线在 Q 点相交。交流负载线由交流通路获得且过 Q 点,因此交流负载线是动态工作点移动的轨迹。

三极管电路如图 2.2.1(b)所示,交流电压 u_i 加到三极管的基极,三极管采用硅管,其输入、输出特性曲线见图 2.2.4。

① 输入回路的图解:

输入特性曲线上的点是满足基极电流 i_B 和基极与发射极间电压 u_{BE}的关系曲线,静态是三极管电路放大状态的一个特殊情况,所以静态时的电流和电压也满足输入特性曲线。在 u_{BE}的输入信号上,从 U_{BEQ}对应的点往输入特性曲线做垂线,与输入特性曲线有一个交点,这个交点就是 Q 点。当输入交流电压 u_i 时,它在基极回路与直流电压 U_{BEQ}相叠加,即 $u_{BE}=U_{BEQ}+u_i$。根据 u_{BE}的变化规律,可以在输入特性曲线上画出对应的 i_B 的波形。如图 2.2.4(a)中的输入特性曲线工作点 Q 的变化。其中 $i_B=I_{BQ}+i_b$。由于输入信号幅值很小,输入特性曲线的动态工作范围很小,可以将这一段曲线 Q_1、Q_2 看作是一段直线,这样由正弦信号 u_i 产生的基极交流电流 i_b 同样按正弦规律变化。

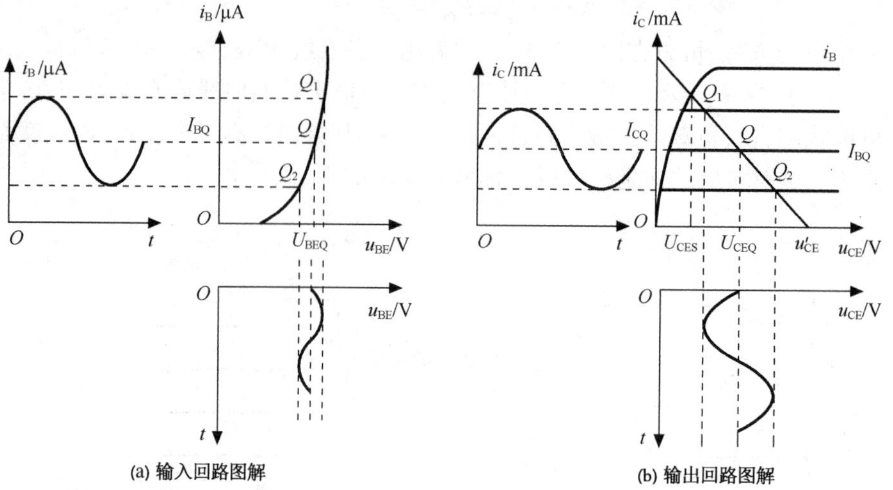

图 2.2.4　三极管电路交流图解分析

② 输出回路图解：

根据 U_{CC} 和 R_C 的值可以在图 2.2.4(b)输出特性曲线上做出交流负载线 $M'N'$，它与 I_{BQ} 的输出特性曲线相交于 Q 点，Q 点是集电极回路的直流工作点。

随着基极电流的变化，负载线 $M'N'$ 与输出特性曲线的交点也随之发生变化，从 Q 点变化到 Q_1 点然后到 Q_2 点。按基极电流在不同时间的数值，找出相应的输出特性曲线及其与负载线 $M'N'$ 的交点，便可画出集电极电流和集、射间电压的波形。如图 2.2.4(b)中输出特性曲线上 i_C 和 u_{CE} 的变化。可以看出输出电流和输出电压都在原来静态的基础上叠加了一交流分量。

$$i_B = I_{BQ} + i_b$$
$$i_C = I_{CQ} + i_c$$
$$u_{CE} = U_{CEQ} + u_{ce}$$

由以上的讨论可知，为了保证三极管在交流信号作用下，三极管始终工作在线性放大区，三极管必须设置合适的静态工作点，否则会产生非线性失真。所谓失真，是指输出信号的波形与输入信号的波形不一致。三极管是一个非线性器件，有截止区、放大区、饱和区三个工作区，如果信号在放大的过程中，放大器的工作范围超出了特性曲线的线性放大区域，进入了截止区或饱和区，集电极电流 i_c 与基极电流 i_b 不再成线性比例的关系，则会导致输出信号出现非线性失真。

三极管电路静态工作点设置得太高，容易进入饱和区，产生饱和失真；设置得太低，容易进入截止区，产生截止失真。产生的饱和失真和截止失真分别如图 2.2.5(a)和(b)所示。可以看出当电路产生非线性失真以后，会使输出波形发生削波的现象：饱和失真会使输出波形的下半周削下去一部分，截止失真会使输出波形的上半周削下去一部分。所以一个放大电路必须要设置合理的静态工作点，否则会影响电路的正常工作。

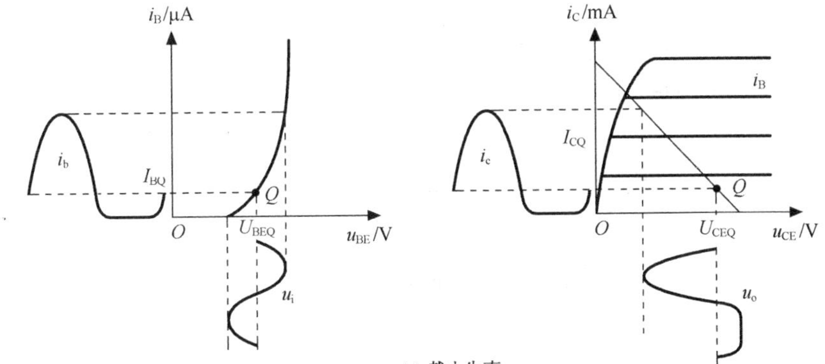

(a) 截止失真

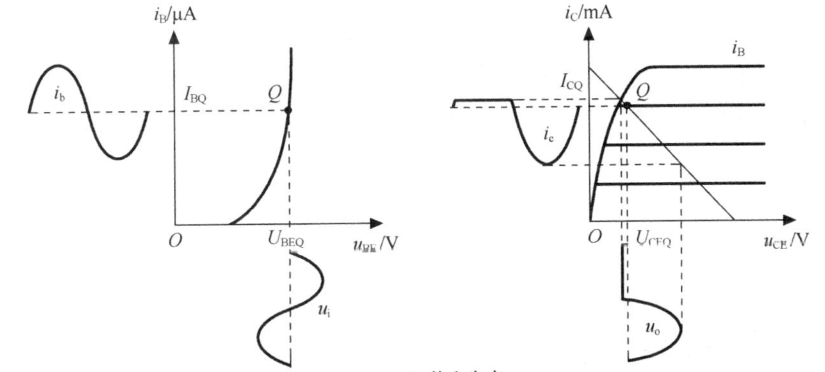

(b) 饱和失真

图 2.2.5　三极管电路的失真

2）小信号等效电路分析法。

用图解法分析直观，但是比较麻烦，而且输入信号较小时不容易作图，所以当输入信号较小时通常用小信号电路模型进行交流分析。先看三极管的等效电路。

① 三极管输入端的等效。

当输入信号很小时，三极管的动态工作范围可以认为是线性的，这时三极管可以用小信号电路模型来等效。如图 2.2.6 所示。

输入信号很小时，三极管的输入电压变化量和输入电流变化量的比值是一个定值，用 r_{be} 表示，即

$$r_{be} = \left.\frac{\Delta u_{BE}}{\Delta i_B}\right|_{u_{CE}=\text{常数}} \approx \frac{u_{be}}{i_b} \tag{2.2.5}$$

r_{be}称为三极管的输入电阻，工程上可以用下式估算：

$$r_{be} = r_{bb'} + (1+\beta)\frac{26(\text{mV})}{I_{EQ}(\text{mA})} \tag{2.2.6}$$

$r_{bb'}$为三极管的基区体电阻，一般为 200 Ω 左右。I_{EQ} 为静态工作电流适用范围，一般在 0.1 ~ 5 mA之间。

② 三极管输出端的等效。

当三极管工作于放大区时，i_c 的大小只受 i_b 控制，而与 u_{CE} 无关，即实现了三极管的受控恒流特性，$i_c = \beta i_b$。所以当输入回路的 i_b 给定时，三极管输出回路的集电极与发射极之间，可用一个大小为 βi_b 的理想受控电流源来等效，如图 2.2.6(b)输出端所示。

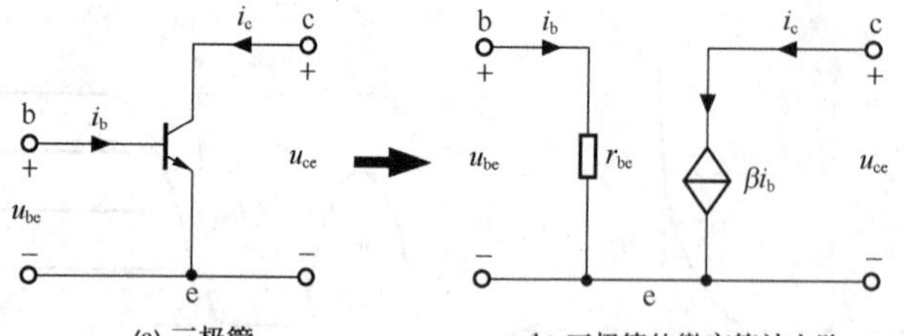

(a) 三极管　　(b) 三极管的微变等效电路

图 2.2.6　三极管的等效电路

③ 三极管电路的等效。

画三极管等效电路的时候,先画三极管的交流通路,交流通路就是交流量所走过的路径。交流通路的画法就是把含有电容的地方短路,同时把含有直流电源的地方短路。电路如图 2.2.7(a)所示。最后把交流通路中的三极管用三极管的等效电路代替就可以得到放大电路的等效电路,共射极电路的小信号等效电路如图 2.2.7(b)所示。

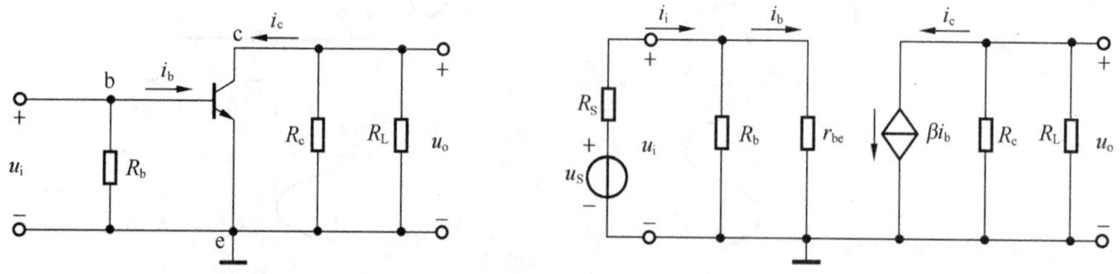

(a) 交流通路　　(b) 等效电路

图 2.2.7　共射极电路的小信号等效电路

④ 性能指标分析。

由图 2.2.6 可知:

对于电压放大倍数 A_u,

$$u_o = -i_C R'_L = -\beta i_b R'_L$$

$$R'_L = R_C /\!/ R_L$$

$$u_i = i_b r_{be}$$

$$A_u = \frac{u_o}{u_i} = -\frac{\beta i_b R'_L}{i_b r_{be}} = -\frac{-\beta R'_L}{r_{be}} \tag{2.2.7}$$

如果输出端没接负载,则

$$R'_L = R_C$$

这时

$$A_u = \frac{u_o}{u_i} = -\frac{\beta i_b R_c}{i_b r_{be}} = -\frac{\beta R_c}{r_{be}}$$

对于输入电阻 r_i,

$$r_i = \frac{u_i}{i_i} = R_b /\!/ r_{be} \tag{2.2.8}$$

对于输出电阻 r_o,

由于受控电流源的内阻很大,它与集电极电阻是并联关系,故可以忽略,这样输出电阻就是集电极电阻,即

$$r_o = R_c \tag{2.2.9}$$

例 2.2.2　共发射极电路如图 2.2.1 所示，已知 $U_{CC}=20\ V$，$R_c=6\ k\Omega$，$R_b=470\ k\Omega$，$\beta=45$，$R_L=4\ k\Omega$，$R_S=1\ k\Omega$，$r_{bb'}=300\ \Omega$。求：(1) 静态工作点 Q；(2) 输入电阻 r_i 和输出电阻 r_o；(3) 电压放大倍数 A_u；(4) 源电压放大倍数 A_{us}。

解：(1) 静态工作点为

$$I_{BQ}=(U_{CC}-U_{BE})/R_b=(20\ V-0.7\ V)/470\ k\Omega=28\ \mu A$$

$$I_{CQ}=\beta I_{BQ}=45\times 28\ \mu A=1.26\ mA$$

$$U_{CEQ}=U_{CC}-I_{CQ}R_C=20\ V-1.26\times 6\ V=12.44\ V$$

(2) 输入电阻与输出电阻分别为

$$r_{be}=300\ \Omega+(1+\beta)\frac{26\ mV}{I_{EQ}}=1.24\ k\Omega$$

$$r_i=\frac{u_i}{i_i}=R_b /\!/ r_{be}\approx 1.24\ k\Omega$$

(3) 电压放大倍数为

$$R'_L=R_C /\!/ R_L=4\times 6/(4+6)\ k\Omega=2.4\ k\Omega$$

$$A_u=\frac{u_o}{u_i}=-\frac{\beta i_b R'_L}{i_b r_{be}}=-\frac{\beta R'_L}{r_{be}}=-45\times\frac{2.4}{1.24}=-116$$

(4) 源电压放大倍数是指输出对信号源而言的放大倍数。由于信号源内阻 R_S 的存在，使得 u_s 不可能全部加到放大电路的输入端，使信号源电压的利用率下降。R_S 越大、放大电路的输入电阻越小时，u_s 的利用率就越低。考虑到 R_S 对放大电路放大特性的影响，常引入源电压放大倍数 A_{us} 这一指标，它定义为输出电压 u_o 与信号源电压 u_s 的比值，即

$$A_{us}=u_o/u_s$$

上式可以写成

$$A_{us}=\frac{u_i}{u_s}\cdot\frac{u_o}{u_i}=\frac{u_i}{u_s}\cdot A_u$$

u_i/u_s 为考虑 R_S 影响后放大电路输入端的分压比，$u_i/u_s=r_i/(R_S+r_i)$，所以

$$A_{us}=r_iA_u/(R_S+r_i)$$

将已知数据带入公式可得

$$A_{us}=1.24\times(-116)/(1.24+1)=-64$$

2.2.2　分压偏置式共射放大电路

一个放大电路必须要设置合适的静态工作点，才能正常工作，但电源电压的波动、偏置电阻的变化、管子的更换等都会使静态工作点发生变化。不过最主要的影响则是环境温度的变化。三极管是一种对温度非常敏感的器件，随温度的变化，三极管参数会受到影响，具体表现在以下几个方面：温度升高，三极管的 I_B、I_C、I_E 及反向电流 I_{CEO} 增大；电流放大系数 β 增大；相同基极电流 I_B 下，U_{BE} 减小。这些都会影响电路的静态工作点。分压式偏置电路可以较好地解决这个问题。

1. 电路结构及工作原理

分压式偏置电路如图 2.2.8(a) 所示，它也是一种共发射极电路。三极管的基极偏置是由两个偏置电阻 R_{b1}、R_{b2} 分压而得的，电路的名称由此而得。另外又接了发射极电阻 R_e 和发射

极旁路电容 C_e。C_e 用来旁路交流信号。实际应用中，为保证 Q 点的稳定，要求电路 $I_1 \gg I_{BQ}$。一般对于硅材料的三极管，$I_1=(5\sim10)I_{BQ}$。

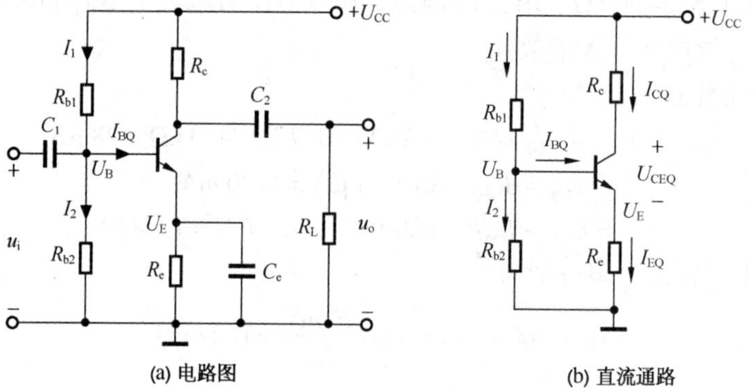

图 2.2.8　分压式偏置电路

图 2.2.8(b)为分压式偏置电路的直流通路。因为 $I_1 \gg I_{BQ}$，所以可以忽略 I_{BQ}，这时 R_{b1} 和 R_{b2} 可以看成串联，这时有

$$U_B \approx \frac{U_{CC}R_{b2}}{R_{b1}+R_{b2}}$$

$$I_{CQ} \approx I_{EQ} = \frac{U_E}{R_e} = \frac{U_B - U_{BEQ}}{R_e} \approx \frac{U_{CC}R_{b2}}{(R_{b1}+R_{b2})R_e} \tag{2.2.10}$$

$$I_{BQ} = \frac{I_{EQ}}{1+\beta} \tag{2.2.11}$$

$$U_{CEQ} \approx U_{CC} - I_{CQ}(R_e + R_c) \tag{2.2.12}$$

从以上公式可见，基极的电位 U_B 的高低只由电源 U_{CC} 和电阻 R_{b1}、R_{b2} 决定，而电阻和电源的值不受温度的影响，所以基极电位比较稳定。当温度升高引起 I_C、I_E 升高时，在 R_e 上的压降 $I_E \cdot R_e$ 也升高，$I_E \cdot R_e$ 增加的部分回送到输入回路，因为 $U_{BE}=U_B - I_E \cdot R_e$，而 U_B 的电位不变，所以会使 U_{BE} 下降，迫使 I_B 减小，从而牵制了 I_C、I_E 的增加，稳定了工作点，由以上分析可以看出，当更换不同参数的三极管时，其静态工作点也是可以稳定的。稳定工作点的变化过程可以表示如下：

$T\uparrow \to I_C(I_E)\uparrow \to I_E \cdot R_e \uparrow \to U_{BE}\downarrow [U_{BE}(\downarrow) = U_B(\text{不变}) - I_E \cdot R_e(\uparrow)] \to I_B \downarrow \to I_C \downarrow$

这里的电阻 R_e 起到了负反馈的作用，引入了电流串联负反馈，故有稳定电流的作用。

2. *动态性能指标分析*

分压式偏置电路的交流通路和小信号等效电路分别如图 2.2.8(a)和(b)所示。

(1) 电压放大倍数：

$$u_o = -i_c R'_L = -\beta i_b R'_L$$

$$R'_L = R_C /\!/ R_L$$

$$u_i = i_b r_{be}$$

$$A_u = \frac{u_o}{u_i} = -\frac{\beta i_b R'_L}{i_b r_{be}} = \frac{\beta R'_L}{r_{be}}$$

(2) 输入电阻：

$$r_i = \frac{u_i}{i_i} = R_{b1} /\!/ R_{b2} /\!/ r_{be}$$

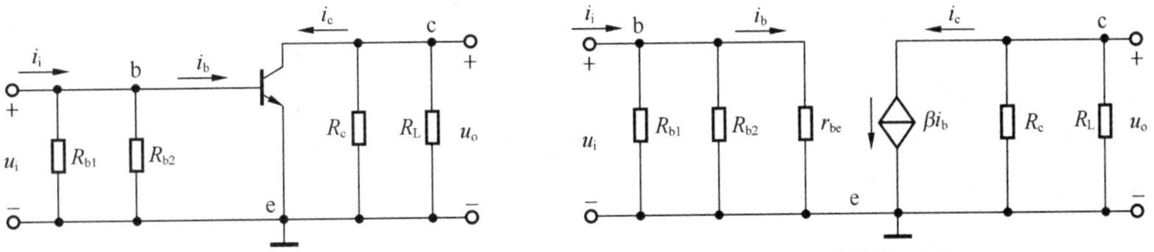

(a) 交流通路　　(b) 小信号等效电路

图 2.2.9　分压式偏置电路的微变等效电路

(3) 输出电阻：

$$r_o = R_c$$

2.2.3　共集电极电路

共集电极放大电路应用非常广泛，其组成原则同共射极电路一样，外加电源的极性要保证放大管发射结正偏、集电结反偏，同时保证放大管有一个合适的 Q 点。

1. 电路组成和静态工作点

共集电极电路如图 2.2.10(a) 所示，三极管的集电极是交流地电位，输入信号 u_i 和输出信号 u_o 以集电极作为公共端，故称为共集电极电路。共集电极电路的直流通路如图 2.2.10(b) 所示，从图 2.2.10(b) 可以得出，

$$U_{CC} = I_{BQ}R_b + U_{BEQ} + I_{EQ}R_e$$

由此可求得共集电极放大电路的静态工作点电流为

$$I_{BQ} = \frac{U_{CC} - U_{BEQ}}{R_b + (1+\beta)R_e} \tag{2.2.13}$$

$$I_{CQ} = \beta I_{BQ} \tag{2.2.14}$$

由图 2.2.10(b) 集电极回路可得

$$U_{CEQ} = U_{CC} - I_{EQ}R_e \tag{2.2.15}$$

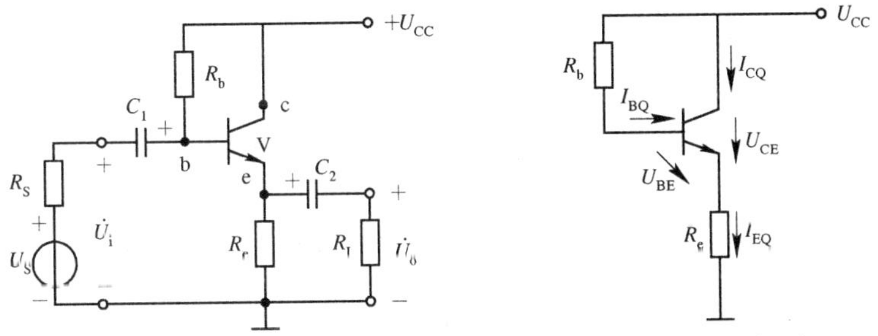

(a) 电路图　　(b) 直流通路

图 2.2.10　共集电极电路图

例 2.2.3　在图 2.2.10(a) 所示的共集电极电路中，已知 $\beta = 120$，$U_{CC} = 12$ V，$R_e = 1$ kΩ，$R_b = 300$ kΩ，$R_L = 1$ kΩ，$R_S = 1$ kΩ，$r_{bb'} = 200$ Ω。试求该放大电路的静态工作点。

解：放大电路的静态工作点为

$$I_{BQ} = \frac{U_{CC} - U_{BEQ}}{R_b + (1+\beta)R_e} = \frac{(12-0.7)\text{V}}{(300+121\times 1)\text{k}\Omega} \approx 0.027 \text{ mA}$$

$$I_{CQ} = \beta I_{BQ} = 120 \times 0.027\ \text{mA} = 3.2\ \text{mA}$$

$$U_{CEQ} = U_{CC} - I_{EQ} R_e = 12\ \text{V} - 3.2\ \text{mA} \times 1\ \text{k}\Omega = 8.8\ \text{V}$$

2. 性能指标分析

从图 2.2.10(a)可以得到放大电路的交流通路和小信号等效电路分别如图 2.2.11(a)和(b)所示，由图 2.2.11 可得共集电极放大电路的性能指标。

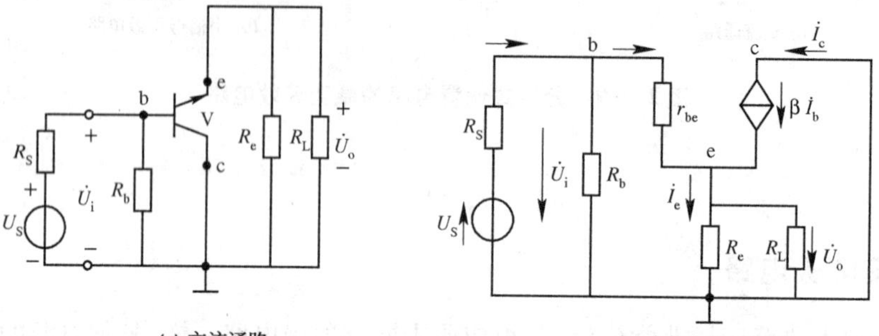

图 2.2.11　共集电极电路的小信号等效电路

(1) 电压放大倍数。

从图 2.2.11(b)所示的共集电极电路的小信号等效电路中，可以写出放大电路的输入、输出表达式为

$$\dot{U}_o = \dot{I} R'_L = (1+\beta)\dot{I}_b R'_L$$

$$R'_L = R_e /\!/ R_L$$

$$\dot{U}_i = \dot{I}_b r_{be} + \dot{I}_e R'_L = \dot{I}_b r_{be} + (1+\beta)\dot{I} R'_L$$

$$\dot{A}_u = \frac{\dot{U}_o}{\dot{U}_i} = \frac{(1+\beta)\dot{I}_b R'_L}{\dot{I}_b r_{be} + (1+\beta)\dot{I}_b R'_L} = \frac{(1+\beta)R'_L}{r_{be} + (1+\beta)R'_L} \leqslant 1 \quad (2.2.16)$$

共集电极电路的放大倍数约等于 1 并且略小于 1，输入、输出相位相同，输出跟随输入变化又从发射极输出，所以也叫射极输出器，或者电压跟随器。

(2) 输入电阻：

$$r_i = R_b /\!/ [r_{be} + (1+\beta)R'_L] \quad (2.2.17)$$

共集电极电路的输入电阻很高，可以达到几十千欧到几百千欧。

(3) 输出电阻。

求输出电阻的电路如图 2.2.12 所示，从图 2.2.12 中可以得出

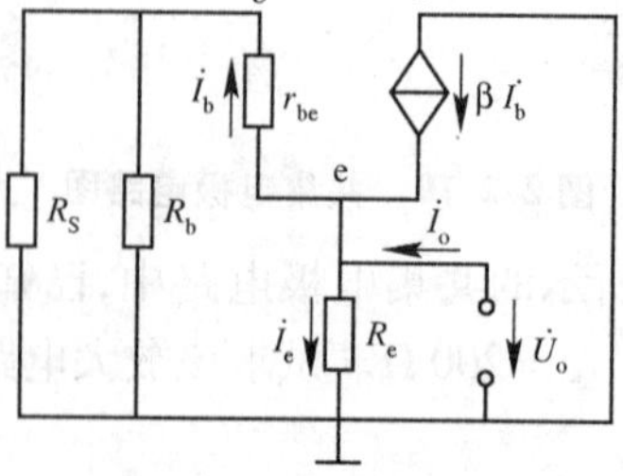

图 2.2.12　共集电极电路求输出电阻的电路图

$$\dot{I}_o = \dot{I}_b + \beta\dot{I}_b + (1+\beta)\dot{I}_b$$
$$= \frac{\dot{U}_o}{r_{be} + R_S /\!/ R_b} + \frac{\beta\dot{U}_o}{r_{be} + R_S /\!/ R_b} + \frac{\dot{U}_o}{R_e}$$

所以
$$r_o = \frac{\dot{U}_o}{\dot{I}_o} = \frac{R_e[r_{be} + (R_S /\!/ R_b)]}{(1+\beta)R_e + [r_{be} + (R_S /\!/ R_b)]} \tag{2.2.18}$$

其中
$$(1+\beta)R_e \gg [r_{be} + (R_S /\!/ R_b)]$$

故
$$r_o \approx \frac{r_{be} + R_S /\!/ R_b}{\beta} \tag{2.2.19}$$

从式(2.2.19)可以看出共集电极电路有较小的输出电阻。

综上所述,共集电极电路的电压放大倍数小于 1 但接近于 1,虽然没有电压放大作用,但是有电流和功率放大作用。输入电阻很大,从信号源吸取很小的功率,故对信号源的影响很小。又因输出电阻很小,所以当负载波动的时候,对输出电压的影响很小,故有很好的带载能力,可作为恒压源输出。共集电极电路多用于输入级、输出级和缓冲级。

2.2.4　共基极电路

共基极放大电路如图 2.2.12 所示,从图 2.2.12 的交流通路中可以看出,输入信号 u_i 经过基极旁路电容 C_b 加到三极管的射极、基极间,输出信号从集电极、基极间取出,基极作为公共端,所以称为共基极电路。

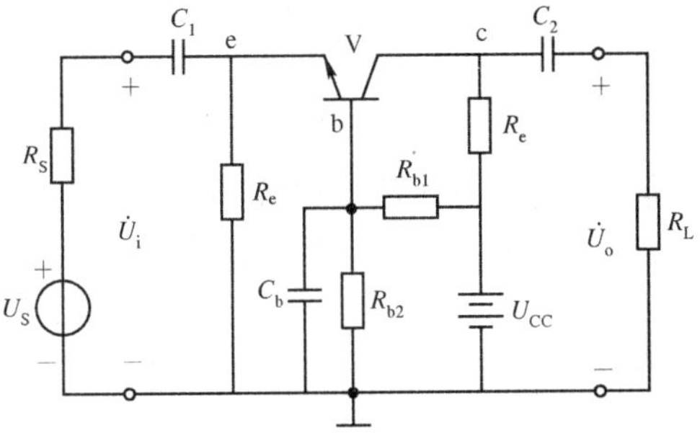

图 2.2.12　共基极放大电路

1. 静态分析

共基极电路的直流通路和如图 2.2.8(b)所示的分压式偏置电路的直流通路相同,这里不再画出,则静态工作点的表达式也相同:

$$U_B \approx \frac{U_{CC}R_{b2}}{R_{b1} + R_{b2}}$$

$$I_{CQ} \approx I_{EQ} = \frac{U_E}{R_e} = \frac{U_B - U_{BEQ}}{R_e} \approx \frac{U_{CC}R_{b2}}{(R_{b1} + R_{b2})R_e} \tag{2.2.20}$$

$$I_{BQ} = \frac{I_{EQ}}{1+\beta} \tag{2.2.21}$$

$$U_{CEQ} \approx U_{CC} - I_{CQ}(R_e + R_c) \tag{2.2.22}$$

2. 性能指标分析

先画出电路的交流通路,如图 2.2.13(a)所示,然后把其中的三极管用其等效电路代替,就可以得到共基极电路的交流小信号等效电路,如图 2.2.13(b)所示。

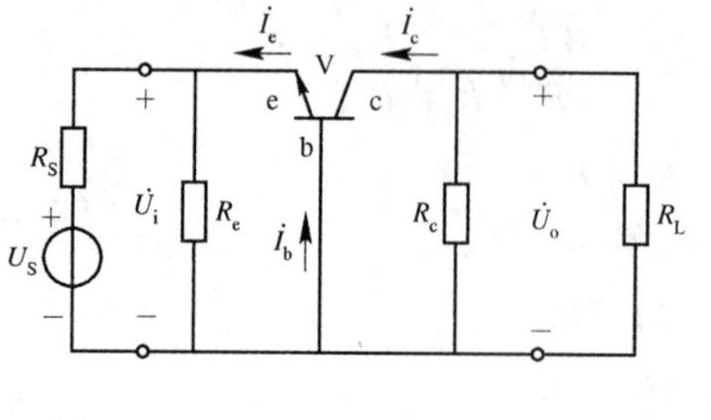

(a) 交流通路

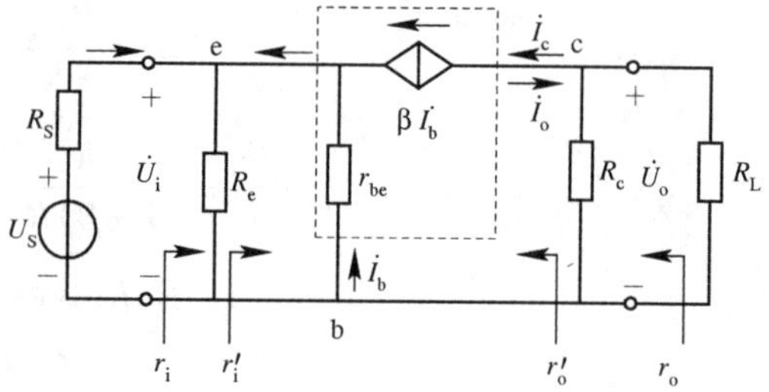

(b) 等效电路

图 2.2.13 共基极电路的交流通路和小信号等效电路

(1) 放大倍数:

$$u_o = -i_c R'_L = -\beta i_b R'_L (R_L = R_c /\!/ R_L)$$

$$u_i = -i_b r_{be}$$

$$A_u = \frac{u_o}{u_i} = \beta \frac{R'_L}{r_{be}} \tag{2.2.23}$$

(2) 输入电阻:

$$r'_i = \frac{u_i}{-i_e} = \frac{-r_{be} i_b}{-(1+\beta) i_b} = \frac{r_{be}}{1+\beta}$$

$$r_i = r'_i /\!/ R_e \tag{2.2.24}$$

(3) 输出电阻:

$$r_o = R_c \tag{2.2.25}$$

综上所述,共基极电路具有较高的电压放大倍数、输入电压和输出电压同相、输入电阻小、输出电阻高等特性。共基极电路有较好的高频特性,故多用于高频或宽带放大电路中。

2.2.5 场效应管放大电路

如果不考虑物理本质上的区别,场效应管的栅极、源极、漏极分别相当于三极管的基极、发射极、集电极。所以场效应管也可以构成三种组态电路:共栅极、共源极、共漏极。这里只分析共源极电路。

场效应管放大电路的主要优点有输入电阻极高、噪声低、热稳定性好等。但它的放大倍数较低,所以一般多用于多级放大电路的输入级。

场效应管是一个电压控制器件,在构成放大电路时,为了实现信号不失真地放大,同三极管放大电路一样也要有一个合适的静态工作点 Q,但它不需要偏置电流,而是需要一个合适的栅极、源极之间的偏置电压 U_{GS}。场效应管放大电路常用的偏置电路主要有两种:自偏压电路和分压式偏压电路。

1. 自偏压电路

图 2.2.14 所示为 N 沟道结型场效应管构成的自偏压电路,C_1、C_2 为耦合电容,R_d 为漏极负载电阻,R_g 为栅极通路电阻,R_s 为源极电阻,C_s 为源极旁路电容。该电路利用漏极电流 I_{DQ} 在源极电阻 R_s 上产生的压降,通过电阻 R_g 加到栅极来获得所需的偏置电压。由于场效应管

的栅极不吸取电流，R_g 中无电流通过，所以栅极和源极之间的偏压 $U_{GS} = -I_{DQ}R_s$。这种偏置方式称为自给偏压，也称自偏压电路。这种电路不宜用增强型 MOS 管，因为静态时该电路不能使管子开启。在漏极电源作用下，有

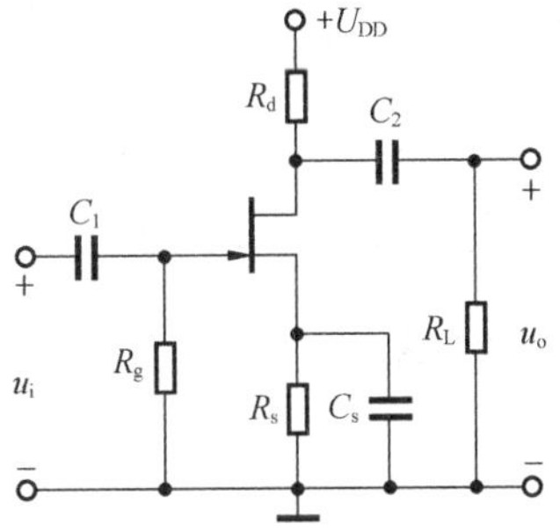

图 2.2.14　自偏压电路

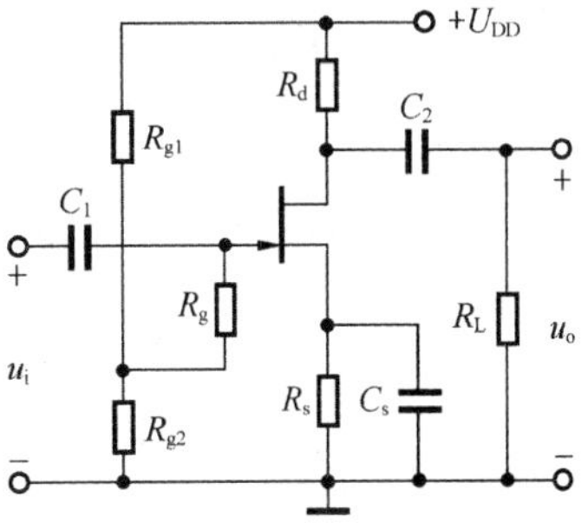

图 2.2.15　分压式偏置电路

$$U_{GS} = U_G - U_S = 0 - I_D R_S = -I_D R_S \tag{2.2.26}$$

$$U_{DS} = U_{DD} - I_D(R_d + R_S) \tag{2.2.27}$$

2. 分压式偏置电路

分压式偏置电路如图 2.2.15 所示，其中 R_{g1} 和 R_{g2} 为分压电阻，经电源电压 U_{DD} 分压后，取 R_{g2} 上的压降供给场效应管栅极偏压。电阻 R_g 中没有电流流过，故它对静态工作点没有影响。

$$U_{GS} = U_G - I_D R_S = \frac{U_{DD}R_{g2}}{R_{g1} + R_{g2}} - I_D R_S \tag{2.2.28}$$

式中 U_G 为栅极电位，对 N 沟道耗尽型管，$U_{GS} < 0$，所以 $I_D R_S > U_G$；对 N 沟道增强型管，$U_{GS} > 0$，所以 $I_D R_S < U_G$。

3. 场效应管放大电路的等效电路及动态分析

(1) 场效应管等效电路。

场效应管及其等效电路分别如图 2.2.16(a)和(b)所示，由于场效应管输入电阻 r_{gs} 很大，故输入端可看成开路。在输出端可以等效成受栅、源电压控制的恒流源 $g_m u_{gs}$。

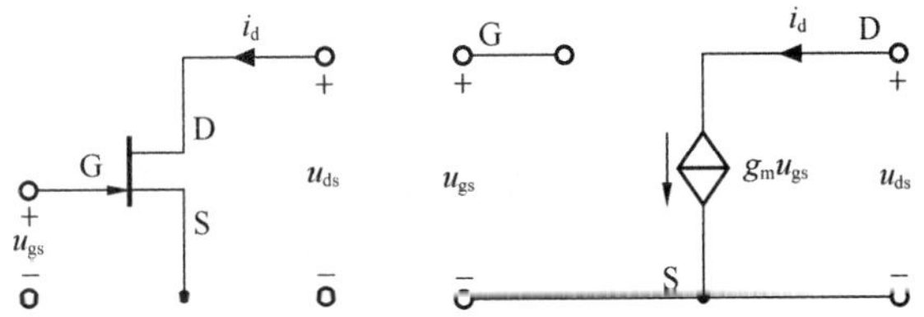

(a) 场效应管　　(b) 微变等效电路

图 2.2.16　场效应管等效电路

(2) 动态分析。

根据场效应管的等效，可以得到自偏压电路和分压式偏置电路的小信号等效电路，分别如图 2.2.17(a)和(b)所示。

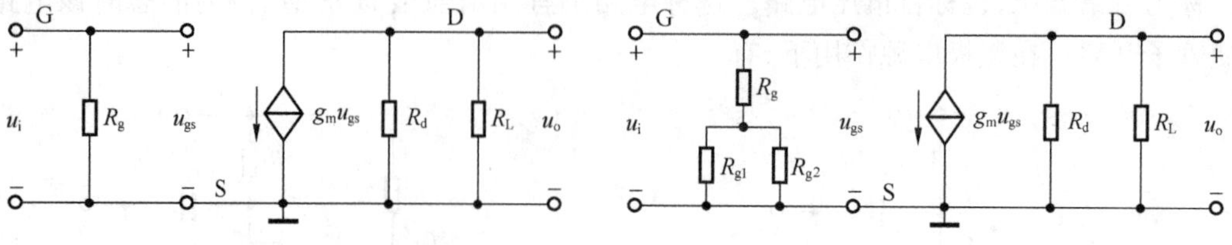

(a) 自偏压式电路等效电路　　(b) 分压式偏置电路等效电路

图 2.2.17　场效应管放大电路的等效电路

由图 2.2.17 可得自偏压电路的动态性能指标。

1）电压放大倍数 A_u：

$$u_o = -g_m u_{gs} R'_L \left(R'_L = R_d /\!/ R_L\right)$$

$$u_i = u_{gs}$$

$$A_u = \frac{u_o}{u_i} = -g_m R'_L \tag{2.2.29}$$

2）输入电阻 r_i：

$$r_i = \frac{u_i}{i_i} = R_g \tag{2.2.30}$$

3）输出电阻 r_o：

$$u_{gs} = 0, g_m u_{gs} = 0(\text{开路})$$

$$r_o = R_d \tag{2.2.31}$$

由图 2.2.17 可得分压式偏置电路的动态性能指标。

1）电压放大倍数 A_u：

$$u_o = -g_m u_{gs} R'_L \left(R'_L = R_d /\!/ R_L\right)$$

$$u_i = u_{gs}$$

$$A_u = \frac{u_o}{u_i} = -g_m R'_L \tag{2.2.32}$$

2）输入电阻 r_i：

$$r_i = \frac{u_i}{i_i} = R_g + (R_{g1} /\!/ R_{g2}) \tag{2.2.33}$$

3）输出电阻 r_o：

$$g_m U_{gs} = 0\ (\text{开路})$$

$$r_o = R_d \tag{2.2.34}$$

例 2.2.4　分压式差分偏置电路如图 2.2.15 所示，已知 $U_{DD} = 24$ V，$R_d = 10$ kΩ，$R_s = 10$ kΩ，$R_{g1} = 200$ kΩ，$R_{g2} = 64$ kΩ，$R_g = 1$ MΩ，负载电阻 $R_L = 10$ kΩ，所用的场效应管为 N 沟道耗尽型，其参数 $g_m = 1$ mS，$r_{gs} = 10^6$ kΩ。求：(1)静态值；(2)电压放大倍数、输入电阻和输出电阻。

解：(1) 栅极电位为

$$U_G = \frac{U_{DD} R_{g2}}{R_{g1} + R_{g2}} = \frac{24 \times 64}{64 + 200}\text{V} = 5.82\ \text{V}$$

如果想获得偏压 $U_{GS} = -2$ V，则源极电位为

$$U_s = I_D R_s = U_G - U_{GS} = 5.82\ \text{V} - (-2)\ \text{V} = 7.82\ \text{V}$$

由此可求得漏极电流和漏、源电压分别为

$$I_D = U_S / R_S = 7.82\ \text{V}/10\ \text{k}\Omega = 0.782\ \text{mA}$$

$$U_{DS} = U_{DD} - I_D(R_d + R_s) = 24\ \text{V} - 0.782 \times (10+10)\ \text{V} = 8.36\ \text{V}$$

(2) 放大电路的电压放大倍数为

$$A_u = \frac{u_o}{u_i} = -g_m R'_L = -1\ \text{mS} \times \frac{10 \times 10}{10+10}\ \text{k}\Omega = -5$$

$$r_i = \frac{u_i}{r_i} = R_g + (R_{g1} /\!/ R_{g2}) \approx R_g = 1\ \text{M}\Omega$$

$$r_o = R_d = 10\ \text{k}\Omega$$

2.3　差分放大电路

在直接耦合多级放大电路中,由于各级之间的工作点相互联系、相互影响,会产生零点漂移现象。所谓零点漂移,是指放大电路在没有输入信号时,由于温度变化、电源电压波动、元器件老化等原因,使放大电路的工作点发生变化,这个变化量会被直接耦合放大电路逐级加以放大并传送到输出端,使输出电压偏离原来的起始点而上下漂动。产生零点漂移的原因,主要是晶体三极管的参数受温度的影响,所以零点漂移也称为温度漂移,简称温漂。

差分放大电路是一种具有两个输入端且电路结构对称的放大电路,其基本特点是只对两个输入端的输入信号间差值进行放大,即差分放大电路放大的是两个输入信号的差,所以称为差分放大电路。差分放大电路被广泛应用于集成电路中。

2.3.1　差分放大电路的工作原理

1. 电路组成及静态分析

差分放大电路如图 2.3.1(a)所示,从电路结构上来看,它具有以下特点:它由两个完全对称的共射电路组合而成。电路采用正负双电源供电。差动放大电路利用电路对称性,可以很好地抑制零点漂移现象。信号是从三极管的两个基极端输入的,称为双端输入;输出信号是从三极管的两个集电极端输出的,称为双端输出。R_e 为差分放大电路的公共发射极电阻,用来抑制零点漂移并决定晶体管的静态工作点电流。R_C 为集电极负载电阻。

当输入信号为零时,放大电路处于静态。放大电路的直流通路如图 2.3.1(b)所示,由于电路对称,所以 $I_{BQ1} = I_{BQ2}$,$I_{CQ1} = I_{CQ2}$,$I_{EQ1} = I_{EQ2}$,流过电阻 R_e 的电流为 I_{EQ1} 与 I_{EQ2} 之和。由直流通路可以列方程得到静态工作点为

$$U_{EE} = U_{BE1} + 2I_{E1}R_e$$

$$I_{EQ1} = I_{EQ2} = \frac{U_{EE} - U_{BEQ}}{2R_e} \tag{2.3.1}$$

$$I_{BQ1} = I_{BQ2} = \frac{I_{CQ1}}{\beta} \approx \frac{I_{EQ1}}{\beta} \tag{2.3.2}$$

两管对地的集电极电压为

$$U_{CQ1} = U_{CQ2} = U_{CC} - I_{CQ1}R_C \tag{2.3.3}$$

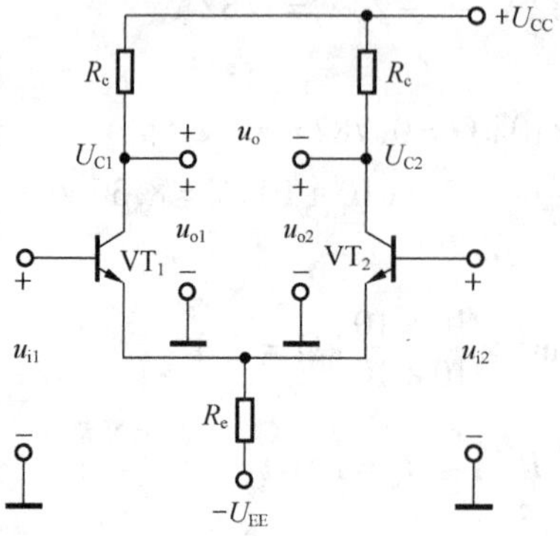

(a) 差分电路

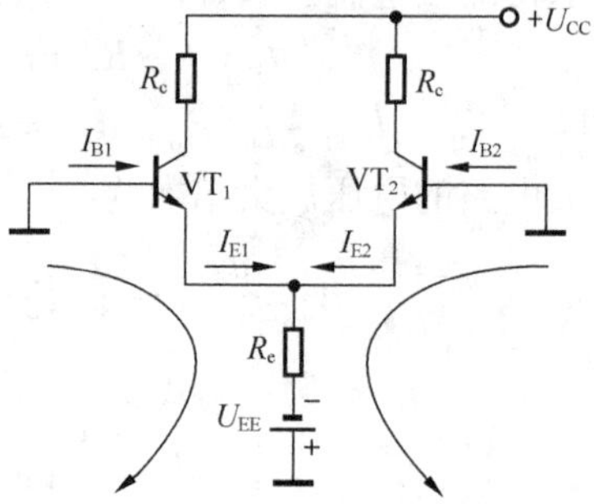

(b) 差分电路的直流通路

图 2.3.1　基本差分放大电路

2. 动态性能分析

(1) 差模输入。

在放大器两输入端分别输入大小相等、相位相反的信号，即 $u_{i1} = -u_{i2}$时，这种输入方式称为差模输入，所输入的信号称为差模输入信号。差模输入信号用 u_{id}来表示。差模输入电路如图 2.3.2(a)所示，可得

$$u_{id} = u_{i1} - u_{i2} = 2u_{i1} \quad \left(u_{i1} = -u_{i2} = \frac{1}{2}u_{id}\right) \tag{2.3.4}$$

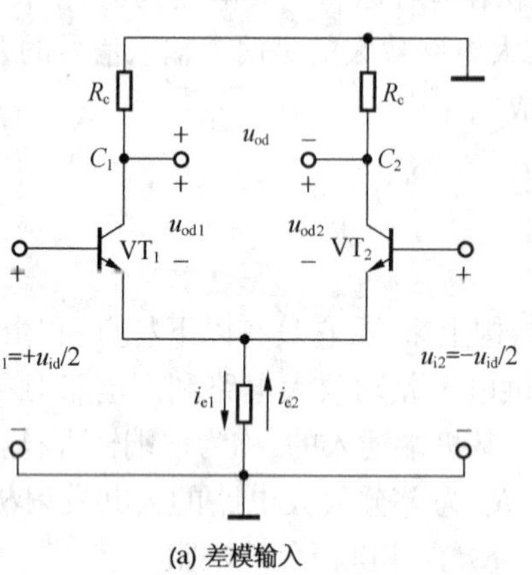

(a) 差模输入

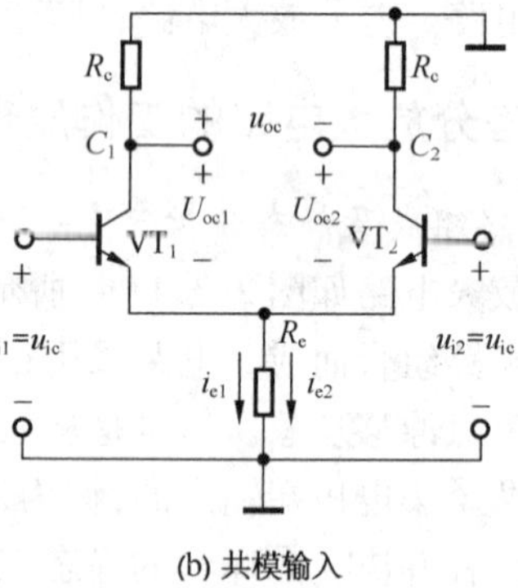

(b) 共模输入

图 2.3.2　差分电路的两种输入形式

u_{i1}使 VT_1 管产生集电极电流增量 i_{c1}，u_{i2}使 VT_2 管产生集电极电流增量 i_{c2}，由于差分电路对管特性相同，所以 i_{c1}、i_{c2}大小相等、极性相反，即 $i_{c1} = -i_{c2}$。这时两管集电极电压的增量为 $u_{o1} = i_{c1}R_c$，$u_{o2} = -i_{c2}R_c$，即 $u_{o1} = -u_{o2}$。这样两管集电极之间的差模输出电压为

$$u_{od} = u_{o1} - u_{o2} = 2u_{o1} \tag{2.3.5}$$

由于两管集电极电流增量大小相等、极性相反，流过电阻 R_e 时互相抵消，所以流经 R_e 的电流不变，仍然是静态电流，也就是说在差模输入下，R_e 两端的电压几乎不变，R_e 对差模信号而言相当于短路。这样在交流信号下，差分电路就是前面所提过的共射极电路。电路的动态参数的分析就可以参照前面的内容。

双端差模输出电压 u_{od}和双端差模输入电压 u_{id}之比称为差分放大电路的差模电压放大倍

数A_{ud}，

$$A_{ud}=\frac{u_{od}}{u_{id}}=\frac{u_{o1}-u_{o2}}{u_{i1}-u_{i2}}=\frac{2u_{o1}}{2u_{i1}}=\frac{u_{o1}}{u_{i1}}=A_{ud1} \tag{2.3.6}$$

从式(2.3.6)可见，差分放大电路双端输出的差模电压放大倍数等于单管的差模电压放大倍数，即

$$A_{ud}=-\beta\frac{R_c}{r_{be}} \tag{2.3.7}$$

如果在差分放大电路的两集电极之间接有负载电阻 R_L，VT_1、VT_2 管的集电极电位一个增加，一个减少，并且变化量相等，故负载电阻 R_L 的中点电位不变，为交流调零电阻，所以每边电路的交流等效负载电阻为 $R_{L'}=R_C//(R_L/2)$，这时差模电压放大倍数为

$$A_{ud}=-\beta\frac{R_{L'}}{r_{be}}$$

从差分放大电路两个输入端看过去所呈现的等效电阻，称为差分放大电路的差模输入电阻，即

$$r_{id}=2r_{be} \tag{2.2.8}$$

差分电路两管集电极之间对差模信号所呈现的电阻称为差模输出电阻，即

$$r_{od}=2R_c \tag{2.2.9}$$

例 2.2.5　差分放大电路如图 2.3.1(a)所示，已知 $U_{CC}=U_{EE}=12\text{ V}$，$R_C=10\text{ k}\Omega$，$R_e=20\text{ k}\Omega$，三极管的$\beta=80$，$r_{bb'}=200\ \Omega$，两输出端之间外接负载电阻 20 kΩ。试求：(1) 放大电路的静态工作点；(2) 放大电路的差模电压放大倍数 A_{ud}、差模输入电阻 r_{id}和差模输出电阻 r_{od}。

解：(1) 求静态工作点。

$$I_{C1}=I_{C2}\approx I_{EQ1}=I_{EQ2}=\frac{U_{EE}-U_{BEQ}}{2R_e}\approx\frac{12\text{ V}}{2\times 20\text{ k}\Omega}=0.3\text{ mA}$$

$$U_{CQ1}=U_{CQ2}=U_{CC}-I_{CQ1}R_C=12\text{ V}-0.3\text{ mA}\times 10\text{ k}\Omega=9\text{ V}$$

(2) 求电压放大倍数、输入电阻和输出电阻。

$$r_{be}=r_{bb'}+(1+\beta)\frac{26\text{ mV}}{I_{EQ}(\text{mA})}=200\ \Omega+81\times\frac{26\text{ mV}}{0.3\text{mA}}=7.59\text{ k}\Omega$$

$$A_{ud}=-\beta\frac{R_{L'}}{r_{be}}=-80\frac{\frac{10\times 10}{10+10}\text{k}\Omega}{7.59\text{ k}\Omega}=-52.7$$

$$r_{id}=2r_{be}=2\times 7.59\text{ k}\Omega=15.2\text{ k}\Omega$$

$$r_{od}=2R_C=2\times 10\text{ k}\Omega=20\text{ k}\Omega$$

(2) 共模输入。

差分放大电路的两个输入端加上大小相等、极性相同的信号叫共模输入，用 u_{ic}表示。电路形式如图 2.3.2(b)所示。

$$u_{ic}=u_{i1}=u_{i2} \tag{2.2.10}$$

共模信号为两输入信号的算术平均值，即

$$u_{ic}=\frac{1}{2}(u_{i1}+u_{i2}) \tag{2.2.11}$$

$$u_{i1}=\frac{u_{id}}{2}+u_{ic} \tag{2.2.12}$$

$$u_{i2} = -\frac{u_{id}}{2} + u_{ic} \tag{2.2.13}$$

在共模作用下，两管的电流增量同时增加或者同时减小，电流相同的变化量在两管集电极上引起的电位变化是一样的，即 $u_{c1} = u_{c2}$，这样双端共模输出电压为

$$u_{oc} = u_{c1} - u_{c2} = 0 \tag{2.2.14}$$

可见差分电路对共模信号有抑制作用。像温度的变化或电源电压的波动引起两集电极电流的变化是相同的，因此可以把它们的影响看成是差分电路输入端加入共模信号的结果。所以差分电路对温度的影响有一定的抑制作用，另外和输入信号一起加入的干扰信号也可以被当作共模信号给抑制掉。但实际电路中两管不可能完全相同，所以要求共模输出电压越小越好。

电路中的电阻 R_e 起到了负反馈的作用，对稳定静态工作点起到了一定的作用。当温度升高引起电流 I_c 升高，这时电流 I_E 也升高，反映在电阻 R_e 上的压降也升高，进而使三极管的电压 u_{BE}减小，使基极电流 i_B 也减小，从而使集电极电流 i_C 减小，稳定了工作点。

在实际应用中，既有有用的差模信号，也有无用的共模信号，差分电路对差模信号的放大能力和对共模信号的抑制能力，可以用共模抑制比 K_{CMR}这一指标来描述：K_{CMR}定义为差模电压放大倍数 A_{ud}与共模电压放大倍数 A_{uc}之比的绝对值，即

$$K_{CMR} = \left|\frac{A_{ud}}{A_{uc}}\right| \tag{2.2.15}$$

K_{CMR}越大，表明对共模抑制的能力越强，理想情况下为无穷大。

例 2.3.1 已知差分电路的输入信号 $u_{i1} = 1.01\ \text{V}$，$u_{i2} = 0.99\ \text{V}$，求差模和共模输入电压。

解：差模输入电压等于

$$u_{id} = u_{i1} - u_{i2} = (1.01 - 0.99)\ \text{V} = 0.02\ \text{V}$$

因此 V_1 管的差模输入电压为 $u_{id}/2 = 0.01\ \text{V}$，$V_2$ 管的差模输入电压为 $-u_{id}/2 = -0.01\ \text{V}$。共模输入电压为

$$u_{ic} = \frac{1}{2}(u_{i1} + u_{i2}) = \frac{1}{2}(1.01 + 0.99)\ \text{V} = 1\ \text{V}$$

所以当用共模信号和差模信号表示两个输入电压时，则有

$$u_{i1} = \frac{u_{id}}{2} + u_{ic} = 1\ \text{V} + 0.01\ \text{V} = 1.01\ \text{V}$$

$$u_{i2} = -\frac{u_{id}}{2} + u_{ic} = 1\ \text{V} - 0.01\ \text{V} = 0.99\ \text{V}$$

2.3.2 具有电流源的差分放大电路

前面叙述了电阻 R_e 具有可以稳定工作点的作用，所以电阻 R_e 越大越好。但是 R_e 太大，就无法保证三极管有合适的静态工作点，就要加大负电源 U_{EE}的值，这显然也不合适。为了提高差分放大电路对共模信号的抑制能力，常采用电流源来代替 R_e。

1. 电路结构

图 2.3.3(a)为具有电流源的差分放大电路，其中的恒流源是由三极管构成的电流源基本电路，实际上是前面讨论过的具有分压式电流负反馈偏置电路的共发射极放大电路。当选择合适的电阻值，使三极管工作在放大区时，其集电极电流 I_C 为一恒定值，与负载 R_L 的大小无

关。电流源电路在静态的时候其阻值很大，引入深度负反馈的作用是能够很好地抑制共模信号。在动态的时候流过电流源的交流电流互相抵消，所以电流源可以看作短路，故动态的分析和前面讨论的一样。具有恒流源的差分放大电路一般可以画成图 2.3.3(b)的形式。

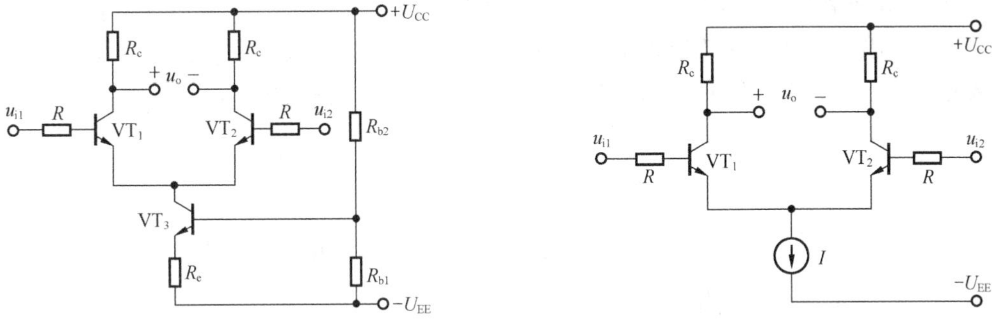

(a) 具有恒流源的差分放大电路　　(b) 恒流源差分放大电路的简化图

图 2.3.3　具有恒流源的差分放大电路

2. 静态分析

如果不考虑三极管 VT_3 基极分流的话(实际上也很小)，这时电阻 R_{b1}、R_{b2}可以看成是串联关系。电阻 R_{b1}上的电压为

$$U_{Rb1}=\frac{U_{EE}+U_{CC}}{R_{b1}+R_{b2}}\cdot R_{b1}\approx U_{Re}$$

电阻 R_e 上的电流为

$$I_{Re}=U_{Re}/R_e\approx 2I_{C1}=2I_{C2}$$

$$I_{B1}=I_{B2}=\frac{I_{C1}}{\beta_1}$$

有

$$U_{C1}=U_{C2}=U_{CC}-I_{C1}\cdot R_C$$

3. 动态分析

具有恒流源的差分放大电路在输入差模信号时，由于差模信号大小相等、极性相反，故产生的电压和电流在两管里的变化是相反的，即 $I_{C1}=-I_{C2}$，故流过恒流源电路的交流电路为 I_{C1} 和 I_{C2}两者之和，总值为零，也就是在恒流源中电路的电流不变，仍为静态电流，故在交流的时候可以把恒流源电路看成短路。其动态性能指标的分析方法和前面的基本差分放大电路一样。

2.3.3　差分放大电路的输入、输出方式

前面讨论的是差分放大电路双端输入、双端输出的方式，另外还有单端输入和单端输出的形式。这样差分放大电路总共有四种输入、输出方式：双端输入、双端输出；双端输入、单端输出；单端输入、双端输出；单端输入、单端输出。

1. 双端输入、双端输出

图 2.3.1(a)所示的为差分放大电路双端输入、双端输出的形式。输入从两个三极管的基极端输入，输出从两个三极管的集电极端输出。其动态分析等效于单管放大电路。

2. 双端输入、单端输出

这种输出方式是输出只从一根管子的集电极引出,所以输出电压只有双端输出时电压的一半,故电压放大倍数也只有双端输出的一半。输入电阻是从输入端看进去的,所以对输入电阻没有影响,其数值和双端输出时一样,但输出电阻只有双端输出的一半。单端输出时,如果输入也是从输出端的这个三极管输入的,这时的输出为反相输出,或者说输入为反相输入;如果是从另一根管子输入的信号,则这时的输出为同相输出,或者说输入为同相输入。电路如图2.3.4(a)所示。

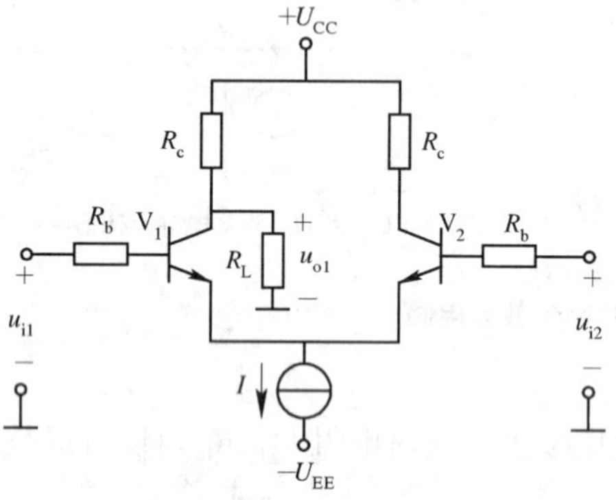

(a) 双端输入、单端输出

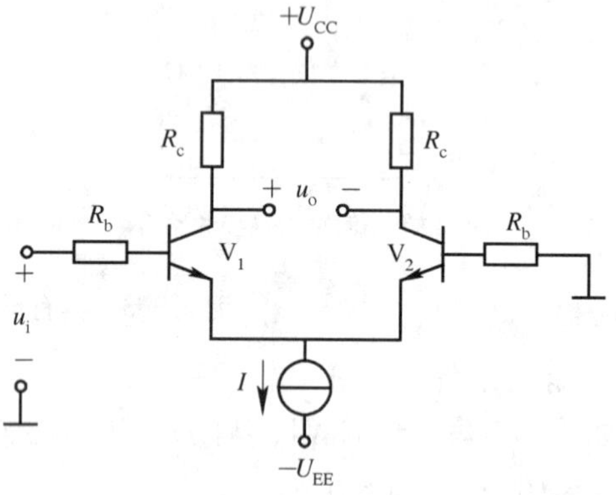

(b) 单端输入、双端输出

图2.3.4 差分放大电路的输入、输出形式

3. 单端输入、双端输出

单端输入时,信号从一个管子输入,另一个管子接地,似乎两管不是工作在差动状态,实际上另一个接地的管子的输入信号可以看成是零,也就是说看成 $u_{i1}=u_i, u_{i2}=0$。故单端输入可以转化成双端输入。由此可见,不管是双端输入,还是单端输入,差分放大电路的差模输入电压始终是两个输入端电压之差。因此差模电压放大倍数、输入电阻、输出电阻与输入端的连接方式无关。电路形式如图2.3.4(b)所示。

4. 单端输入、单端输出

这种情况可以转化为双端输入、单端输出的形式,所以参数的计算和双端输入、单端输出时的一样。

2.4 互补功率放大电路

功率放大电路是一种向负载提供功率的放大器。功率放大器的种类比较多,按在一个周期内三极管导通时间的不同,可分为甲类、乙类、甲乙类功率放大电路。

甲类放大电路静态工作点设置在放大区,管子在整个输入信号周期内都导通,此时三极管的静态电流比较大,所以甲类放大电路管耗大,放大电路效率低,一般用在小功率放大电路中。乙类放大电路的工作点设置在截止区,在静态时没有静态电流,故管耗很低,但只能对半个周期的信号放大,并且容易产生严重的失真。甲乙类放大电路的工作点设置在放大区但接近截止区,所以管耗小,放大电路效率高,在功率放大电路中应用较广,但它们的波形失真也很严重,所以一般采用两管轮流导通的推挽电路来减小失真。甲类、乙类、甲乙类的工作状态分别如图2.4.1(a)、(b)和(c)所示。目前采用的主要是乙类或甲乙类互补对称功率放大电路,所

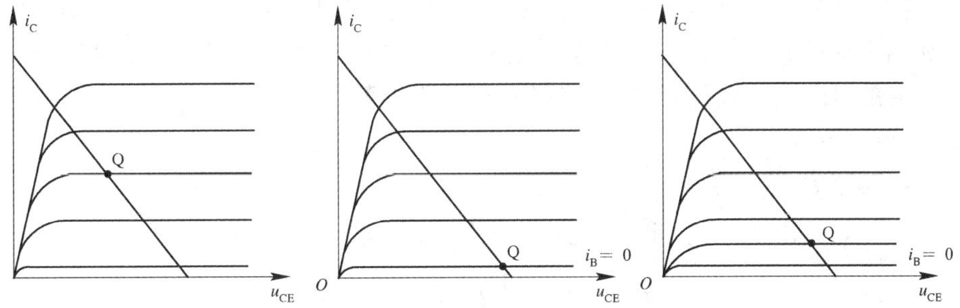

(a) 甲类功放　(b) 乙类功放　(c) 甲乙类功放

图 2.4.1　功率放大电路的工作状态

以这里只对乙类或甲乙类功率放大器进行分析。

另外功率放大电路要有足够大的输出功率。最大输出功率 P_{OM} 是指在正弦输入信号下，输出波形不超过规定的非线性失真指标时，放大电路最大输出电压和最大输出电流有效值的乘积。功率放大电路还应当满足输出效率要高、非线性失真尽量减小。

2.4.1　乙类互补对称功率放大电路

1. 电路组成及工作原理

图 2.4.2(a)是双电源乙类互补对称功率放大电路。这类电路又称无输出电容的功率放大电路，简称 OCL 电路。V_1 为 NPN 型管，V_2 为 PNP 型管，两管参数对称，特性相同。电路中两管的基极和发射极分别连在一起，信号从基极输入，从发射极输出，R_L 为负载电阻，采用双电源 U_{CC} 供电。电路工作原理如下所述。

(1) 静态分析。

当输入信号 $u_i=0$ 时，两三极管都工作在截止区，此时 I_{BQ}、I_{CQ}、I_{EQ} 均为零，负载上无电流通过，输出电压 $u_o=0$。

(2) 动态分析。

当输入信号为正半周时，$u_i>0$，三极管 V_1 导通，V_2 截止，V_1 管的射极电流 i_{e1} 经 $+U_{CC}$ 自上而下流过负载，在 R_L 上形成正半周输出电压，$u_o>0$。

当输入信号为负半周时，$u_i<0$，三极管 V_2 导通，V_1 截止，V_2 管的射极电流 i_{e2} 经 $-U_{CC}$ 自下而上流过负载，在 R_L 上形成负半周输出电压，$u_o<0$。可见，两管轮流导通，相互补足对方缺少的半个周期，在负载电阻 R_L 上得到与输入信号波形相近的电压和电流。其电压输出波形如图 2.4.2(b)所示。

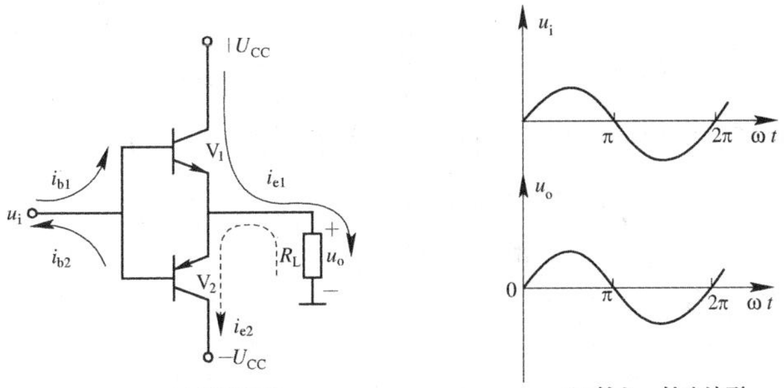

(a) 电路结构　(b) 输入、输出波形

图 2.4.2　乙类互补功率放大电路

互补对称功率放大电路是由两个工作在乙类的射极输出器组成的,所以输出电压 u_o 的大小基本上和输入电压u_i大小相等,又由于射极输出器的输出电阻很低,所以互补对称功率放大电路具有较强的带载能力,能向放大电路提供较大的功率。

2. 功率和效率的计算

(1) 输出功率 P_o。

输出功率就是输出电流 I_o 和输出电压有效值 U_o 的乘积,即

$$P_o = I_o U_o = \frac{1}{2} I_{om} U_{om} = \frac{1}{2} \frac{U_{om}^2}{R_L} \tag{2.4.1}$$

乙类互补对称功率放大电路最大不失真输出电压的幅度为

$$U_{omax} = U_{CC} - U_{CES}$$

上式中,U_{CES}为三极管的饱和压降,一般数值比较小,通常可以忽略。则最大不失真输出功率为

$$P_{om} = \frac{1}{2R_L}(U_{CC} - U_{CES})^2 \approx \frac{1}{2} \frac{U_{CC}^2}{R_L} \tag{2.4.2}$$

(2) 直流电流提供的功率 P_{DC}。

由于互补对称功率放大电路的两个管子轮流导通,故每个管子的集电极电流的平均值为

$$I_{DC} = \frac{1}{2\pi}\int_0^{\pi} I_{om}\sin(\omega t)\,d(\omega t) = \frac{I_{om}}{\pi}$$

由于每个电源只提供半个周期的电流,因此两个电源提供的总功率为

$$P_{DC} = 2I_{DC}U_{CC} = \frac{2}{\pi R_L} U_{om} U_{CC} \tag{2.4.3}$$

放大器输出最大功率时,电源供给的功率为

$$P_{DCmax} = \frac{2}{\pi} \frac{U_{CC}^2}{R_L} (U_{omax} \approx U_{CC}) \tag{2.4.4}$$

(3) 效率 η。

效率是负载获得的输出功率 P_o 与直流电源供给功率 P_{DC}的比值,

$$\eta = \frac{P_O}{P_{DC}} = \frac{\pi}{4} \cdot \frac{U_{om}}{U_{CC}} \tag{2.4.5}$$

当 U_{om}达到最大值,即电源电压值 U_{CC}时,电路的最高效率为

$$\eta_{max} = \frac{P_{om}}{P_{DC}} \times 100\% = \frac{\pi}{4} \times 100\% \approx 78.5\% \tag{2.4.6}$$

(4) 管耗 P_C。

$$P_C = P_{DC} - P_O = \frac{2}{\pi R_L} U_{CC} U_{om} - \frac{1}{2R_L} U_{CC}^2 \tag{2.4.7}$$

可求得当 $U_{om} = 0.63U_{CC}$时, 三极管消耗的功率最大, 其值为

$$P_{Cmax} = \frac{2U_{CC}^2}{\pi^2 R_L} = \frac{4}{\pi^2} P_{Omax} \approx 0.4 P_{Omax} \tag{2.4.8}$$

每个管子的最大功耗为

$$P_{C1max} = P_{C2max} = \frac{1}{2} P_{Cmax} \approx 0.2 P_{Omax} \tag{2.4.9}$$

(5) 选管原则。

每只晶体管的最大允许管耗(或集电极功率损耗)P_{CM}必须大于$0.2P_{omax}$。考虑到当V_2接近饱和导通时,忽略饱和压降,此时V_1管的U_{CE}具有最大值,且等于$2U_{CC}$。因此应选用$U_{CEO}>2U_{CC}$的管子;通过晶体管的最大集电极电流约为U_{CC}/R_L,所选晶体管的I_{CM}一般不宜低于此值。

例 2.4.1　已知互补对称功率放大电路如图 2.4.1(a)所示,已知电源电压$U_{CC}=\pm24\ V$,$R_L=8\ \Omega$,试估算该放大电路的最大输出功率P_{om}、电源供给的功率P_{DC}和管耗P_{C1},并说明该功率放大电路对功率管的要求。

解:(1) 忽略三极管的饱和压降,最大不失真输出电压幅度为$U_{om}\approx U_{CC}=24\ V$,所以最大输出功率为

$$P_{om}=\frac{1}{2R_L}(U_{CC}-U_{CES})^2\approx\frac{1}{2}\frac{U_{CC}^2}{R_L}=\frac{24\times24}{2\times8}=36(W)$$

电源供给的功率

$$P_{DCmax}=\frac{2}{\pi}\frac{U_{CC}^2}{R_L}=\frac{2\times24^2}{\pi\times8}=45.9(W)$$

此时每管的管耗为

$$P_{C1}=\frac{1}{2}(45.9-36)=4.9(W)$$

(2) 每个功率管实际承受的最大管耗为

$$P_{C1max}=P_{C2max}=\frac{1}{2}P_{Cmax}\approx0.2P_{Omax}=0.2\times36=7.2(W)$$

因此为了保证功率管不被损坏,要求功率管的集电极最大允许耗散功率为

$$R_{CM}>0.2P_{Omax}=7.2\ W$$

由于乙类互补对称功率放大电路中一只管子导通时,另一只管子截止,当输出电压为最大不失真输出幅度时,截止管所承受的反向电压为最大,且近似等于$2U_{CC}$。为了保证管子不被反向电压击穿,因此要求管子的

$$U_{(BR)CEO}>2U_{CC}=2\times24=48(V)$$

放大电路在最大功率输出状态时,集电极电流幅度达到最大值I_{cmm}。为使放大电路失真不致太大,要求管子最大允许集电极电流

$$I_{CM}>I_{cmm}=\frac{U_{CC}}{R_L}=3A$$

2.4.2　甲乙类互补对称功率放大电路

1. 双电源甲乙类互补对称功率放大电路

乙类互补功率放大电路中管子没有基极偏流,在静态时管子处于截止状态,因此在输入信号的一个周期内管子轮流导通时形成的基极电流波形在过零点附近一个区域内出现失真,从而使输出电流和电压也出现同样的失真,这种失真叫"交越失真"。如图 2.4.3(b)所示。

为了消除交越失真,可给三极管加适当的基极偏置电压,使之工作在甲乙类工作状态,如图 2.4.3(a)所示。

图 2.4.3(a)所示电路称为甲乙类互补对称功率放大电路。在电路中,给三极管V_3、V_4的发射结加了很小的正偏压,使两管在静态时均处于微导通状态,两管轮流导通时,交替得比较平滑,从而减小了交越失真。

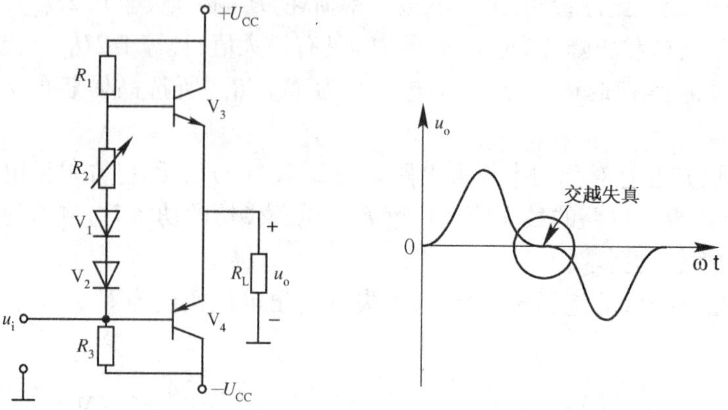

(a) 电路图　　　　(b) 交越失真

图 2.4.3　双电源甲乙类互补对称功率放大电路

2. 单电源甲乙类互补对称功率放大电路

以上介绍的互补对称功率放大电路都采用双电源供电，但在实际应用中有些场合只能有一个电源，这时可以采用单电源供电方式。如图 2.4.4 所示，它在互补对称功率放大电路的输出端接上一个大电容，也叫 OTL 电路。为使 VT_2、VT_3 管工作状态对称，要求它们的发射极静态时对地电压为电源电压的一半，一般只要合理选择 R_1、R_2 的数值就可以实现。这样，静态时电容上也充有 $U_{CC}/2$ 的电压。

输入正弦信号在负半周时，VT_2 导通，有电流流过负载 R_L，同时向电容 C 充电，由于电容上有 $U_{CC}/2$ 的电压，所以 VT_2 的工作电压只有 $U_{CC}/2$。在信号的正半周，VT_3 导通，这时充电的电容起到负电源（$-U_{CC}/2$）的作用，通过负载 R_L 放电。OTL 电路各指标的计算只要把 OCL 电路中的 U_{CC} 用 $U_{CC}/2$ 代替就可以了。

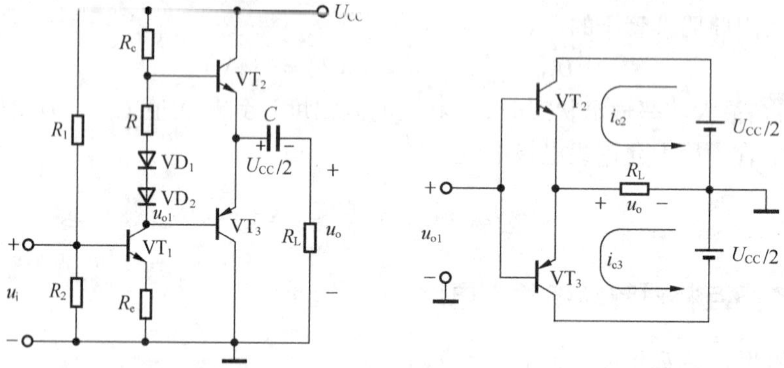

(a) 电路图　　　　(b) 等效电路

图 2.4.4　单电源甲乙类互补对称功率放大电路

3. 复合管

所谓复合管，就是由两个或两个以上三极管按一定的方式连接而成的。连接的基本规律为小功率管放在前面，大功率管放在后面；连接时要保证每管都工作在放大区域，串接点的电流必须连续，并且接点电流的方向必须保持一致。

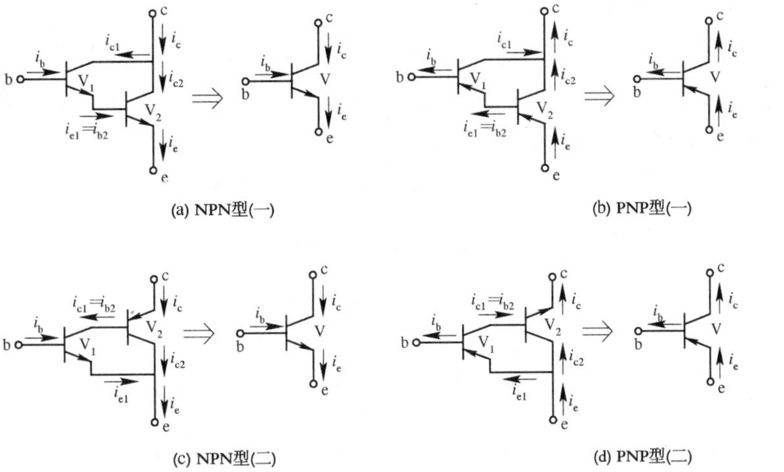

(a) NPN型(一)　(b) PNP型(一)

(c) NPN型(二)　(d) PNP型(二)

图 2.4.5 复合管

复合管又称达林顿管。如图 2.4.5 所示,图中(a)、(b)为同型复合,(c)、(d)为异型复合。可见复合后的管型与第一只三极管相同。

复合管的电流放大系数,近似为组成该复合管各三极管 β 的乘积,其值很大。

$$\begin{aligned}\beta &= \frac{i_c}{i_b} = \frac{i_{c1} + i_{c2}}{i_{b1}} = \frac{\beta_1 i_{b1} + \beta_2 i_{b2}}{i_{b1}} \\ &= \frac{\beta_1 i_{b1} + \beta_2 (1 + \beta_1) i_{b1}}{i_{b1}} \\ &= \beta_1 + \beta_2 + \beta_1\beta_2 \approx \beta_1\beta_2 \end{aligned} \tag{2.4.10}$$

复合管虽有电流放大倍数高的优点,但它的穿透电流较大,且高频特性变差。为了减小穿透电流的影响,常在两只晶体管之间并接一个泄放电阻 R,如图 2.4.6 所示,R 的接入可将 V_1 管的穿透电流分流,R 越小,分流作用越大,总的穿透电流越小。当然,R 的接入同样会使复合管的电流放大倍数下降。

4. 复合管互补对称功率放大电路

图 2.4.7 所示为采用复合管的甲乙类互补对称功率放大电路,三极管 VT_1、VT_3 为同型复合管,等效为 NPN 型,VT_2、VT_4 为异型复合管,等效为 PNP 型。由于 VT_3、VT_4 同为 NPN 管,它们的输出特性可以很好地对称,通常把这种复合管互补电路称为准互补对称放大电路。图中的 R_1、VD_1、VD_2 为三极管 VT_5 的偏置电路,用以克服交越失真。

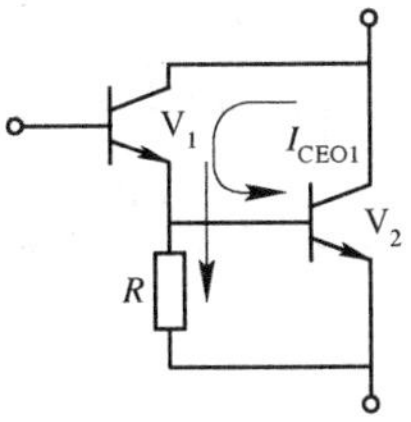

图 2.4.6 有泄放电阻的复合管

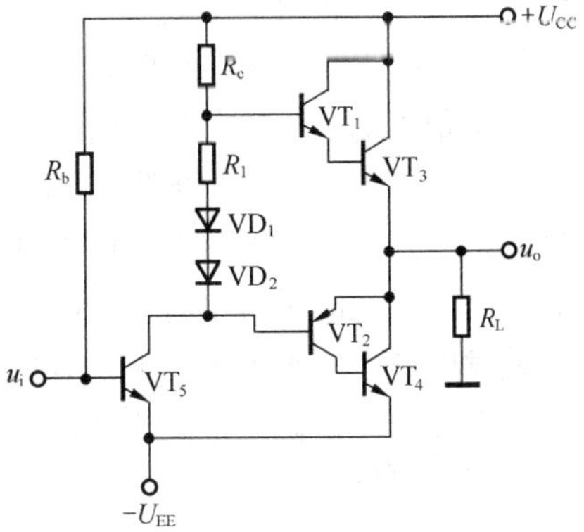

图 2.4.7 复合管互补对称功率放大电路

5. 集成运放驱动的 OTL 功率放大器

图 2.4.8 所示为用集成运放(详见本书 2.5.3)驱动的功率放大电路,V_4、V_6 组成同型复合管,等效为 NPN 型,V_5、V_7 组成异型复合管,等效为 PNP 型。电阻 R_7、R_8 为泄放电阻。二极管 V_1、V_2、V_3 构成偏置电路,用来克服交越失真。集成运放 A 的输出用来驱动后面的功率放大电路。采用单电源供电形式,供电电源可以在 24 V 到 36 V 之间变化。

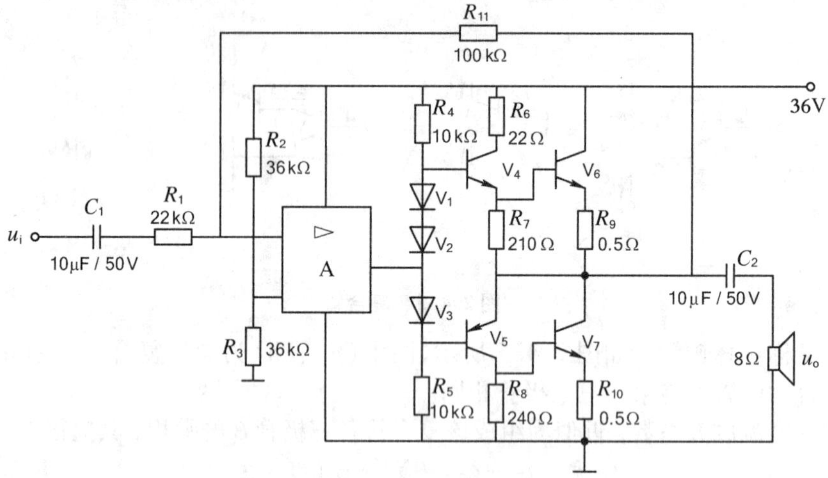

图 2.4.8 集成运放驱动的功率放大器

2.5 多级放大电路

2.5.1 多级放大电路的组成

前面所述的单管放大电路,在实际运用中各项性能指标很难满足要求,所以需要采用多级放大电路来满足实际要求。

多级放大电路是由两级或两级以上的单级放大电路连接而成的。多级放大电路一般由输入级、中间级和输出级组成。输入级一般为电压放大电路,输出级为功率放大电路。在多级放大电路中,把级与级之间的连接方式称为耦合方式。一般常用的耦合方式有阻容耦合、直接耦合和变压器耦合。

级与级之间通过电容连接的方式称为阻容耦合方式,如图 2.5.1(a)所示。阻容耦合因电容具有"隔直"作用,所以各级电路的静态工作点相互独立、互不影响,这给放大电路的分析、设计和调试带来了很大的方便,但是它不能放大直流信号和缓慢变化的信号。在集成电路中,制造大容量的电容很困难,所以这种耦合方式下的多级放大电路不便于集成。

对于直接耦合方式,级间没有耦合元件,频率特性好,所以可以放大直流、交流信号和缓慢变化的信号。电路中无大的耦合电容,便于集成化。但级与级之间的静态工作点互相影响,当出现温度变化或者电源电压等外界因素变化时,直接耦合放大电路的静态工作点会随之变化,这种现象称为工作点漂移。温度变化引起的工作点漂移最为严重,称为温漂。一般第一级多采用差分放大电路来更好地抑制温度漂移,电路如图 2.5.1(b)所示。

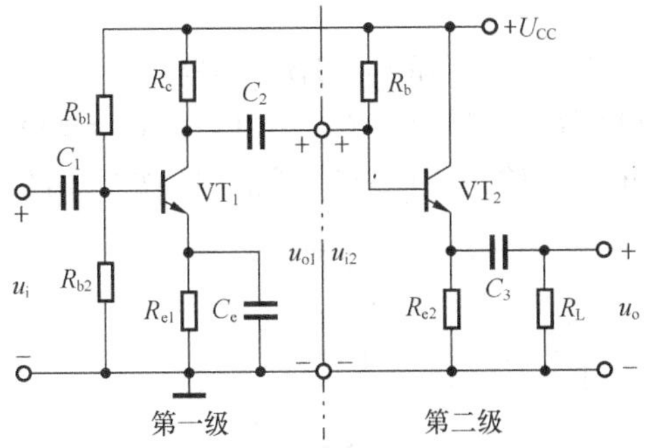

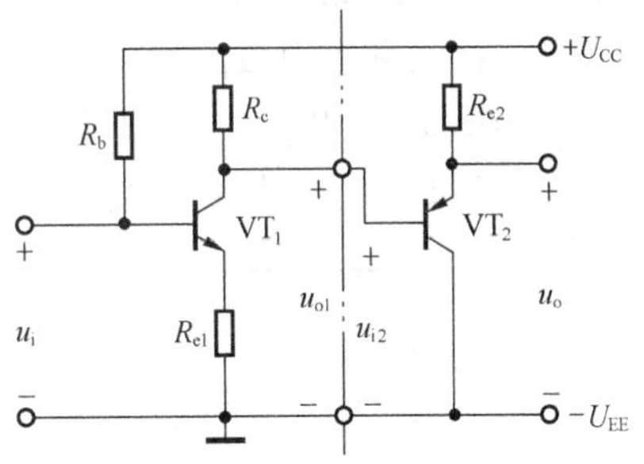

图 2.5.1　多级放大电路之间的耦合

变压器耦合是指各级放大电路之间通过变压器耦合传递信号，变压器具有隔直流、通交流的特性，因此变压器耦合放大电路具有如下特点：各级的静态工作点相互独立、互不影响，利于放大器的设计、调试和维修；同阻容耦合一样，变压器耦合低频特性差，不适合放大直流及缓慢变化的信号，只能传递具有一定频率的交流信号；可以实现电压、电流和阻抗的变换，容易获得较大的输出功率。输出温度漂移也比较小。但变压器耦合电路体积和重量较大，不便于做成集成电路。实际中这种耦合方式用得比较少。

2.5.2　多级放大电路性能指标的估算

多级放大电路之间的关系可以用图 2.5.2 的框图来表示，上一级的输出就是下一级的输入。放大倍数为各级放大倍数的乘积。

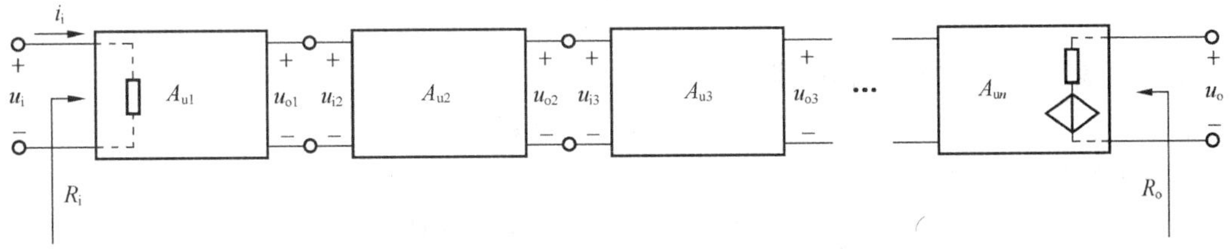

图 2.5.2　多级放大电路组成框图

1. 电压放大倍数

在多级放大电路中，每级的电压放大倍数分别为 $A_{u1}=u_{o1}/u_i$，$A_{u2}=u_{o2}/u_{i2}$，…，$A_{un}=u_o/u_{in}$。由于信号是逐级传递的，前级的输出电压就是后级的输入电压，所以整个放大电路的电压放大倍数为

$$A_u=\frac{u_o}{u_i}=\frac{u_{o1}}{u_i}\cdot\frac{u_{o2}}{u_{i2}}\cdots\frac{u_o}{u_{in}}=A_{u1}\cdot A_{u2}\cdots A_{un} \tag{2.5.1}$$

在计算各级电压放大倍数时，要注意级与级之间的影响，计算每级电压放大倍数时要把下一级的输入电阻作为上一级的负载来考虑。

2. 输入电阻

多级放大电路的输入电阻，就是输入级的输入电阻。计算时要注意：当输入级为共集电极放大电路时，要考虑第二级的输入电阻作为前级负载时对输入电阻的影响。

3. 输出电阻

多级放大电路的输出电阻就是输出级的输出电阻。计算时要注意：当输出级为共集电极放大电路时,要考虑其前级对输出电阻的影响。

例 2.5.1 两级共发射极放大电路如图 2.5.3 所示,已知 V_1 的 $\beta_1 = 100$, $r_{be1} = 0.96\ k\Omega$, V_2 的 $\beta_2 = 60$, $r_{be2} = 0.8\ k\Omega$, $R_{b11} = 36\ k\Omega$, $R_{b12} = 24\ k\Omega$, $R_{b21} = 33\ k\Omega$, $R_{b22} = 10\ k\Omega$, $R_{c1} = 2\ k\Omega$, $R_{c2} = 3.3\ k\Omega$, $R_L = 5.1\ k\Omega$。求:(1)放大电路的输入电阻和输出电阻;(2)求总电压放大倍数。

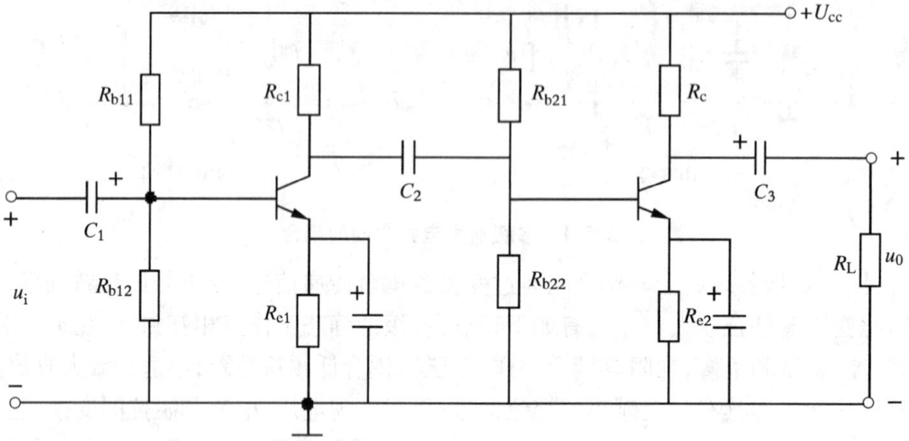

图 2.5.3 例 2.5.1 多级放大电路

解:(1) 各级电路的输入电阻为

$$r_{i1} = R_{b11} /\!/ R_{b12} /\!/ r_{be1} \approx r_{be1} = 0.96\ k\Omega$$

$$r_{i2} = R_{b21} /\!/ R_{b22} /\!/ r_{be2} \approx r_{be2} = 0.8\ k\Omega$$

所以总的输入电阻为

$$r_i = r_{i1} = 0.96\ k\Omega$$

输出电阻为最后一级的输出电阻,即

$$r_o = r_{o1} = R_{c2} = 3.3\ k\Omega$$

(2) 电压放大倍数为

$$A_{u1} = -\beta_1 \frac{R_{L'1}}{r_{be1}} = -\beta \frac{R_{c1} /\!/ r_{i2}}{r_{be1}} = -100 \times \frac{\frac{2 \times 0.8}{2 + 0.8}}{0.96} = -59.4$$

这里要注意第二级的输入电阻 r_{i2} 应作为第一级的负载电阻。

$$A_{u2} = -\beta_2 \frac{R_{L'2}}{r_{be2}} = -\beta_2 \frac{R_{c2} /\!/ R_L}{r_{be2}} = -60 \times \frac{\frac{3.3 \times 5.1}{3.3 + 5.1}}{0.8} = -150$$

故总的电压放大倍数为

$$A_u = A_{u1} \cdot A_{u2} = -150 \times (-59.4) = 8\,910$$

2.5.3 集成运算放大器的简介

1. 集成运算放大器的组成

集成电路是利用半导体的制造工艺将整个电路中的元器件制作在一块基片上、封装后构成特定功能的电路块。在模拟集成电路中,应用最广泛的是集成运算放大器。模拟集成运算放大器有如下特点:

(1) 集成电路中的电阻元件由硅半导体的体电阻构成,电容元件用 PN 结电容构成,其数值范围不大，且误差较大。集成电路中不采用大容量的电容元件，高阻值的电阻多用有源器件来代替。电感元件在集成电路难以制作。

(2) 同一硅片上用相同工艺制成的同样元件，其参数的相对误差较小，温度均一性好，容易制成特性相同的管子和阻值相等的电阻，所以集成电路中多采用差分电路、恒流源电路和OCL 电路。

(3) 电路中级间采用直接耦合方式，还广泛采用复合管。

运算放大器实质上就是一个高电压增益、高输入电阻和低输出电阻的直接耦合多级放大电路。其组成框图如图 2.5.4 所示，由输入级、中间级、输出级和偏置电路组成。

输入级均采用差分放大电路，利用差分电路的对称性可以减小温度漂移的影响，从而提高电路的共模抑制比。它的两个输入端可以扩大集成运算放大器的应用范围。

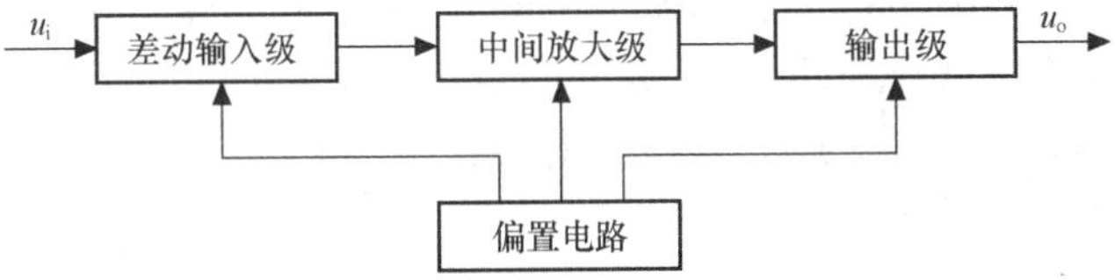

图 2.5.4　集成运算放大器的组成框图

中间级是多电压放大级，多采用有源负载的共发射极放大电路，其主要作用是提高电压增益。输出级一般采用甲乙类互补对称放大电路，主要用于提高集成运算放大器的负载能力，减小大信号工作下的非线性失真。偏置电路用以供给各级直流偏置电流，它由各种电流源电路组成，另外电路还有一些过流保护等功能。

2. 集成运算放大器的电路符号及理想化条件

集成运放的电路符号如图 2.5.5 所示。图中的三角号表示信号的传输方向，"∞"表示理想条件。两个输入端中，一个称为反相输入端，用符号"－"表示，说明如果输入信号由此端输入，则输出信号与输入信号反相，一个称为同相输入端，用符号"＋"表示，说明如果输入信号由此端输入，则输出信号与输入信号同相。

在理想情况下，认为集成运放的差模电压放大倍数 A_{ud} 近似理想，差模输入电阻 r_{id} 近似理想，差模输出电阻 r_{od} 趋于零，共模抑制比 K_{CMR} 近似理想，以及失调和温漂均趋于零。

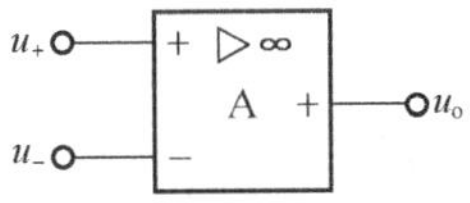

图 2.5.5　集成运放的电路符号

3. 集成运放的保护措施

集成运放在使用中常因以下三种原因被损坏：输入信号过大，使 PN 结击穿；电源电压极性接反或过高；输出端直接接"地"或接电源，此时运放将因输出级功耗过大而损坏。因此，为使集成运放安全工作，也需要从这三个方面进行保护。

(1) 输入保护。

如图 2.5.6(a)所示是防止差模电压过大的保护电路，限制集成运放两个输入端之间的差模输入电压不超过二极管 VD_1、VD_2 的正向导通电压。但要注意二极管本身的温度漂移会使放大器输出的漂移变大。如图 2.5.6(b)所示是防止共模电压过大的保护电路，限制集成运放的共模输入电压不超过 $+U$ 至 $-U$ 的范围。

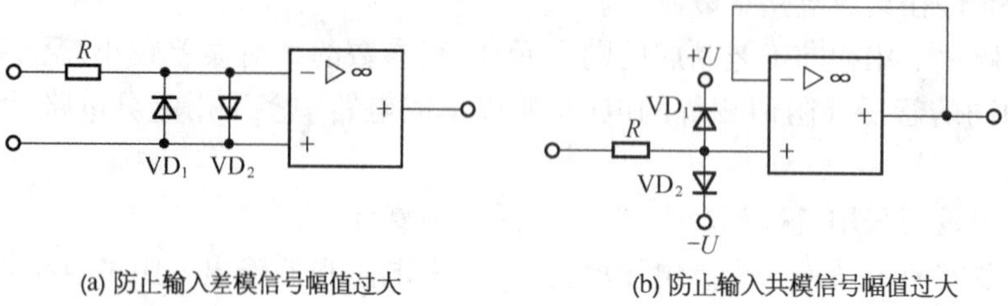

图 2.5.6 集成运放输入端的保护

（2）输出保护。

如图 2.5.7 所示为输出端保护电路，限流电阻 R 与稳压管 V_Z 构成限幅电路，它一方面将负载与集成运放输出端隔离开来，限制了运放的输出电流，另一方面也限制了输出电压的幅值。当然任何保护措施都是有限度的，若将输出端直接接电源，则稳压管会损坏，使电路的输出电阻大大提高，影响了电路的性能。

（3）电源端保护。

为防止电源极性接反，可利用二极管的单向导电性，在电源端串接二极管来实现保护，如图 2.5.8 所示。由图 2.5.8 可见，若电源极性接错，则二极管 VD_1、VD_2 不能导通，使电源被断开。

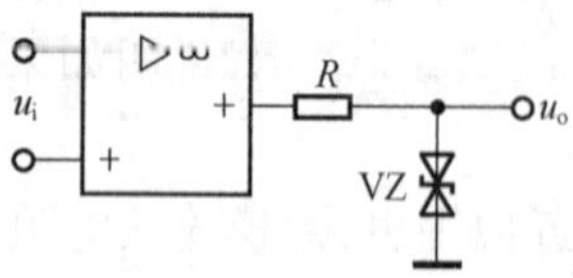

图 2.5.7 集成运放输出端的保护

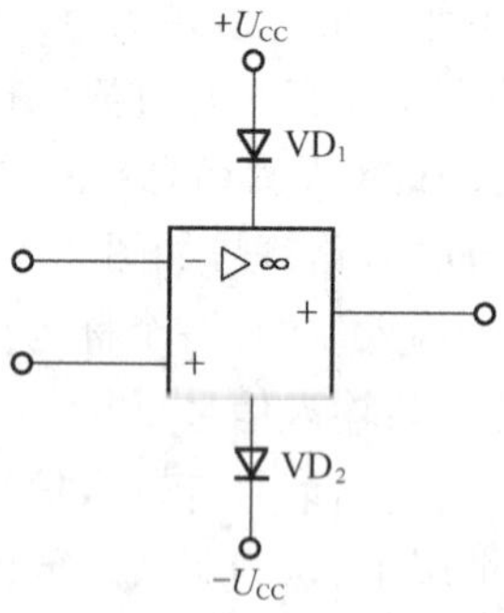

图 2.5.8 集成运放电源端的保护

本 章 小 结

1. 放大电路在电子线路中是使用最广泛，也是构成其他电子电路的基本单元电路。放大电路的性能指标主要有放大倍数、输入电阻和输出电阻，放大倍数是衡量放大能力的指标，输入电阻是衡量放大电路对信号源影响的指标，输出电阻是反映放大电路带负载能力的指标。

2. 由晶体三极管组成的放大电路有三种基本形式：共发射极、共集电极、共基极。共发射极输入电压和输出电压反相，输入电阻和输出电阻大小适中，一般放在多级放大电路的中间级；共集电极电路输入电压和输出电压同相，没有电压放大作用，放大倍数小于 1 而接近 1，输入电阻高、输出电阻低，一般多用于多级放大电路的输入级和输出级；共基极电路输入电压和输出电压同相，放大倍数较大，输入电阻较小，输出电阻较大，适用于高频或宽带放大。

3. 差分放大电路也是广泛应用的电路，多用于集成电路的输入级。差分电路具有很好的抑制零漂的作用,可以很好地稳定工作点。它的输入信号有两种:一种是要放大的差模信号,另一种是要抑制的共模信号。差分放大电路有四种输入、输出方式,可以根据需要连接。差分电路单端输出时根据电压取出位置的不同,分为同相输出和反相输出。

4. 功率放大电路主要是向负载提供功率的。在功率放大电路中提高功率是很重要的,这可以减小电源的能量消耗,同时降低功率管管耗、提高功率放大电路工作的可靠性。低频功率放大电路常采用乙类或甲乙类工作状态来降低管耗。甲乙类功率放大电路电路简单、输出功率大、频率高、频率特性好、适于集成化,所以应用较广泛。

5. 多级放大电路的耦合方式有阻容耦合、直接耦合和变压器耦合三种。阻容耦合的静态工作点互不影响,可以独立计算,但只能放大交流信号。直接耦合的静态工作点互相影响,可以放大直流信号和放大交流信号。多级放大电路在计算放大倍数和输入电阻时,要注意下一级的影响。

习　　题

2.1　放大电路如图所示,电压、电流都为正弦波,已知 $R_S=600\ \Omega$,$u_S=30\ \text{mV}$,$u_i=20\ \text{mV}$,$R_L=1\ \text{k}\Omega$,$u_o=1.2\ \text{V}$。求:(1)该电路的电压、电流和功率放大倍数;(2)输入电阻 r_i;(3)当负载 R_L 时,测得 $U_O=1.8\ \text{V}$,求输出电阻 r_o。

2.2　共射极电路如图所示,已知三极管的 $\beta=60$,$R_b=200\ \text{k}\Omega$,$R_c=200\ \text{k}\Omega$,$U_{CC}=12\ \text{V}$,$r_{bb'}=200\ \Omega$,$R_L=5.1\ \text{k}\Omega$。求:(1)电路的静态工作点;(2)画出电路的小信号等效电路;(3)电路的电压放大倍数 A_u、输入电阻 r_i 和输出电阻 r_0。

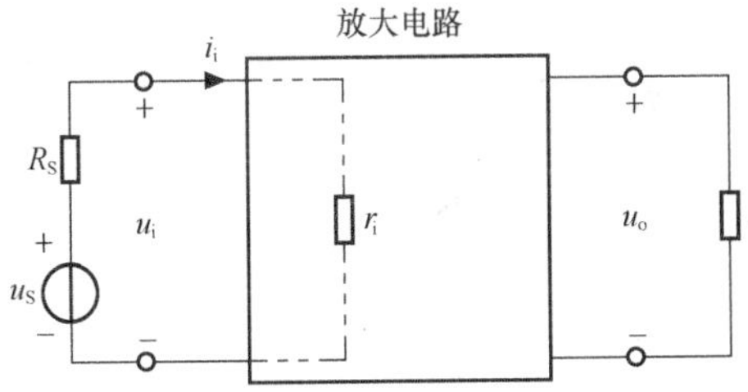

题 2.1 图

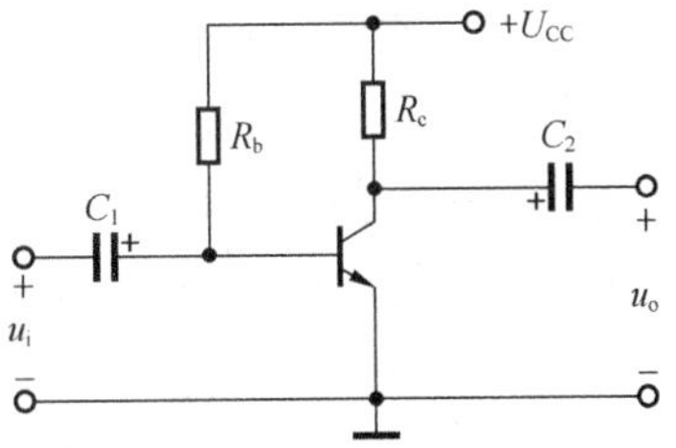

题 2.2 图

2.3　电路如图所示,已知 $R_{b1}=62\ \text{k}\Omega$,$R_{b2}=16\ \text{k}\Omega$,$R_c=4.3\ \text{k}\Omega$,$R_e=2.2\ \text{k}\Omega$,$U_{CC}=24\ \text{V}$,$r_{bb'}=200\ \Omega$,$\beta=80$,$R_L=5.1\ \text{k}\Omega$。求:(1)电路的静态工作点;(2)画出电路的小信号等效电路;(3)电路的电压放大倍数 A_u、输入电阻 r_i 和输出电阻 r_0。

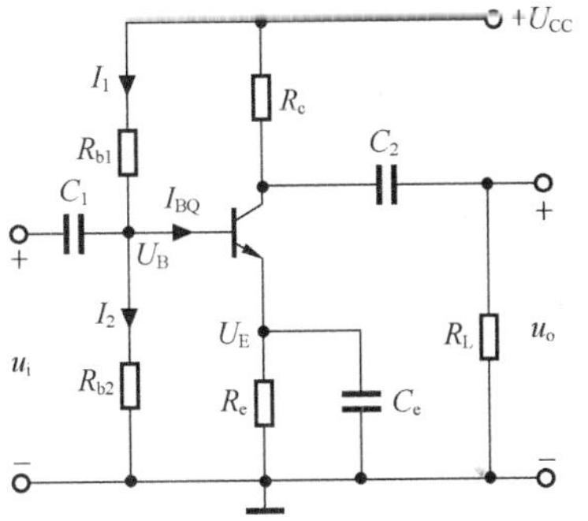

题 2.3 图

2.4 共集电极电路中已知三极管的 $\beta=100$，$r_{bb'}=200\ \Omega$，$R_b=300\ k\Omega$，$R_E=3.6\ k\Omega$，$R_L=3.6\ k\Omega$，$U_{CC}=12\ V$。求：(1)电路的静态工作点；(2)画出电路的小信号等效电路；(3)电路的电压放大倍数 A_u、输入电阻 r_i 和输出电阻 r_0。

2.5 共源极放大电路如图所示，已知场效应管的 $g_m=1.2\ ms$，$R_d=10\ k\Omega$，$R_s=1\ k\Omega$，$R_{g1}=300\ k\Omega$，$R_{g2}=100\ k\Omega$，$R_g=2\ M\Omega$，$R_L=10\ k\Omega$。(1)画出该电路的交流通路和交流小信号等效电路；(2)求电压放大倍数 A_u、输入电阻 r_i 和输出电阻 r_0。

2.6 差分电路如图所示，已知 V_1、V_2 的 $\beta_1=\beta_2=80$，$r_{bb'}=200\ \Omega$，$R_c=10\ k\Omega$，$R_e=6.8\ k\Omega$，$U_{CC}=12\ V$，$U_{EE}=-12\ V$，$R_b=0\ k\Omega$。求：(1)电路的静态工作点；(2)电路的差模电压放大倍数 A_u、差模输入电阻 r_i 和差模输出电阻 r_0。

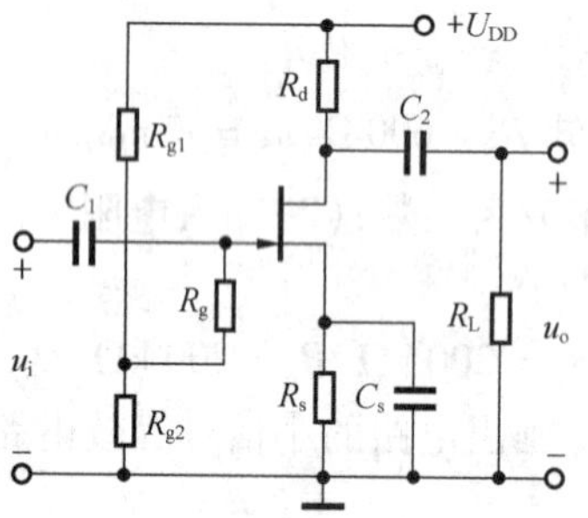

题 2.5 图

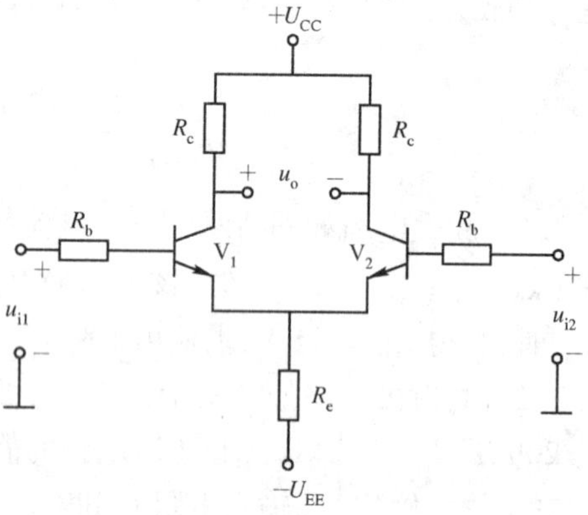

题 2.6 图

2.7 甲乙类互补对称功率放大电路如图所示，试回答下列问题：

(1) 静态时，流过负载 R_L 上的电流大约有多大？

(2) R_b、R_c、VD_1、VD_2 起到什么样的作用？

(3) 若 VD_1、VD_2 中有一个接反，会出现什么情况？

(4) 复合管 VT_1 和 VT_3 可以等效为什么类型的三极管？VT_2 和 VT_4 可以等效为什么类型的三极管？

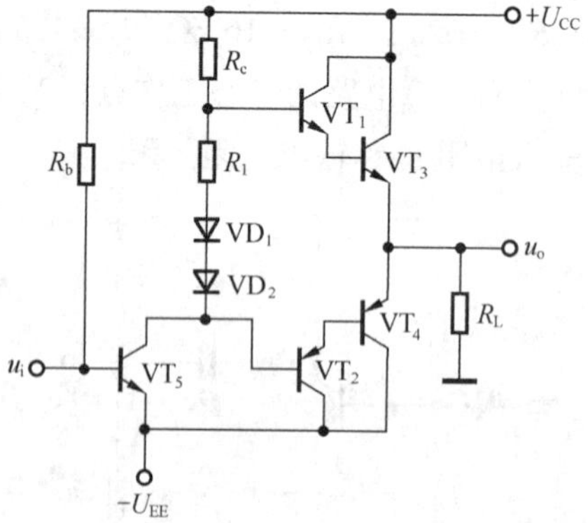

题 2.7 图

技能训练

训练2.1　单管共发射极放大电路的测试

一、训练目的

1. 学习电子电路布线、安装等基本技能。

2. 熟悉放大电路静态工作点、电压放大倍数、输入电阻和输出电阻的测量方法。

3. 学习单管放大电路故障的排除方法，培养独立解决问题的能力。

4. 熟悉常用电子仪器的使用方法。

二、器材与材料

1. 仪器：直流稳压电源、信号发生器、电子交流毫伏表、电子示波器各一台，万用表一只。

2. 元器件：三极管9014一只，$R_{b1}=62\ \text{k}\Omega$，$R_{b2}=16\ \text{k}\Omega$，$R_c=4.3\ \text{k}\Omega$，$R_E=2.2\ \text{k}\Omega$，$R_L=5.1\ \text{k}\Omega$的电阻各一只，10 μF/16 V和47 μF/16 V的电解电容各一只，面包形插座板一块。

三、预习要求

1. 放大电路如图所示，分析电路的工作原理，指出各元件的作用，并说明元件值的大小对放大电路特性有何影响。

2. 令$U_{CC}=24\ \text{V}$，$\beta=80$。计算放大电路的静态工作点、电压放大倍数、输入电阻和输出电阻。

3. 复习有关电子仪器的使用方法，以及放大电路调整与测试的基本方法。

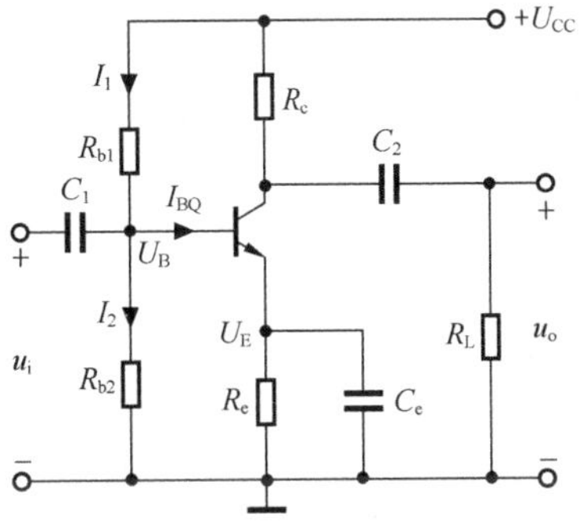

训练2.1图

四、内容及要求

1. 检查各元件的参数是否正确，测量三极管的β值。

2. 按如图所示电路在面包板上接线，安装完毕后检查接线是否正确。

3. 检查接线无误后接通24 V的直流电源，用万用表直流挡测量静态工作点的电压和电流值并做好记录。电阻R_c两端的电压值也要测量并记录。

4. 测量电压放大倍数、输入电阻和输出电阻。

将信号发生器输出信号调到频率为1 Hz、幅度为50 mV左右。接到放大器的输入端，然后用示波器观察输出电压波形有没有失真。用交流电子毫伏表测量各点的电压值和电流值并记录。断开负载R_L后，再测量一下输出电压值。记录完数据以后，把理论计算的静态工作点、电压放大倍数、输入电阻和输出电阻与测量数据进行比较。

五、报告要求

1. 填写训练目的、测试电路及测试内容。

2. 整理测试数据,分析静态工作点、电压放大倍数、输入电阻、输出电阻的计算值和测量值存在差异的原因。

3. 分析出现的故障现象,研究进行调试的步骤和方法,最后分析处理的情况如何。

第3章　负反馈电路与基本运算电路

反馈有正负之分，在放大电路中引入负反馈可以改善电路的性能，所以负反馈放大电路得到了广泛的应用。利用负反馈技术，用集成运放可以构成各种运算电路。本章主要介绍了负反馈放大电路的基本类型，以及负反馈对放大电路的影响，最后介绍由集成运放构成的各种运算电路。

3.1　负反馈放大电路的组成及基本类型

3.1.1　反馈的基本概念

将放大电路输出量(电压或电流)的一部分或全部通过某些元件或网络(称为反馈网络)，反送到输入端来影响原输入量(电压或电流)的过程称为反馈。引入反馈后，整个系统构成了一个闭环系统。反馈放大电路的框图如图3.1.1所示。图中 x_i、x_o、x_f 分别表示放大器的输入、输出和反馈信号，x_{id}表示净输入信号。

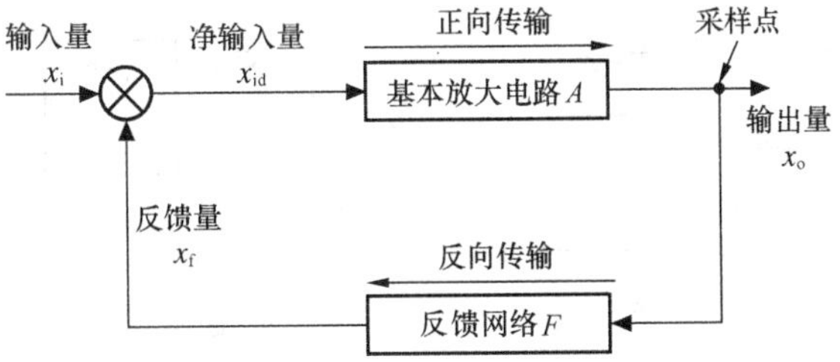

图3.1.1　反馈放大电路框图

其中 A 表示没有反馈的环节，称为基本放大电路，也称为开环放大电路。F 表示反馈环节，基本放大电路和反馈网络构成一个闭环系统，称为闭环放大电路。图中的箭头表示信号传输的方向，一般认为信号是从输入端向输出端传输的。箭头指向某个环节的为输入信号，背离某个环节的为输出信号。如对基本放大电路 A 而言，x_{id}为它的输入量，x_o 为它的输出量。$\otimes$ 叫综合比较点，表示信号的叠加，在综合比较点处输入信号之和等于输出信号之和。

在图3.1.1中，开环基本放大电路的放大倍数为

$$A=\frac{x_o}{x_{id}} \tag{3.1.1}$$

反馈网络的反馈系数为

$$F=\frac{x_f}{x_o} \tag{3.1.2}$$

闭环反馈放大电路的放大倍数为

$$A_f = \frac{x_o}{x_i} \tag{3.1.3}$$

3.1.2 反馈的类型及判别

1. 正反馈和负反馈

在反馈放大电路中，反馈量使放大器净输入量得到增强的反馈称为正反馈，使净输入量减弱的反馈称为负反馈。正反馈虽然可以提高放大倍数，但会使放大电路工作稳定度、失真度、频率特性等变坏。负反馈虽然降低了放大倍数，但可使放大电路许多方面的性能得到改善，所以实际放大电路多引入负反馈，而正反馈多用于振荡电路中。在本章讨论的也主要是负反馈。

如图 3.1.1 所示，对于负反馈有

$$x_{id} = x_i - x_f \tag{3.1.4}$$

所以

$$A_f = \frac{x_o}{x_i} = \frac{A}{1 + AF} \tag{3.1.5}$$

式(3.1.5)中的 A_f 称为环路放大倍数，$1 + AF$ 称为反馈深度。

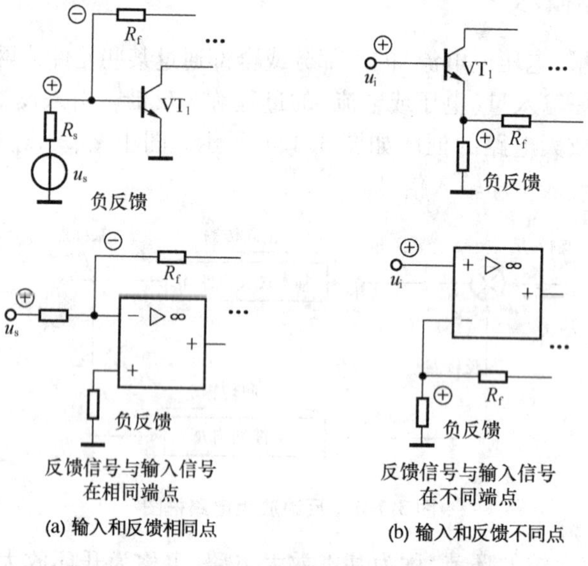

图 3.1.2 反馈电路正、负反馈的判断

通常采用“瞬时极性法”来判断是正反馈还是负反馈，具体方法如下：先假设输入电压信号在某一瞬时极性为正，并用⊕标记。然后按照信号单向传输的方向，同时根据各级放大电路输出电压与输入电压的相位关系，确定电路中相关各点电压的瞬时极性。根据反送到输入端的反馈电压信号的瞬时极性，确定是增强还是削弱了原来输入信号的作用。如果是增强，则引入的为正反馈；反之，则为负反馈。在共射极电路中输入电压和输出电压反相。在共集电极电路中输入电压和输出电压同相。

反馈电路正、负反馈的判断也可以用下面的简易方法。电路如图 3.1.2 所示。

当反馈信号 u_f 反馈回来和输入信号 u_i 在相同点时：如果极性是相同的，则为正反馈；如果极性是不同的，则为负反馈。

当反馈信号 u_f 反馈回来和输入信号 u_i 在不同点时：如果极性是相同的，则为负反馈；如果极性是不同的，则为正反馈。

2. 直流反馈和交流反馈

反馈还有直流反馈和交流反馈之分。若反馈中参与反馈的各个量均为直流量，称为直流反馈；若参与反馈的各个量均为交流量，则称为交流反馈。直流负反馈可以稳定放大电路的静态工作点。交流负反馈可以改善放大电路的交流性能。

例 3.1.1 判断如图 3.1.3(a)所示电路是否存在反馈？反馈元件是什么？是正反馈还是负反馈，是直流反馈还是交流反馈？

解：判断一个电路是否存在反馈，要看该电路的输出回路与输入回路之间有无起联系作用的反馈网络。图 3.1.3(a)中，R_{e1}、R_{e2}既在输入回路又在输出回路，把输出信号反馈回输入回路中，因此存在反馈，R_{e1}、R_{e2}是反馈元件。

正、负反馈的判断：利用瞬时极性法，如图 3.1.2 所示。因为净输入量为输入信号 u_i 减去反馈信号 u_f，减弱了净输入量，所以为负反馈。或者说反馈信号和输入信号不在同一点上，极性相同，所以为负反馈。

直、交流反馈的判断：在交流量中 R_{e2} 被短路，所以 R_{e2} 中只有直流反馈。R_{e1} 中既有直流量，又有交流量，所以直、交流反馈都有。

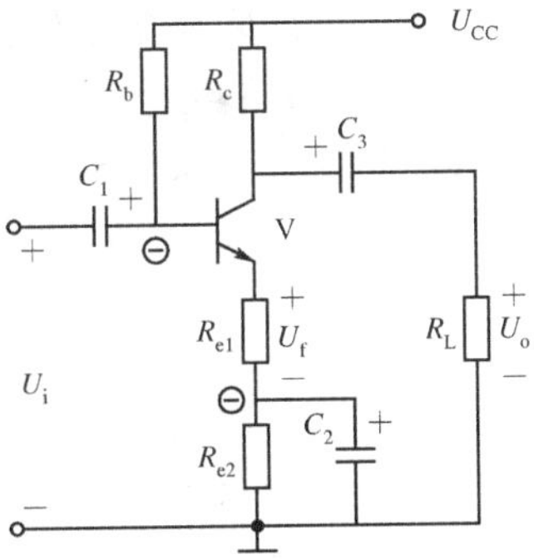

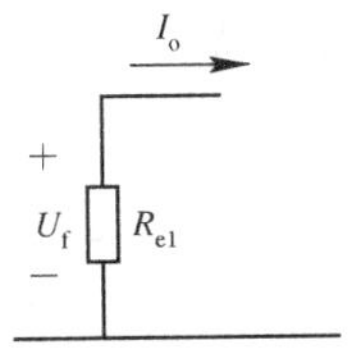

图 3.1.3 例 3.1.1 电路图

3. 电压反馈和电流反馈

从输出端看，若反馈网络与基本放大电路、负载相并联，反馈信号取自输出电压，则为电压反馈。特征为反馈信号与输出电压成比例。可以假设将负载 R_L 两端短路，判断反馈量是否为零，如果是零，就是电压反馈。如图 3.1.4(a)输出端所示。电压反馈可以稳定输出电压。

从输出端看，若反馈网络与基本放大电路、负载相串联，反馈信号取自输出电流，则为电流反馈。特征为反馈信号与输出电流成比例。可以假设将负载 R_L 两端短路，反馈量依然存在，就是电流反馈。如图 3.1.4(b)输出端所示。电流反馈可以稳定输出电流。

4. 串联反馈和并联反馈

从输入端看，若反馈网络与基本放大电路相串联，实现了输入电压为反馈电压与净输入电压的相加减，就称为串联反馈。如图 3.1.4(b)输入端所示。由于反馈电压经过信号源内阻 R_S 反映到净输入量上，所以信号源内阻 R_S 越小，反馈效果越好，故串联反馈一般采用低内阻的恒压源作为输入信号源。

从输入端看，若反馈网络与基本放大电路相并联，实现了输入电流与反馈电流的相加减，就称

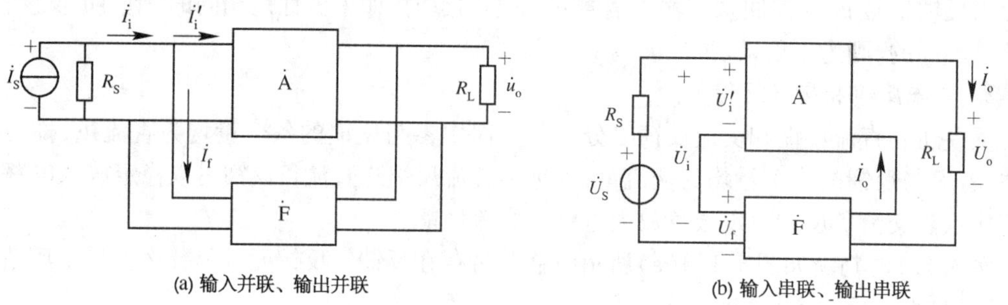

图 3.1.4 反馈网络输入输出连接方式框图

为并联反馈。如图3.1.4(a)输入端所示。由于反馈电流经过信号源内阻 R_S 反映到净输入量上,所以信号源内阻 R_S 越大,反馈效果越好,故并联反馈一般采用高内阻的恒流源作为输入信号源。

根据输入输出端连接方式的不同,共分为四种负反馈类型:电压并联负反馈、电流并联负反馈、电压串联负反馈、电流串联负反馈。

例 3.1.2 判断图 3.1.5 所示电路的反馈类型。

解:图 3.1.5 为由集成运放所构成的反馈放大电路,电阻 R_2 跨接在输出回路与输入回路之间,输出电压通过 R_1、R_2 的分压反馈到输入回路,所以 R_1、R_2 构成反馈网络。

在输入端,反馈网络与基本放大电路相串联,所以为串联反馈。在输出端反馈网络与基本放大电路及负载是一种并联关系,把输出短路后信号被短路到地。所以没有反馈信号 u_f,故为电压反馈。正、负反馈的判断用瞬时极性法,极性的标注如图 3.1.5 所示,可见 $u_{id}=u_i-u_f$,显然反馈信号减弱了净输入量,所以为负反馈。总体上是电压串联负反馈。

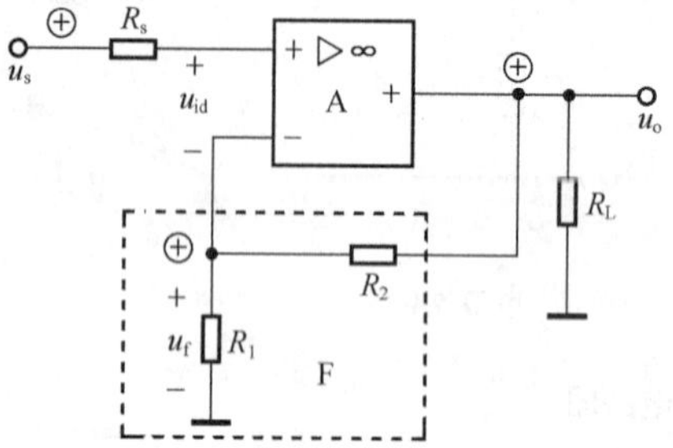

图 3.1.5 例 3.1.2 电路图

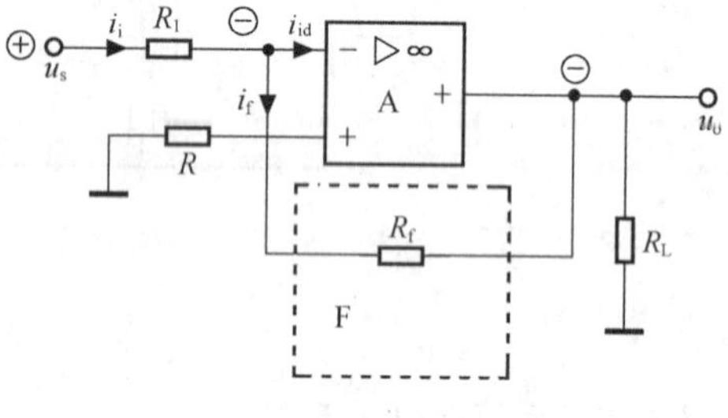

图 3.1.6 例 3.1.3 电路图

例 3.1.3 试判断图 3.1.6 所示电路的反馈类型。

解:图 3.1.6 中的电阻 R_f 连在输出和输入端,构成反馈,所以 R_f 为反馈电阻。

在输入端,反馈电阻 R_f 和输入电阻 R_1 相并联,与输入电阻 R_1 进行分流,所以为并联反馈。

在输出端,反馈电阻 R_f 和输出电阻 R_L 相并联。把输出端短路,信号都被短路到地,反馈电阻 R_f 上没有反馈信号,故为电压反馈。

对于正、负反馈的判断,利用瞬时极性法。从图 3.1.6 中可以看出,反馈信号反馈回到输入信号的同一点上,并且反馈极性不同,减弱了净输入量,故为负反馈。

所以总体上为电压并联负反馈。

例 3.1.4 试判断图 3.1.7 所示电路的反馈类型。

解:这里的反馈元件为电阻 R_1,电阻 R_1 从输出端连到反相输入端。

反馈电阻 R_1 和输出端为串联形式,当把输出短路时,反馈电阻上也有电流流过,也就是还有反馈信号，故为电流反馈。

反馈电阻和输入端是一种串联形式，和净输入量 u_{id} 串联分压，所以为串联反馈。

对于正负反馈的判断，利用瞬时极性法。极性如图 3.1.7 所示，反馈电阻回到和输入信号不同的端上，并且反馈极性相同，所以为负反馈。

整体上来说是电流串联负反馈。

例 3.1.5　试判断图 3.1.8 所示电路的反馈类型。

解：电路中电阻 R 和 R_f 共同构成反馈网络。

反馈网络在输出端和负载是一种串联关系，当输出端短路的时候，反馈网络还有电流流过，也就是还有反馈信号，所以为电流反馈。

在输入端，反馈网络和输入电阻 R_1 是一种并联的形式，和输入电阻并联分流，故为并联反馈。

对于正、负反馈的判断，瞬时极性如图 3.1.8 所示，可见反馈网络减弱了净输入量的大小。或者说反馈回到和输入同一端，并且极性不同，所以为负反馈。

故整体上说为电流并联负反馈。

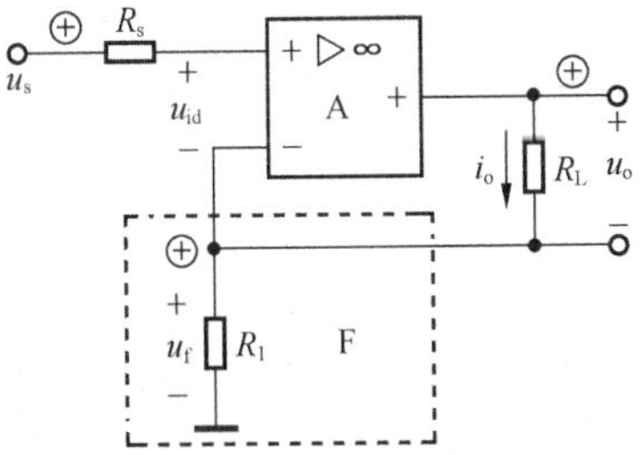

图 3.1.7　例 3.1.4 电路图

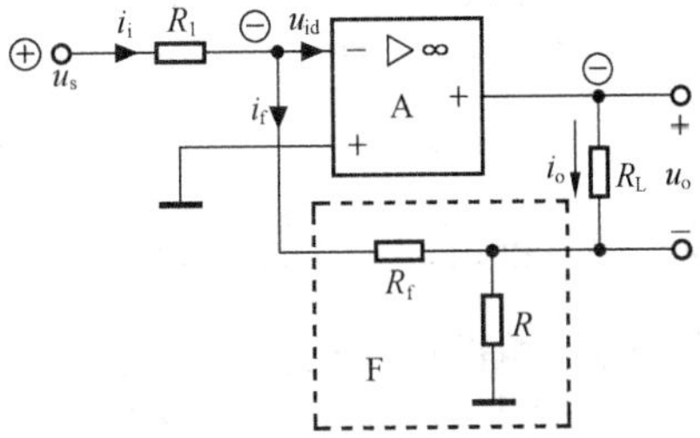

图 3.1.8　例 3.1.5 电路图

例 3.1.6　试判断图 3.1.9 所示电路的反馈类型。

解：此电路为两级放大电路。其中 R_2 在第一级放大电路的输入回路及输出回路，所以是第一级放大电路的反馈电阻，R_5 则是第二级放大电路的反馈电阻。另外 R_3、R_5 共同构成两级放大电路之间的反馈，这种反馈叫做级间反馈，各级的反馈叫做本级反馈，如 R_2、R_5 引入的反馈。级间反馈要比本级反馈大得多，所以多级放大电路中主要研究级间反馈。

R_3、R_5 构成的级间反馈网络在输入端与基本放大电路相并联，故为并联反馈。在输出端令 $u_o=0$，输出电流 i_o 仍将分流产生反馈电流 i_f，因此反馈仍然存在，故为电流反馈。用瞬时极性法判断，极性标记如图 3.1.9 所示，可见净输入量减少，所以为负反馈。

从整体上来说，图 3.1.9 级间反馈为电流并联负反馈。

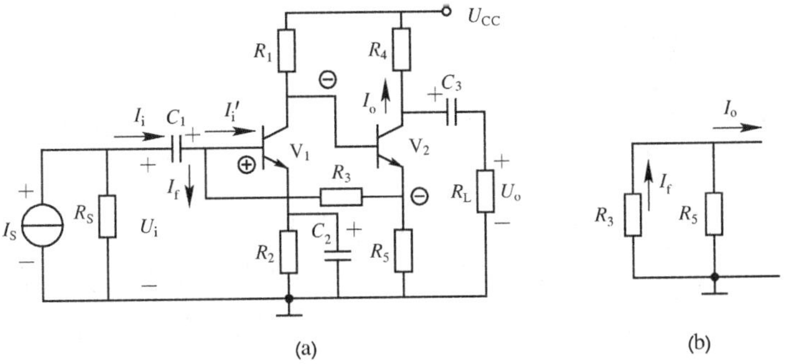

(a)　　(b)

图 3.1.9　例 3.1.6 所示电路图

3.2 负反馈对放大电路的影响

放大电路引入负反馈以后，虽然会使放大倍数下降，但会使放大电路的性能得到改善，主要影响到放大倍数、输入电阻、输出电阻和通频带等。

3.2.1 提高放大倍数的稳定性

由于负载和环境温度的变化、电压的波动等会使放大电路的放大倍数发生变化，通常用放大倍数相对变化量的大小来表示放大倍数稳定性的优劣，相对变化量越小，则稳定性越好。现对式(3.1.5)求微分，可得闭环增益的相对变化量为

$$\frac{dA_f}{A_f}=\frac{1}{(1+AF)}\frac{dA}{A} \tag{3.2.1}$$

可见，引入负反馈后放大倍数的相对变化量为未引入反馈时相对变化量的 $1/1+AF$ 倍，即放大倍数的稳定性提高了未加负反馈时的 $1+AF$ 倍。AF 越大，说明负反馈程度越深。根据式(3.1.5)可得 $A_f \approx 1/F$，这时的放大倍数基本上由反馈网络所决定。而一般反馈网络由电阻等性能稳定的无源线性元件组成，基本不受外界影响，所以放大倍数比较稳定。

3.2.2 减小失真和拓展通频带

由于放大电路中存在着三极管等非线性器件，所以即使输入的是正弦波，输出也不是正弦波，产生了波形失真，如图3.2.1(a)所示。输入的正弦波在输出端输出时，变成了正半周幅度大、负半周幅度小的失真波形。

引入负反馈后，输出端的失真波形反馈到输入端，与输入信号相减，使净输入信号幅度成为正半周小、负半周大的波形。这个波形被放大输出后，正负半周幅度的不对称程度减小，非线性失真得到减小，如图3.2.1(b)所示。注意：负反馈只能减小放大器自身的非线性失真，对输入信号本身的失真，负反馈放大器无法克服。在反馈环内，放大电路本身产生的噪声和干扰信号，可以通过负反馈进行抑制，其原理与减小非线性失真的原理相同。但对反馈环外的噪声和干扰信号，引入负反馈也无能为力。

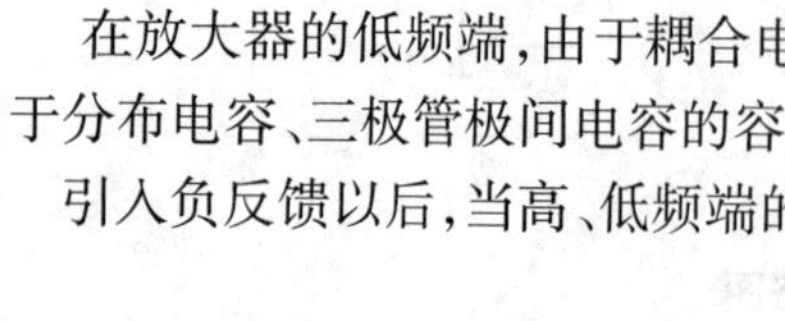

(a) 未引入反馈的输出波形

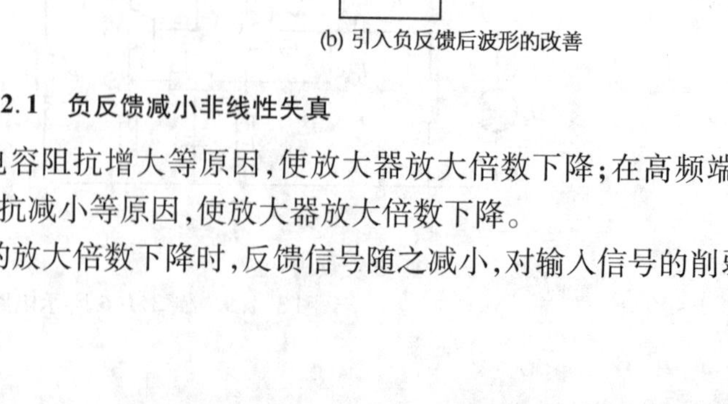

(b) 引入负反馈后波形的改善

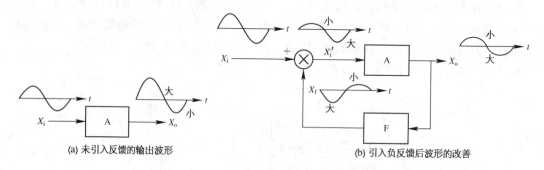

图3.2.1 负反馈减小非线性失真

在放大器的低频端，由于耦合电容阻抗增大等原因，使放大器放大倍数下降；在高频端，由于分布电容、三极管极间电容的容抗减小等原因，使放大器放大倍数下降。

引入负反馈以后，当高、低频端的放大倍数下降时，反馈信号随之减小，对输入信号的削弱

作用减弱,使放大倍数的下降变得缓慢,因而通频带展宽,如图 3.2.2 所示。图中 A 和 A_f 分别表示负反馈引入前后的放大倍数,f_L 和 f_H 分别表示负反馈引入前的下限频率和上限频率,f_{LF} 和 f_{HF} 分别表示引入负反馈后的下限频率和上限频率。

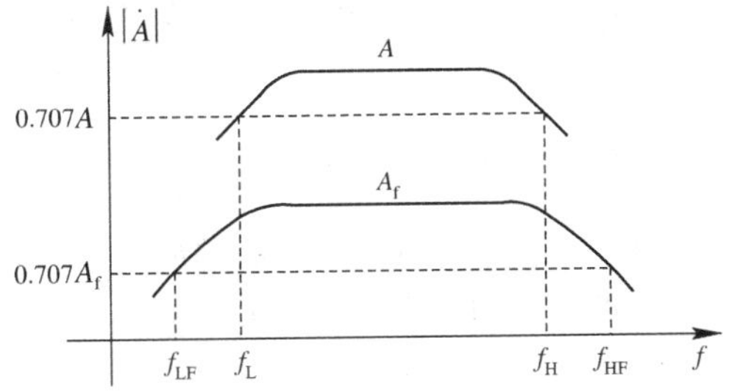

图 3.2.2　负反馈拓展通频带

根据上述分析,引入负反馈后,放大器的下限频率由无负反馈时的 f_L 下降为 $f_L/(1+AF)$,而上限频率由无负反馈时的 f_H 上升到 $(1+AF)f_H$。放大器的通频带得到展宽,展宽后的频带约是未引入负反馈时的 $(1+AF)$ 倍。

3.2.3　对输入电阻的影响

(1) 串联负反馈使输入电阻增大。

由于负反馈网络与基本放大器串联,使得放大器的输入电阻增大。根据推算可得,串联负反馈时,$r_{if}=(1+AF)r_i$。

(2) 并联负反馈使输入电阻减小。

由于负反馈网络与基本放大器并联,使得放大器的输入电阻减小。根据推算可得,并联负反馈时,$r_{if}=r_i/(1+AF)$。

3.2.4　对输出电阻的影响

(1) 电压负反馈使输出电阻减小。

由于负反馈网络与基本放大器并联,使得放大器的输出电阻减小。根据推算可得,并联负反馈时,$r_{of}=r_o/(1+AF)$。

(2) 电流负反馈使输出电阻增大。

由于负反馈网络与基本放大器串联,使得放大器的输出电阻增大。增大情况与具体电路有关。

3.3　负反馈电路的估算及基本运算电路

3.3.1　放大电路引入负反馈的原则

放大电路引入负反馈的一般原则是:

(1) 要稳定放大电路的静态工作点 Q,应该引入直流负反馈。

(2) 要改善放大电路的动态性能(如增益的稳定性、稳定输出量、减小失真、扩展频带等),应该引入交流负反馈。

(3) 要稳定输出电压、减小输出电阻、提高电路的带负载能力,应该引入电压负反馈。

（4）要稳定输出电流、增大输出电阻，应该引入电流负反馈。

（5）要提高电路的输入电阻、减小电路向信号源索取的电流，应该引入串联负反馈。

（6）要减小电路的输入电阻，应该引入并联负反馈。

注意：在多级放大电路中，为了达到改善放大电路性能的目的，所引入的负反馈一般为级间反馈。

3.3.2 深度负反馈放大电路放大倍数的估算

对于 $1+AF\gg1$ 的深度负反馈放大器来说，由于 $1+AF\approx AF$，所以有

$$A_f=A/(1+AF)\approx A/AF\approx1/F \tag{3.3.1}$$

由于 $A_f\approx1/F=x_o/x_i$，所以

$$x_i=F\ x_o=(x_f/x_o)x_o=x_f \tag{3.3.2}$$

由式(3.3.2)可见，输入信号等于反馈信号，这样就有

$$x_{id}\approx0 \tag{3.3.3}$$

以上说明，在深度负反馈放大电路中，闭环放大倍数由反馈网络决定。反馈信号近似等于输入信号，净输入量近似为零。

另外深度负反馈放大电路还有以下特点：串联反馈的输入电阻 r_{if}很大；并联反馈输入电阻 r_{if}很小；电压反馈的输出电阻 r_{of}很小；电流反馈的输出电阻 r_{of}很大。一般都理想化地认为：深度串联负反馈的输入电阻 r_{if}趋向于无限大；深度并联负反馈的 r_{if}趋向于零；深度电流负反馈的输出电阻 r_{of}趋向于无限大；深度电压负反馈的 r_{of}趋向于零。

根据以上特点，对深度串联负反馈，净输入信号 u_{id}近似为零，基本放大电路的两输入端电位近似相等，两输入端似乎短路但没有真正短路，称为“虚短”；闭环输入电阻 r_{if}趋向于无限大，闭环放大电路的输入电流近似为零，两输入端似乎开路但没有真正开路，称为“虚断”。对深度并联负反馈，净输入信号 i_{id}近似为零，基本放大电路的两输入端“虚断”；闭环放大电路的输入电阻 r_{if}近似为零，即基本放大电路的两输入端“虚短”。综上所述，对深度负反馈放大电路可以得出两个重要结论：基本放大电路的两输入端满足“虚短”和“虚断”。

例 3.3.1 利用“虚短”和“虚断”，估算图 3.3.1 所示电路的放大倍数。

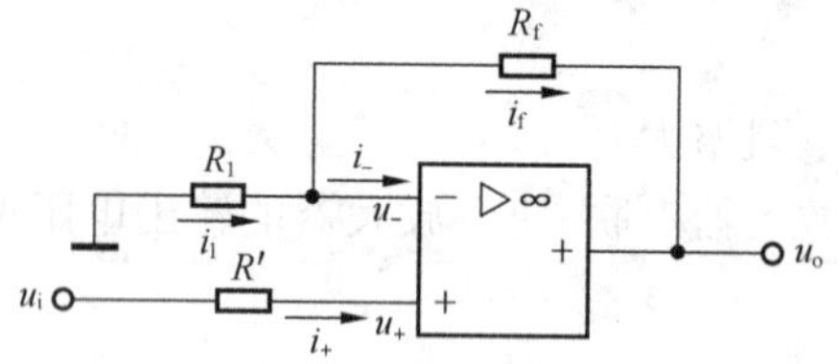

图 3.3.1 例 3.3.1 电路图

解：这是一个电压串联负反馈，利用“虚断”在同相输入端没有电流 i_+ 流入放大电路，所以 $u_+=u_i$，在反相输入端利用“虚断”，这时的 R_1、R_f 串联得：

$$u_-=u_f=u_o\,R_1/R_1+R_f$$

利用“虚短”，$u_i=u_f$，得 $u_i=u_o\,R_1/R_1+R_f$。可得放大倍数

$$A_f=u_o/u_i=(R_1+R_f)/R_1$$

例 3.3.2 估算图 3.3.2 所示电路的放大倍数。

解：在图 3.3.2 中，利用“虚断”，没有电流流入电路的输入端，故 R_3、R_5 并联分流 i_o。i_o

是三极管 V_2 的集电极电流，且规定流出为正。由于 $u_i \approx 0$，所以

$$I_f = -\frac{R_5}{R_3+R_5}I_o,\ I_i = U_S/R_S,\ I_i \approx I_f,\ U_o = I_o R_L'$$

可得到

$$A_{usf} \approx \frac{U_o}{U_S} = \frac{I_o R_L'}{R_S I_i} = \frac{I_o R_L'}{R_S I_f} = -\frac{I_o R_L'}{R_S I_o}\frac{R_3+R_5}{R_5} = -\frac{R_3+R_5}{R_5}\frac{R_L'}{R_S}$$

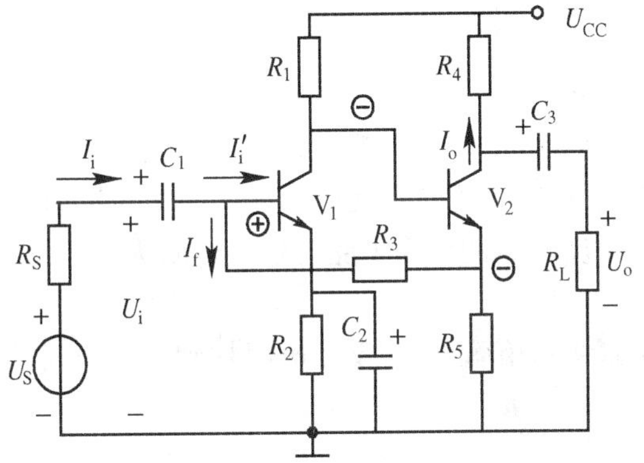

图 3.3.2　例 3.3.2 电路图

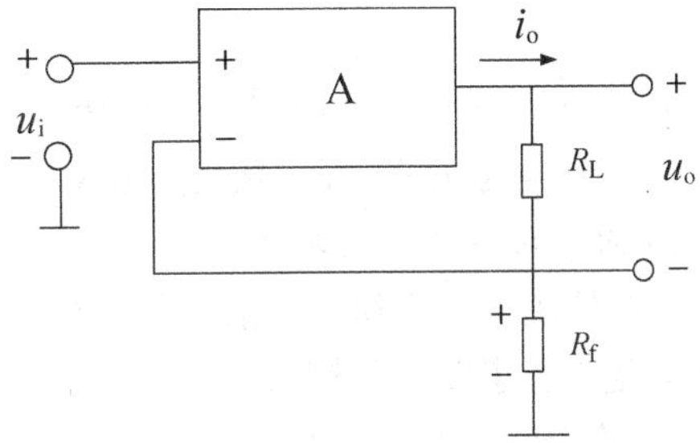

图 3.3.3　例 3.3.3 电路图

例 3.3.3　估算图 3.3.3 所示电路的放大倍数。

解：利用“虚短”，$u_+ = u_-$，其中 $u_+ = u_i$，$u_- = u_f$。

利用“虚断”，没有电流流入反相输入端，所以 R_L、R_f 可以看成串联，故

$$u_f = u_o R_f/R_L$$

可得放大倍数为

$$A_f = u_o/u_i = R_L/R_f$$

3.3.3　比例运算电路

比例运算电路有同相比例和反相比例运算，它们是最基本的运算电路，也是组成其他各种运算的基础。

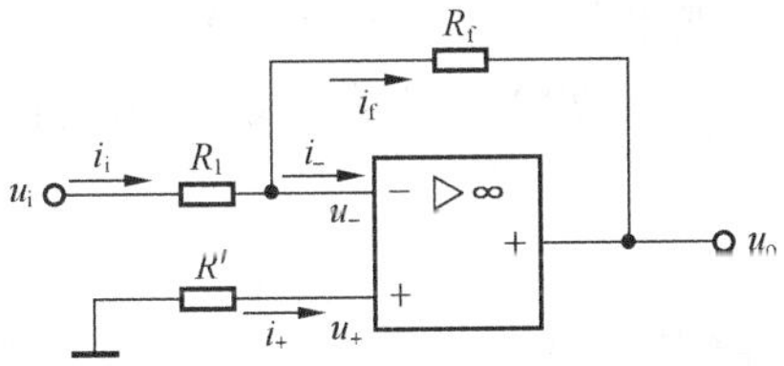

图 3.3.4　反相比例运算电路

1. 反相比例运算电路

反相比例运算电路如图 3.3.4 所示。输入信号 u_i 经过电阻 R_1 加到反相比例运算电路的反相输入端，输出信号通过反馈电阻 R_f 也回到反相输入端，R_f 构成深度电压并联负反馈，电阻 R' 为平衡电阻，用来平衡两输入端对地的直流电阻，并使 $R' = R_1 /\!/ R_f$。

利用“虚断”，同相输入端电流近似为零，故 $u_+ \approx u_- \approx 0$，$i_1 \approx i_f$，由图 3.3.4 可得

$$i_1=\frac{u_i-u_-}{R_1}\approx\frac{u_i}{R_1}$$

$$i_f=\frac{u_--u_o}{R_f}\approx-\frac{u_o}{R_f}$$

利用“虚断”,可知 $i_-\approx0$,故有 $i_1\approx i_f$,所以

$$\frac{u_i}{R_f}=-\frac{u_o}{R_f} \tag{3.3.4}$$

可得电压放大倍数为

$$A_f=\frac{u_o}{u_i}=-\frac{R_f}{R_1} \tag{3.3.5}$$

由式(3.3.5)可见输入电压与输出电压反相,这种电路又叫做反相器。反相输入端为“虚地”(同相端电位为零,好像接地,故称为“虚地”)。反相比例运算电路的输入电阻为 R_1。

2. 同相比例运算电路

电路如图3.3.5所示,输入信号通过电阻 R' 加到同相输入端,反馈电阻加到反相输入端,构成深度电压串联负反馈,R' 为平衡电阻,要求 $R'=R_1/\!/R_f$。

由“虚断”可知 $i_+\approx0$,故 $u_-\approx u_+\approx u_i$, $i_-\approx0$,$i_1\approx i_f$, 所以有

$$\frac{0-u_-}{R_1}\approx\frac{u_--u_o}{R_f}$$

可得输出电压和输入电压之比,即放大倍数为

$$A_f=\frac{u_0}{u_i}=1+\frac{R_f}{R_1} \tag{3.3.6}$$

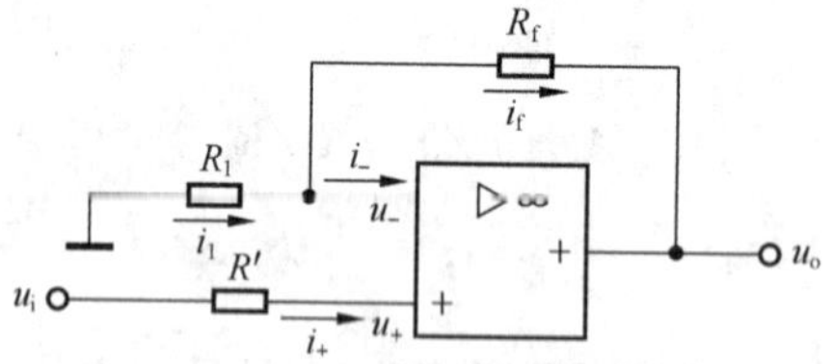

图 3.3.5 同相比例运算电路

如图 3.3.6(a)和(b)所示,如果取 $R_1=\infty$ 或 $R_f=0$,则 $A_f=1$,这种电路叫做电压跟随器。根据同相端“虚断”,放大电路引入深度电压串联负反馈,可得同相比例运算电路的输入电阻趋向于无穷大。

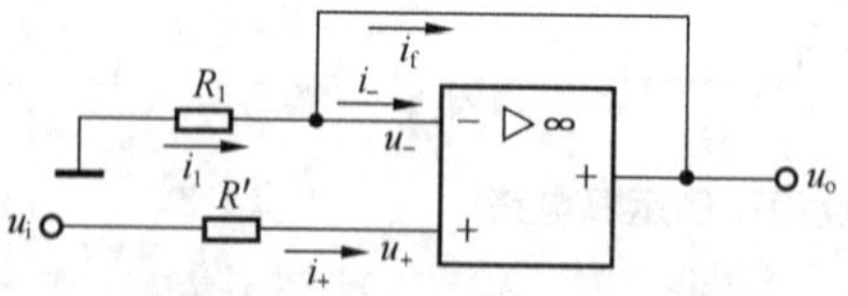

(a) R_f=0的同相比例电路

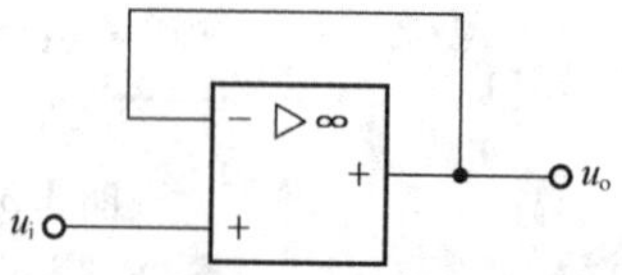

(b) 电压跟随器($R_1=\infty$、$R_f=0$)

图 3.3.6 电压跟随器

3.3.4　加法、减法电路

1. 加法电路

(1) 反相求和电路。

这里分析的是一种反相加法电路，如图 3.3.7(a)所示。它是利用反相比例运算电路来实现的，输入信号加到反相输入端，R_4 为直流平衡电阻，要求 $R_4 = R_1 /\!/ R_2 /\!/ \cdots R_n$。

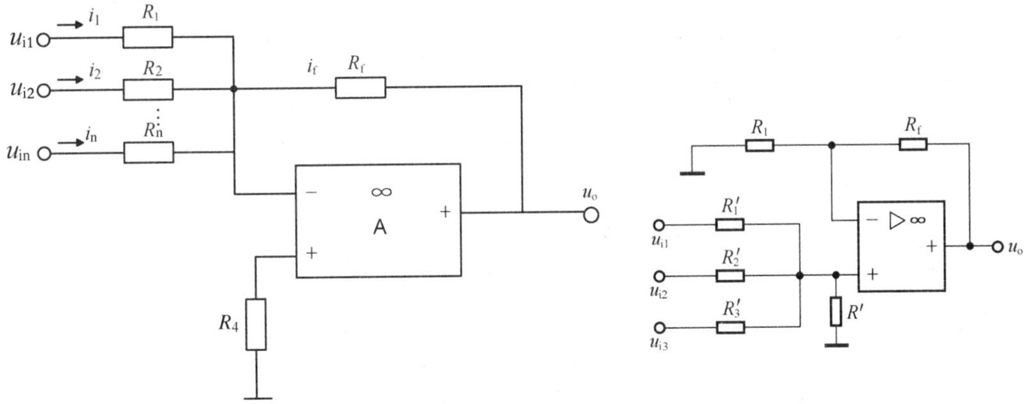

(a) 反相求和电路　　(b) 同相求和电路

图 3.3.7　求和电路

根据反相输入端"虚断"，可知 $i_f = i_1 + i_2 + \cdots i_n$，利用"虚短"可知 $u_- \approx u_+ \approx 0$，所以可得

$$\frac{0-u_o}{R_f} \approx \frac{u_{i1}}{R_1} + \frac{u_{i2}}{R_2} + \cdots \frac{u_{in}}{R_n} \tag{3.3.7}$$

由式(3.3.7)可得输出电压

$$u_o = -R_f\left(\frac{u_{i1}}{R_1} + \frac{u_{i2}}{R_2} + \cdots \frac{u_{in}}{R_n}\right) \tag{3.3.8}$$

可见实现了反相加法运算。如果 $R_1 = R_2 \cdots R_n$，则

$$u_o = -R_f(u_{i1} + u_{i2} \cdots)$$

(2) 同相求和电路。

另外还有一种同相求和电路，如图 3.3.7(b)所示。

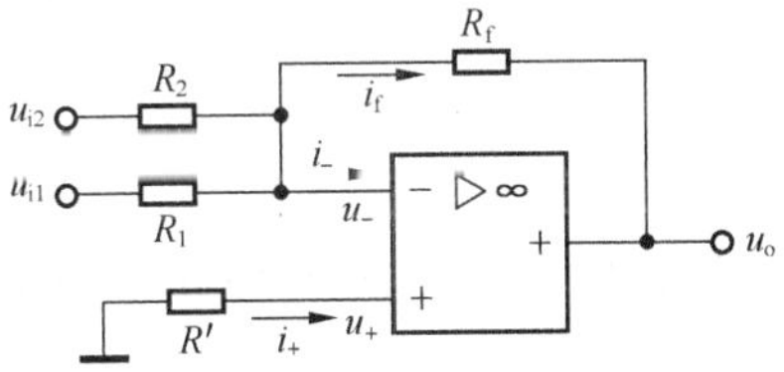

图 3.3.8　例 3.3.4 图

此电路的输入是从同相端输入的。计算要比反相求和电路复杂，并且调节一路输入电阻的时候，就会影响其他路输出信号产生的输出值，电路的调节不太方便，因此不太使用，现在大多数使用反相求和电路。同相求和输出的表达式，有兴趣的读者可以自己分析一下。

例 3.3.4　如图 3.3.8 所示，两输入的反相求和电路，已知 $u_{i1} = 2\text{ V}$，$u_{i2} = -6\text{ V}$，电阻 $R_2 = 3\text{ k}\Omega$、$R_1 = 2\text{ k}\Omega$、$R_f = 6\text{ k}\Omega$。求电路的输出电压 u_o。

解:此电路为反相求和电路,根据反相求和电路公式 $u_o = -R_f\left(\frac{u_{i1}}{R_1} + \frac{u_{i2}}{R_2} + \cdots \frac{u_{in}}{R_n}\right)$,得

$$u_o = -R_f\left(\frac{u_{i1}}{R_1} + \frac{u_{i2}}{R_2}\right) = -6\ \text{k}\Omega\left(\frac{2\ \text{V}}{2\ \text{k}\Omega} + \frac{-6\ \text{V}}{3\ \text{k}\Omega}\right) = 6\ \text{V}$$

2. 减法电路

减法电路是利用反相比例运算电路和同相比例运算电路来实现的,如图 3.3.9 所示。

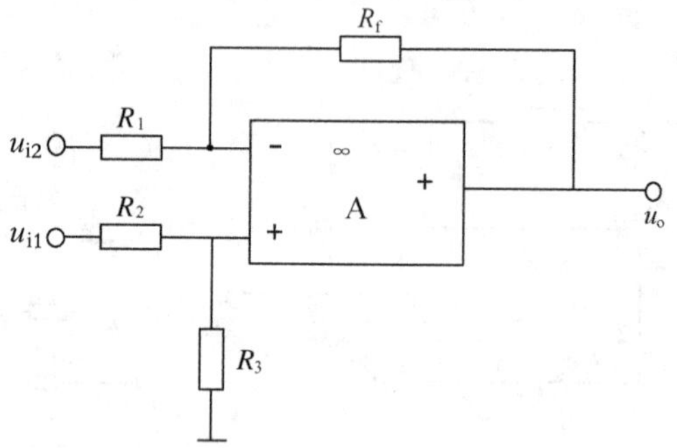

图 3.3.9 减法电路图

分析时运用叠加定理。首先分析 u_{i2} 单独作用时,u_{i1} 接地,这时电路是一个反相比例运算电路,输出电压为

$$u_{o2} = -\frac{R_f}{R_1}u_{i2}$$

然后当 u_{i1} 单独作用时,u_{i2} 接地,这时电路是一个同相比例运算电路,输出电压为

$$u_{o1} = \left(1 + \frac{R_f}{R_1}\right)u_+ = \left(1 + \frac{R_f}{R_1}\right)\left(\frac{R_3}{R_2 + R_3}\right)u_{i1}$$

由此可得总的输出电压为

$$u_o = u_{o1} + u_{o2} = \left(1 + \frac{R_f}{R_1}\right)\left(\frac{R_3}{R_2 + R_3}\right)u_{i1} - \frac{R_f}{R_1}u_{i2} \qquad (3.3.9)$$

当 $R_1 = R_2$, $R_f = R_3$ 时,

$$u_o = \frac{R_f}{R_1}(u_{i1} - u_{i2}) \qquad (3.3.10)$$

3.3.5 微、积分电路

1. 积分电路

积分电路是一种基本运算电路,将反相比例运算电路中的反馈电阻 R_f 用电容 C 来代替就可以了,如图 3.3.10(a)所示。

根据运放反相输入端"虚地",可得

$$i_i = \frac{u_i}{R}, i_c = -c\frac{du_o}{dt}$$

由于 $i_c = i_i$,因此可得输出电压为

$$u_o = -\frac{1}{RC}\int u_i dt \qquad (3.3.11)$$

积分电路可以用来变换波形,可以把矩形波变换成三角波,如图 3.3.10(b)所示。

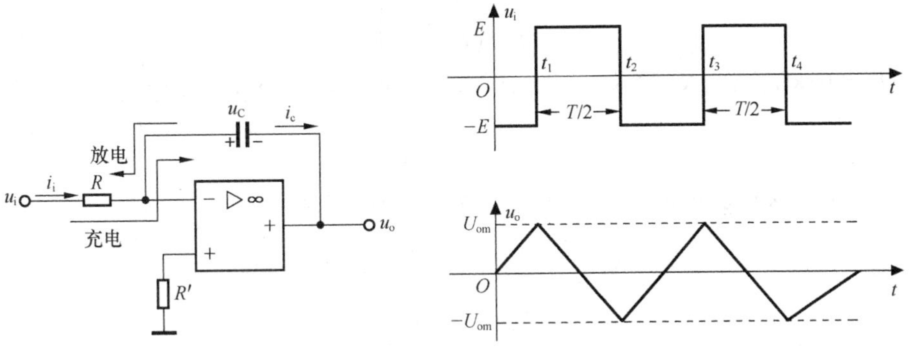

(a) 电路图　　(b) 波形变换

图 3.3.10　积分电路

2. 微分电路

把积分电路中的电阻和电容换一下位置就成为微分电路，如图 3.3.11(a)所示。由电路可得

$$i_c = i_R, i_c = c\frac{du_i}{dt}$$

因此可得输出电压为

$$u_o = -i_R R = -RC\frac{du_i}{dt} \tag{3.3.12}$$

微分电路常常用以实现波形变换，例如微分电路可将方波电压变换成尖脉冲电压，如图 3.3.11(b)所示。

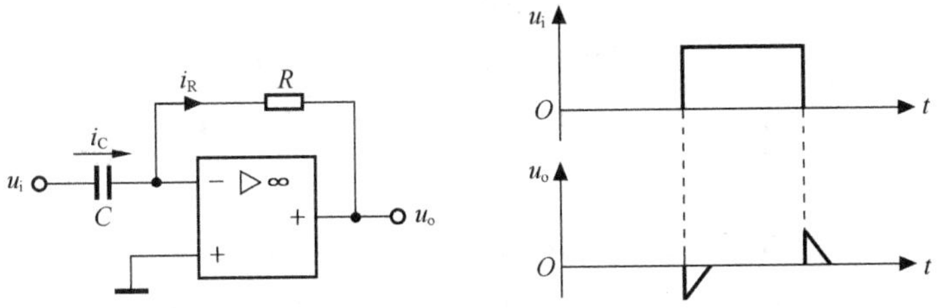

(a) 电路图　　(b) 波形变换

图 3.3.11　微分电路

3.3.6　基本运算电路的应用举例

例 3.3.5　若给定反馈电阻 $R_f = 10\ \text{k}\Omega$，试设计实现 $u_o = u_{i1} - 2u_{i2}$ 的运算电路。

解：根据题意可知，可用减法电路来实现，采用的电路如图 3.3.9 所示。由式(3.3.9)可得输出电压的表达式为

$$u_o = u_{o1} + u_{o2} = \left(1 + \frac{R_f}{R_1}\right)\left(\frac{R_3}{R_2 + R_3}\right)u_{i1} - \frac{R_f}{R_1}u_{i2}$$

将要求实现的 $u_o = u_{i1} - 2u_{i2}$ 和上式进行比较，可得

$$-\frac{R_f}{R_1} = -2 \tag{3.3.13}$$

$$\left(1+\frac{R_f}{R_1}\right)\left(\frac{R_3}{R_2+R_3}\right)=1 \tag{3.3.14}$$

由于 $R_f=10\ k\Omega$，因此 $R_1=5\ k\Omega$。把式(3.3.13)带入式(3.3.14)可得

$$\frac{R_3}{R_2+R_3}=\frac{1}{3} \tag{3.3.15}$$

根据直流端输入电阻平衡的要求，根据图3.3.7所示可得

$$R_2 /\!/ R_3 = R_1 /\!/ R_f = \frac{5\times 10}{5+10}\ k\Omega = 10/3\ k\Omega$$

即

$$\frac{R_2R_3}{R_2+R_3}=\frac{10}{3}\ k\Omega \tag{3.3.16}$$

联列(3.3.15)和(3.3.16)两式，并求解可得

$$R_2=10\ k\Omega, R_3=5\ k\Omega$$

例3.3.6 如图3.3.12所示电路通常称为仪用放大器或数据放大器，它在测量、数据采集、工业控制等方面得到广泛应用，分析输出电压的表达式。

解：根据运放 A_1、A_2 输入端分别"虚短"可得

$$u_{R1}=u_{i1}-u_{i2}$$

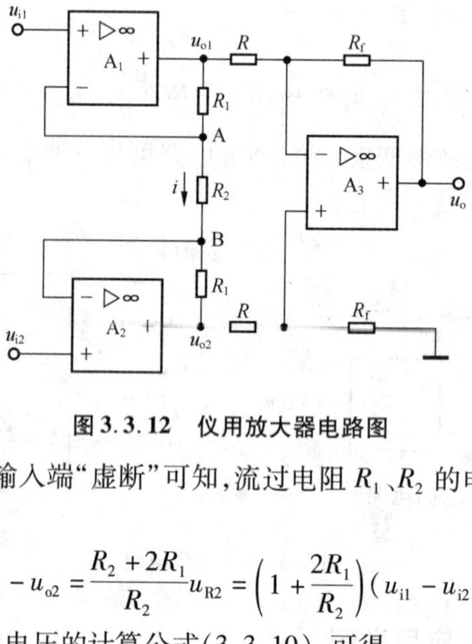

图3.3.12 仪用放大器电路图

根据运放 A_1、A_2 反相输入端"虚断"可知，流过电阻 R_1、R_2 的电流相等，因此第二级电路的差模输入电压为

$$u_{o1}-u_{o2}=\frac{R_2+2R_1}{R_2}u_{R2}=\left(1+\frac{2R_1}{R_2}\right)(u_{i1}-u_{i2}) \tag{3.3.17}$$

根据减法运算电路输出电压的计算公式(3.3.10)，可得

$$u_o=\frac{R_f}{R}(u_{o2}-u_{o1})$$

将式(3.3.17)代入上式，可得

$$u_o=-\frac{R_f}{R}\left(1+\frac{2R_1}{R_2}\right)(u_{i1}-u_{i2})$$

例3.3.7 如图3.3.10为一积分电路，它可以将方波转换成三角波，已知 $R=10\ k\Omega$，$C=10\ nF$，运放最大输出电压为 ±10 V，开始时电容充电为零，试画出理想情况下的输出电压波形。

解：电路的时间常数为

$$\tau=RC=10\ k\Omega\times 10\ nF=0.1\ ms$$

根据运放输入端为“虚地”可知，输出电压等于电容电压，并且开始为零。因为在 0 ~ 0.1 ms 时间段内输入电压为 -5 V，根据积分电路的工作原理，输出电压将从零开始线性增大，在 0.1 ms时达到正峰值，其值为

$$u_o|_{t=0.1} = -\frac{1}{RC}\int_0^1 u_i \mathrm{d}t + u_o(0) = -\frac{1}{0.1}\int_0^{0.1} -5\mathrm{d}t = +5(\mathrm{V})$$

而在 0.1 ~ 0.3 ms 时间段内，输入电压为 +5 V，所以输出电压从 +5 V 开始线性减小，在 0.3 ms 时达到负峰值，其值为

$$u_o|_{t=0.3} = -\frac{1}{RC}\int_{0.1}^{0.3} u_i \mathrm{d}t + u_o|_{t=0.1} = -\frac{1}{0.1}\int_{0.1}^{0.3} +5\mathrm{d}t + 5 = -5(\mathrm{V})$$

上述输出电压最大值都不超过运放的最大输出电压，所以输出电压与输入电压间为线性积分关系。由于输入信号为方波，故输出信号为三角波，如图 3.3.13 所示。

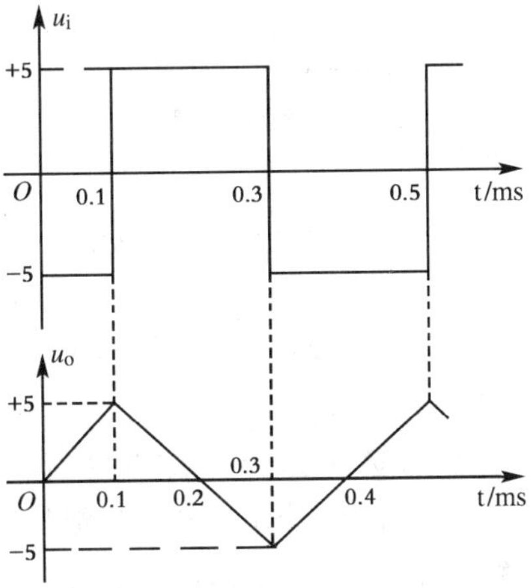

图 3.3.13　例 3.3.7 输出波形图

3.3.7　负反馈放大电路的稳定性

负反馈可以改善放大电路的性能，改善程度与反馈深度 $(1+AF)$ 有关，$(1+AF)$ 值越大，反馈程度越显著。但是反馈深度太深时，可能产生自激振荡（指放大电路在没有加外来输入信号时，也能输出一定幅度和频率信号的现象）。自激振荡将使放大电路不能正常工作，产生的原因如下：在多级放大电路中，当附加相位移的值等于 ±180°时，会导致中频引入的负反馈转为正反馈，从而出现自激振荡；还有一个原因就是电路中的分布参数也会形成正反馈而产生自激振荡。由于深度负反馈放大电路的开环增益很大，故在高频段很容易因附加相移变成正反馈而产生高频自激。

消除高频自激的方法是在基本放大电路中加入相位补偿网络，以改变基本放大电路高频段的频率特性，从而破坏自激振荡条件，使其不能振荡。常用的方法有：电容滞后相位补偿法、RC 滞后相位补偿法、RC 元件反馈补偿法。其补偿电路如图 3.3.12 所示。

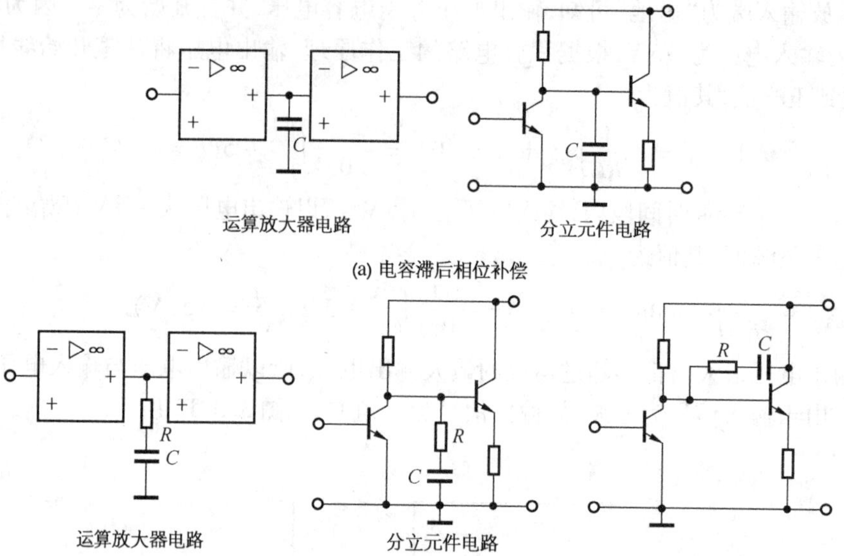

(a) 电容滞后相位补偿

(b) RC滞后相位补偿

(c) RC元件反馈补偿

图 3.3.14 高频自激的相位补偿

本 章 小 结

1. 把输入信号的一部分或者全部反送到放大电路输入端的过程称为反馈。反馈放大电路由基本放大电路和反馈网络组成。判断一个电路有无反馈只要看它有无反馈网络。反馈网络指将输出回路与输入回路联系起来的电路,构成反馈网络的元件称为反馈元件。反馈有正、负之分,可以用瞬时极性法来判断。如果反馈信号使净输入量增强,就是正反馈;如果反馈信号使净输入量减弱,就是负反馈。反馈还分直流反馈和交流反馈,如果反馈量是直流的则为直流反馈;如果反馈量是交流的则为交流反馈。

2. 负反馈有四种基本类型:电压串联负反馈、电压并联负反馈、电流串联负反馈、电流并联负反馈。电压、电流反馈是从输出端看反馈网络和输出的连接形式,如果反馈网络和输出端是并联的为电压反馈。判断方法是把输出端短路,如果没有反馈信号则为电压反馈。如果反馈网络和输出端是串联的为电流反馈。判断方法是把输出端短路,如果有反馈信号则为电流反馈。

3. 负反馈虽然降低了放大电路的放大倍数,但可以稳定放大倍数、减小非线性失真、展宽通频带。当 AF 远远大于 1 时,电路处于深度负反馈状态。深度串联负反馈电路的输入电阻很大,深度并联负反馈电路的输入电阻很小。深度电压负反馈电路的输出电阻很小,深度电流负反馈电路的输出电阻很大。深度负反馈放大电路可以利用两个很重要的概念“虚断”和“虚短”。

4. 利用负反馈技术,根据外接线性反馈元件的不同,可用集成运放构成比例电路、加法电路、减法电路、积分电路和微分电路。比例电路有同相比例和反相比例电路。加法电路有同相加法电路,因调节不方便,很少使用。还有反相加法电路。微分、积分电路可以用来进行波形变换。

习　题

3.1　反馈放大电路框图如图所示，已知开环电压增益为 $A_u = 1\,000$，电压反馈系数为 $F_u = 0.02$，输出电压为 $u_o = 5\sin\omega t$ (V)，试求输入电压 u_i、反馈电压 u_f 和净输入电压 u_{id}。

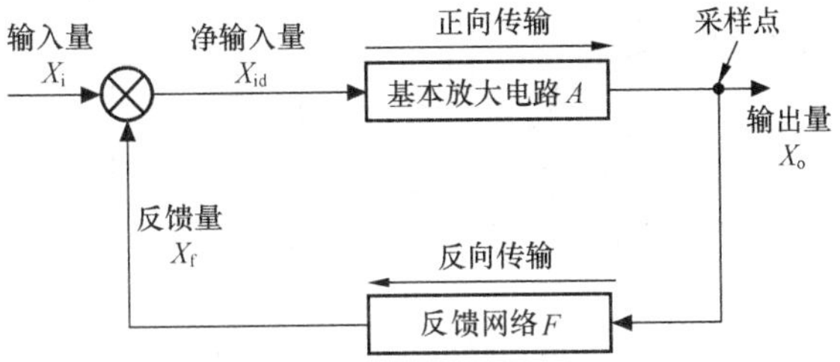

题 3.1 图

3.2　放大电路输入的正弦波电压有效值为 20 mV，开环时正弦波输出电压有效值为 10 V，试求引入反馈系数为 0.01 的电压串联负反馈后输出电压的有效值。

3.3　判断如图所示各电路的反馈是正反馈还是负反馈，分析电路的反馈类型。

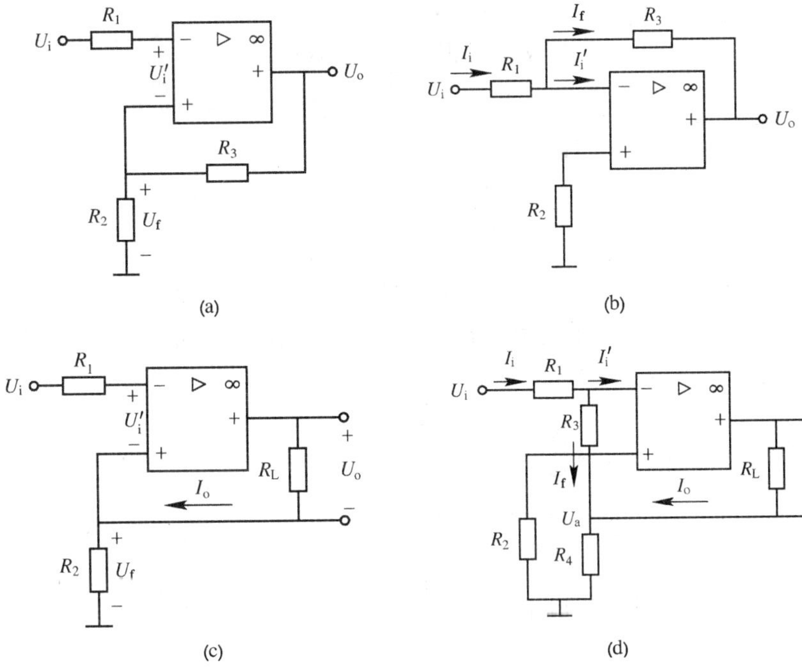

题 3.3 图

3.4 判断如图所示各电路负反馈的类型。

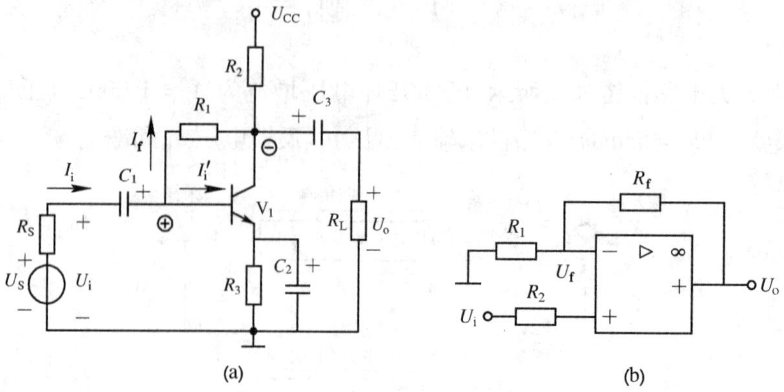

题 3.4 图

3.5 估算如图(a)所示深度负反馈放大电路的电压放大倍数,其反馈网络如图(b)所示。

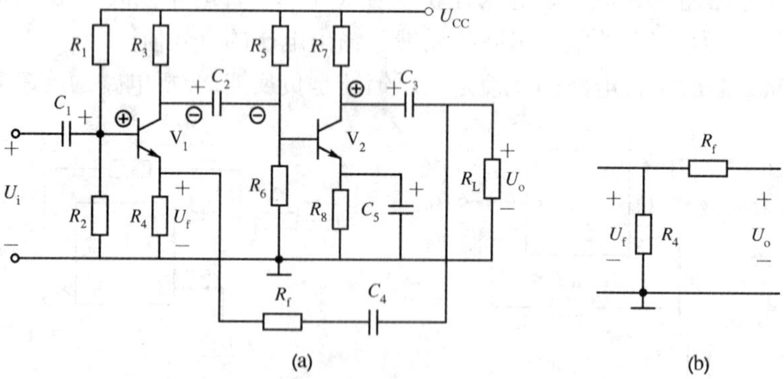

题 3.5 图

3.6 估算如图(a)所示深度负反馈放大电路的电压放大倍数,其反馈网络如图(b)所示。

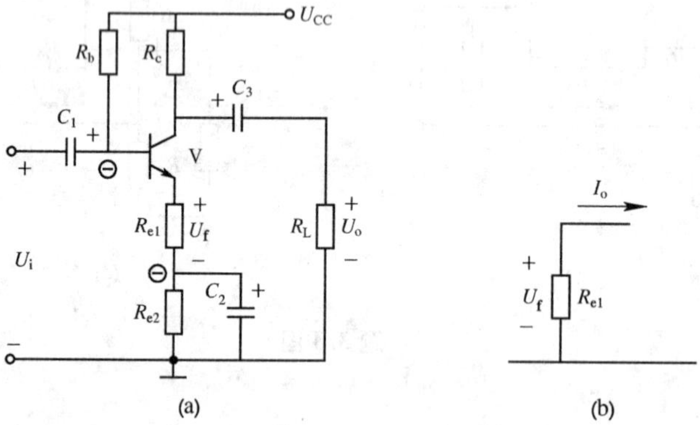

题 3.6 图

3.7　判断如图所示各反馈电路的反馈元件是直流反馈还是交流反馈，分析电路的反馈类型。

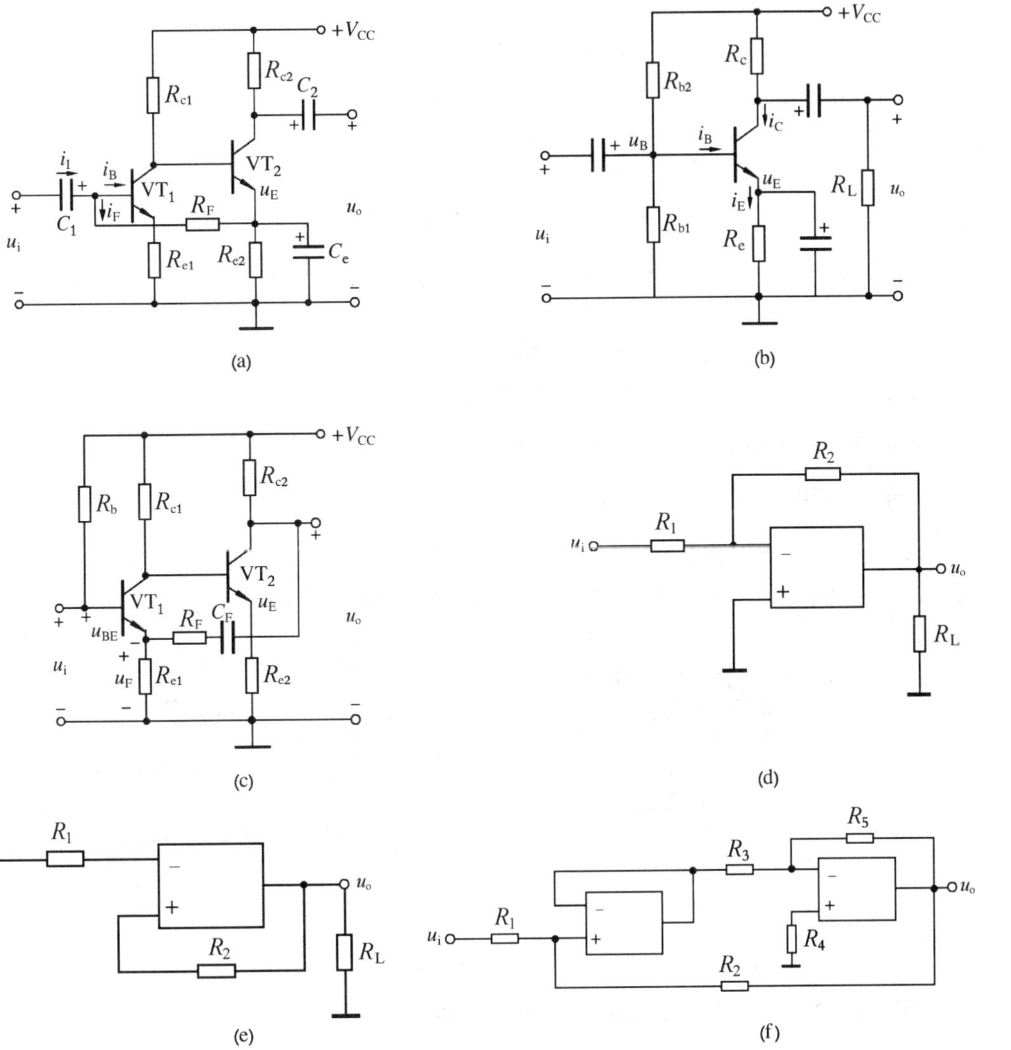

题 3.7 图

3.8　电路如图所示。(a)图中已知 $R_f = 36\ \text{k}\Omega$，$R_1 = 12\ \text{k}\Omega$，$u_i = 0.6\ \text{V}$，求输出 u_o；(b)图中，已知 $R_f = 24\ \text{k}\Omega$，$R_1 = 1\ \text{k}\Omega$，$u_i = 0.2\ \text{V}$，求输出 u_o。

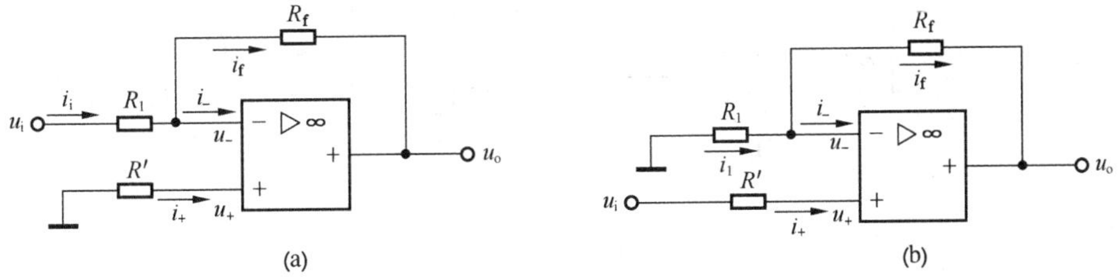

题 3.8 图

3.9 电路如图所示，已知 $R_f=60\ k\Omega$，$R_1=10\ k\Omega$，$R_2=20\ k\Omega$，$u_{i1}=2\ V$，$u_{i2}=-1\ V$，试求输出 u_o。

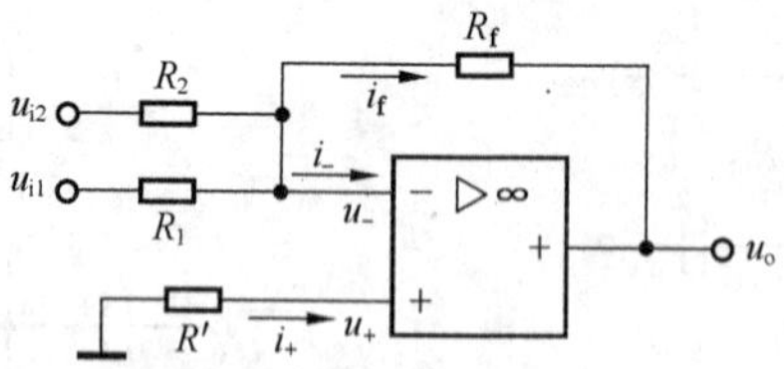

题 3.9 图

3.10 分别设计实现下列各种运算关系的运算电路，要求画出电路并求出元件值。

(1) $u_o=-3u_i$ ($R_f=51\ k\Omega$)；

(2) $u_o=-(u_{i1}+0.2u_{i2})$ ($R_f=100\ k\Omega$)；

(3) $u_o=5u_i$ ($R_f=20\ k\Omega$)；

(4) $u_o=-u_{i1}+2u_{i2}$ ($R_f=10\ k\Omega$)；

(5) $u_o=-200\int_0^t u_i\mathrm{d}t$ ($C_f=0.1\ \mu F$)。

3.11 已知积分电路如图(a)所示，输入电压波形如图(b)所示，集成运放的最大输出电压为 ±20 V，试画出电路输出电压的波形。已知 $R=30\ k\Omega$，$C=0.01\ \mu F$，电容从零开始充电。

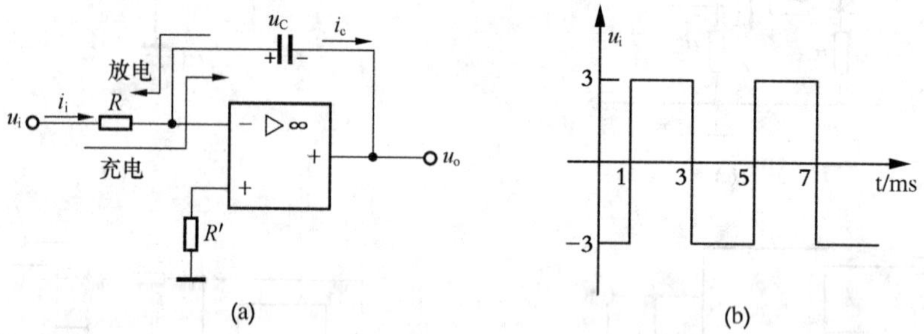

题 3.11 图

3.12 试分析如图所示电路输出和输入之间的关系式。

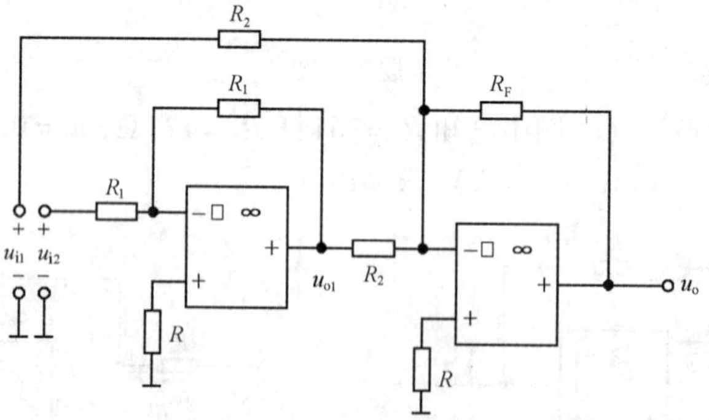

题 3.12 图

技能训练

训练3.1　基本运算电路特性测试

一、训练目的

1. 掌握集成运算放大电路的基本特性，熟悉它的使用方法。

2. 掌握基本运算放大电路的构成及其特性，熟悉它们的测试方法。

3. 巩固电子电路的基本测试方法，提高实际调整与测试的方法。

二、仪器与材料

1. 仪器：三路输出直流稳压电源、信号发生器、电子示波器、交流毫伏表各一台，万用表一只。

2. 材料：各种基本集成运算放大电路各一只。

三、内容与要求

1. 外观检查。判断有无管脚损坏情况。

2. 性能测试。用万用表直流电压档测量输出电压，如果电压为零，然后接入信号为5 V的电压，如果输出也为5 V，说明器件是好的。在接线可靠的情况下，如果测得输出电压为10 V或为 -10 V，则说明该器件已经损坏。

3. 给各种运算电路接上直流输入电压，测量输出电压值，做好记录。然后和计算的数值进行比较，分析出现差异的原因。

4. 用信号发生器给各种运算电路输入交流信号，频率为1 Hz，用交流毫伏表测量输入电压的有效值，做好记录。同时测量输出电压的有效值，用示波器观察输出电压的波形，做好记录。

5. 用集成运放接成电压串联负反馈放大电路，输入端输入频率为1 Hz、有效值为0.2 V的正弦波信号，用示波器观察输入电压及输出电压的波形和数值。

四、报告要求

1. 填写训练目的、测试电路及内容、仪器型号。

2. 整理测试数据，根据测试结果总结电压串联负反馈放大电路的性能特点。

3. 根据数据总结各种运算电路的性能特点。

第 4 章　信号产生电路

信号产生电路也称为振荡器,用来产生一定频率和幅度的信号。按输出信号波形的不同,可以分为正弦波振荡电路和非正弦波振荡电路。正弦波振荡电路可以分为 *RC* 振荡电路、*LC* 振荡电路和石英晶体振荡电路。非正弦波振荡电路按信号形式又可分为矩形波电路、三角波电路和锯齿波电路等。本章分析了正弦波振荡电路起振和维持振荡平衡的条件,介绍了各种振荡电路的结构及工作原理。

振荡电路主要有两个性能指标:一是要求输出信号的幅度要准确而且稳定,二是要求输出信号的频率要准确而且稳定。另外振荡电路输出波形的失真度、输出功率和效率等也是很重要的指标。

4.1　正弦波振荡电路

4.1.1　正弦波振荡电路的工作原理

1. 振荡产生的基本原理

正弦波振荡电路由放大电路和正反馈网络等组成,其电路原理框图如图 4.1.1 所示。假如开关 S 处在位置 1,即在放大电路的输入端外加一定频率和幅度的正弦波信号 U_i ,此信号经放大器放大后产生输出信号 U_o ,而 U_o 又作为反馈网络的输入信号,在反馈网络输出端产生反馈信号 U_f ,如果 U_f 和原来的输入信号大小相等且相位相同,假如这时去掉外加输入信号而把开关打到 2 的位置,由放大器和反馈网络组成一闭环系统,在没有外加输入信号的情况下,输出端可以维持一定频率和幅度的信号输出,从而实现自激振荡。

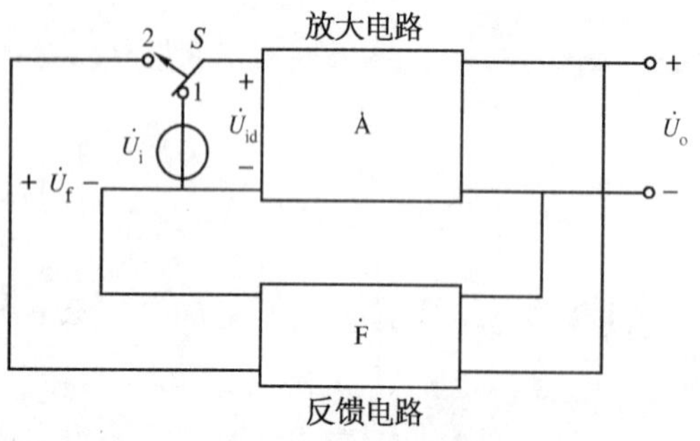

图 4.1.1　反馈振荡电路原理框图

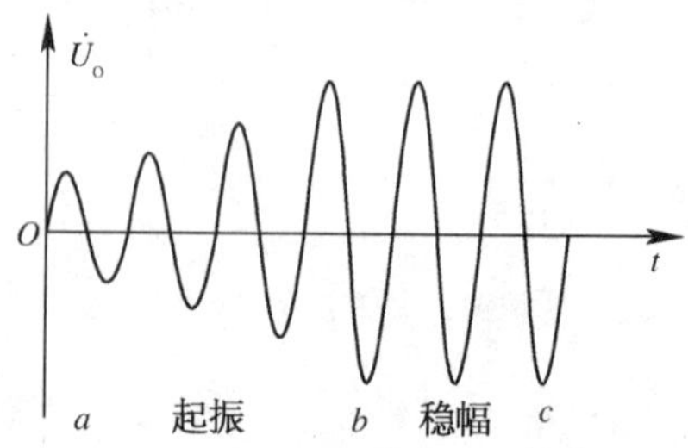

图 4.1.2　自激振荡起振的波形

2. 振荡的平衡条件

由以上原理可见，自激振荡形成的基本条件是反馈信号与输入信号大小相等、相位相同，即 $\dot{U}_f = \dot{U}_i$，而 $\dot{U}_f = \dot{A}\dot{F}U_i$，可得 $\dot{A}\dot{F} = 1$。这里包含着两层含义：

(1) 反馈信号与输入信号幅值相等，表示为 $|\dot{U}_f| = |\dot{U}_i|$，即

$$|\dot{A}\dot{F}| = 1 \tag{4.1.1}$$

式(4.1.1)称为振幅平衡条件。

(2) 反馈信号与输入信号相位相同，表示输入信号经过放大电路产生的相移 φA 和反馈网络的相移 φF 之和为 0，2π，4π，…，$2n\pi$，即：

$$\varphi A + \varphi F = 2n\pi(n = 0, 1, 2, 3, \cdots) \tag{4.1.2}$$

式(4.1.2)称为相位平衡条件。从相位平衡条件可以看出，振荡电路要想满足相位平衡条件，振荡电路要引入正反馈。

3. 起振的过程和起振的条件

放大电路在接通电源的瞬间，随着电源电压由零开始突然增大，电路受到扰动，在放大器的输入端产生一个微弱的扰动电压 u_i（如接通电源在电路中产生很窄的脉冲，放大器内部的热噪声等），经放大器放大、正反馈，再放大、再反馈……，如此反复循环，输出信号的幅度很快增加。这样在输出端就会得到如图 4.1.2ab 段所示的起振波形。

当输出信号的幅度增加到使放大电路进入非线性工作区时，放大器的增益下降。振荡电路输出幅度越大，增益下降也越多，最后当反馈电压正好等于原输入电压时，振荡幅度不再增大从而进入平衡状态。这个扰动电压包括从低频到高频的各种频率的谐波成分。为了能得到所需要频率的正弦波信号，必须增加选频网络，只有在选频网络中心频率上的信号能通过，其他频率的信号被抑制，而选频网络可以在放大器内，也可以在反馈网络内。

那么振荡电路在起振以后，振荡幅度会不会无休止地增长下去呢？一般电路振荡幅度增大到一定数值时，电路就进入非线性区，会使增益下降，幅度也就不会一直增加下去了。但这时放大电路已经进入了非线性区，会使输出波形发生失真现象。故在振荡电路中一般要增加稳幅环节，当振荡电路的输出达到一定幅度后，稳幅环节就会使输出减小，维持一个相对稳定的稳幅振荡，如图 4.1.2 的 bc 段所示。也就是说，在振荡建立的初期，必须使反馈信号大于原输入信号，反馈信号一次比一次大，才能使振荡幅度逐渐增大。当振荡建立后，还必须使反馈信号等于原输入信号，才能使建立的振荡得以维持下去。

由上述分析可知，起振条件应为

$$|\dot{A}\dot{F}| > 1 \tag{4.1.3}$$

起振起来以后，维持振荡的条件为

$$|\dot{A}\dot{F}| = 1$$

综上所述，要使电路能起振开始时要求 $|\dot{A}\dot{F}| > 1$，起振后振荡幅度很快增大，放大器进入非线性区，这时使放大倍数下降到 $|\dot{A}\dot{F}| = 1$，振荡幅度不再发生变化，电路进入稳定状态。振荡电路在起振时由于信号比较小，振荡电路处于小信号状态，可以用小信号等效电路进行分析，而在平衡状态，振荡电路处于大信号状态，所以不能用小信号等效电路进行分析。

4.1.2　*RC* 正弦波振荡电路

RC 正弦波振荡电路结构简单，性能可靠，用来产生几兆赫兹以下的低频信号，常用的

RC 振荡电路有 *RC* 桥式振荡电路和移相式振荡电路。

1. *RC* 桥式振荡电路

(1) *RC* 串并联网络的选频特性。

RC 串并联网络由 R_2 和 C_2 并联后与 R_1 和 C_1 串联组成,如图 4.1.3 所示。设 R_1、C_1 的串联阻抗用 Z_1 表示,R_2 和 C_2 的并联阻抗用 Z_2 表示,那么

$$Z_1 = R_1 + \frac{1}{j\omega C_1},\ Z_2 = \frac{R_2}{1 + j\omega C_2 R_2}$$

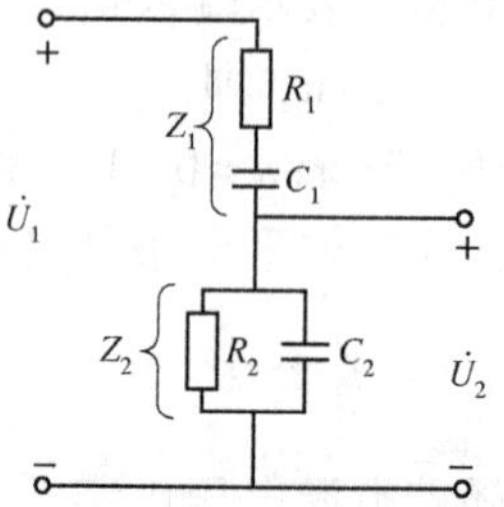

图 4.1.3 *RC* 串并联选频网络

输出电压 $\dot{U}_2$ 与输入电压 $\dot{U}_1$ 之比为 *RC* 串并联网络传输系数,记为 F,

$$\dot{F} = \frac{\dot{U}_2}{\dot{U}_1} = \frac{Z_2}{Z_1 + Z_2} = \frac{\dfrac{R_2}{1 + j\omega C_2 R_2}}{R_1 + \dfrac{1}{j\omega C_1} + \dfrac{R_2}{1 + j\omega C_2 R_2}}$$

$$= \frac{1}{\left(1 + \dfrac{R_1}{R_2} + \dfrac{C_2}{C_1}\right) + j\left(\omega R_1 C_2 - \dfrac{1}{\omega R_2 C_1}\right)} \tag{4.1.4}$$

在实际电路中,取 $C_1 = C_2 = C$, $R_1 = R_2 = R$, 则上式可简化为

$$\dot{F} = \frac{1}{3 + j\left(\omega RC - \dfrac{1}{\omega RC}\right)} \tag{4.1.5}$$

其模值

$$F = |\dot{F}| = \frac{1}{\sqrt{3^2 + \left(\omega RC - \dfrac{1}{\omega RC}\right)^2}} \tag{4.1.6}$$

相角

$$\varphi_F = -\arctan\frac{\omega RC - \dfrac{1}{\omega RC}}{3} \tag{4.1.7}$$

令

$$\omega_0 = 2\pi f_0 = \frac{1}{RC}$$

即

$$f_0 = \frac{1}{2\pi RC}$$

将 f_0 的表达式代入模值和相角的表达式, 并将角频率 ω 变换为由频率 f 表示, 则

$$F = \frac{1}{\sqrt{3^2 + \left(\frac{f}{f_0} - \frac{f_0}{f}\right)^2}} \tag{4.1.8}$$

$$\varphi_F = -\arctan\frac{\frac{f}{f_0} - \frac{f_0}{f}}{3} \tag{4.1.9}$$

根据式(4.1.9)可得出 *RC* 串并联网络频率特性，如图4.1.4所示。

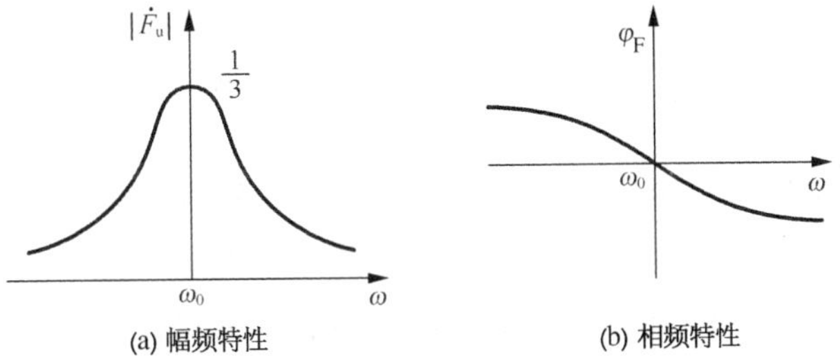

图4.1.4　*RC* 串并联网络频率特性

当 $f = f_0$ 时，电压传输系数最大，其值为 $F = 1/3$，相角为零，即 $\varphi_F = 0$，此时输出电压与输入电压同相位。当 $f \neq f_0$ 时，$F < 1/3$，且 $\varphi_F \neq 0$，此时输出电压的相位滞后或超前于输入电压。由以上分析可知：*RC* 串并联网络只是在 $f = f_0 = 1/2\pi RC$ 时，输出幅度最大，而且输出电压与输入电压同相，即相位移为零。所以 *RC* 串并联网络具有选频特性。

(2) *RC* 桥式振荡电路。

RC 桥式振荡电路如图4.1.5所示。在图4.1.5中，振荡信号从同相端输入，故集成运放组成一个同相放大器，它的输出电压 u_o 作为 *RC* 串并联网络的输入电压，而将 *RC* 串并联网络的输出电压作为放大器的输入电压。*RC* 串并联网络接在运算放大器的输出端和同相输入端，构成正反馈。电阻 R_f、R_1 接在运算放大器的输出端和反相输入端之间，构成负反馈。此电路又叫做文氏电桥 *RC* 振荡电路。当 $f = f_0$ 时，*RC* 串并联网络的相位移为零，放大器是同相放大器，电路的总相位移是零，满足相位平衡条件，而对于其他频率的信号，*RC* 串并联网络的相位移不为零，不满足相位平衡条件。

由于 *RC* 串并联网络在 $f = f_o$ 时的传输系数 $F = 1/3$，因此要求放大器的总电压增益 Au 应满足 $Au > 3$，这对于集成运放组成的同相放大器来说是很容易满足的。由 R_1、R_f、V_1、V_2 及 R_2 构成负反馈支路，它与集成运放形成了同相输入比例运算放大器，放大倍数为 $A_u = 1 + R_f/R_1$，只要适当选择 R_f 与 R_1 的比值，就能实现 $Au > 3$ 的要求，也就是 $R_f/R_1 > 2$，即 $R_f > 2R_1$。其中 V_1、V_2 和 R_2 是实现自动稳幅的限幅电路。电路的振荡频率为

$$f_0 = \frac{1}{2\pi RC} \tag{4.1.10}$$

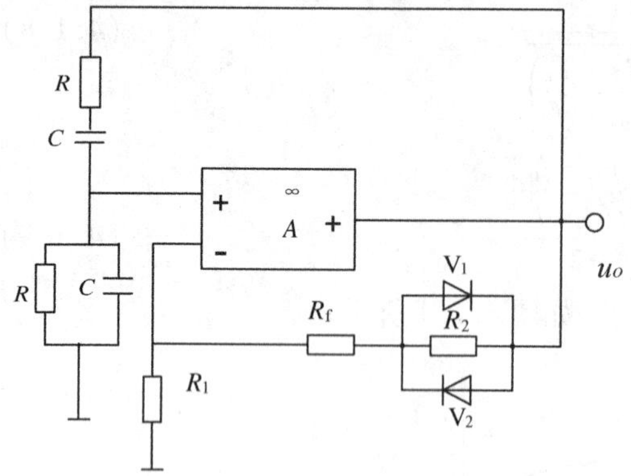

图 4.1.5　RC 桥式振荡电路电路图

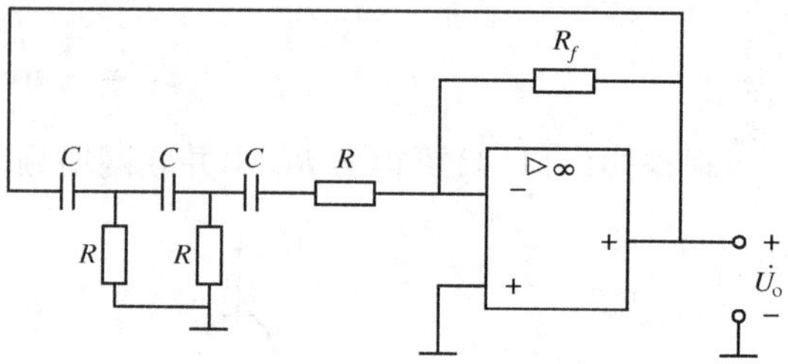

图 4.1.6　RC 移相式振荡电路

图 4.1.5 电路中的 R_f 一般采用具有负温度系数(温度升高,阻值变小)的热敏电阻,用以改善振荡波形、稳定振荡幅度。为了保证起振,开始时要求增益的幅值大于 3,这样随着振荡幅度的不断增大,只有当运算放大器进入非线性区才能使增益下降,然后达到振幅平衡条件,这时振荡波形会产生严重的失真,会使输出波形变成方波。如果采用负温度系数的热敏反馈电阻 R_f,开始振荡的时候电流小,热敏电阻处于冷态,阻值比较大,反馈比较弱,放大倍数就很大,振荡很快就建立起来。随着振荡幅度的增大,流过 R_f 的电流也增大,使 R_f 的阻值减少,反馈加深,则放大倍数很快下降,使放大电路还未进入非线性区,振荡电路即达到平衡条件,U_o 停止增长,这时的振荡波形就为失真很小的正弦波。可见,采用热敏电阻不但使电路容易起振,振幅波形得到改善,而且还有很好的稳幅特性,所以采用热敏电阻是很有必要的。

2. RC 移相式振荡电路

电路如图 4.1.6 所示,图中反馈网络由三节 RC 移相电路构成。

集成运算放大器的相移为 180°，为满足振荡的相位平衡条件，要求反馈网络对某一频率的信号再移相 180°，图 4.1.6 中 RC 构成超前相移网络。一节 RC 电路的最大相移为 90°，不能满足振荡的相位条件；二节 RC 电路的最大相移可以达到 180°，但当相移等于 180°时，输出电压已接近于零，故不能满足起振的幅度条件 。为此，在图 4.1.6 所示的电路中，采用三节 RC 超前相移网络，三节相移网络对不同频率的信号所产生的相移是不同的，但其中总有某一个频率的信号，通过此相移网络产生的相移刚好为 180°，满足相位平衡条件而产生振荡，该频率即为振荡频率，

$$f_0 = \frac{1}{2\pi\sqrt{6}RC} \tag{4.1.11}$$

RC 移相式振荡电路具有结构简单、经济方便等优点。其缺点是选频性能较差，频率调节不方便。由于输出幅度不够稳定，输出波形较差，一般只用于振荡频率固定、稳定性要求不高的场合。

4.1.3　LC 振荡电路

LC 振荡电路分为变压器反馈式 LC 振荡电路、电感反馈式 LC 振荡电路、电容反馈式 LC 振荡电路，用来产生几兆赫兹以上的高频信号。

1. 变压器反馈式 LC 振荡电路

变压器反馈式 LC 振荡电路如图4.1.7所示。LC 并联谐振回路如图4.1.8所示，其中的 r 表示线圈 L 的等效损耗电阻，电容的损耗很小可略去，由图4.1.8可得并联谐振回路的等效阻抗为

$$Z=\frac{(r+\mathrm{j}\omega L)\dfrac{1}{\mathrm{j}\omega C}}{r+\mathrm{j}\omega L+\dfrac{1}{\mathrm{j}\omega C}}$$

一般情况下有 $\omega L \gg r$，所以有

$$Z\approx\frac{\dfrac{L}{C}}{r+\mathrm{j}\left(\omega L-\dfrac{1}{\omega C}\right)}=\frac{\dfrac{L}{Cr}}{1+\mathrm{j}Q\left(\dfrac{\omega}{\omega_0}-\dfrac{\omega_0}{\omega}\right)} \tag{4.1.12}$$

其中

$$\omega_0=\frac{1}{\sqrt{LC}}\left(f_0=\frac{1}{2\pi\sqrt{LC}}\right),\ Q=\sqrt{\frac{L}{C}}/r \tag{4.1.13}$$

由式(4.1.12)可得并联谐振回路的阻抗幅频特性和相频特性为

$$|\dot{Z}|=\frac{\dfrac{L}{Cr}}{\sqrt{1+Q^2\left(\dfrac{\omega}{\omega_0}-\dfrac{\omega_0}{\omega}\right)^2}} \tag{4.1.14}$$

$$\varphi=-\arctan Q\left(\frac{\omega}{\omega_0}-\frac{\omega_0}{\omega}\right) \tag{4.1.15}$$

当 $\omega=\omega_0$ 时，回路产生谐振，回路阻抗最大，且为纯电阻。所以 LC 并联谐振回路有很好的选频特性。

为了满足幅度条件 $AF\geqslant 1$，对晶体管的 β 值有一定要求。一般只要 β 值较大，就能满足振幅平衡条件。反馈线圈匝数越多，耦合越强，电路越容易起振。

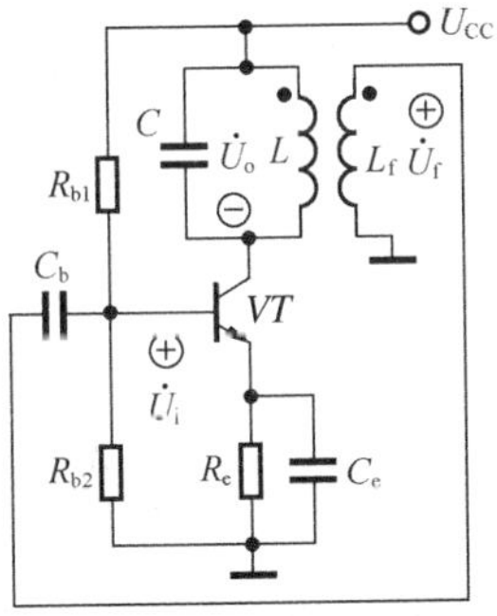

图4.1.7　变压器反馈式 LC 振荡电路

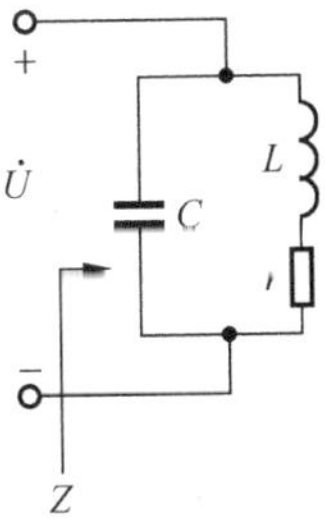

图4.1.8　LC 谐振回路图

为满足相位平衡条件，变压器初次级之间的同名端必须正确连接。电路振荡时，$f=f_0$，LC 回路的谐振阻抗是纯电阻性，由图4.1.7中 L 及 L_f 同名端可知，反馈信号与输出电压极性相反，即 $\varphi_F=180°$。于是 $\varphi_A+\varphi_F=360°$，保证了电路的正反馈，满足振荡的相位平衡条件，这

时的谐振频率为

$$f_0 = \frac{1}{2\pi\sqrt{LC}} \tag{4.1.16}$$

变压器反馈式 LC 振荡电路的优缺点如下：

（1）易起振，输出电压较大。由于采用变压器耦合，易满足阻抗匹配的要求。

（2）调频方便。一般在 LC 回路中采用接入可变电容器的方法来实现，调频范围较宽，工作频率通常在几兆赫左右。

（3）输出波形不理想。由于反馈电压取自电感两端，它对高次谐波的阻抗大，反馈也强，因此在输出波形中含有较多高次谐波成分。

2. 电感反馈式 LC 振荡电路

如图 4.1.9 所示电感反馈式 LC 振荡电路，又称哈特莱振荡电路。

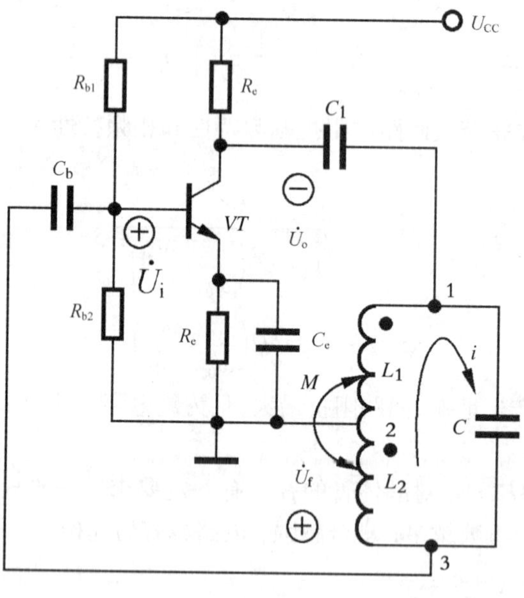

图 4.1.9　电感反馈式 LC 振荡电路

（1）相位条件：

设基极瞬时极性为正，由于放大器的倒相作用，集电极电位为负，与基极相位相反，则电感的 3 端为正，2 端为公共端，1 端为负，各瞬时极性如图 4.1.9 所示。反馈电压由 3 端引至三极管的基极，反馈信号和输入信号极性相同，故为正反馈，满足相位平衡条件。

（2）幅度条件：

从图 4.1.9 可以看出反馈电压是取自电感 L_2 两端，加到晶体管 b、e 极间的。所以改变线圈抽头的位置，即改变 L_2 的大小，就可调节反馈电压的大小。当满足 $|\dot{A}\dot{F}|>1$ 的条件时，电路便可起振。

（3）振荡频率

振荡频率为

$$f_0 = \frac{1}{2\pi\sqrt{LC}} = \frac{1}{2\pi\sqrt{(L_1+L_2+2M)C}} \tag{4.1.17}$$

式(4.1.17)中，(L_1+L_2+2M)为 LC 回路的总电感，M 为 L_1 与 L_2 间的互感耦合系数。

电感反馈式 LC 振荡电路的优缺点如下：

(1) 由于 L_1 和 L_2 之间耦合很紧，故电路易起振，输出幅度大。

(2) 调频方便，电容 C 若采用可变电容器，就能获得较大的频率调节范围。

(3) 由于反馈电压取自电感 L_2 两端，它对高次谐波的阻抗大，反馈也强，因此在输出波形中含有较多高次谐波成分，输出波形不理想。

3. 电容反馈式 LC 振荡电路

电容反馈式 LC 振荡电路又称为考毕兹振荡电路，如图 4.1.10(a)所示。

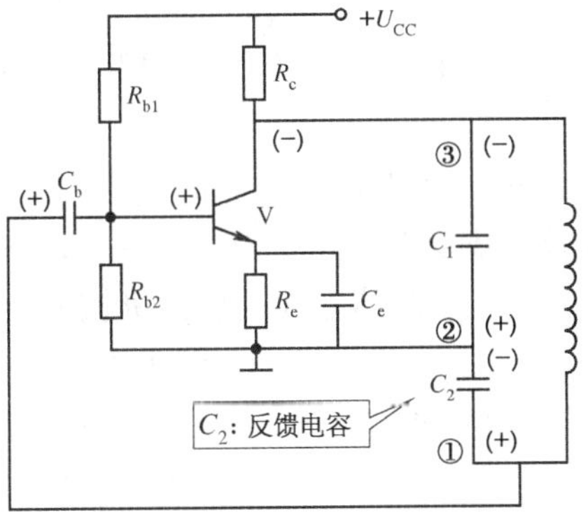

(a) 电容反馈式振荡电路

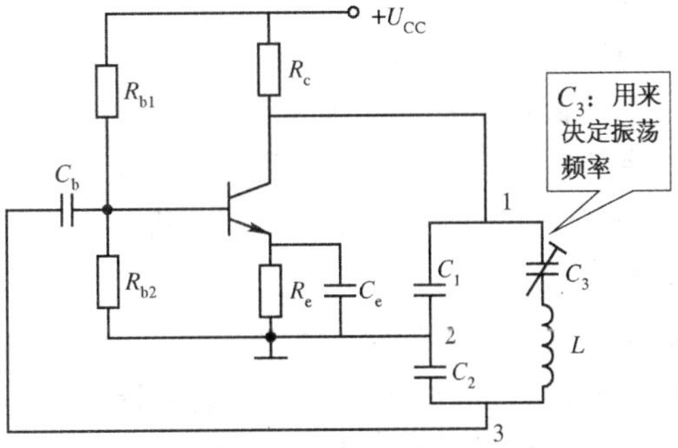

(b) 改进型电容反馈式LC振荡电路

图 4.1.10　电容反馈式振荡电路

(1) 相位条件：

与分析电感反馈式振荡电路相位条件的方法相同，该电路也满足相位平衡条件。

(2) 幅值条件：

由图 4.1.10(a)的电路可看出，反馈电压取自电容 C_2 两端，所以适当地选择 C_1、C_2 的数值，并使放大器有足够的放大量，电路便可起振。

(3) 振荡频率：

振荡频率为

$$f_0=\frac{1}{2\pi\sqrt{LC}}\left(C=\frac{C_1C_2}{C_1+C_2}\right) \tag{4.1.18}$$

电容反馈式振荡电路的优缺点如下：

(1) 容易起振，振荡频率高，可达 100 MHz 以上。

(2) 输出波形较好，这是由于 C_2 对高次谐波的阻抗小，反馈电压中的谐波成分少，故振荡波形较好。

(3) 但调节频率不方便。因为 C_1、C_2 的大小既与振荡频率有关，也与反馈量有关。改变 C_1(或 C_2)时会影响反馈系数，从而影响反馈电压的大小，造成电路工作性能不稳定。

4. 串联改进型电容反馈式 LC 振荡电路

为了提高频率稳定度，常采用串联改进型电容反馈式 LC 振荡电路，又称克拉泼振荡电路，如图 4.1.10(b)所示。

其中

$$f = f_0 = \frac{1}{2\pi\sqrt{LC_\Sigma}}\left(\frac{1}{C_\Sigma} = \frac{1}{C_1} + \frac{1}{C_2} + \frac{1}{C_3}\right) \tag{4.1.19}$$

当 $C_3 \ll C_1$，$C_3 \ll C_2$ 时，$C_\Sigma \approx C_3$。C_1、C_2 仅构成正反馈，它们的容量相对来讲可以取得较大，从而减小与之相并联的晶体管输入电容、输出电容的影响，提高了频率的稳定度。

4.1.4 石英晶体振荡电路

1. *石英晶体的谐振特性与等效电路*

石英晶体谐振器是从一块石英晶体上按确定的方位角切下的薄片，这种晶片可以是正方形、矩形、圆形或音叉形的，然后将晶片的两个对应表面上涂敷银层，并装上一对金属板，接出引线，封装于金属壳内。石英晶体的机械性能十分稳定，所以用石英晶体谐振器构成的振荡器，具有很高的频率稳定度。

为什么石英晶体能作为一个谐振回路，而且具有极高的频率稳定度呢？这要从石英晶体的固有特性来进行分析。物理学的研究表明，当石英晶体受到交变电场作用时，即在两极板上加以交流电压，石英晶体便会产生机械振动。反过来，若对石英晶体施加周期性机械力，使其发生振动，则又会在晶体表面出现相应的交变电场和电荷，即在极板上有交变电压。也就是说石英晶体具有压电效应。当外加电场的频率等于晶体的固有频率时，便会产生“机-电共振”，振幅明显加大，这种现象称为压电谐振。它与 LC 回路的谐振现象十分相似。压电谐振的固有频率与石英晶体的外形尺寸及切割方式有关。从电路上分析，石英晶体可以等效为一个 LC 电路，把它接到振荡器上便可作为选频环节应用。其符号和等效电路如图 4.1.11 所示。

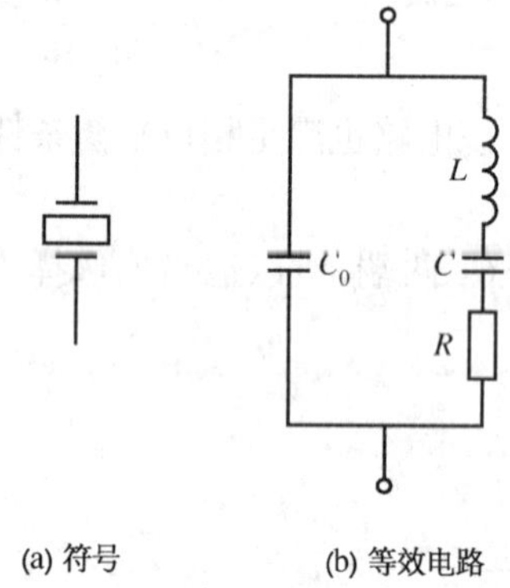

图 4.1.11 石英晶体的符号和等效电路

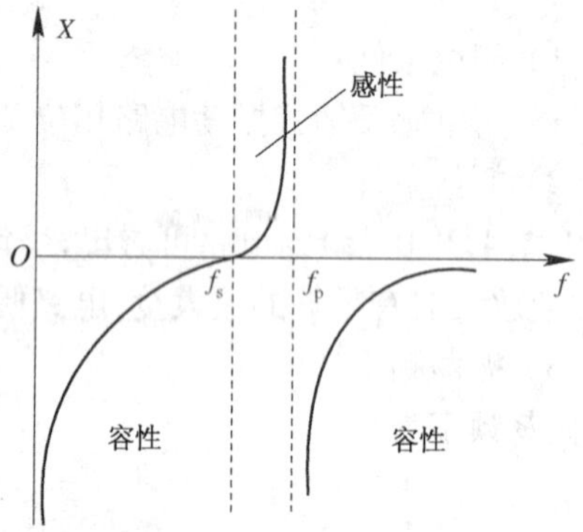

图 4.1.12 石英晶体的电抗-频率特性

图 4.1.12 为石英晶体谐振器的电抗－频率特性，可知它具有两个谐振频率：一个是 L、C、R 支路发生串联谐振时的串联谐振频率 f_s，另一个是 L、C、R 支路与 C_0 支路发生并联谐振时的并联谐振频率 f_p。由图 4.1.11(b)所示的等效电路得

$$f_s = \frac{1}{2\pi\sqrt{LC}}, f_p = \frac{1}{2\pi\sqrt{L\dfrac{CC_0}{C + C_0}}} \tag{4.1.20}$$

2. *石英晶体振荡电路*

石英晶体振荡器可以归结为两类，一类称为并联型，另一类称为串联型。前者的振荡频率接近于 f_p，后者的振荡频率接近于 f_s，分别介绍如下。图 4.1.13 所示为并联型石英晶体振荡

器。当 f_0 在 $f_s \sim f_p$ 窄小的频率范围内时，晶体在电路中起一个电感作用，它与 C_1、C_2 组成电容反馈式振荡电路。

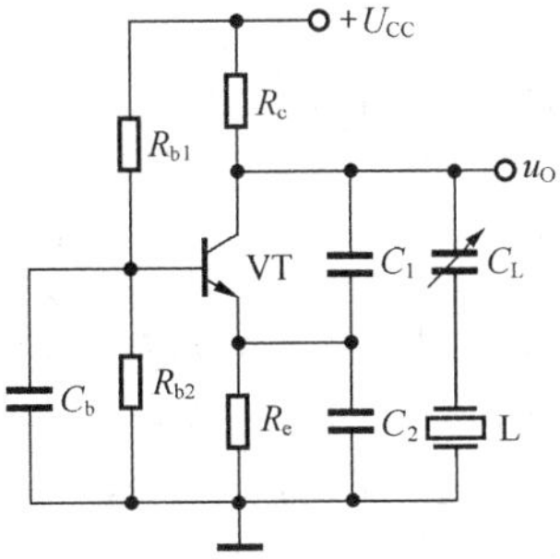

图 4.1.13　并联型石英晶体振荡电路

可见，电路的谐振频率 f_0 应略高于 f_s，C_1、C_2 对 f_0 的影响很小，电路的振荡频率由石英晶体决定，改变 C_1、C_2 的值可以在很小的范围内微调 f_0。

图 4.1.14(a)和(b)为两种串联型石英晶体振荡电路。在串联石英晶体振荡电路中，石英晶体一般以一个阻抗的形式引入电路中。

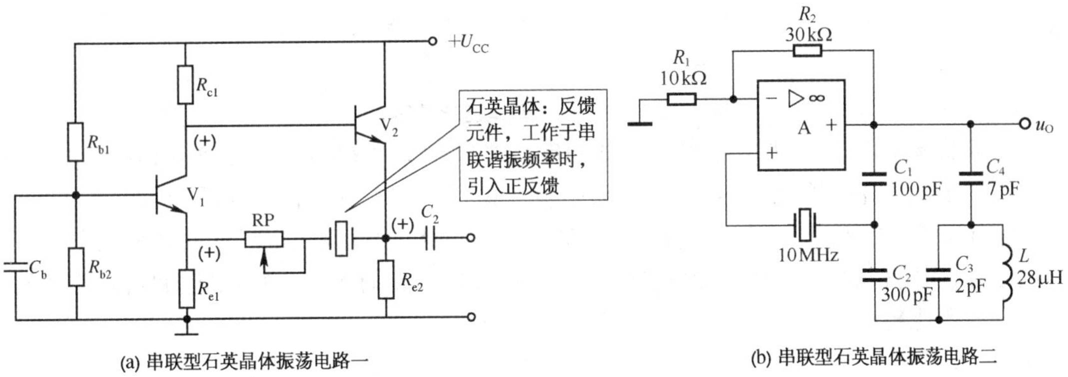

图 4.1.14　串联型石英晶体振荡电路

4.2　非正弦信号发生器

常见的非正弦波信号产生电路有方波、三角波产生电路等，由于非正弦波信号产生电路中经常用到比较器，所以先介绍电压比较器的工作原理。

4.2.1　电压比较器

电压比较器的基本功能是对两个输入电压进行比较，是一种常见的模拟信号处理电路，它将一个模拟输入电压与一个参考电压进行比较，并将比较的结果输出。比较器的输出为数字量，只有两种可能的状态：高电平或低电平，而输入信号是连续变化的模拟量，因此比较器可作为模拟电路和数字电路的接口。电压比较器广泛应用于信号产生电路、信号处理和检测电路等。

由于比较器的输出只有高、低电平两种状态，故其中的运放常工作在非线性区。从电路结构来看,运放常处于开环状态或加入正反馈。对于在非线性区的电压比较器,前面学到的两个重要概念"虚短"和"虚断"在这里不全适用。在非线性电压比较器中"虚断"这个概念是可以使用的。

根据比较器的传输特性不同,可分为单限比较器、滞回比较器及双限比较器等。

1. 单限电压比较器

最简单的单限电压比较器如图 4.2.1(a)所示,u_i 为待比较的电压,这时的同相端电压为零,即参考电压为0。由于集成运放处于开环状态,具有很高的开环电压增益,所以当 u_i >0 时,运放输出为负的最大值,即低电平电压 $U_{OL} = -U_{Omax}$;当 u_i <0 时,运放输出为正的最大值,即高电平电压 $U_{OH} = U_{Omax}$。其传输特性如图 4.2.1(b)所示。这种电路称为过零电压比较器。

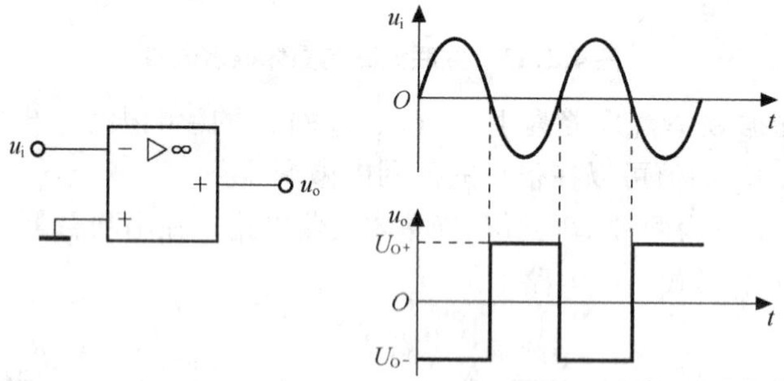

(a) 电路图　(b) 传输特性

图 4.2.1　单限电压比较器

如果将参考电压 U_R 接在运算放大器的反相端,待比较的输入电压接到同相端,就构成同相输入单限电压比较器,如图 4.2.2(a)所示。当 $u_i > U_R$ 时,输出为高电平 U_{OH};当 $u_i < U_R$ 时,输出为低电平 U_{OL}。其传输特性如图 4.2.2(b)所示。由于输入电压从同相输入且只有一个门限,故叫同相输入单限电压比较器;反之如果 u_i 由反相输入,U_R 接到同相端,则叫反相输入单限电压比较器。

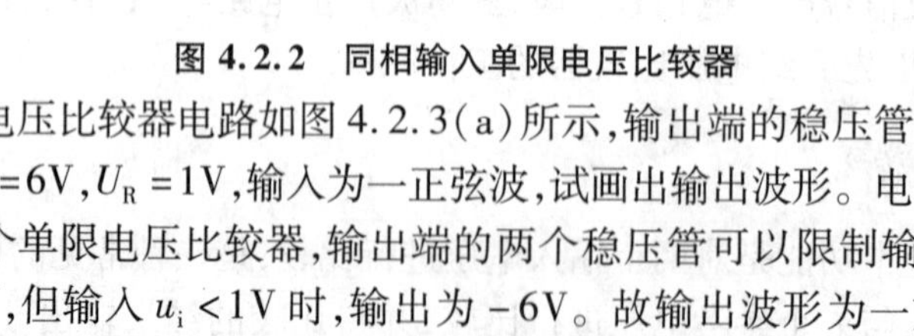

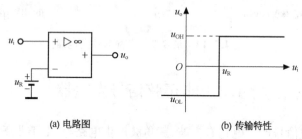

(a) 电路图　(b) 传输特性

图 4.2.2　同相输入单限电压比较器

例 4.2.1　单限电压比较器电路如图 4.2.3(a)所示,输出端的稳压管具有限制输出幅度的作用。已知 $U_{Z1} = U_{Z2} = 6V$,$U_R = 1V$,输入为一正弦波,试画出输出波形。电阻 R 为限流电阻。

解: 此电路为一个单限电压比较器,输出端的两个稳压管可以限制输出的幅度,当输入 u_i >1V 时,输出为 +6V,但输入 u_i <1V 时,输出为 −6V。故输出波形为一方波,如图 4.2.3(b)所示。

2. 迟滞电压比较器

单限电压比较器在输入电压门限电压附近有微小的干扰,就会导致状态翻转,使输出电压不稳定而出现错误阶跃。迟滞电压比较器可以很好地克服这个缺点,它通过引入上、下两个门限电压,以获得正确、稳定的输出电压。电压比较器有两个门限电平,故传输特性呈滞回形状 。

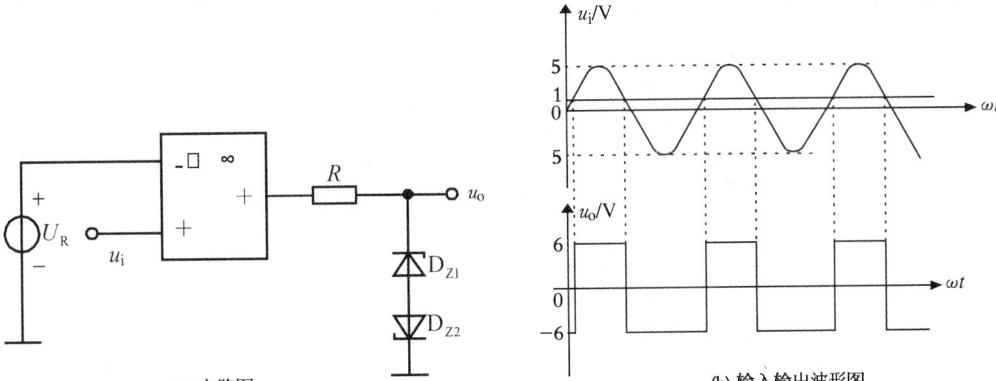

(a) 电路图　　(b) 输入输出波形图

图 4.2.3　例 4.2.1 电路图和输入输出波形图

如图 4.2.4(a)所示,电路为反相型(下行)迟滞电压比较器,也叫做施密特触发器。

当 u_i 足够小时,比较器输出高电平 $U_{OH}=+U_Z$,此时同相端电压用 U_{T+} 表示。利用叠加原理可求得

$$U_{T+}=\frac{R_f U_{REF}}{R_f+R_2}+\frac{R_2 U_{OH}}{R_f+R_2} \tag{4.2.1}$$

随着 u_i 的不断增大,当 $u_i>U_{T+}$ 时,比较器输出由高电平变为低电平 $U_{OL}=-U_Z$,此时的同相端电压用 U_{T-} 表示,其大小变为

$$U_{T-}=\frac{R_f U_{REF}}{R_f+R_2}+\frac{R_2 U_{OL}}{R_f+R_2} \tag{4.2.2}$$

显然 $U_{T-}<U_{T+}$,因此当 u_i 再增大时,比较器维持输出低电平。

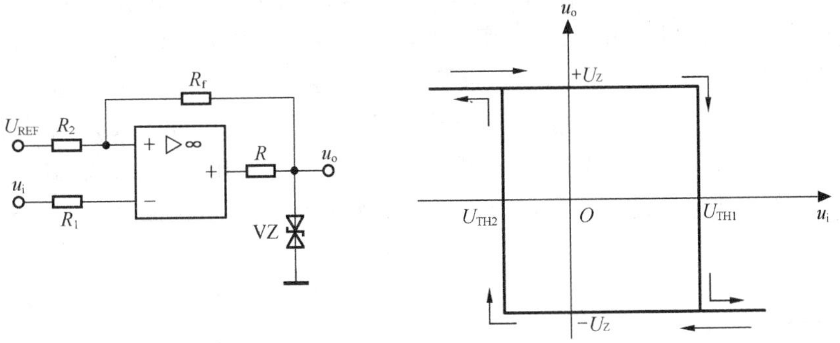

(a) 电路图　　(b) 传输特性

图 4.2.4　反相迟滞电压比较器

反之,当 u_i 由大变小时,比较器先输出低电平 U_{OL},运放同相端电压为 U_{T-},只有当 u_i 减小到 $u_i<U_{T-}$ 时,比较器的输出将由低电平 U_{OL} 跳变到高电平 U_{OH},此时运放同相端电压又变为 U_{T+},u_i 继续减小,比较器维持输出高电平 U_{OH}。所以可得迟滞电压比较器的传输特性如图 4.2.4(b)所示。把 $U_{T-}=U_{TH2}$ 和 $U_{T+}=U_{TH1}$ 分别叫做上门限电压和下门限电压,两者之间的差值称为门限宽度或回差电压,有

$$\Delta U=U_{TH1}-U_{TH2}=\frac{R_2}{R_1+R_2}(U_{OH}-U_{OL}) \tag{4.2.3}$$

调节 R_1 和 R_2 可改变回差电压的大小。回差电压越大，抗干扰能力越强，但分辨率变差。

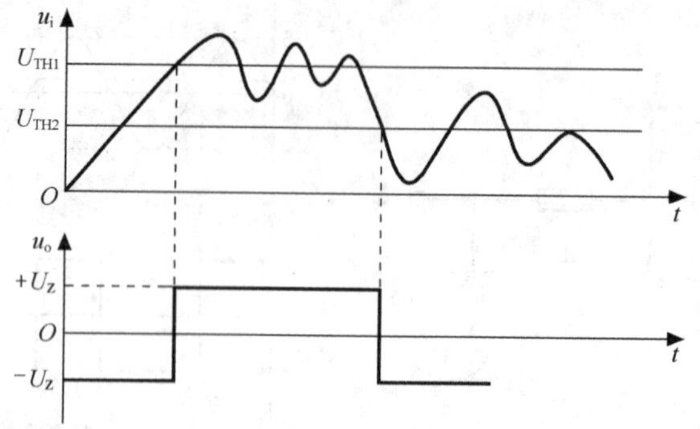

图 4.2.5　迟滞电压比较器的抗干扰波形

迟滞电压比较器用于控制系统时，主要优点是抗干扰能力强。当输入信号受干扰或噪声的影响而上下波动时，只要根据干扰或噪声电平，适当调整迟滞电压比较器两个门限电平 U_{TH1} 和 U_{TH2} 的值，就可以避免比较器的输出电压在高、低电平之间反复跳变，如图 4.2.5 所示。

4.2.2　矩形波发生器

矩形波发生器是一种能产生矩形波的基本电路，也称为方波振荡器。由图 4.2.6(a) 可见，它是在迟滞电压比较器的基础上，增加一条 RC 充、放电负反馈支路构成的。

1. 工作原理

在图 4.2.6(a) 中，电容 C 上的电压加在集成运放的反相端，集成运放工作在非线性区，输出只有两个值：$+U_Z$ 和 $-U_Z$。设在刚接通电源时，电容 C 上的电压为零，输出为正饱和电压 $+U_Z$，同相端的电压为 $R_2U_Z/(R_1+R_2)$，电容 C 在输出电压 $+U_Z$ 的作用下开始充电，充电电流 i_C 经过电阻 R_f，如图 4.2.6(a) 中的实线所示。当充电电压 u_c 上升至 $R_2U_Z/(R_1+R_2)$ 值时，由于运放输入端 $u_- > u_+$，于是电路翻转，输出电压由 $+U_Z$ 值翻至 $-U_Z$，同相端电压变为 $-R_2U_Z/(R_1+R_2)$ 时，电容 C 开始放电，u_C 开始下降，放电电流 i_C 如图(a)中虚线所示。当电容电压 u_C 降至 $-R_2U_Z/(R_1+R_2)$ 值时，由于 $u_- < u_+$，于是输出电压又翻转到 $u_o = +U_Z$ 值。如此周而复始，在集成运放的输出端便得到了如图 4.2.6(b) 所示的输出电压的波形。

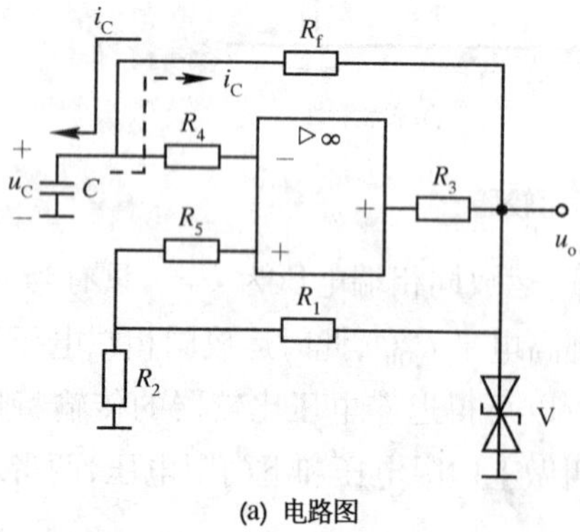

(a) 电路图

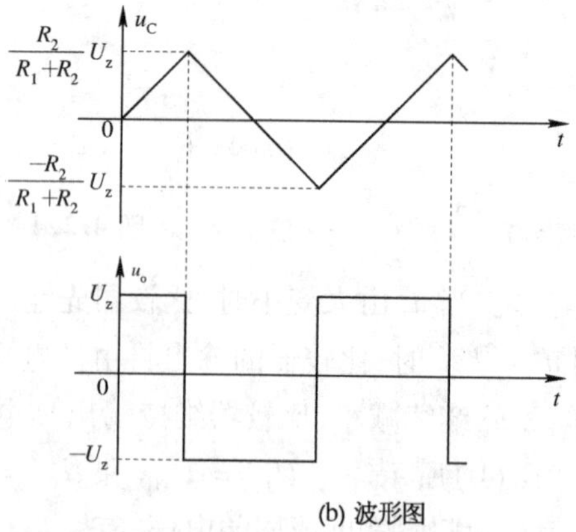

(b) 波形图

图 4.2.6　矩形波发生器

2. 振荡频率及其调节

电路输出的矩形波电压的周期 T 取决于充、放电的时间常数。可以证明其周期为

$$T = 2.2R_fC \tag{4.2.4}$$

则振荡频率为

$$f = \frac{1}{2.2R_fC} \tag{4.2.5}$$

改变 R_fC 值,就可以调节矩形波的频率。

4.2.3　三角波发生器

三角波发生器的基本电路如图 4.2.7(a)所示。集成运放 A_1 构成迟滞电压比较器，其反相端接地，集成运放 A_1 同相端的电压由 u_o 和 u_{o1} 共同决定：

$$u_+ = u_{o1}\frac{R_2}{R_f + R_2} + u_o\frac{R_f}{R_f + R_2}$$

当 $u_+ > 0$ 时，$u_{o1} = +U_Z$；当 $u_+ < 0$ 时，$u_{o1} = -U_Z$。在电源刚接通时，假设电容器初始电压为零，集成运放 A_1 输出电压为正饱和电压值 $+U_Z$，积分器输入为 $+U_Z$，电容 C 开始充电，输出电压 u_o 开始减小，u_+ 值也随之减小，当 u_o 减小到 $-\frac{R_2}{R_f}U_Z$ 时，u_+ 由正值变为零，迟滞电压比较器 A_1 翻转，集成运放 A_1 的输出 $u_{o1} = -U_Z$。当 $u_{o1} = -U_Z$ 时，积分器输入负电压，输出电压 u_o 开始增大，u_+ 值也随之增大，当 u_o 增加到 $\frac{R_2}{R_f}U_Z$ 时，u_+ 由负值变为零，迟滞电压比较器 A_1 翻转，集成运放 A_1 的输出 $u_{o1} = +U_Z$。然后再继续以上过程。这时在输出端就得到了充放电时间常数相同的三角波，波形如图 4.2.7(b)所示。

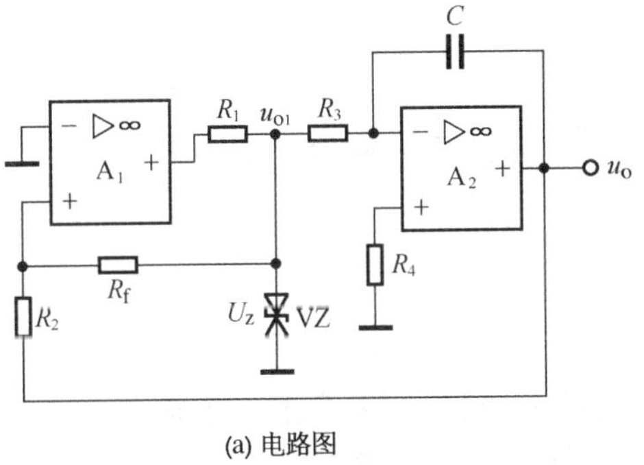

(a) 电路图

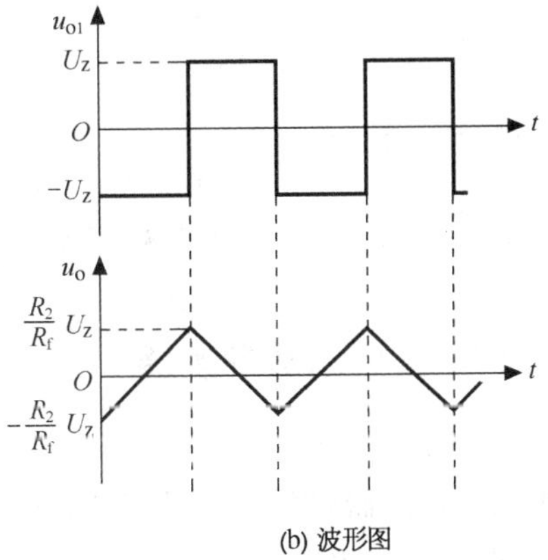

(b) 波形图

图 4.2.7　三角波发生器

通常积分器产生的三角波幅值随方波输入信号的频率变化。正是为了克服这一缺点，才将积分电路的输出送至迟滞电压比较器的输入，再将它输出的方波送给积分电路的输入，从而得到质量较高的三角波。

4.2.4　锯齿波发生器

锯齿波发生器与三角波发生器的区别是：三角波波形上升和下降的斜率(指绝对值)相等，而锯齿波波形上升和下降的斜率不相等(通常相差很多)。锯齿波常用在示波器的扫描电路或数字电压表中。

如果有意识地使 C 的充电和放电时间常数造成显著差别，则在电容两端的电压波形就是锯齿波。如图 4.2.8(a)所示，是利用一个迟滞电压比较器和一个反相积分器组成的频率可调节的锯齿波发生电路。

集成运放 A_1 构成迟滞电压比较器，其反相端接地，集成运放 A_1 同相端的电压还是由 u_o 和 u_{o1} 共同决定：

$$u_+ = u_{o1}\frac{R_2}{R_f + R_2} + u_o\frac{R_f}{R_f + R_2}$$

电路中加了一个二极管 VD，使得充放电时间常数不相同。当输出端电压 u_{o1} 为高电平时，给积分电路的电容进行充电，充电回路是通过二极管 VD、电阻 R_5 和电容 C 进行充电的，R_5 的阻值设置得比较大，所以充电时间常数比较大，充电比较慢，波形上升得缓慢。当输出电压 u_{o1} 为低电平时，二极管 VD 截止，这时电容的放电回路是通过电阻 R_3，电容 C 来进行放电的，电阻 R_3 的阻值比较小，故放电比较快，波形下降得比较快。输出端的波形如图 4.2.8(b)所示。

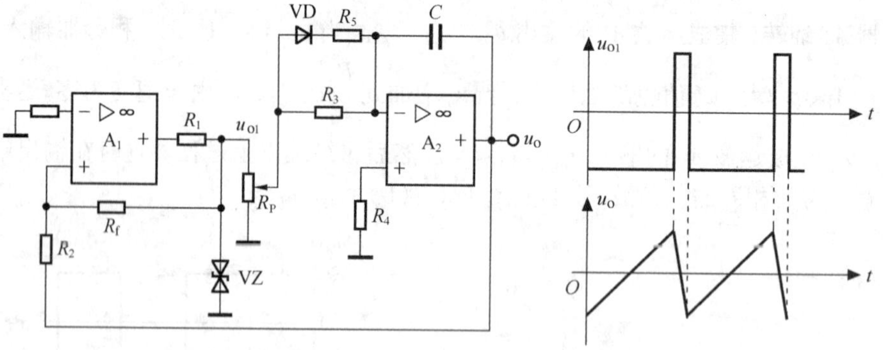

(a) 电路图　　(b) 波形图

图 4.2.8　频率和幅度均可调节的锯齿波发生器

4.2.5　8038 集成函数发生器

1. 电路结构及原理

集成函数发生器 8038 是一种多用途的波形发生器，可以用来产生正弦波、方波、三角波和锯齿波，其振荡频率可通过外加的直流电压进行调节，所以是压控集成信号产生器。

8038 为塑封双列直插式集成电路，其管脚功能如图 4.2.9 所示。

8038 由两个恒流源、两个电压比较器和触发器等组成。其内部电路结构如图 4.2.10 所示。8038 电路中含有正弦波变换器，故可以直接将三角波变成正弦波输出。

电压比较器 A、B 的门限电压分别为两个电源电压之和(即 $U_{CC}+U_{EE}$)的 2/3 和 1/3，电流源 I_1 和 I_2 的大小可通过外接电阻调节，其中 I_2 必须大于 I_1。当触发器的输出端为低电平时，它控制开关 S 使电流源 I_2 断开。而电流源 I_1 则向外接电容 C 充电，使电容两端电压随时间线性上升，当 u_C 上升到 $u_C=2(U_{CC}+U_{EE})/3$ 时，比较器 A 的输出电压发生跳变，使触发器输出端由低

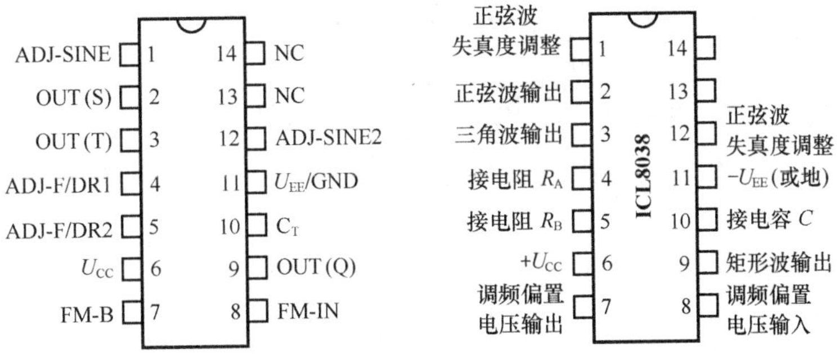

图 4.2.9　8038 管脚排列图及中英文对照

电平变为高电平，这时控制开关 S 使电流源 I_2 接通。由于 $I_2>I_1$，因此外接电容 C 放电，u_C 随时间线性下降。当 u_C 下降到 $u_C\leqslant(U_{CC}+U_{EE})/3$ 时，比较器 B 输出发生跳变，使触发器输出端又由高电平变为低电平，I_2 再次断开，I_1 再次向 C 充电，u_C 又随时间线性上升。如此周而复始，产生振荡。外接电容 C 交替地从一个电流源充电后向另一个电流源放电，就会在电容 C 的两端产生三角波并输出到管脚 3。该三角波经电压跟随器缓冲后，一路经正弦波变换器变成正弦波后由管脚 2 输出，另一路通过比较器和触发器，并经过反向器缓冲，由管脚 9 输出方波。

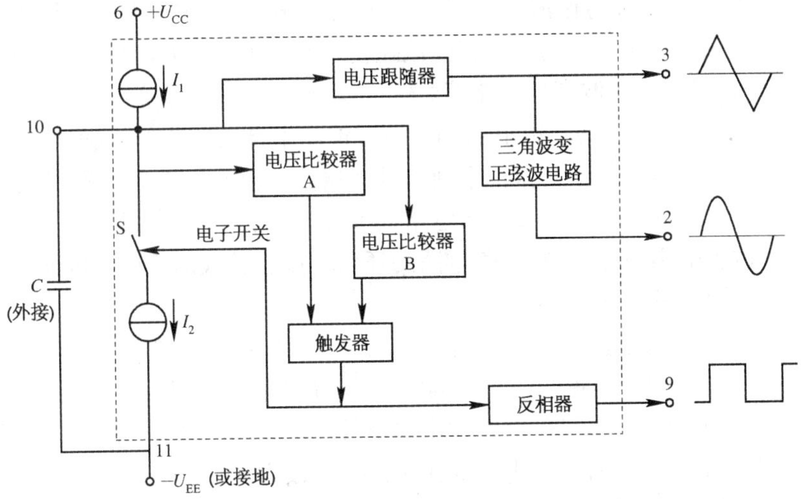

图 4.2.10　8038 内部电路图

2. 典型应用

用 8038 构成的典型应用——函数发生器的电路如图 4.2.11 所示。其振荡频率由电位器 RP_1 滑动触点的位置、C 的容量、R_A 和 R_B 的阻值决定。图 4.2.11 中 C_1 为高频旁路电容，用以消除管脚 8 的寄生交流电压。RP_2 为方波占空比和正弦波失真度调节电位器，当 RP_2 位于中间时，可输出方波。

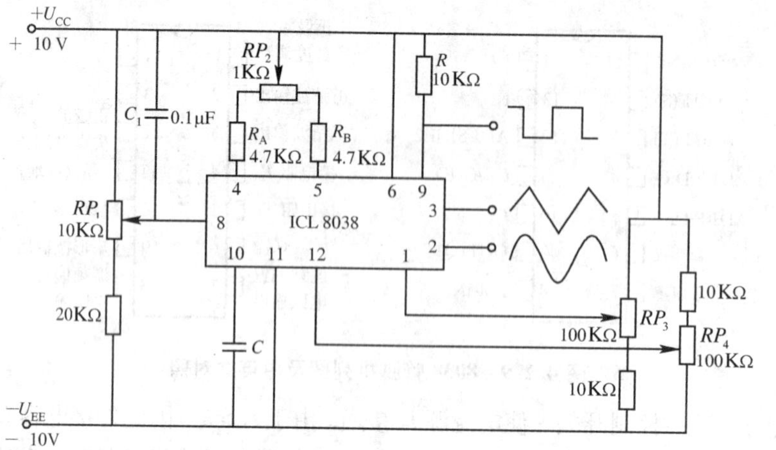

图 4.2.11　频率可调、失真较小的函数发生器

本 章 小 结

1. 信号产生电路通常称为振荡器，用于产生一定频率和幅度的正弦波和非正弦波信号，故有正弦波和非正弦波振荡电路两类。正弦波振荡电路又有 *RC*、*LC*、石英晶体振荡电路。非正弦波振荡电路有方波、三角波产生电路等。

2. 正弦波振荡电路是利用选频网络，通过正反馈产生自激振荡的。满足自激振荡有两个条件：一个是相位平衡条件，一个是振幅平衡条件。振荡电路在刚开始振荡的时候，电路处于小信号工作状态，而振荡处于平衡状态时，电路处于大信号工作状态。为了满足振荡的起振条件，并实现稳幅、改善输出波形，要求振荡电路的环路增益应随振荡输出幅度而变，当输出幅度增人时，环路增益减小，反之，幅度增大。

3. *RC* 正弦波振荡电路适用于低频振荡，一般在 1MHz 以下。常采用 *RC* 桥式振荡电路。为了满足振荡的条件，要求 *RC* 振荡电路是同相放大，放大倍数大于 3；*RC* 桥式振荡电路具有高输入电阻、低输出电阻；为了起振、改善输出波形及稳幅，放大电路采用非线性元件构成负反馈电路，使放大电路的增益随着输出电压的大小而自动改变。

4. *LC* 振荡电路可以产生较高的振荡频率信号。它有变压器反馈式、电感反馈式、电容反馈式等振荡电路。

5. 石英晶体振荡电路是采用石英晶体构成的振荡电路，它的频率准确性和稳定度非常高。石英晶体振荡电路有并联型和串联型两种。并联型石英晶体振荡电路中，石英晶体的作用相当于电感。串联型石英晶体振荡电路中，利用石英晶体的串联谐振特性，以低阻抗接入电路。

6. 电压比较器处于大信号应用状态，输出只有高电平和低电平两种状态。其值接近于直流供电电源电压。电压比较器可以对两个输入电压进行比较，并根据比较结果输出高电平和低电平。

7. 非正弦波产生电路没有选频网络，通常由比较器、积分电路和反馈电路组成，其状态的翻转依靠电路中定时电容能量的变化，改变定时电容的充、放电电流的大小，就可以调节振荡周期。

习 题

4.1 从相位平衡条件,判断如图示各电路是否满足振荡条件。并判断是何种振荡电路。

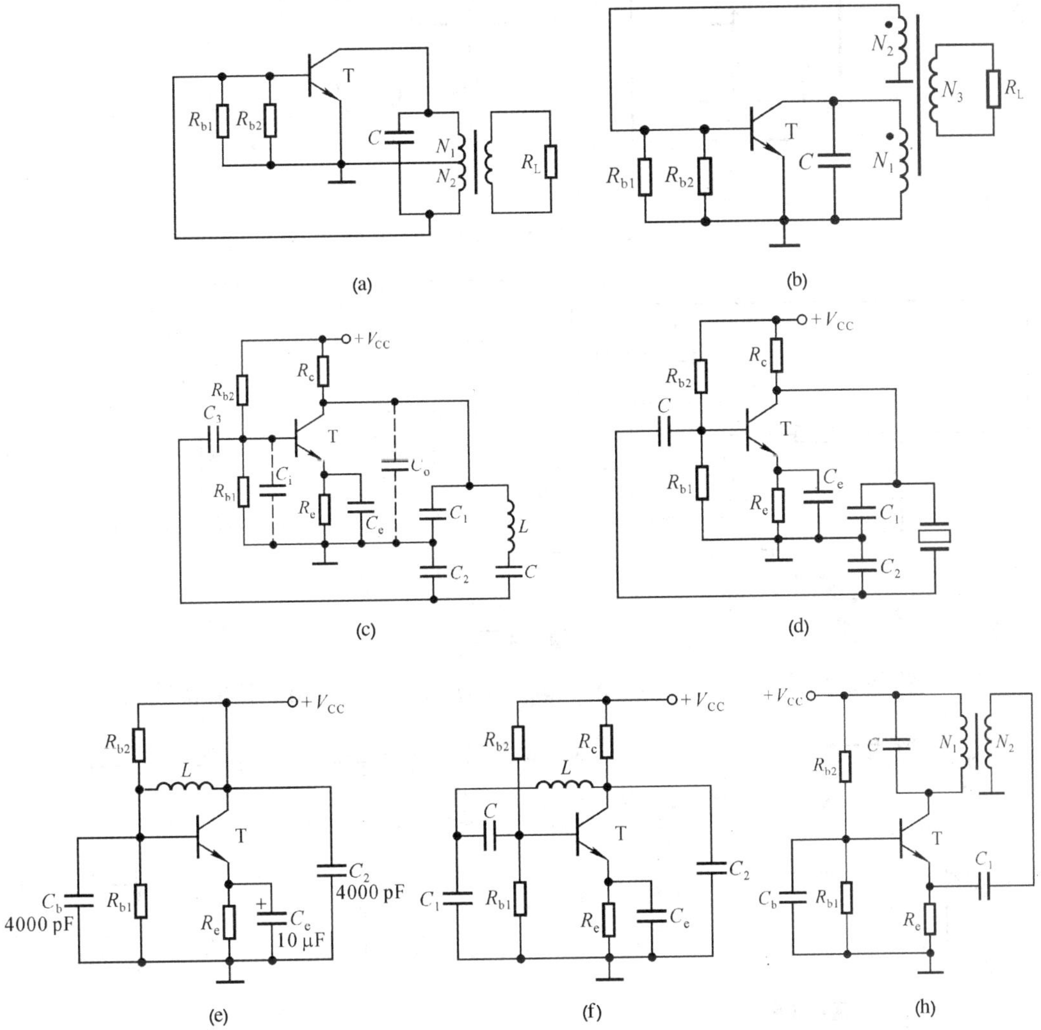

题 4.1 图

4.2 *RC* 桥式振荡电路如图 4.1.5 所示,已知 R_1 =10kΩ,试分析 R_f 的阻值分别为下列三种情况时,输出电压波形的形状:

(1) R_f = 10kΩ;(2) R_f = 100kΩ;(3) R_f 为负温度系数的热敏电阻,冷态电阻值大于 20kΩ。

4.3 电路如图所示,标明二次侧线圈的同名端,使之满足相位平衡条件。

4.4 电路如图所示,试分析电路是否满足振荡的相位平衡条件。

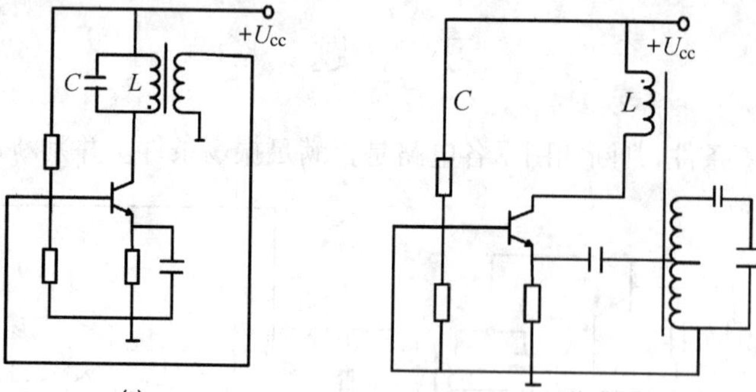

(a) (b)

题 4.3 图

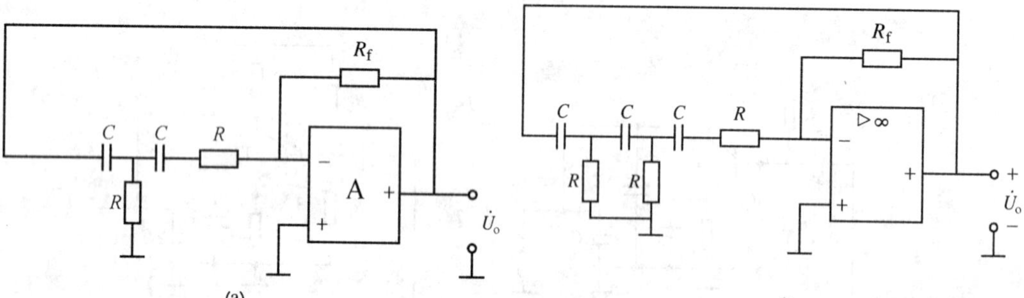

(a) (b)

题 4.4 图

4.5　电路如图所示，已知 $U_{DZ} = \pm 5$ V，$R = 2\text{k}\Omega$，试画出输出的传输特性。

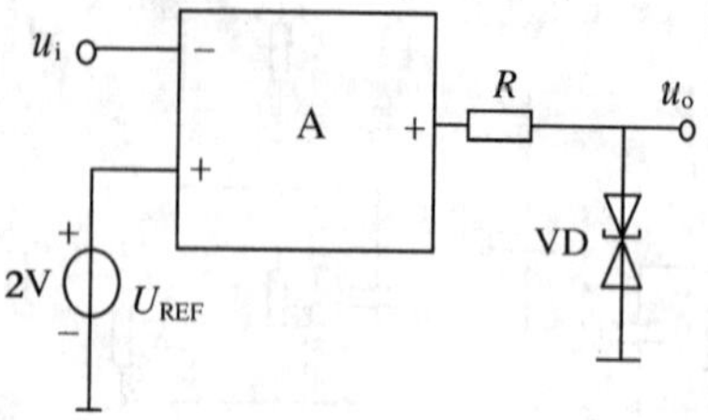

题 4.5 图

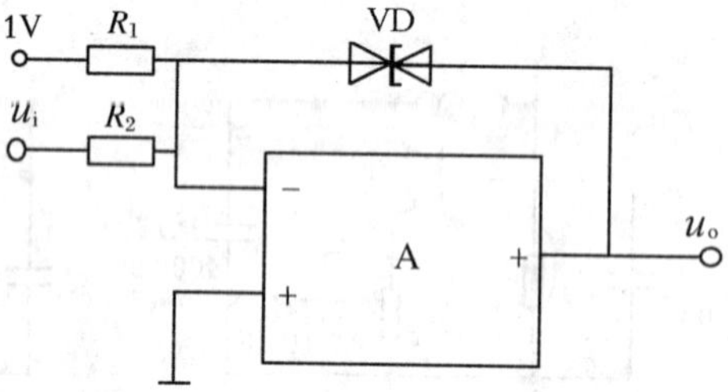

题 4.6 图

4.6　如图所示为带参考电压的单限电压比较器。如果 $R_1 = 2\text{k}\Omega$，$R_2 = 3\text{k}\Omega$，$U_{DZ} = \pm 3$V。试求电路的翻转电压，并画出传输特性。

4.7　在图 4.2.3(a)中，已知 $U_{REF} = 6$ V，$U_{VZ} = \pm 4$ V，$R_f = 12\text{k}\Omega$，$R_2 = 3\text{k}\Omega$。试画出电压传输特性。

4.8　设计一个频率为500Hz 的 RC 桥式振荡电路，已知电容 C 的数值为 0.047μF，并用一个负温度系数为 $20\text{k}\Omega$ 的热敏电阻作为稳幅元件，试画出电路并标明各电阻值。

技 能 训 练

训练 4.1　*RC* 桥式振荡电路的设计、安装与调试

一、训练目的

1. 学习和掌握 *RC* 桥式振荡电路元器件的选择,以及振荡电路的调试方法。

2. 培养独立进行电路设计、组装和调试的能力。

二、内容及要求

1. 根据下列要求自拟一个 *RC* 桥式振荡电路:

振荡频率为 1 ~2Hz;输出电压幅度 U_{om}大于 1.5V(负载 R_L = 10kΩ);振荡波形正负半周对称、无明显失真。

2. 拟定调试内容、方法、步骤、测试表格及所需测量的仪器。

3. 组装电路并进行调试。

4. 撰写调试报告。要求有电路设计过程,调试内容、方法步骤,测试记录及结果分析等。

训练 4.2　方波产生电路的调试

一、训练目的

1. 掌握方波产生电路的结构及工作特点。

2. 熟悉非正弦波产生电路调试的基本方法。

3. 提高应用集成运放的能力及独立进行电路测试的能力。

二、内容及要求

1. 采用集成运放自拟一简单的方波产生电路,使之满足要求:f_0 = 1Hz;U_{om} 大于 6V;输出端不采用稳压二极管。

2. 拟定调试内容、方法、步骤及记录表格。

3. 组装电路并进行调试。

4. 撰写测试报告。要求有电路设计过程,调试内容、方法步骤,测试记录及结果分析等。

第 5 章　直流稳压电源

电子设备中都需要稳定的直流电源，功率小的大多数是将交流电经过整流、滤波、稳压而得到稳定的直流电。本章先讨论整流、滤波、稳压的工作原理，然后介绍集成稳压器的工作原理和应用。

5.1　单相整流滤波电路

直流稳压电源一般由变压器、整流电路、滤波电路、稳压电路四部分组成。组成原理框图如图 5.1.1 所示。

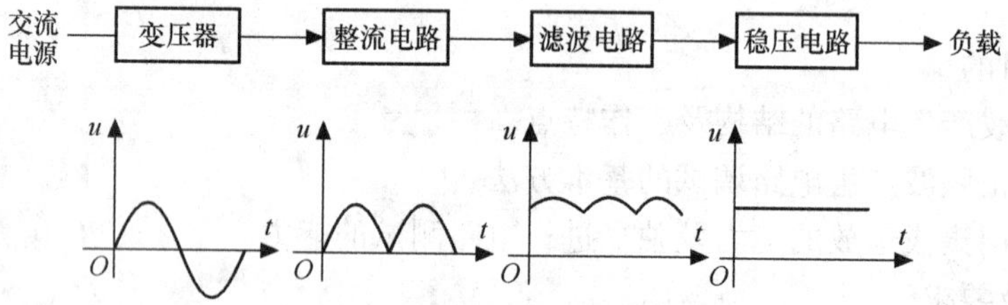

图 5.1.1　直流稳压电源组成框图

各部分的主要作用如下：

(1) 变压器：将正弦工频交流电源电压变换为符合用电设备所需要的正弦工频交流电压。

(2) 整流电路：利用具有单向导电性的整流元件，将正负交替变化的正弦交流电压变换成单方向的脉动直流电压。

(3) 滤波电路：尽可能地将单向脉动直流电压中的脉动部分(交流分量)减小，使输出电压成为比较平滑的直流电压。

(4) 稳压电路：采用某些措施，使输出的直流电压在电源发生波动或负载变化时保持稳定。

小功率的直流稳压电源一般都采用单相整流，本节主要讨论由理想二极管组成的单相整流电路。

5.1.1　单相整流电路

1. 单相半波整流电路

单相半波整流电路的电路图如图 5.1.2(a)所示，T 为变压器，用来将市交流电压变换为整流电路所要求的交流低电压，同时保证直流电源与市电电源有很好的隔离。

设变压器二次电压为 $u_2 = \sqrt{2}U_2\sin\omega t$。当 u_2 在正半周的时候，如图 5.1.2(a)可见二极管

VD 因正偏而导通，流过二极管的电流 i_V 同时流过负载电阻 R_L，即 $i_V = i_o$，负载上的电压 $u_2 = u_o$。当 u_2 在负半周时，二极管反偏截止，$i_o \approx 0$，这时 u_2 全部加在二极管的两端。各电压、电流波形如图 5.1.2(b) 所示，可见负载上得到单方向的脉动电压，只在正半周有输出，所以称为半波整流电路。半波整流输出电压的平均值 U_O 为

$$U_O = \frac{1}{2\pi}\int_0^{\pi} u_o \mathrm{d}(\omega t) = \frac{1}{2\pi}\int_0^{\pi} \sqrt{2}U_2 \sin(\omega t)\mathrm{d}(\omega t) = \frac{\sqrt{2}}{\pi}U_2 = 0.45U_2 \quad (5.1.1)$$

流过二极管的平均电流 I_V 为

$$I_V = I_O = \frac{U_O}{R_L} = 0.45\frac{U_2}{R_L} \quad (5.1.2)$$

二极管承受的反向峰值电压 U_{RM} 为

$$U_{RM} = \sqrt{2}U_2 \quad (5.1.3)$$

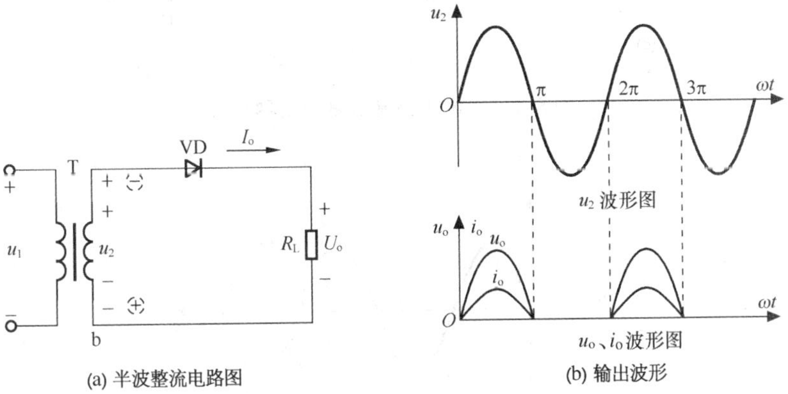

图 5.1.2　单相半波整流电路

半波整流电路结构简单，使用元件少，但整流效率低，输出电压脉动大，故适用于要求不高的场合。为了克服半波整流的缺点，常采用单相桥式整流电路。

2. 桥式整流电路

桥式整流电路如图 5.1.3 所示，设变压器二次电压为 $u_2 = \sqrt{2}U_2\sin\omega t$。在 u_2 的正半周，VD_1、VD_3 承受正压而导通，此时电流流过的路径为 $a \to VD_1 \to R_L \to VD_3 \to b$，$V_2$、$V_4$ 承受反压而截止，负载 R_L 上得到一个半波电压，如图 5.1.4 所示，这时 $u_o \approx u_2$。

在负半周，VD_1、VD_3 因反偏而截止，VD_2、VD_4 因正偏而导通，此时电流流通的路径为 $b \to VD_2 \to R_L \to VD_4 \to a$。这时负载上得到一个与正半周相同的半波电压 $u_o \approx -u_2$。

可见，在交流电压的整个周期都有同方向的电流流过负载电阻，负载上得到单方向全波脉动的直流电压，所以桥式整流电路输出电压是半波的两倍，即

$$U_O = 2 \times 0.45U_2 = 0.9U_2 \quad (5.1.4)$$

桥式整流电路中，由于每只二极管只导通半个周期，故流过每个二极管的平均电流仅为负载电流的一半，即

$$I_V = \frac{1}{2}I_O = \frac{1}{2}\frac{U_O}{R_L} = 0.45\frac{U_2}{R_L} \quad (5.1.5)$$

二极管截止时，这时的二极管 V_{D2}、V_{D4}（或 V_{D1}、V_{D3}）就并联在 u_2 上，其承受的反向峰值电压为

$$U_{RM} = \sqrt{2}U_2 \quad (5.1.6)$$

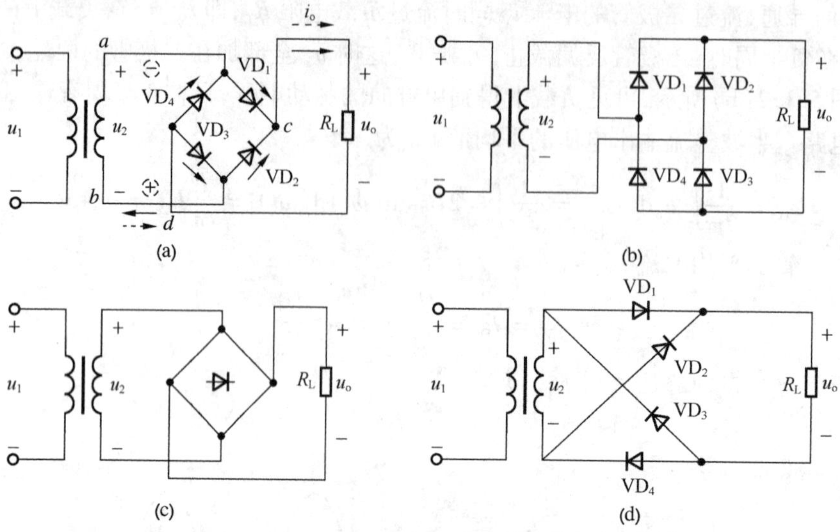

图 5.1.3　桥式整流电路的四种画法

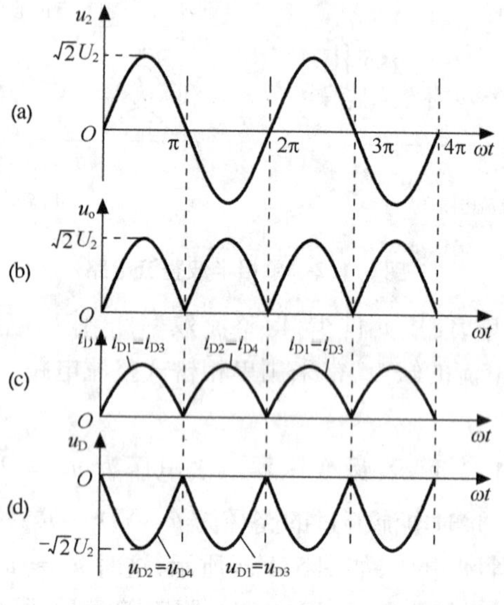

图 5.1.4　桥式整流电路各电压、电流波形

5.1.2　滤波电路

整流电路将交流电变成直流电,但其中含有大量的交流成分,为了获得平滑的直流电压,应在整流电路的后面加上滤波电路,以滤去交流成分。

1. 电容滤波电路

电容滤波电路如图 5.1.5(a)所示,在桥式整流电路的输出端与负载并联一个较大的电容 C,构成电容滤波电路。

设电容两端的初始电压为零,并假设在 $t=0$ 时接通电路。在 u_2 的正半周,u_2 从零开始上升时,VD_1、VD_3 导通,VD_2、VD_4 截止。电容 C 开始充电,同时电流经 VD_1、VD_3 向负载电阻供

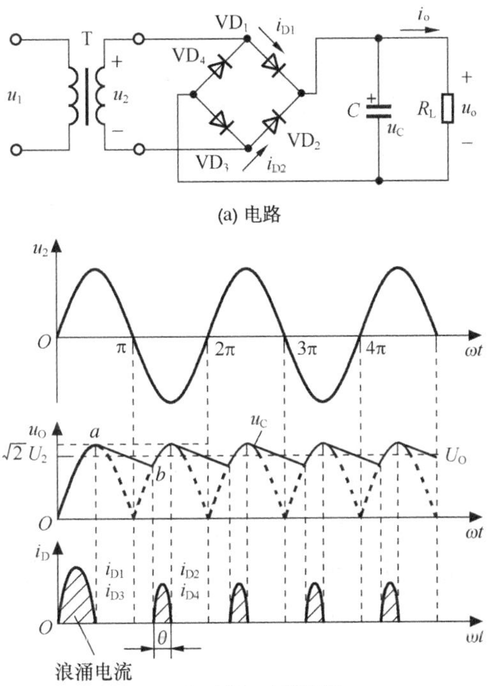

图 5.1.5　电容滤波电路

电，电容充电时间常数近似为零，故 $u_o = u_c \approx u_2$，在 u_2 达到最大值时，u_c 也达到最大值。然后 u_2 下降，此时的 $u_c > u_2$，VD_1、VD_3 截止，此时没有任何二极管导通。故电容 C 向负载电阻放电，由于放电时间常数比较大，所以电容电压 u_c 按指数规律缓慢放电，在 U_2 后半周当 $|u_2| > u_c$ 时，VD_2、VD_4 导通，VD_1、VD_3 截止，这时电容 C 再次被充电，输出电压增大，以后重复上述过程。输出电压波形近似为一锯齿波直流电压，如图 5.1.5(b)所示。

整流电路接入滤波电路后，输出电压波形变得平滑，而且输出电压的平均值增大，其大小与滤波电容及负载电阻大小有关，其值越大，放电速度越慢，输出电压就越大、越平滑。为了获得较好的滤波效果，一般取

$$R_L C \geqslant (3 \sim 5)T/2 \tag{5.1.7}$$

T 为交流电压的周期，此时的输出电压平均值近似为

$$U_O \approx 1.2U_2 \tag{5.1.8}$$

在整流过程中二极管的导通时间缩短，一个周期的导通角 θ 小于 π。由于电容 C 充电的瞬时电流很大，形成了浪涌电流，容易损坏二极管，故在选择二极管时，必须留有足够的电流裕量。二极管的选择一般按 $(2 \sim 3)I_O$ 来选择。

例 5.1.1　设计一个桥式整流电容滤波电路，用 220V、50Hz 交流供电，要求输出直流电压 $U_O = 45V$，负载电流 $I_O = 200mA$。

解：(1) 电路如图 5.1.5(a)所示。选择整流二极管，

$$I_V = 0.5I_O = 0.5 \times 200 = 100(mA)$$

$U_O = 1.2\ U_2$，所以

$$U_2 = \frac{U_O}{1.2} = \frac{45}{1.2} = 37.5\ (V)$$

每个二极管承受的最大反向电压为

$$U_{RM}=\sqrt{2}U_2=1.4\times37.5=52.5(V)$$

可选用整流二极管2CP31B（最大整流电流为250mA，最大反向工作电压为100V）。

（2）滤波电容C的确定，一般$R_LC\geqslant\frac{(3\sim5)T}{2}$，而$T=\frac{1}{f}=\frac{1}{50}=0.02(s)$，故取

$$R_LC=\frac{4T}{2}=2T$$

而又因为

$$R_L=\frac{U_O}{I_O}=\frac{45}{0.2}=225(\Omega)$$

所以

$$C=2\times\frac{0.02}{225}=178(\mu F)$$

故选 $$C=200\mu F/50V$$

电容滤波电路简单，输出电压平均值U_O较高，脉动较小，但是二极管中有较大的冲击电流。因此，电容滤波电路一般适用于输出电压较高、负载电流较小，并且变化也较小的场合。

2. 电感滤波电路

电路如图5.1.6所示，电感L起到阻止负载电流变化使之趋于平直的作用，从整流电路输出的电压中，直流分量由于电感的近似短路而全部加到负载两端，交流分量由于电感的感抗远大于负载电阻而大部分降在电感上，负载只有很小的交流分量，从而达到滤波的效果。一般电感滤波电路只用于低电压、大电流的场合。

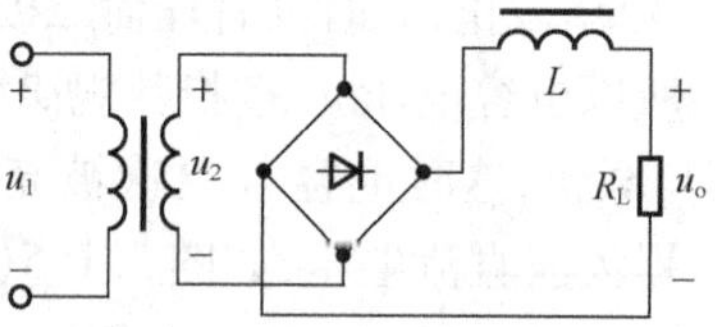

图5.1.6 电感滤波电路

电感滤波电路输出电压平均值U_O的大小一般按经验公式计算，有

$$U_O=0.9U_2$$

3. 其他滤波电路

如果要求输出电流较大、输出电压脉动很小时，可在电感滤波电路之后再加电容C，组成LC滤波电路，如图5.1.7(a)所示。为了进一步减小负载电压中的纹波，可采用图5.1.7(b)所示π型LC滤波电路。

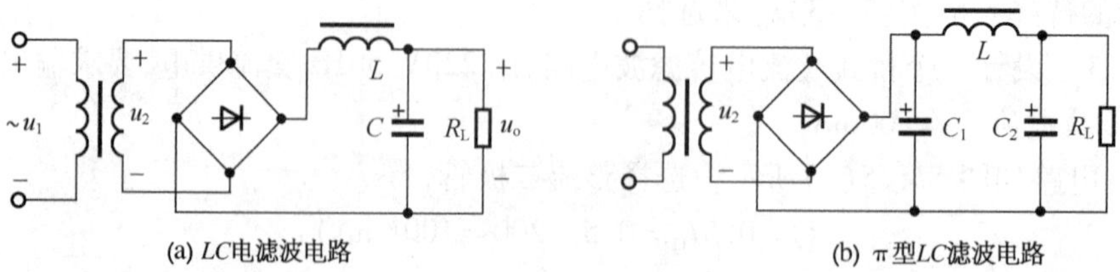

图5.1.7 其他形式的滤波电路

5.2　线性集成稳压器

集成稳压器与一般分立元件的稳压器比较,具有稳压性能好、可靠性高、组装和调试方便等优点,因此获得了广泛的应用。

5.2.1　串联型稳压电路

串联型稳压电源的框图如图 5.2.1(a)所示,它由调整环节、比较放大环节、基准环节和取样环节四部分组成。由于调整管和负载是串联关系,所以叫串联型稳压电路。另外因为调整管工作在线性放大区,故电路又称为线性稳压电源。

电路图 5.2.1(b)中,R_1、R_2、R_P 作为取样环节,它将稳压电路的输出电压分压后送到集成运放 A 的反相输入端。R_3、VZ 作为基准环节,为集成运放 A 的同相输入端提供基准电压。集成运放 A 作为比较放大环节,用来对取样电压与基准电压的差值进行放大。三极管 VT 作为调整环节。当负载 R_L 不变、输入电压 U_I 减小时,输出电压 U_O 有下降趋势,通过取样电阻的分压,取样电压也下降,使比较放大管的反相端电位 U_F 下降,而比较环节集成运放的同相端电压不变($U_+ = U_Z$),因此集成运放的输出增加,致使调整管的基极电位升高,调整管导通能力增强,调整管 VT 集射之间的电阻 R_{CE1} 减小,管压降 U_{CE1} 下降,使输出电压 U_O 上升,保证了 U_O 基本不变。上述稳压过程表示如下:

$$U_I\downarrow \to U_O\downarrow \to U_F\downarrow (U_Z\text{不变}) \to U_{AO}\uparrow (U_{VTB1}\uparrow) \to U_{VTCE1}\downarrow \to U_O\uparrow (U_O = U_I - U_{VTCE1})$$

反之亦可以写出相反的调节过程。

当输入电压 U_I 不变,负载 R_L 增大时,引起输出电压 U_O 有增长趋势,则电路将产生下列调整过程:

$$U_L\uparrow \to U_O\uparrow \to U_F\uparrow (U_Z\text{不变}) \to U_{AO}\downarrow (U_{VTB1}\downarrow) \to U_{VTCE1}\uparrow \to U_O\downarrow (U_O = U_I - U_{VTCE1})$$

由图 5.2.1(b)可得输出电压为

$$U_Z \approx U_F = U_O \frac{R'_2}{R'_1 + R'_2}$$

$$U_O = U_Z \frac{R'_1 + R'_2}{R'_2} \tag{5.2.1}$$

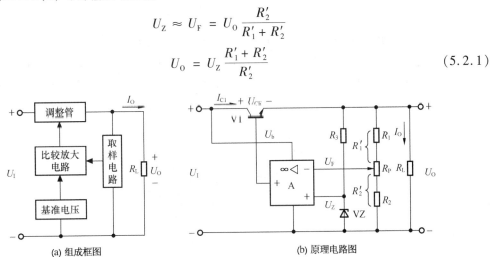

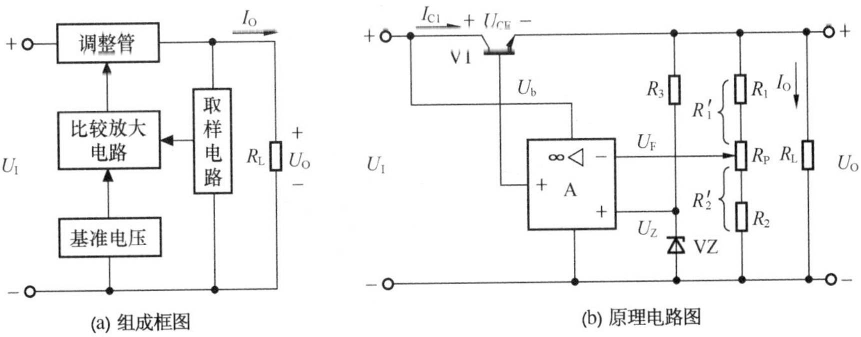

图 5.2.1　串联型稳压电路

5.2.2 三端固定电压式集成稳压器

三端集成稳压器有三个引出端子,具有应用时外接元件少、使用方便、性能稳定、价格低廉等优点,因而得到广泛应用。三端集成稳压器有两种:一种输出电压是固定的,称为固定输出三端集成稳压器;另一种输出电压是可调的,称为可调输出三端集成稳压器。它们的基本组成及工作原理都相同,均采用串联型稳压电路。

三端固定输出集成稳压器的通用产品有 CW78XX(正电源)系列和 CW79XX(负电源)系列。C 表示国标,W 表示稳压器。输出电压由后面的具体数字代表,其额定电流以 78(79)后面的字母来区分。L 表示 0.1A,M 表示 0.5A,无字母表示 1.5A。如 CW7812 表示输出电压为 12V,额定输出电流为 1.5A。

图 5.2.2 所示为 CW7800 和 CW7900 系列塑料封装和金属封装三端集成稳压器的外形及引脚排列。

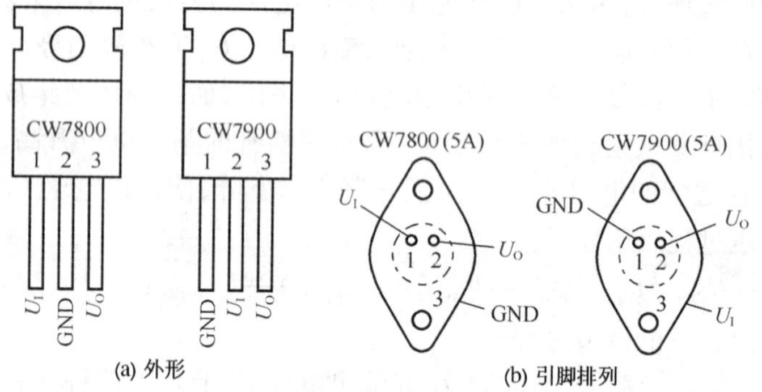

图 5.2.2 CW7800 和 CW7900 外形及脚排列

其内部电路与串联型稳压电路结构相同。有的电路为了使基准电压的稳定性更高,使电路能够更快地建立输出电压,增加了启动电路;为了保护电路(主要是保护调整管),内部还有比较完善的保护环节,如过压、过流和过热保护功能。

1. 基本应用电路

基本应用电路如图 5.2.3 所示,其输出电压决定于稳压器,图 5.2.3 中输出电压为 12V,最大输出电流为 1.5A,一般要求输入电压比输出电压大 2.5 ~3V。电容 C_1 的作用是用以抵消输入端较长接线的电感效应,防止自激振荡,还可以抑制电源的高频脉冲干扰。一般取 0.1 ~1 μF。输出端电容用以改善负载的瞬态响应,消除电路的高频噪声。

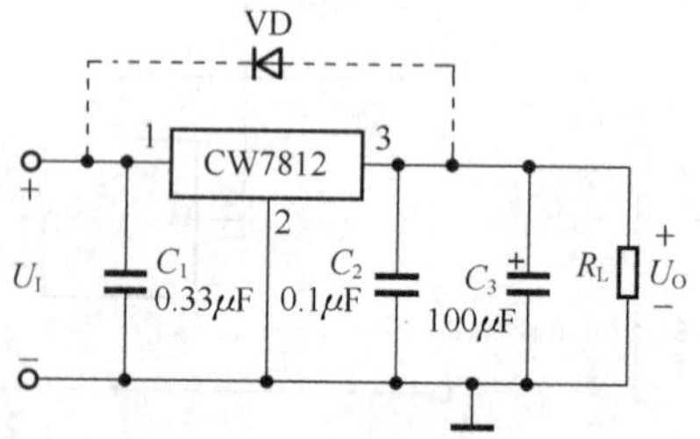

图 5.2.3 三端固定输出集成稳压器的基本应用电路

2. 提高输出电压的电路

电路如图 5.2.4(a)所示,固定输出

$$U_O = U_{XX}\left(1 + \frac{R_2}{R_1}\right) + I_Q R_2 \tag{5.2.2}$$

式(5.2.2)中的 I_Q 为稳压器的静态电流,一般为几毫安,如果流过 R_1 的电流 $I_{R1} > 5I_Q$,则

$$U_O \approx U_{XX}\left(1 + \frac{R_2}{R_1}\right) \tag{5.2.3}$$

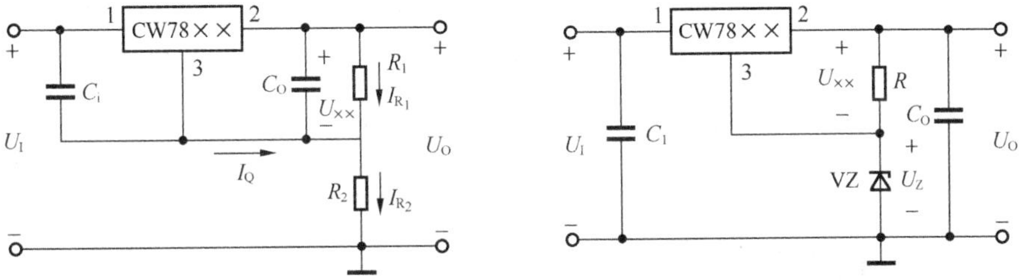

(a) 提高输出电压的电路一　　(a) 提高输出电压的电路二

图 5.2.4　提高输出电压的电路

也可以采用图 5.2.4(b)所示的电路来提高输出电压,这时输出电压为

$$U_O = U_{XX} + U_Z$$

3. 恒流源电路

集成稳压器的输出端串接入阻值合适的电阻,就可以构成恒定输出电流的电源。如图 5.2.5所示,电源输入电压 U_I 为 10V,输出电压 U_{23} 为 5V。由图 5.2.5 可求得负载输出电流 I_O 为

$$I_O = \frac{U_{23}}{R} + I_Q$$

式中, I_Q 是稳压器的静态工作电流,由于它受输入电阻及温度变化的影响,所以只有当 U_{23}/R 远远大于输出电流 I_Q 时,输出电流才比较稳定。由于 $U_{23}/R = 5V/10\Omega = 0.5A$,显然比 I_Q 大得多,故输出电流为0.5A,受 I_Q 的影响很小。

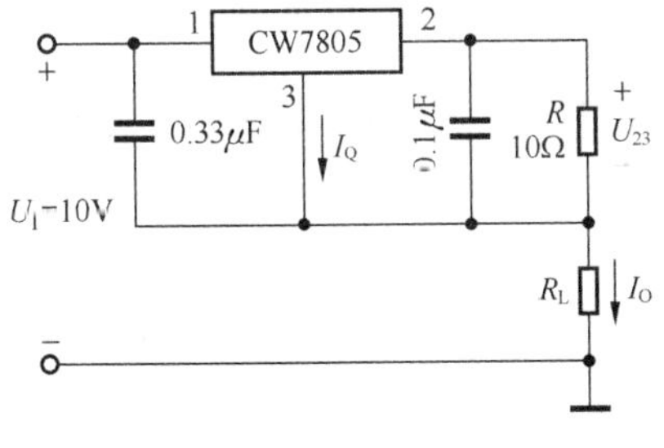

图 5.2.5　恒流源电路

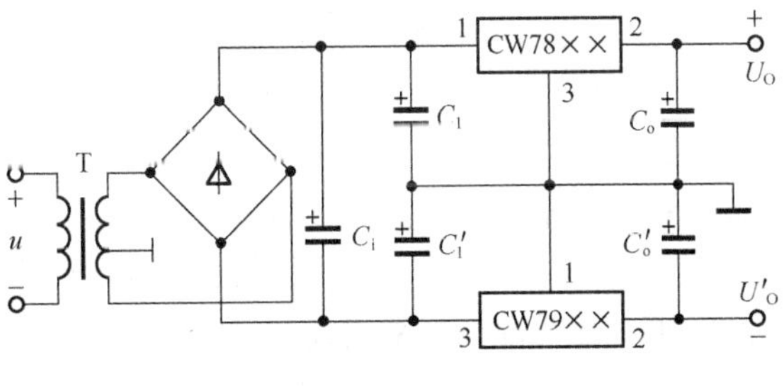

图 5.2.6　输出正负电压的电路

4. 输出正负电压的电路

电路如图 5.2.6 所示,采用 CW78XX 和 CW79XX 可以组成输出正负电压的电路。电路在输出端可以输出大小相等、极性相反的电压。

5.2.3 三端可调输出集成稳压器

它是在三端固定输出集成稳压器的基础上发展起来的,集成稳压器的电流几乎全部流到输出端,流到公共端的电流很小,故可以用少量的外部元件就可组成精密可调的稳压电路。产品有 CW117/CW217/CW317 系列正电压输出,还有 CW137/CW237/CW337 系列负电压输出。同一系列的内部电路和工作原理相同,只是工作温度不同。每个系列又分 L 系列(电流小于 0.1A)、M 系列(电流小于 0.5A)和不标字母系列(电流小于 1.5A)。

三端可调、输出集成稳压器的基本应用电路如图 5.2.7(a)所示,集成稳压器输出端和调整端的参考电压 U_{REF} 为1.25V。图 5.2.7(b)为可以提高输出电压的电路,调节 R_2 的大小可以改变输出电压的大小(R_2 的取值视负载和输出电压大小而定)。调整端的输出电流非常小,如果忽略的话,则输出电压表达式为

$$U_O \approx \left(1 + \frac{R_2}{R_1}\right) \times 1.25 \tag{5.2.4}$$

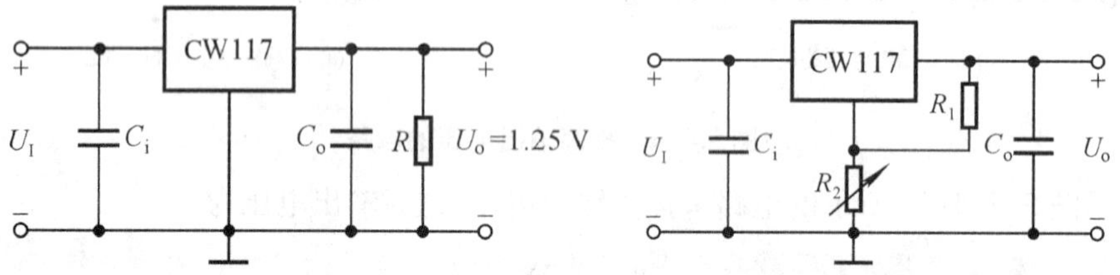

(a) 基本应用电路　　(b) 提高输出电压的电路

图 5.2.7 三端可调输出集成稳压器的电路

5.3 开关集成稳压电源

前面分析的线性集成稳压器有很多优点,应用也十分广泛,但调整管要工作在线性放大区,所以管耗大,电源效率低。开关稳压电源的调整管工作在开关状态,即工作在截止或饱和状态,管耗很低,电源效率提高,并且这一效率基本不受输入电压的影响,有很宽的稳压范围。开关稳压电源还有体积小、重量轻的优点,缺点就是输出电压有很大的纹波。

1. 开关稳压电源的结构

开关稳压电源的结构框图如图 5.3.1 所示,它由六部分组成,其中取样电路、比较电路、基准电路在组成及功能上都与普通的串联型稳压电路相同,不同的是增加了开关控制器、开关调整管和续流滤波等电路,新增部分的功能如下:

(1) 开关调整管:在开关脉冲的作用下,使调整管工作在截止或饱和状态,输出断续的脉冲电压。开关调整管采用大功率管。

(2) 滤波器:把矩形脉冲变成连续的平滑直流电压 U_O。

(3) 开关时间控制器:控制开关管导通时间长短,从而改变输出电压高低。

2. 串联型开关稳压电源

串联型开关稳压电源的组成框图如图 5.3.2 所示,VT 为开关调整管,它与负载 R_L 串联;VD 为续流二极管;L、C 构成滤波器;R_1 和 R_2 组成取样电路,A 为误差放大器,C 为电压比较器,它们与基准电压、三角波发生器组成开关调整管的控制电路。

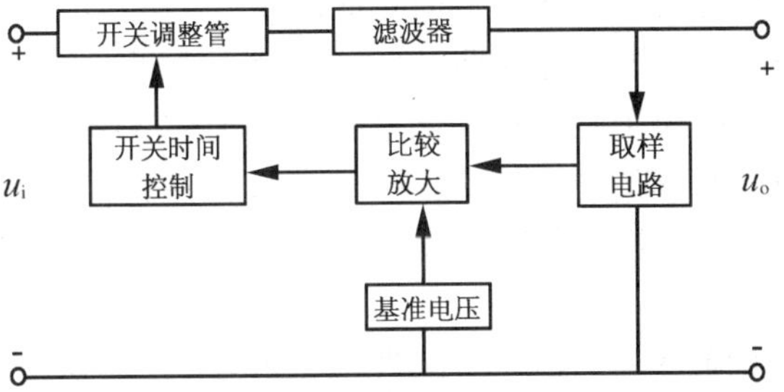

图 5.3.1　开关稳压电源结构框图

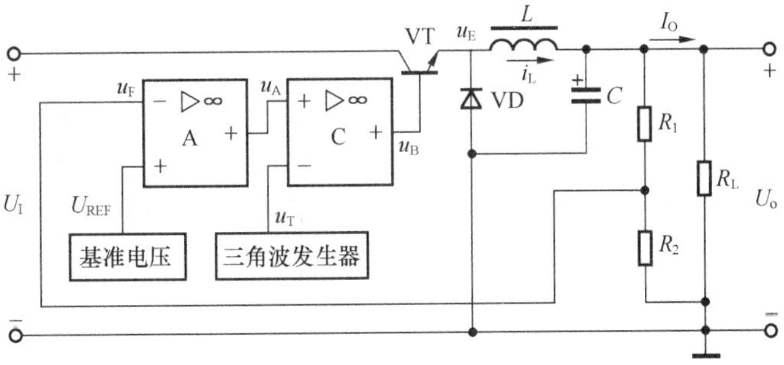

图 5.3.2　串联型开关稳压电源组成框图

误差放大器对来自输出端的取样电压 u_F 与基准电压 U_{REF} 的差值进行比较放大，其输出电压 u_A 送到电压比较器 C 的同相输入端。三角波发生器产生一频率固定的三角波 u_T，它决定了电源开关的频率。u_T 送至电压比较器 C 的反相输入端与 u_A 进行比较，当 $u_A > u_T$ 时，电压比较器 C 输出电压 u_B 为高电平；当 $u_A < u_T$ 时，电压比较器 C 输出电压 u_B 为低电平，u_B 控制开关调整管 VT 的导通和截止。u_A、u_T、u_B 的波形如图 5.3.3(a)和(b)所示。

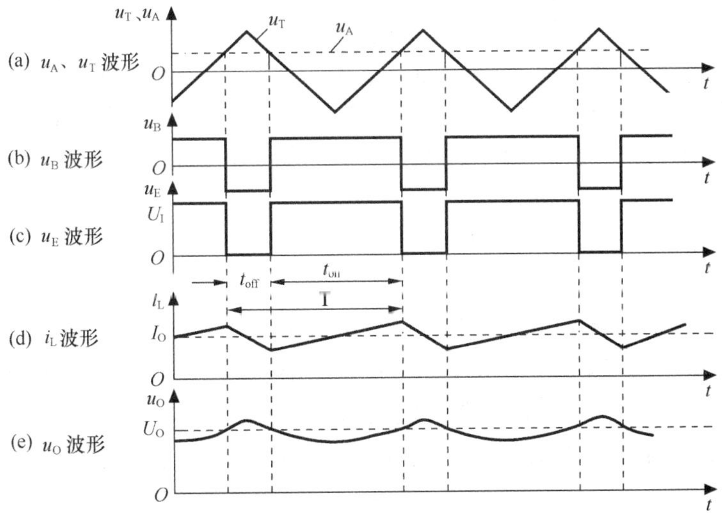

图 5.3.3　开关稳压电源的电压、电流输出波形

电压比较器输出电压 u_B 为高电平时，调整管 VT 饱和导通，忽略管压降，则有 $u_E \approx U_I$，二极管 VD 承受反压而截止，u_E 通过电感 L 向负载 R_L 提供负载电流。由于电感自感电动势的作用，电感中的电流 i_L 随时间线性增长，L 同时存储能量，当 $i_L > I_O$ 后继续上升，C 开始被充电，u_O 略有增大。电压比较器 C 输出 u_B 为低电平时，调整管截止，$u_E \approx 0$。因电感 L 产生反的自感电动势，使二极管 VD 导通，于是电感中储存的能量通过 VD 向负载释放，使负载中继续有电流流过，所以将 VD 称为续流二极管。这时 i_L 随时间线性下降，当 $i_L < I_O$ 后，C 开始放电，u_O 略有下降。u_E、i_L、u_O 的波形如图5.3.3(c)、(d)和(e)所示。其中 I_O、U_O 为稳压电路输出电流、电压的平均值。

开关调整管的导通时间为 t_{on}，截止时间为 t_{off}，开关转换周期为 $T = t_{off} + t_{on}$，它决定于三角波电压 u_T 的频率。输出电压的平均值

$$U_O \approx \frac{U_I}{T} t_{on} = DU_I$$

式中，$D = t_{on}/T$ 称为脉冲波形的占空比。可见电路的输出电压 U_O 正比于占空比。调节占空比的大小，就可以改变输出电压的大小。此电路也称为脉宽调制(PWM)式开关稳压电路。

根据上述原理可以看出此电路可以稳定输出电压的大小。当输出电压 U_O 升高时，则取样电压 u_F 增大，误差放大器的输出电压 u_A 下降，调整管的导通时间减小，则占空比 D 减小，使输出电压减小。

本 章 小 结

1. 直流稳压电源是电子设备中的重要组成部分，用来将交流电网电压变换为稳定的直流电压。一般小功率的直流电源由变压器、整流滤波电路和稳压电路等部分组成。对直流稳压电源的要求为输入电压发生变化及负载发生变化时，输出电压应保持稳定，纹波电压也要小。

2. 整流电路是利用二极管的单向导电性，将交流电压变成单方向的脉动直流电压，较常用的是单相桥式整流电路。为了消除脉动电压的纹波电压，单相小功率电源常采用电容滤波电路。除了电容滤波电路以外，有时也采用电感滤波及混合滤波电路。

3. 为了稳定输出电压，进一步减小输出电压的纹波分量，通常还要加稳压电路。稳压电路用来在交流电压波动或者负载变化时，稳定输出直流电压。目前广泛采用集成稳压器，在小功率系统中多采用线性集成稳压器，在中、大功率的稳压电源中一般采用开关稳压器。

习 题

5.1 单相桥式整流滤波电路如图5.1.5(a)所示，已知负载 $R_L = 50\Omega$，$C = 2200\mu F$，$u_2 = 20V$。如果用直流电压表测得输出电压 u_o 为下列几种情况：(1)28V；(2)24V；(3)20V；(4)18V；(5)9V，试分析电路工作是否正常，如果不正常，说明原因。

5.2 如图所示为变压器二次线圈有中心抽头的单相整流滤波电路，二次电压的有效值为 U_O，试回答下列问题：

(1) 标出负载电阻 R_L 上的电压 U_O 和滤波电容的极性。

(2) 分别画出无滤波电容和有滤波电容两种情况下输出电压 U_O 的波形，说明输出电压平均值 U_O 与变压器二次电压有效值 U_2 的数值关系。

(3) 无滤波电容情况下，二极管上所承受的最高反向工作电压 U_{RM} 是多大？

(4) 如果二极管 V_2 脱焊,极性反接、短路,电路会出现什么情况?

(5) 如果变压器二次线圈的中心抽头脱焊,这时电路会有输出电压吗?

(6) 在无滤波电容的情况下,如果 V_1、V_2 的极性都接反,输出电压 U_O 会有什么变化?

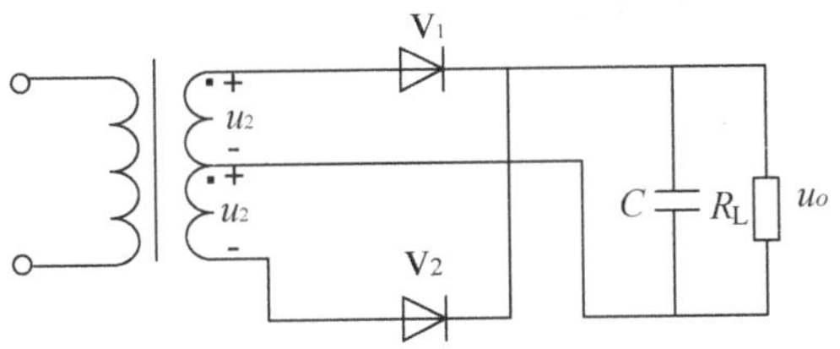

题 5.2 图

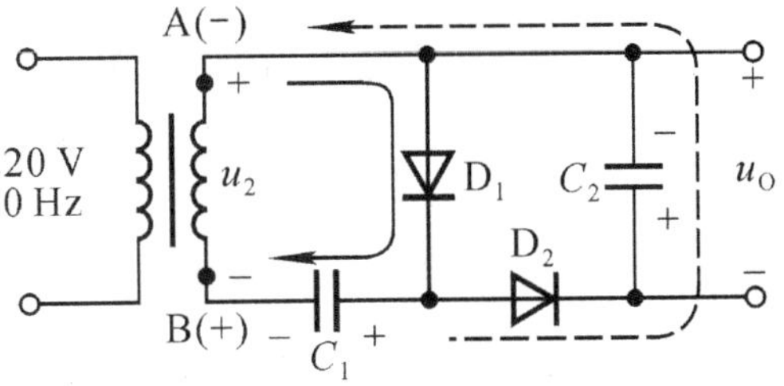

题 5.5 图

5.3　单相桥式整流滤波电路如图 5.1.5(a)所示,试分析:

(1) 如果二极管 VD_1 脱焊,极性接反、短路时,电路会出现什么情况?

(2) 如果二极管 VD_1、VD_2 都接反了会出现什么问题?

(3) 如果电路中所有的二极管都反接,会出现什么情况? 画出波形。

5.4　单相桥式整流电容滤波电路中,已知负载电阻 $R_L = 20\Omega$,交流电源频率为 50Hz,要求输出电压 U_O 为 14V,试求变压器二次电压有效值 U_2 ,并选择整流二极管和滤波电容。

5.5　如图所示为一个二倍压整流电路,说明其工作原理,并求出电容 C_1、C_2 上的电压。二极管为理想二极管。

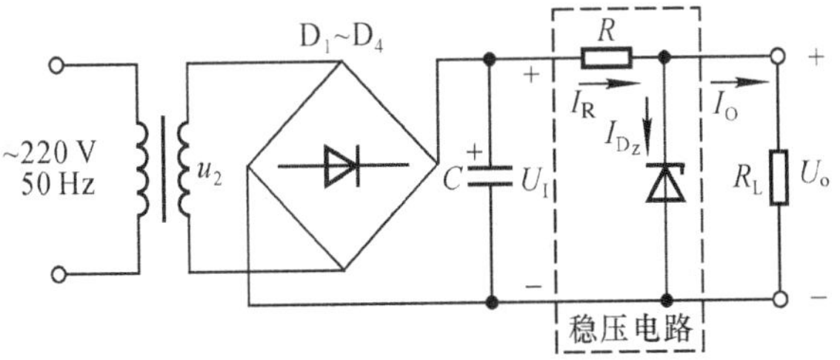

题 5.6 图

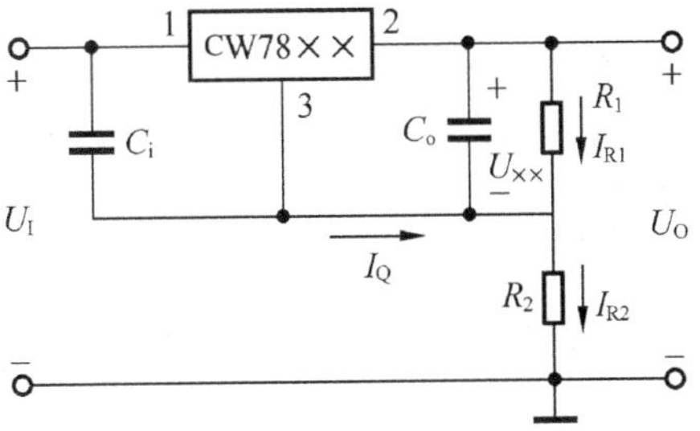

题 5.7 图

5.6　如图所示为一个由稳压管组成的稳压电路,具有稳定输出电压的作用,试述当输出电压升高以后电路的调节过程。

5.7　如图所示为一个提高输出电压的电路,已知集成稳压器采用 CW7815 稳压器,电阻 $R_2 = 8k\Omega$,$R_1 = 2k\Omega$,试求输出电压 U_O 的值。

技 能 训 练

训练 5.1　直流稳压电源的测试

一、训练目的

1. 加深对直流稳压电源工作原理的理解,熟练掌握电路元器件的选择方法。

2. 熟悉三端固定输出集成稳压器的型号、参数及其应用。

3. 掌握直流稳压电源的调整与测试方法。

二、内容及要求

1. 电路设计条件

输入交流电压:220V ±10%,50Hz;输出直流电压:12V;输出电流:0 ~ 500mA;电压调整率:小于 10mV;内阻:小于 0.1Ω;纹波电压峰值:小于 5mV。

2. 电路设计要求

(1) 选择电路形式,画出电路原理图。

(2) 选择电路元器件的型号和参数,列出材料清单。

(3) 画出安装布线图。

(4) 写出调试内容及步骤,画出测试电路及记录表格。

3. 电路布线要求

安装完电路以后,应认真检查电路中各元件有无接错、漏接和反接或接触不良的地方。一定要注意,二极管和滤波电容的极性不能接反,三端稳压器管脚不能接错,输出端不能短路。

4. 调整测试

通电前再检查一遍后进行测试,测试输出电压值是否为要求值。达到要求值后,改变电路中的取样电阻值,测量输出电压的变化范围是否在计算的数值范围内。不在的话,进行原因分析,查出故障。

5. 撰写调试报告

调试报告主要内容有:目的、要求,电路元器件选择及参数估算,原理图及材料清单,调试内容及步骤,数据记录,调试结果整理分析等。

三、集成直流稳压电源的设计方法

集成直流稳压电源的设计步骤大致如下:

根据要求的输出直流电压和负载电流选择电路形式;选择稳压器,确定输入电压的大小,并选择其外部连接元器件;选择整流管的型号;确定滤波电容的容量及耐压值;确定对电源变压器的要求。

1. 集成稳压器的选择

一般选择几个体积小、性能稳定、便宜的三端集成稳压器,如 CW7800 系列和 CW7900 系列。

2. 输入电压 U_I 的确定

稳压器的输入电压 U_I 即为整流滤波电路的输出电压,输入电压 U_I 太低,则稳压器的性能受到影响,太高则功耗太大,所以一般输入电压 U_I 的选择原则是在满足稳压器正常工作的前提下, U_I 越小越好,但一般要保证输入、输出电压之差大于 2 ~3V。

3. 整流管及滤波电容的选择

整流管的电压应选择最高反向工作电压大于 $\sqrt{2}U_2$,电流为 1 ~1.5 I_O 的二极管。

从滤波效果看,电容容量取大点好,但容量太大成本高,故一般选择 $C \geqslant (3 \sim 5)TR/2$,$T$ 为电源的周期,一般为 0.02s,$R \approx U_I / U_O$ 。

4. 变压器的选择

变压器的选择通常根据二次测的输出功率来选择。一般取二次电压 U_2 为

$$U_2 \geqslant U_{\mathrm{Imin}}/1.2$$

这样求得变压器的变比为

$$n = \frac{N_1}{N_2} = \frac{220}{U_2}$$

一般按式

$$I_2 = (1.1 \sim 3)\ I_0$$

完成二次电路的计算。

第 6 章　逻辑代数基础

处理数字信号的电路称为数字电路。本章介绍了各种进制及它们之间的相互转换，然后介绍了逻辑代数的基本概念、基本公式和常用定理、逻辑函数的表示方法及逻辑函数的化简方法。

6.1　概　　述

6.1.1　信号与电路

电子线路中的工作信号可以分为两大类：模拟信号和数字信号。

模拟信号是指时间和数值都连续变化的信号，如压力、速度、温度等。处理模拟信号的电路为模拟电路。数字信号是指在时间和数值上都不连续变化的信号，数字信号是离散的。典型的数字信号波形如图 6.1.1 所示。对数字信号进行传输、处理的电子线路称为数字电路，它主要是研究输出和输入信号之间的对应逻辑关系，其主要分析工具为逻辑代数，所以数字电路也叫逻辑电路。

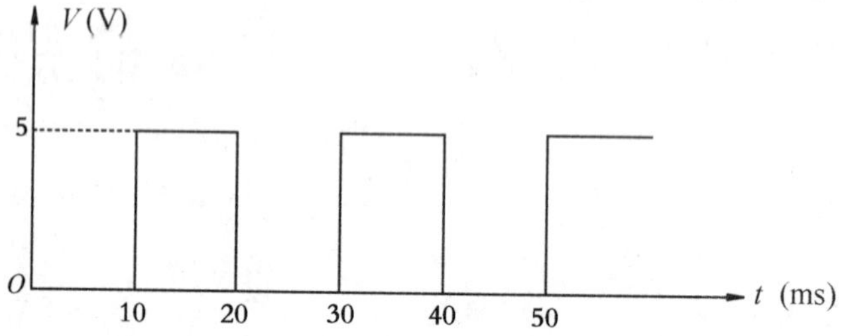

图 6.1.1　典型的数字信号波形

6.1.2　数字电路的分类及特点

数字电路可分为分立元件和集成电路两大类。根据集成密度的不同，数字集成电路分为小规模集成电路、中规模集成电路、大规模集成电路和超大规模集成电路。表 6-1-1 所示为按集成度分类的数字电路。根据半导体导电类型的不同，又可分为双极型电路和单极型电路。按照电路的结构和工作原理的不同，数字电路可分为组合逻辑电路和时序逻辑电路两类。组合逻辑电路没有记忆功能，其输出信号只与当时的输入信号有关，而与电路以前的状态无关；时序逻辑电路具有记忆功能，其输出信号不仅和当时的输入信号有关，而且与电路以前的状态有关。

表 6-1-1　集成电路的分类

集成电路分类	集成度	电路规模与范围
小规模集成电路 SSI	1～10 门/片 或 10～100 个元件/片	逻辑单元电路 包括：逻辑门电路、集成触发器等
中规模集成电路 MSI	10～100 门/片 或/100～1 000 个元件/片	逻辑部件 包括：计数器、译码器、编码器、数据选择器、加法器、比较器等
大规模集成电路 LSI	100～1 000 门/片 或 100～100 000 个元件/片	数字逻辑系统 包括：中央控制器、存储器、各种接口电路等
超大规模集成电路 VLSI	大于 1 000 门/片 或大于 10 万个元件/片	高集成度的数字逻辑系统 包括：各种型号的单片机等

与模拟电路相比，数字电路具有以下几方面的特点：

(1) 研究电路输入与输出信号间的因果关系，也称逻辑关系。

(2) 用0和1两个数字符号分别表示数字信号的两个离散状态，反映在电路上通常是高电平和低电平。

(3) 电路中的半导体器件一般工作在开(导通)、关(截止)状态，对于半导体三极管，不是工作在截止状态就是工作在饱和状态。

(4) 研究数字电路的主要任务是进行逻辑分析和设计，运用的数学工具是逻辑代数。

数字电路还有利于高度集成化、工作可靠性高、抗干扰能力强、信息容易保存等优点。

6.2　数制及数制之间的相互转换

6.2.1　数制

数制是一种计数方法，它是计数进位制的简称。在数字电路中常用的数制除了十进制外，还有二进制、八进制和十六进制。

在分析进制之前，先来了解几个概念：

(1) 进位制：表示数时，仅用一位数码往往不够用，必须用进位计数的方法组成多位数码。多位数码每一位的构成以及从低位到高位的进位规则称为进位计数制，简称进位制。

(2) 基数：进位制的基数就是在该进位制中可能用到的数码个数。

(3) 位权(位的权数)：在某一进位制的数中，每一位的大小都对应着该位上的数码乘上一个固定的数，这个固定的数就是这一位的权数。权数是一个幂。

1　十进制

十进制是最常用的数制。在十进制中，共有0～9十个数码，所以低位向相邻高位的进位原则是“逢十进一”，故为十进制。同一数字符号在不同的数位，代表的数值不同。设某十进制数有 n 位整数，m 位小数，则任何十进制数均可表示为

$$N_{10} = \sum_{i=-m}^{n-1} k_i 10^i \qquad (6.2.1)$$

其中 k 为第 i 位的系数，可取 0,1,2,3…9；10^i 为第 i 位的权；10 为进位基数，N 为十进制数。

例 6.2.1　写出十进制数 505.6 的大小。

解：$(505.6)_{10} = 5\times10^2 + 0\times10^1 + 5\times10^0 + 6\times10^{-1}$。

2. 二进制

二进制数中只有 0、1 两个数字符号,所以进位原则是"逢二进一",各位的权为 2^i,k 为第 i 位的系数。设某二进制数有 n 位整数,m 位小数,则任何一个二进制数均可表示为

$$N_2 = \sum_{i=-m}^{n-1} k_i 2^i \tag{6.2.2}$$

例 6.2.2 将二进制数 101.11 转换为十进制数。

解:$(101.1)_2 = 1 \times 2^2 + 0 \times 2^1 + 1 \times 2^0 + 1 \times 2^{-1} = (5.5)_{10}$。

3. 八进制和十六进制

八进制有 0~7 这八个数字,进位原则是"逢八进一",各位的权为 8^i。表示方法类似于十进制。

十六进制有 16 位数:0、1、2、3、4、5、6、7、8、9、A(10)、B(11)、C(12)、D(13)、E(14)、F(15)。进位原则是"逢十六进一"。十六进制数可表示为

$$N_{16} = \sum_{i=-m}^{n-1} k_i 16^i \tag{6.2.3}$$

例 6.2.3 将十六进制数 4E6 转换为十进制数。

解:$(4E6)_{16} = 4 \times 16^2 + 14 \times 16^1 + 6 \times 16^0 = (1254)_{10}$。

6.2.2 各种进制之间的相互转换

1. 各种进制转换成十进制

二进制、八进制、十六进制转换成十进制时,只要按权展开,求出这个加权系数的和就可以。如:$(176.5)_8 = 1 \times 8^2 + 7 \times 8^1 + 6 \times 8^0 + 5 \times 8^{-1} = 64 + 56 + 6 + 0.625 = (126.625)_{10}$。

2. 十进制转换成其他进制

十进制数转换为其他进制数分为整数部分和小数部分,因此需要将整数部分和小数部分分别转换,再将转换结果按顺序排列起来就得到其他进制数。

(1) 十进制转换成二进制。

1) 整数部分:转成 2 进制,可采用除 2 取余法,即用 2 不断去除十进制数,直到最后商为 0 为止。将所得到的余数以最后一个余数为最高位,第一个余数为最低位,即顺序为从下往上依次排列,便得到相应的二进制数。

2) 小数部分:可采用乘 2 取整法,即用 2 去乘所要转换的十进制小数,并得到一个新的小数,然后再用 2 去乘这个小数,一直进行到小数部分为 0 或达到转换所要求的精度为止。最后取整数的部分作为二进制的小数部分,其顺序与整数部分取余数顺序正好相反。

例 6.2.4 将 $(23.625)_{10}$ 转换为二进制数。

解:(1) 整数部分的转换:

```
2 | 23    ……… 余1   b₀       第一个余数为最低位
2 | 11    ……… 余1   b₁    ↑
2 |  5    ……… 余1   b₂    读
2 |  2    ……… 余0   b₃    取
2 |  1    ……… 余1   b₄    次
                              序       最后一个余数为最高位
```

(2) 小数部分的转换:

$0.625\times2=1.250$ ……… 整数部分=1　第一个整数为最高位
$0.250\times2=0.500$ ……… 整数部分=0　↓
$0.500\times2=1.000$ ……… 整数部分=1　最后一个整数为最低位

所以$(0.625)_{10}=(0.101)_2$。

由此可得,$(23.625)_{10}=(10111.101)_2$。

(2) 十进制转换成八进制。

十进制转换成八进制的方法与十进制转换成二进制相同,也是分整数部分和小数部分分别转换。如:将十进制数$(126.625)_{10}$转换成八进制数,整数部分的转换为

8	126	…………	余6
8	15	…………	余7
8	1		余1
	0		

小数部分的转换为

$$0.625\times8=5.000 \cdots\cdots\cdots\cdots \text{整数部分}=5$$

所以$(126.625)_{10}=(176.5)_8$。

(3) 十进制转换成十六进制。

方法同十进制转换成二进制。如:将十进制数$(268.3125)_{10}$转换成十六进制数,整数部分的转换为

16	268	…………	余12
16	16	…………	余0
16	1		余1
	0		

小数部分的转换为

$$0.3125\times16=5.0000 \cdots\cdots\cdots\cdots \text{整数部分}=5$$

故十进制数$(268.3125)_{10}$转换成十六进制数,$(268.3125)_{10}=(10C.5)_{16}$。

3. 二进制和八进制及十六进制之间的转换

(1) 二进制和八进制之间的转换:

1) 因为 8 是 2 的整次幂($8=2^3$),所以每位八进制数用三位二进制数构成。二进制数转换成八进制数的方法是:整数部分从低位开始,每三位二进制数为一组,最后不足三位的,则在高位前加 0 补足三位;小数部分从高位开始,每三位二进制数为一组,最后不足三位的,在低位补 0,然后用对应的八进制数来代替即可。

例 6.2.5 将二进制数$(11010110.01101)_2$转换为八进制数。

解:

011	010	110	.	011	010
↓	↓	↓		↓	↓
3	2	6	.	3	2

所以

$$(11010110.01101)_2=(326.32)_8$$

2) 八进制转换成二进制:将每位八进制数用三位二进制数来代替,再按原来的顺序排列起来即可。

例 6.2.6 将八进制数$(657.13)_8$转换为二进制数。

解:

6	5	7	.	1	3
↓	↓	↓		↓	↓
110	101	111	.	001	011

所以

$$(657.13)_8 = (110101111.001011)_2$$

(2) 二进制和十六进制之间的转换。

二进制和十六进制之间的转换方法与二进制和八进制之间的转换方法相似,只不过是四位归为一组,其他均相同。

例 6.2.7 将二进制数$(1101110001110.111)_2$转换为十六进制数。

解:

0001	1011	1000	1110	.	1110
↓	↓	↓	↓		↓
1	B	8	E	.	E

所以

$$(1101110001110.111)_2 = (1B8E.E)_{16}$$

例 6.2.8 将十六进制数$(4B6.3F)_{16}$转换为二进制数。

解:

4	B	6	.	3	F
↓	↓	↓		↓	↓
0100	1011	0110	.	0011	1111

故

$$(4B6.3F)_{16} = (010010110110.00111111)_2$$

6.3 码制和常用代码

在数字电路中,常常用一定位数的二进制数码表示不同的事物或信息,这些数码称为代码。编制代码时要遵循一定的规则,这些规则叫做码制。

6.3.1 二—十进制码(BCD 码)

二—十进制码又称 BCD(Binary Coded Decimal)码,它是用 4 位二进制数组成一组代码,表示 0 ~ 9 十个十进制数。由于编制代码时遵循的规则不同,同是二—十进制代码可有多种不同的码制。几种常见的 BCD 码如表 6-3-1 所示。

表 6-3-1 几种常见的 BCD 码

十进制数	有权码				无权码
	8421 码	5421 码	2421(A)码	2421(B)码	余 3 码
0	0000	0000	0000	0000	0011
1	0001	0001	0001	0001	0100
2	0010	0010	0010	0010	0101
3	0011	0011	0011	0011	0110
4	0100	0100	0100	0100	0111
5	0101	1000	0101	1011	1000
6	0110	1001	0110	1100	1001
7	0111	1010	0111	1101	1010
8	1000	1011	1110	1110	1011
9	1001	1100	1111	1111	1100

1. 8421BCD 码

8421BCD 码是一种应用十分广泛的代码，这种代码每位的权是不变的，称为有权码，从高位到低位的权依次是 8、4、2、1，这种代码去掉了自然二进制数的后六种组合。8421BCD 码每组二进制代码各位加权系数的和便为它所代表的十进制数。如 8421BCD 码 0111 按权展开式为

$$0\times8+1\times4+1\times2+1\times1=7$$

注意：8421BCD 码是四位二进制数表示一位十进制数，在转换的时候需要注意。如：把 8421BCD 码 01011001 转换成十进制数是 59，但如果 01011001 是二进制数的话，则转换成十进制数为 89，这一点是不一样的。

2. 2421 码和 5421 码

它们也是一种有权码，权值分别为 2、4、2、1 和 5、4、2、1，也是用四位二进制数表示一位十进制数，转换方法与 8421BCD 码相同。如把：2421(A)BCD 码 1110 按权展开式为

$$1\times2+1\times4+1\times2+0\times1=8$$

2421(A)码和 2421(B)码的编码状态不完全一样，2421(B)BCD 码具有互补性，0 和 9、1 和 8、2 和 7、3 和 6、4 和 5 这 5 对代码互为反码。

3. 余 3 码

这种代码没有固定的权值，称为无权码。它是 8421BCD 码加 3 得来的，所以称为余 3 码。如：8421BCD 码 0111(7)加上 0011(3)后，在余 3 码中就为 1010，其表示十进制数的 7。它也是用四位二进制数表示一位十进制数。另外这种码中也具有互补性，0 和 9、1 和 8、2 和 7、3 和 6、4 和 5 这 5 对代码也互为反码。

6.3.2 可靠性编码

代码在产生和传输过程中难免发生错误，为减少错误发生，或者在发生错误时能迅速地发现和纠正，在工程应用中普遍采用了可靠性编码。利用该技术编出的代码叫可靠性代码，格雷码和奇偶校验码是其中最常用的两种。

1. 格雷码

格雷码有多种编码形式，但所有格雷码都有两个显著特点：一是相邻性，二是循环性。相邻性是指任意两个相邻的代码间仅有 1 位的状态不同；循环性是指首尾的两个代码也具有相邻性。因此格雷码也称循环码。这种特性使得格雷码在形成和传输过程中引起的误差较小。表 6-3-2 列出了典型的格雷码与十进制码及二进制码的对应关系。

表 6-3-2　格雷码和二进制码关系对照表

十进制数	二进制码	格雷码
0	0 0 0 0	0 0 0 0
1	0 0 0 1	0 0 0 1
2	0 0 1 0	0 0 1 1
3	0 0 1 1	0 0 1 0
4	0 1 0 0	0 1 1 0
5	0 1 0 1	0 1 1 1
6	0 1 1 0	0 1 0 1
7	0 1 1 1	0 1 0 0

续表

十进制数	二进制码	格雷码
8	1000	1100
9	1001	1101
10	1010	1111
11	1011	1110
12	1100	1010
13	1101	1011
14	1110	1001
15	1111	1000

由于格雷码具有以上特点,因此时序电路中采用格雷码编码时,能防止波形出现“毛刺”,并可提高工作速度。这是因为,其他编码方法表示的数码,在递增或递减过程中可能发生多位数码的变化。例如,8421BCD码表示的十进制数,从7(0111)递增到8(1000)时,4位数码均发生了变化。但事实上数字电路(如计数器)的各位输出不可能完全同时变化,这样在变化过程中就可能出现其他代码,造成严重错误。如第1位先变为1,然后其他位再变为0,就会出现从0111变到1111的错误。而格雷码由于其任何两个代码(包括首尾两个)之间仅有1位状态不同,所以用格雷码表示的数在递增或递减过程中不易产生差错。

2. 奇偶校验码

数码在传输、处理过程中,难免发生一些错误,即有的1错成0,有的0错成1。奇偶校验码是一种能够检验出这种差错的可靠性编码。表6-3-3所列为8421BCD码的奇校验码和偶校验码。

奇偶校验码由信息位和校验位两部分组成,信息位是要传输的原始信息,校验位是根据规定算法求得并添加在信息位后的冗余位。奇偶校验码分奇校验和偶校验两种。以奇校验为例,校验位产生的规则是:若信息位中有奇数个1,校验位为0,若信息位中有偶数个1,校验位为1。偶校验正好相反。也就是说,通过调节校验位的0或1使传输出去的代码中1的个数恒为奇数或偶数。接收方对收到的加有校验位的代码进行校验。信息位和校验位中1的个数的奇偶性符合约定的规则,则认为信息没有发生差错,否则可以确定信息已经出错。

这种奇偶校验只能发现错误,但不能确定是哪一位出错,而且只能发现代码的1位出错,不能发现2位或更多位出错。但由于其实现起来容易,信息传送效率也高,而且由于2位或2位以上出错的几率相当小,所以奇偶校验码用来检测代码在传送过程中的出错是相当有效的,被广泛应用于数字系统中。

表6-3-3　8421奇偶校验码

十进制数	8421奇校验码		8421偶校验码	
	信息位	校验位	信息位	校验位
0	0000	1	0000	0
1	0001	0	0001	1
2	0010	0	0010	1
3	0011	1	0011	0
4	0100	0	0100	1
5	0101	1	0101	0

续表

十进制数	8421 奇校验码		8421 偶校验码	
	信息位	校验位	信息位	校验位
6	0110	1	0110	0
7	0111	0	0111	1
8	1000	0	1000	1
9	1001	1	1001	0
10	1010	1	1010	0
11	1011	0	1011	1
12	1100	1	1100	0
13	1101	0	1101	1
14	1110	0	1110	1
15	1111	1	1111	0

6.4 逻辑代数

逻辑代数是一种描述事物因果关系(也称逻辑关系)的数学方法,又叫布尔代数(布尔是著名的英国数学家)。逻辑代数的基本运算有与、或、非三种。

6.4.1 基本逻辑运算

1. 与逻辑

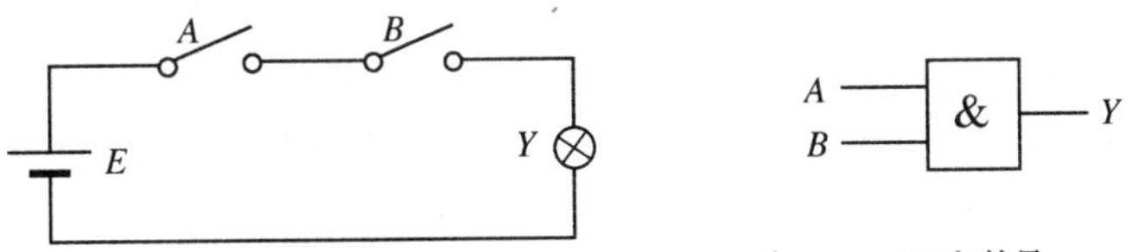

(a) 电路图　(b) 与符号

图 6.4.1　与逻辑电路及符号

表 6-4-1　与逻辑真值表

A B	Y
0 0	0
0 1	0
1 0	0
1 1	1

如图 6.4.1(a)所示简单的与逻辑电路,只有当开关 A 和 B 全部闭合时,灯泡 Y 才会亮,若有一个或两个开关断开,灯泡 Y 都不会亮。从这个电路可以总结出这样的逻辑关系:"只有当一件事(灯亮)的几个条件(开关 A 与 B 都接通)全部具备时,这件事才发生,"这种关系称为与逻辑。与运算的表达式为

$$Y = A \cdot B \tag{6.4.1}$$

式(6.4.1)中"·"表示 A 和 B 的与运算,读作"与",也叫做逻辑乘。"·"可省略。图 6.4.1(b)所示是与逻辑符号。对于与逻辑关系,变量 A、B 称作输入变量,变量 Y 称作输出变量(或者称作逻辑函数)。

若用二值逻辑 0 和 1 来表示:设 A、B 为 1,表示开关闭合,A、B 为 0,表示开关断开;Y 为 1,表示灯亮,Y 为 0 表示灯灭。把条件和结果对应关系的各种可能全部求得并列出表格,这种表格称为真值表。图 6.4.1 所示与逻辑关系的真值表如表 6-4-1 所示。

2. 或逻辑

图6.4.2(a)表示一个简单的或逻辑电路，当开关A和B中至少有一个闭合时，灯泡Y就会亮。由此可总结出另一种逻辑关系："当一件事情的几个条件中只要有一个条件得到满足，这件事就会发生，"这种关系称为或逻辑。或运算的表达式为

$$Y = A + B \tag{6.4.2}$$

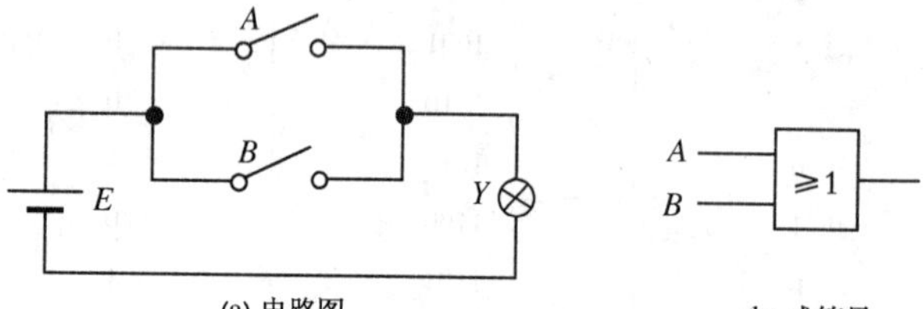

(a) 电路图 (b) 或符号

图6.4.2 或逻辑电路及符号

表6-4-2 或逻辑真值表

A	B	Y
0	0	0
0	1	1
1	0	1
1	1	1

式(6.4.2)中的"+"表示A和B的或运算，读作"或"，也叫做逻辑加。其符号如图6.4.2(b)所示。或逻辑的真值表如表6-4-2所示。

3. 非逻辑

非逻辑电路如图6.4.3(a)所示，当开关A闭合时，灯泡Y不亮，只有当开关A断开时，灯泡Y才会亮。由此可总结出第三种逻辑关系；即："一件事情的发生是以其相反的条件为依据。"这种逻辑关系称为非逻辑。非运算的表达式为

$$Y = \overline{A} \tag{6.4.3}$$

式(6.4.3)中"－"表示非运算，读作"非"或"反"。符号如图6.4.3(b)所示，真值表如表6-4-3所示。

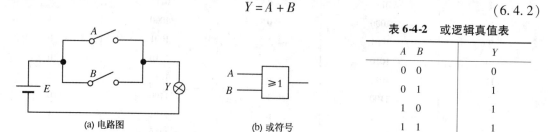

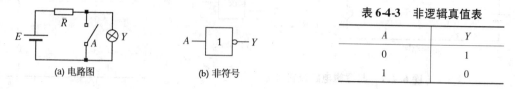

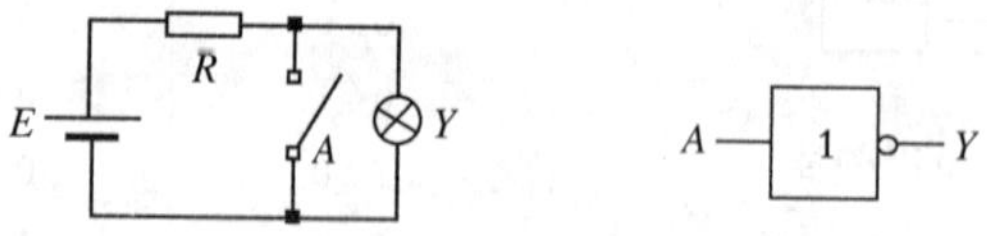

(a) 电路图 (b) 非符号

图6.4.3 非逻辑电路及符号

表6-4-3 非逻辑真值表

A	Y
0	1
1	0

6.4.2 复合逻辑运算

1. 与非、或非、与或非

先与运算再非运算为与非运算，先或运算再非运算为或非运算，与或非运算为先与运算后或运算最后非运算。符号分别如图6.4.4(a)、(b)和(c)所示。三种运算的表达式分别为

$$Y = \overline{AB} \tag{6.4.4}$$

$$Y = \overline{A + B} \tag{6.4.5}$$

$$Y = \overline{AB + CD} \tag{6.4.6}$$

2. 异或运算和同或运算

异或运算为当输入的A、B相异时，输出为1；当输入的A、B相同时，输出为0。异或的表达式为

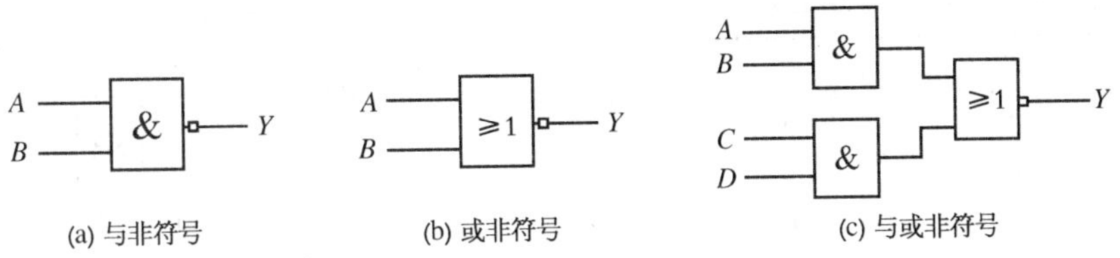

图 6.4.4　与非、或非、与或非逻辑符号

$$Y = \overline{A}B + A\overline{B} = A \oplus B \tag{6.4.7}$$

其中的“⊕”表示异或运算。符号如图 6.4.5 所示。

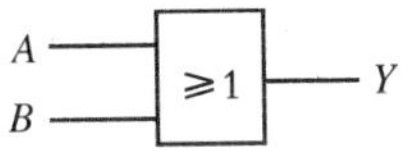

图 6.4.5　异或符号

同或运算为当输入的 A、B 相同时，输出为 1；当输入的 A、B 相异时，输出为 0。同或的表达式为

$$Y = A \cdot B + \overline{A} \cdot \overline{B} = \mathrm{A} \odot \mathrm{B} \tag{6.4.8}$$

其中的“⊙”表示同或运算。异或运算和同或运算互为反运算。

$$\overline{A \oplus B} = \mathrm{A} \odot \mathrm{B} \tag{6.4.9}$$

6.4.3　逻辑函数的表示方法

逻辑函数表示的方法有真值表、逻辑表达式、逻辑图、卡诺图和波形图这五种表示方法。

1. *真值表*

输入、输出变量之间各种取值的逻辑关系经过状态赋值后，用 0、1 两个数字符号列成的表格叫真值表。表示逻辑函数与逻辑变量各种取值之间的一一对应关系。逻辑函数的真值表具有唯一性。如果两个逻辑函数具有相同的真值表，则两个函数是相等的。当函数有 n 个变量时，就有 2^n 个不同的变量取值组合。如前面的与、或、非运算的真值表。

2. *逻辑表达式*

逻辑表达式是由逻辑变量和与、或、非 3 种运算符连接起来的，表示输入和输出函数间因果关系的逻辑关系式。由真值表可以写出标准的逻辑表达式，方法是：

(1) 把任意一组变量取值中的 1 代以原变量，0 代以反变量，由此得到一组变量的与组合。如：A、B、C 三个变量的取值为 011 时，则得到的与组合为 $\overline{A}BC$ 。

(2) 把逻辑函数值为 1 所对应的各变量的与组合进行逻辑加，就得到标准的逻辑表达式。

例 6.4.1　已知逻辑函数的真值表如表 6-4-4 所示，写出其逻辑表达式。

解：在真值表中 Y 的输出有三项为 1，第一项对应的 A 为零，可以写成 $\overline{A}$ 的形式，B、C 都为 1，写成原变量的形式就可以，三个变量为与逻辑关系，这样第一个与项就为 $\overline{A}BC$ 。同理可以写出另外两个与项的表达式分别为 $AB\overline{C}$ 和 ABC 。三个与项之间为或逻辑关系，最后可以写出函数关系式为

$$Y = \overline{A}BC + AB\overline{C} + ABC$$

表 6-4-4 例 6.4.1 真值表

A	B	C	Y
0	0	0	0
0	0	1	0
0	1	0	0
0	1	1	1
1	0	0	0
1	0	1	0
1	1	0	1
1	1	1	1

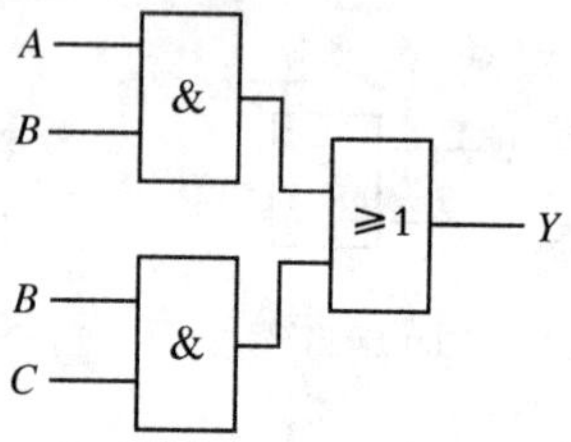

图 6.4.6 例 6.4.2 的电路图

3. 逻辑图

逻辑图是用逻辑符号表示逻辑关系的电路图。逻辑图的优点是与器件有明显的对应关系，便于制成实际的电路，但不能直接进行运算。

例 6.4.2 已知 $Y=AB+BC$，画出其对应的逻辑图。

解：此函数用到三个门电路：两个与门和一个或门。电路如图 6.4.6 所示。

4. 卡诺图

卡诺图是由表示变量的所有可能取值组合的小方格所构成的图形。在 6.7 节中会详述。

5. 波形图

波形图是由输入变量的所有可能取值组合的高、低电平及其对应的输出函数值的高、低电平所构成的图形。波形图的优点是便于电路的调试和检测，实用性强，但不能像逻辑表达式那样直观地描述逻辑关系。

例 6.4.3 画出 $Y=AB+BC$ 的波形图。

解：此逻辑函数有三个变量，三个变量的所有组合有八种，把这八种组合分别带入，得到相应的输出值。这里高电平用 1 表示，低电平用 0 来表示。当 AB 的乘积为 1 时，或者 BC 的乘积为 1 时，或者 A、B、C 同时为 1 时，输出的函数值为 1。可以得到波形图如图 6.4.7 所示。

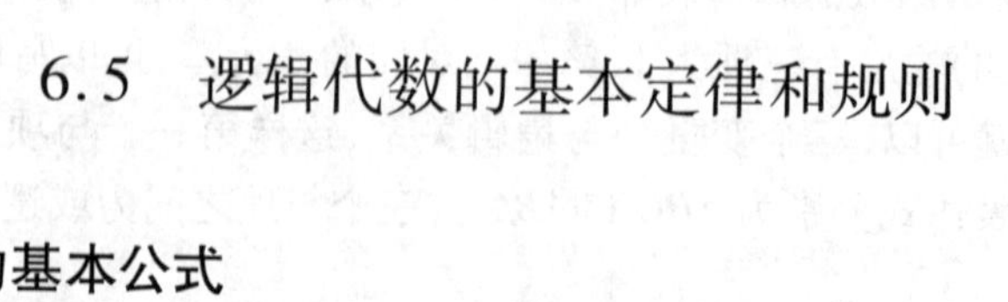

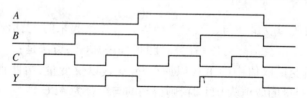

图 6.4.7 例 6.4.3 函数所对应的波形

6.5 逻辑代数的基本定律和规则

6.5.1 逻辑代数的基本公式

1. 逻辑常量运算公式

与运算： $0\cdot0=0$， $0\cdot1=0$， $1\cdot0=0$， $1\cdot1=1$；

或运算： $0+0=0$， $0+1=1$， $1+0=1$， $1+1=1$；

非运算：　$\bar{1}=0$，　$\bar{0}=1$。

2. 逻辑变量、常量运算公式

0－1 律：　$\begin{cases}A+0=A\\A\cdot 1=A\end{cases}$，$\begin{cases}A+1=1\\A\cdot 0=0\end{cases}$；

互补律：　$A+\bar{A}=1$，$A\cdot\bar{A}=0$；

等幂律：　$A+A=A$，$A\cdot A=A$；

双重否定律：　$\bar{\bar{A}}=A$。

6.5.2 逻辑代数的基本定律

逻辑代数的基本定律是分析、设计逻辑电路，以及化简和变换逻辑函数式的重要工具。这些定律与普通代数定律相似，但也不完全相同，要注意区分。

1. 交换律

$$\begin{cases}A\cdot B=B\cdot A\\A+B=B+A\end{cases}$$

2. 结合律

$$\begin{cases}(A\cdot B)\cdot C=A\cdot(B\cdot C)\\(A+B)+C=A+(B+C)\end{cases}$$

3. 分配律

$$\begin{cases}A\cdot(B+C)=A\cdot B+A\cdot C\\A+B\cdot C=(A+B)\cdot(A+C)\end{cases}$$

对分配律 $A+B\cdot C=(A+B)\cdot(A+C)$ 的证明如下。

证明： $(A+B)\cdot(A+C)=AA+AB+AC+BC=A+AB+AC+BC$
$=A(1+B+C)+BC=A+BC$

4. 反演律（摩根定律）

$$\begin{cases}\overline{A\cdot B}=\bar{A}+\bar{B}\\\overline{A+B}=\bar{A}\cdot\bar{B}\end{cases}$$

反演律可以用真值表来证明。

5. 吸收律

$$A+A\cdot B=A$$

$$A+\bar{A}\cdot B=A+B$$

$$A\cdot B+A\cdot\bar{B}=A$$

$$A\cdot(A+B)=A$$

$$(A+B)(A+\bar{B})=A$$

$$A\cdot\overline{A\cdot B}=A\cdot\bar{B}$$

$$\bar{A}\cdot\overline{AB}=\bar{A}$$

6. 冗余律

$$AB+\bar{A}C+BC=AB+\bar{A}C$$

对冗余律的证明如下。

证明： $AB+\bar{A}C+BC=AB+\bar{A}C+(A+\bar{A})BC=AB+\bar{A}C+ABC+\bar{A}BC$

$$=AB(1+C)+\bar{A}C(1+B)=AB+\bar{A}C$$

冗余律公式还可以扩展为 $A\cdot B+\bar{A}\cdot C+BCD=A\cdot B+\bar{A}\cdot C$。这个扩展可以表述为：如果一个逻辑式中有三个与项，其中一个含有原变量 A，另一个含有反变量 $\bar{A}$，如果这两个与项中的其余因子都是第三个与项中的因子，则第三个与项是冗余项。

6.5.3 逻辑代数的三个重要规则

1. 代入规则

任何一个含有变量 A 的等式，如果将所有出现 A 的位置都用同一个逻辑函数代替，则等式仍然成立。这个规则称为代入规则。

例如，已知 $\overline{AB}=\bar{A}+\bar{B}$，用函数 $Y=AC$ 代替等式中的 A，根据代入规则，等式仍然成立，即有 $\overline{(AC)B}=\overline{AC}+\bar{B}=\bar{A}+\bar{B}+\bar{C}$ 成立。

2. 反演规则

对于任何一个逻辑表达式 Y，如果将表达式中的所有"·"换成"+"，"+"换成"·"，"0"换成"1"，"1"换成"0"，原变量换成反变量，反变量换成原变量，那么所得到的表达式就是函数 Y 的反函数 $\bar{Y}$（或称补函数）。这个规则称为反演规则。注意：运用反演规则时，变换后的运算顺序要保持变换前的运算优先顺序不变，必要时可加括号表明运算的先后顺序；在规则中的反变量要变换成原变量，原变量变换成反变量只对单个变量有效，而对于与非、或非等运算的长非号则保持不变。

例 6.5.1 已知函数 $Y=A\bar{B}+C\bar{D}E$，用反演规则求反函数 $\bar{Y}$。

解：根据反演规则，可写出

$\bar{Y}=(\bar{A}+B)(\bar{C}+D+\bar{E})$ 注意：加括号是为了保持原式运算的优先顺序。

例 6.5.2 已知函数 $Y=A+\overline{B+\bar{C}+\overline{\overline{D+E}}}$，用反演规则求反函数 $\bar{Y}$。

解：$\bar{Y}=\bar{A}\cdot\overline{\bar{B}\cdot C\cdot\overline{\overline{D\cdot E}}}$ 注意：长非号保持不变。

3. 对偶规则

对于任何一个逻辑表达式 Y，如果将表达式中的所有"·"换成"+"，"+"换成"·"，"0"换成"1"，"1"换成"0"，而变量保持不变，则可得到一个新的函数表达式 Y'，Y' 称为函数 Y 的对偶函数。这个规则称为对偶规则。注意：在运用反演规则和对偶规则时，必须按照逻辑运算的优先顺序进行，先算括号，接着与运算，然后或运算，最后非运算。

例 6.5.3 已知函数 $Y_1=A\bar{B}+C\bar{D}E$ 和 $Y_2=A+\overline{B+\bar{C}+\overline{\overline{D+E}}}$，用对偶规则求 Y_1' 和 Y_2'。

解：根据对偶规则，可得到对偶式分别为

$$Y_1'=(A+\bar{B})(C+\bar{D}+E)$$

$$Y_2'=A\cdot\overline{B\cdot\bar{C}\cdot\overline{\overline{D\cdot E}}}$$

对偶规则有两个重要的意义：如果两个函数相等，则它们的对偶函数也相等；利用对偶规则，可以使要证明及要记忆的公式数目减少一半。

6.6 逻辑函数的公式化简法

6.6.1 函数的几种表示形式

逻辑函数表达式越简单，实现这个逻辑函数的逻辑电路所需要的门电路数目就越少，就可

以设计出最简洁的逻辑电路。这样可以节省元器件，优化生产工艺，降低成本，提高系统的可靠性。

1. “最简”的概念

所谓逻辑函数的最简表达式，必须同时满足以下两个条件：

（1）与项（乘积项）的个数最少，这样可以保证所需门电路数目最少。

（2）在与项个数最少的前提下，每个与项中包含的因子数最少，这样可以保证每个门电路输入端的个数最少。

2. 最简逻辑函数的几种表示形式

与或表达式：　　　$Y = A\overline{B} + BC$；

或与表达式：　　　$Y = (A+B)(\overline{A}+C)$；

或非 — 或非表达式：$Y = \overline{\overline{A+B} + \overline{\overline{A}+C}}$；

与非 — 与非表达式：$Y = \overline{\overline{A\overline{B}} \cdot \overline{BC}}$；

与或非表达式：　　$Y = \overline{\overline{A}\,\overline{B} + B\overline{C}}$。

3. 逻辑函数形式之间的转换

（1）最简与或表达式：乘积项最少，并且每个乘积项中的变量也最少的与或表达式。如：

$$
\begin{aligned}
Y &= \overline{A}B\overline{E} + \overline{A}B + A\overline{C} + A\overline{C}E + B\overline{C} + B\overline{C}D \\
&= \overline{A}B + A\overline{C} + B\overline{C} \\
&= \overline{A}B + A\overline{C} \quad （最简与或表达式）
\end{aligned}
$$

（2）最简与非 — 与非表达式：非号最少，并且每个非号下面乘积项中的变量也最少的与非 — 与非表达式。

在最简与或表达式的基础上两次取反，然后用摩根定律去掉下面的非号，就得到最简与非 — 与非表达式。如：把函数 $Y = \overline{A}B + A\overline{C}$化简成最简与非 — 与非式为

$$
Y = \overline{A}B + A\overline{C} = \overline{\overline{\overline{A}B + A\overline{C}}} = \overline{\overline{\overline{A}B} \cdot \overline{A\overline{C}}}
$$

（3）最简或与表达式：括号最少，并且每个括号内相加的变量也最少的或与表达式。

先求出反函数的最简与或表达式，然后利用反演规则写出函数的最简或与表达式。如：把函数 $Y = \overline{A}B + A\overline{C}$化简成最简或与表达式为

$$
\begin{aligned}
\overline{Y} &= \overline{\overline{A}B + A\overline{C}} = (A+\overline{B})(\overline{A}+C) \\
&= \overline{A}\,\overline{B} + AC + \overline{B}C = \overline{A}\,\overline{B} + AC
\end{aligned}
$$

则
$$
Y = (A+B)(\overline{A}+\overline{C})
$$

（4）最简或非 — 或非表达式：非号最少，并且每个非号下面相加的变量也最少的或非 — 或非表达式。

在或与表达式的基础上两次取反，然后用摩根定律去掉下面的非号就得到最简或非 — 或非表达式。如：利用上面的结果，把函数 $Y = \overline{A}B + A\overline{C}$化成最简或非 — 或非表达式为

$$
\begin{aligned}
Y &= \overline{A}B + A\overline{C} = (A+B)(\overline{A}+\overline{C}) \\
&= \overline{\overline{(A+B)(\overline{A}+\overline{C})}} = \overline{\overline{A+B} + \overline{\overline{A}+\overline{C}}}
\end{aligned}
$$

（5）最简与或非表达式：非号下面相加的乘积项最少，并且每个乘积项中相乘的变量也最少的与或非表达式。

在最简或非 — 或非表达式的基础上，去掉大非号下面的小非号，就得到最简与或非表达式。如：把上式的 $Y = \overline{A}B + A\overline{C}$化简成最简与或非表达式为

$$Y=\bar{A}B+A\bar{C}=\overline{\overline{A+B}+\overline{\bar{A}+\bar{C}}}=\overline{\overline{AB}+AC}$$

6.6.2 函数的公式化简法

逻辑函数的公式化简法就是运用逻辑代数的基本公式、定理和规则来化简逻辑函数。

1. 并项法

运用$A+\bar{A}=1$,将两项合并为一项,消去一个变量。如:

$$\begin{aligned}Y&=A(BC+\bar{B}\bar{C})+A(B\bar{C}+\bar{B}C)=ABC+A\overline{BC}+AB\bar{C}+A\bar{B}C\\&=AB(C+\bar{C})+A\bar{B}(C+\bar{C})=AB+A\bar{B}=A(B+\bar{B})=A\end{aligned}$$

2. 吸收法

运用吸收律 A + AB = A,消去多余的与项。如:

$$Y=A\bar{B}+A\bar{B}(C+DE)=A\bar{B}$$

3. 消因子法

运用吸收律$A+\bar{A}B=A+B$,消去多余因子。如:

$$Y=\bar{A}+AB+\bar{B}E=\bar{A}+B+\bar{B}E=\bar{A}+B+E$$

$$\begin{aligned}Y&=A\bar{B}+C+\overline{AC}D+B\bar{C}D\\&=A\bar{B}+C+\bar{C}(\bar{A}+B)D\\&=A\bar{B}+C+(\bar{A}+B)D\\&=A\bar{B}+C+\overline{A\bar{B}}D\\&=A\bar{B}+C+D\end{aligned}$$

4. 配项法

先通过乘以$A+\bar{A}$或加上$A\bar{A}$,增加必要的乘积项。如:

$$\begin{aligned}Y&=A\bar{B}+\bar{A}B+B\bar{C}+\bar{B}C\\&=A\bar{B}(C+\bar{C})+\bar{A}B+(A+\bar{A})B\bar{C}+\bar{B}C\\&=A\bar{B}C+A\overline{BC}+\bar{A}B+AB\bar{C}+\bar{A}B\bar{C}+\bar{B}C\\&=\bar{A}B+\bar{B}C+A\bar{C}\end{aligned}$$

5. 消去冗余项法

利用$AB+\bar{A}C+BC=AB+\bar{A}C$,消去多余因子。如:

$$\begin{aligned}Y&=A\bar{B}+AC+ADE+\bar{C}D\\&=A\bar{B}+(AC+\bar{C}D+ADE)\\&=A\bar{B}+AC+\bar{C}D\end{aligned}$$

6.6.3 公式化简法举例

例 6.6.1 化简逻辑函数$Y=AD+A\bar{D}+AB+\bar{A}C+BD+A\bar{B}EF+\bar{B}EF$。

解: $Y=A+AB+\bar{A}C+BD+A\bar{B}EF+\bar{B}EF$ (利用$A+\bar{A}=1$)

$=A+\bar{A}C+BD+\bar{B}EF$ (利用 A + AB = A)

$=A+C+BD+\bar{B}EF$ (利用$A+\bar{A}B=A+B$)

例 6.6.2 化简逻辑函数$Y=AB+A\bar{C}+\bar{B}C+\bar{C}B+\bar{B}D+\bar{D}B+ADE(F+G)$。

解: $Y=A\overline{\bar{B}C}+\bar{B}C+\bar{C}B+\bar{B}D+\bar{D}B+ADE(F+G)$ (利用反演律)

$=A+\bar{B}C+\bar{C}B+\bar{B}D+\bar{D}B+ADE(F+G)$ (利用$A+\bar{A}B=A+B$)

$$=A+\overline{B}C+\overline{C}B+\overline{B}D+\overline{D}B \quad (利用\ A+AB=A)$$
$$=A+\overline{B}C(D+\overline{D})+\overline{C}B+\overline{B}D+\overline{D}B(C+\overline{C}) \quad (配项法)$$
$$=A+\overline{B}CD+\overline{B}C\,\overline{D}+\overline{C}B+\overline{B}D+\overline{D}BC+\overline{D}B\,\overline{C}$$
$$=A+\overline{B}C\,\overline{D}+\overline{C}B+\overline{B}D+\overline{D}BC \quad (利用\ A+AB=A)$$
$$=A+C\,\overline{D}(\overline{B}+B)+\overline{C}B+\overline{B}D$$
$$=A+C\,\overline{D}+\overline{C}B+\overline{B}D$$

例 6.6.3　化简逻辑函数 $Y=(\overline{B}+D)(\overline{B}+D+A+G)(C+E)(\overline{C}+G)(A+E+G)$。

解:利用对偶规则,求出对偶式为

$$Y'=\overline{B}D+\overline{B}DAG+CE+\overline{C}G+AEG$$
$$=\overline{B}D+CE+\overline{C}G$$

再对 Y' 利用对偶式,就可求出 Y 的最简式为

$$Y=(\overline{B}+D)(C+E)(\overline{C}+G)$$

6.7　卡诺图法化简逻辑函数

卡诺图是逻辑函数的图解化简法,它解决了公式化简法对最终化简结果不能确定的缺点。卡诺图化简法有确定的化简步骤,可以得出最简与或表达式。

6.7.1　最小项与卡诺图

1. 最小项

(1) 最小项的定义。

如果一个函数的某个乘积项包含了函数的全部变量,其中每个变量都以原变量或反变量的形式出现,且仅出现一次,则这个乘积项称为该函数的一个标准积项,通常称为最小项。

如:3 个变量 A、B、C 可组成 8 个最小项,有

$$\overline{ABC}、\overline{AB}C、\overline{A}B\overline{C}、\overline{A}BC、A\,\overline{BC}、A\,\overline{B}C、AB\overline{C}、ABC$$

(2) 最小项的表示方法。

通常用符号 m_i 来表示最小项。下标 i 的确定方法是:把最小项中的原变量记为 1,反变量记为 0,当变量顺序确定后,可以按顺序排列成一个二进制数,则与这个二进制数相对应的十进制数就是这个最小项的下标 i。

如:3 个变量 A、B、C 的 8 个最小项可以分别表示为

$$m_0=\overline{ABC}、m_1=\overline{AB}C、m_2=\overline{A}B\overline{C}、m_3=\overline{A}BC、m_4=A\,\overline{BC}、m_5=A\,\overline{B}C、m_6=AB\,\overline{C}、m_7=ABC$$

2. 卡诺图

(1) 相邻最小项。

如果两个最小项中只有一个变量互为反变量,其余变量均相同,则称这两个最小项为逻辑相邻项,简称相邻项。

如:$AB\,\overline{C}$和 ABC 只有一个变量C不同,其余变量都相同,这两个与项逻辑相邻。两个相邻最小项可以相加、合并为一项,同时消去互反变量,即 $AB\,\overline{C}+ABC=AB(C+\overline{C})=AB$ 。

(2) 最小项的卡诺图。

卡诺图是一种最小项方格图。每一个小方格对应一个最小项,因此 n 变量卡诺图中共有 2^n 个小方格。另外,小方格在排列时,应保证几何位置相邻的小方格,在逻辑上也相邻。几何相邻,

是指空间位置上的相邻，以及相对的（卡诺图中某一行或某一列的两头）。按照这种相邻性原则排列的最小项方格图叫卡诺图。n 变量的最小项有 n 个相邻项。

如图 6.7.1(a)、(b) 和(c) 所示分别为 2 变量、3 变量和 4 变量的卡诺图。在 4 变量卡诺图中，行的表示变量 A、B，列的表示变量 C、D。可以把最小项分别用 m_i 的形式来标注。在写变量取值的时候一定要注意，变量的取值不是按着自然顺序 00、01、10、11 来写的，而是按着 00、01、11、10 的顺序，这一点一定要注意。5 变量卡诺图很复杂，化简函数就很麻烦，所以这里不再列出。

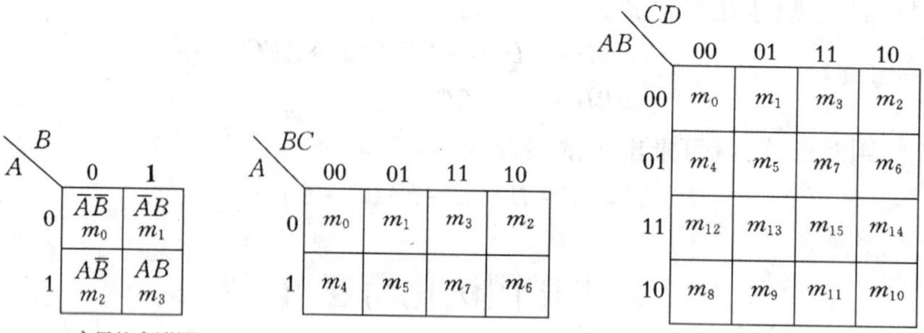

(a) 2变量的卡诺图　(b) 3变量的卡诺图　(c) 4变量的卡诺图

图 6.7.1　卡诺图

卡诺图中只要小方格在几何位置上相邻（不管上下左右），它代表的最小项在逻辑上一定是相邻的。另外与中心轴对称的左右两边和上下两边的小方格也具有相邻性。如图 6.7.2(a) 所示的卡诺图中的最小项也可以简写成如图 6.7.2(b) 所示的形式。直接用最小项对应的十进制数值来表示。如卡诺图方格内的 2 就代表最小项 m_2。在图 6.7.2 中，最小项 5（简写）的相邻项有 1、4、7 和 13，10 的相邻项有 11、14、8、和 2，4 的相邻项有 0、12、5 和 6。

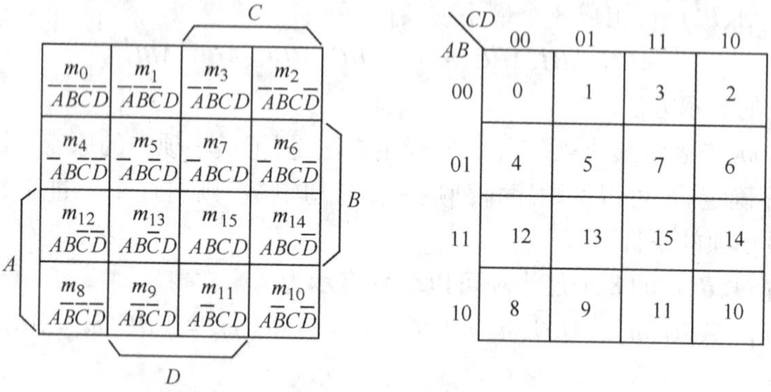

(a) 方格内最小项　(b) 方格内最小项编号

图 6.7.2　4 变量卡诺图

6.7.2　逻辑函数的卡诺图表示法

任何逻辑函数都等于它的卡诺图中填入 1 的那些最小项之和。如果一个与或表达式中的每一个与项都是最小项，则该逻辑表达式称为标准与或表达式，又称最小项表达式。对于不是最小项表达式的与或表达式，可利用公式 $A+\overline{A}=1$ 和 $A(B+C)=AB+BC$ 来配项展开成最小项表达式。

例 6.7.1　把 $Y=\overline{A}+BC$ 变换为最小项表达式。

解:

$$
\begin{aligned}
Y &= \overline{A}+BC \\
&= \overline{A}(B+\overline{B})(C+\overline{C})+(A+\overline{A})BC \\
&= \overline{A}BC+\overline{A}B\,\overline{C}+\overline{AB}C+\overline{ABC}+ABC+\overline{A}BC \\
&= \overline{ABC}+\overline{AB}C+\overline{A}B\,\overline{C}+\overline{A}BC+ABC \\
&= m_0+m_1+m_2+m_3+m_7 \\
&= \sum m(0,1,2,3,7)
\end{aligned}
$$

用卡诺图表示逻辑函数的步骤是：

(1) 根据逻辑式中的变量数 n,画出 n 变量的最小项卡诺图；

(2) 将卡诺图中有最小项的方格内填 1,没有最小项的方格内填 0 或者不填。

例 6.7.2　将函数 $Y=m_1+m_4+m_6+m_8+m_9+m_{10}+m_{11}+m_{15}$ 填入卡诺图。

解:(1) 先画出四变量的卡诺图。

(2) 填卡诺图:把函数中的最小项分别填入卡诺图即可,如图 6.7.3 所示。

如果函数不是最小项表达式,可以先把函数转换为最小项表达式后,再填入卡诺图。

例 6.7.3　把函数 $Y=\overline{A}B+B\,\overline{C}\,\overline{D}+B\,\overline{C}D+BC\,\overline{D}$ 填入卡诺图。

解:先把函数转化为最小项表达式,转换后的最小项表达式为

$$
\begin{aligned}
Y &= \overline{A}B+B\,\overline{C}\,\overline{D}+B\,\overline{C}D+BC\,\overline{D} \\
&= \overline{A}B(C+\overline{C})(D+\overline{D})+(A+\overline{A})B\,\overline{C}\,\overline{D}+(A+\overline{A})B\,\overline{C}D+(A+\overline{A})BC\,\overline{D} \\
&= m_4+m_5+m_6+m_7+m_{12}+m_{13}+m_{14}
\end{aligned}
$$

换成最小项表达式以后就可以直接填入卡诺图,如图 6.7.4 所示。

AB \ CD	00	01	11	10
00	0	1	0	0
01	1	0	0	1
11	0	0	1	0
10	1	1	1	1

图 6.7.3　例 6.7.2 卡诺图

AB \ CD	00	01	11	10
00	0	0	0	0
01	1	1	1	1
11	1	1	0	1
10	0	0	0	0

图 6.7.4　例 6.7.3 卡诺图

例 6.7.4　已知真值表如表 6-7-1 所示,画出其对应的卡诺图。

解:真值表和逻辑函数的标准与或表达式是对应的关系,所以可以根据如表 6-7-1 所示的真值表直接填写卡诺图。如图 6.7.5 所示。

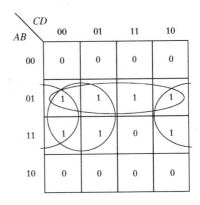

表 6-7-1　例 6.7.4 的真值表

A B C	Y
0 0 0	0
0 0 1	0
0 1 0	0
0 1 1	1
1 0 0	0
1 0 1	1
1 1 0	1
1 1 1	1

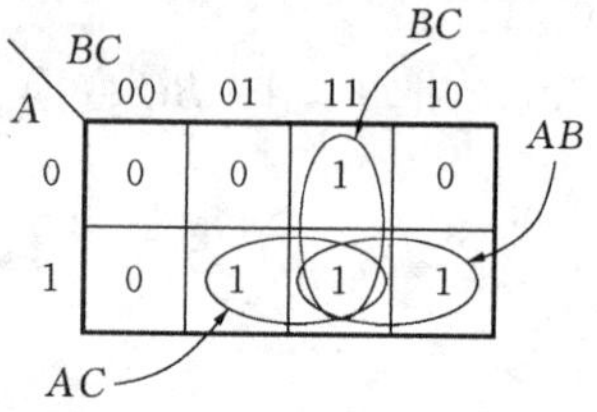

图 6.7.5　例 6.7.4 卡诺图

6.7.3　用卡诺图化简逻辑函数

用卡诺图化简逻辑函数,是利用卡诺图的相邻性消去互反变量,达到化简的目的。化简的步骤和规则如下:

1. 画出逻辑函数的卡诺图

2. 合并卡诺图中的相邻最小项

在合并的过程中,要注意以下规则:

(1) 每个圈中只能包含 2^n 个"1 格",被合并的"1 格"应该排成正方形或矩形;

(2) 圈的个数应尽量少,圈越少,与项越少;

(3) 圈应尽量大,圈越大,消去的变量越多;

(4) 有些"1 格"可以多次被圈,但每个圈中应至少有一个"1 格"没有被圈过,如果圈中的每个"1 格"都被圈过的话,则这个圈是多余的。

(5) 要保证所有"1 格"全部圈完,无几何相邻项的"1 格"独立构成一个圈;

(6) 圈"1 格"的方法不止一种,因此化简的结果也就不同,但它们之间可以转换。

最后需注意一点:卡诺图中四个角上的最小项是几何相邻最小项,可以圈在一起合并。

3. 写出函数

每一个圈可以写一个最简与项。其规则为:如果一个变量在一个圈中的取值都相同,则保留,取值都是 1 的,写成这个变量的原变量,取值是 0 的,写成反变量。如果取值不都相同,则这个变量去掉不写。将合并化简后的各与项进行逻辑加,便为所求的逻辑函数的最简与或表达式。

例 6.7.5　已知真值表如表 6-7-2 所示,用卡诺图写出它的最简式。

解:从真值表看这是一个三变量的函数,可以画出三变量的卡诺图,并且把取值为 1 的最小项填入卡诺图。此卡诺图有两种圈法,分别如图 6.7.6(a)和(b)所示。按照最简式的写法,如(a)图中最上面的圈,变量 A 对应的取值都是 0,写成反变量则可以写成 $\overline{A}$, B 的取值有 0 有 1,则去掉这个变量, C 的取值都是 1,则写成原变量 C,这样圈 1 就可以写成 $\overline{A}C$。其他的圈也可以这样写。按照这样写最简式的方法,可以分别写出

$$Y_a = A\overline{B} + B\overline{C} + \overline{A}C,\qquad Y_b = \overline{A}B + \overline{B}C + A\overline{C}$$

表6-7-2　例6.7.5的真值表

A B C	L
0 0 0	0
0 0 1	1
0 1 0	1
0 1 1	1
1 0 0	1
1 0 1	1
1 1 0	1
1 1 1	0

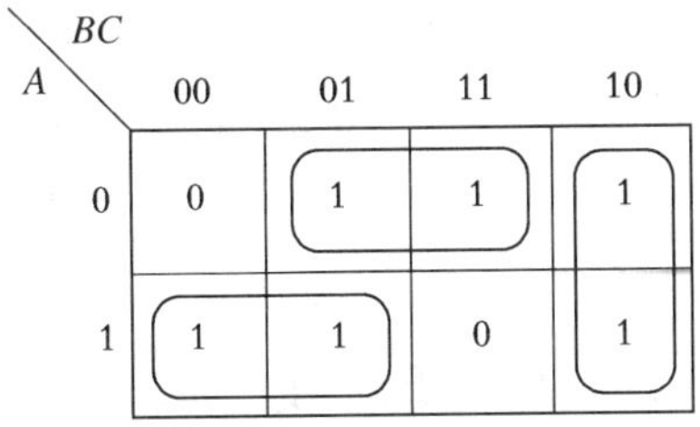

(a) 化简方法一

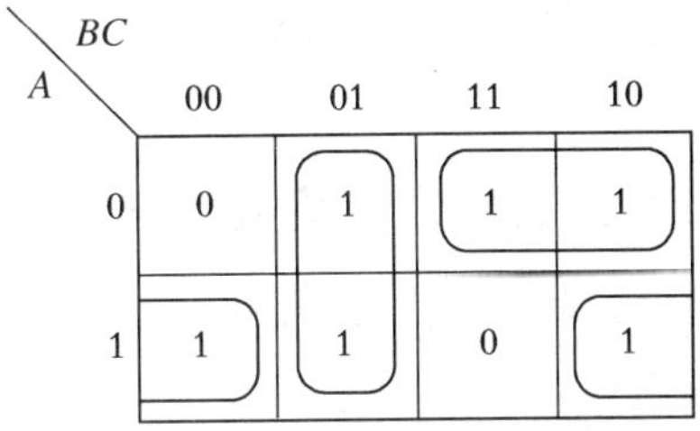

(b) 化简方法二

图6.7.6　例6.7.5的卡诺图

例6.7.6　已知函数 $Y = \overline{A}\,\overline{D} + \overline{A}C\overline{D} + AB + A\overline{B}$，试用卡诺图化简。

解：在填卡诺图的时候，可以不把函数化成最小项的形式，也可以直接填入，在卡诺图上与每一个乘积项所包含的那些最小项（该乘积项就是这些最小项的公因子）相对应的方格内填入1，其余的方格内填入0或不填。

如图6.7.7所示，$\overline{A}\,\overline{D}$满足$\overline{A}$的是第一、第二行，满足$\overline{D}$的是第一、第四列，则交叉的就是最小项0、2、4和6。再如满足AB的就是第三行，则在第三行都填1。其余都这样填就可以了。

填完卡诺图后，根据前面的写函数的方法，可以得出化简后的公式为

$$Y = A + \overline{D}$$

如果一个卡诺图中方格1的个数比较少，0的个数比较多，或者圈0方格的更容易些，也可以圈0的方格，但写出来的逻辑表达式为逻辑函数的反函数。写出函数的反函数后，再用前面学的反演规则对反函数求一次反，便可得到原函数。

例6.7.7　已知函数Y是关于变量X_1、X_2、X_3、X_4的函数，函数Y为

$$Y(X_1、X_2、X_3、X_4) = m_0 + m_2 + m_3 + m_8 + m_9 + m_{10} + m_{11} + m_{12} + m_{13} + m_{14} + m_{15}$$

试化简此函数。

解：现将函数填入卡诺图，如图6.7.8所示，从图6.7.8中可以看出方格为1的比较多，可以圈方格为0的部分，所圈的圈如图所以。这时可以写出函数Y的反函数

$$\overline{Y} = \overline{X}_1X_2 + \overline{X}_1\,\overline{X}_3X_4$$

把反函数再求一次反，就得到原函数为

$$Y = (X_1 + \overline{X}_2)(X_1 + X_3 + \overline{X}_4)$$

也可以用圈1的方法写出此函数的最简式，只不过是用圈1的方法写出的最简式为最简

与或式。该例子说明，当相邻0方格较少时，采用圈0的方法来求逻辑函数的最简式可能更方便、简单些。在实际化简时，应灵活应用。

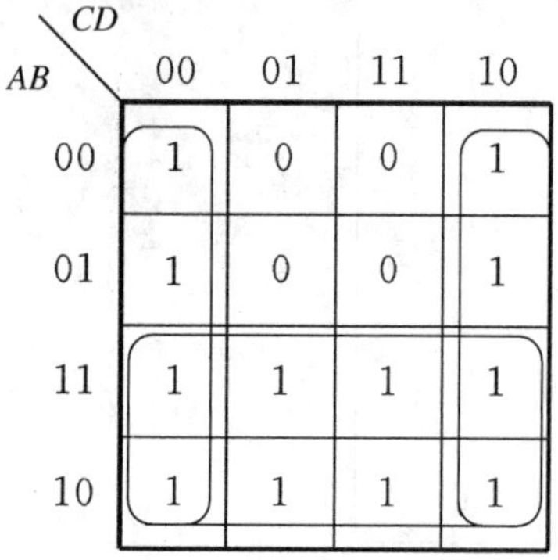

图6.7.7　例6.7.6卡诺图

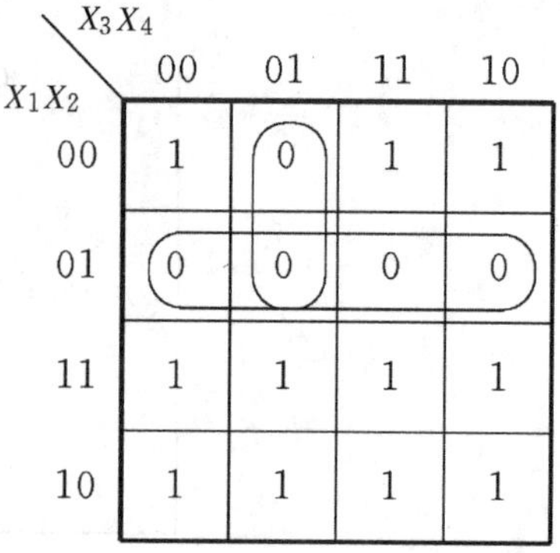

图6.7.8　例6.7.7卡诺图

6.7.4　具有无关项逻辑函数的化简

无关项是指那些与所讨论的逻辑问题没有关系的变量的取值组合所对应的最小项。这些最小项有两种：一种是某种取值组合是不允许出现的，是受到约束的，称为约束项。如8421BCD码中的1010～1111这6种代码是不允许出现的，就是约束项。另外一种是某些变量取值组合在客观上不会出现的。如交通信号灯同时出现红灯和绿灯。

在卡诺图中，无关项对应的方格常用"×"来标记。在表达式中，用 $\sum d$ 来表示无关项之和。约束项的值可为1，也可为0。尽量将圈画得少，画得大，使逻辑函数更简。画入圈中的约束项作为1处理，没画入的约束项作为0处理。无关项可以看作1，也可以看作0，具体看作什么，就看化简的方便。带有无关项的逻辑函数的最小项表达式为

$$Y = \sum m(\quad) + \sum d(\quad)$$

例6.7.8　已知 $Y(A,B,C,D) = \sum m(1,4,5,6,7,9) + \sum d(10,11,12,13,14,15)$，用卡诺图写出函数的最简式。

解：将函数填入卡诺图，化简时考虑到无关项，可以如图6.7.9(a)一样画圈，如果不考虑无关项，可以如图(b)一样画圈。

考虑无关项时，可得到函数表达式为

$$Y = B + \overline{C}D$$

不考虑无关项时，可得到函数表达式为

$$Y = \overline{A}B + \overline{B}\,\overline{C}D$$

从上两个式子可以看出，一般考虑了无关项的卡诺图化简会使函数变得简单一些，如果不考虑无关项，不会得到如此简化的与或式。

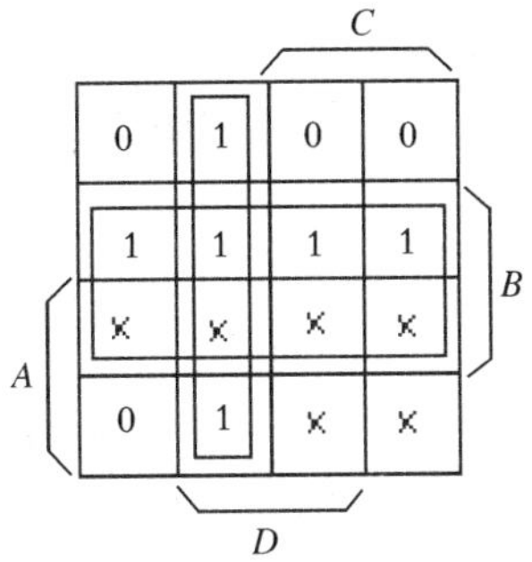

(a) 考虑无关项

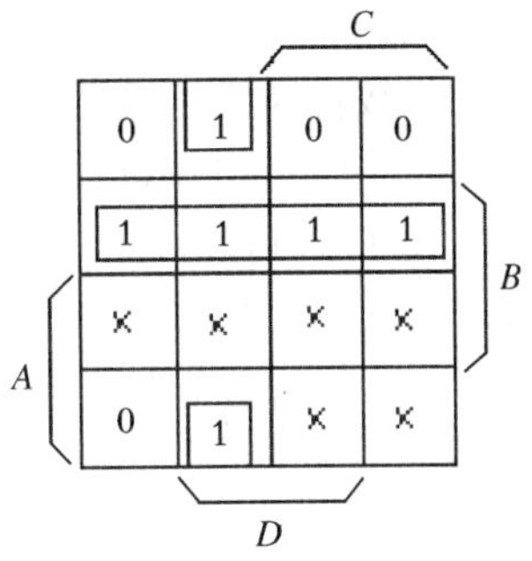

(b) 不考虑无关项

图 6.7.9　例 6.7.8 卡诺图

本章小结

1. 数字电路研究的主要问题是输入变量与输出函数间的逻辑关系，它的工作信号在时间和数值上是离散的，用二值量 0 和 1 表示。

2. 二进制是数字电路的基本计数体制。数字电路中有时用二进制表示太麻烦，也可以用八进制和十六进制，它们之间可以相互转换。常用的码制为 8421BCD 码、格雷码等。

3. 逻辑代数有三种基本的逻辑运算（关系）：与、或、非。由它们可组合或演变成几种复合逻辑运算：与非、或非、异或、同或和与或非等。

4. 逻辑函数有 5 种常用的表示方法：真值表、逻辑表达式、逻辑图、波形图、卡诺图。它们虽然各具特点，但都能表示出输出函数与输入变量之间的取值对应关系。5 种表示方法可以相互转换，其转换方法是分析和设计数字电路的必要工具，在实际中可根据需要选用。

5. 逻辑函数的化简是分析、设计数字电路的重要环节。实现同样的功能，电路越简单，成本就越低，且工作越可靠。化简逻辑函数有两种方法：公式法和卡诺图法。两种方法各有所长，又各有不足，应熟练掌握。

6. 在实际逻辑问题中，输入变量之间常存在一定的制约关系，称为约束；把表明约束关系的等式称为约束条件。在逻辑函数的化简中，充分利用约束条件可使逻辑表达式更加简化。

习　题

6.1　将下列十进制数转换成二进制数：

(1) $(145)_{10}$；　(2) $(36.25)_{10}$；　(3) $(45.257)_{10}$。

6.2　将下列二进制数转换成十进制数：

(1) $(1101010111)_2$；　(2) $(1011101.1)_2$；　(3) $(101011.011)_2$。

6.3　将下列十进制数转换成十六进制数：

(1) $(236)_{10}$；　(2) $(79.625)_{10}$；　(3) $(0.345)_{10}$。

6.4　将下列十六进制数分别转换成二进制数、八进制数和十进制数。

(1) $(2E)_{16}$； (2) $(4D.5)_{16}$； (3) $(77.36)_{16}$。

6.5 将下列二进制数转换成八进制数和十六进制数：

(1) $(101110110)_2$； (2) $(110111.011)_2$； (3) $(1110001.1101)_2$。

6.6 将下列8421BCD码转换成十进制数：

(1) $(01110101)_{8421BCD}$； (2) $(100100010110)_{8421BCD}$； (3) $(01010111.0011)_{8421BCD}$。

6.7 用代数法证明下列等式：

(1) $Y = A\bar{C} + ABC + AC\bar{D} + CD$； (2) $Y = ABC + \bar{A}BC + B\bar{C}$；

(3) $Y = \bar{A}B\bar{E} + \bar{A}B + A\bar{C} + A\bar{C}E + B\bar{C} + B\bar{C}D$； (4) $Y = ABC + A\bar{B} + A\bar{C}$；

(5) $Y = AB + A\bar{C} + \bar{B}C + B\bar{C} + \bar{B}D + B\bar{D} + ADE(F + G)$；

(6) $Y = \overline{\overline{AB + \bar{A}\bar{B}} \cdot \overline{BC + \bar{B}\bar{C}}}$。

6.8 证明下列异或运算公式：

(1) $A \oplus 0 = A$； (2) $A \oplus 1 = \bar{A}$；

(3) $A \oplus A = 0$； (4) $A \oplus \bar{A} = 1$；

(5) $A \oplus B = \bar{A} \oplus \bar{B}$； (6) $(A \oplus B) \oplus C = A \oplus (B \oplus C)$；

(7) $A \cdot (B \oplus C) = (AB) \oplus (AC)$； (8) $A \oplus \bar{B} = \overline{A \oplus B} = A \oplus B \oplus 1$。

6.9 证明下列逻辑等式（证明方法不限）：

(1) $Y = A + \overline{\bar{B} + \overline{CD}} + \overline{\overline{AD}\,\overline{B}}$； (2) $Y = A\bar{B} + C + \bar{A}\bar{C}D + B\bar{C}D$；

(3) $Y = A\bar{B} + B\bar{C} + \bar{B}C + \bar{A}B$； (4) $Y = ABC + AB\bar{C} + A\bar{B}C + \bar{A}BC$；

(5) $Y = A + A\bar{B}\bar{C} + \bar{A}CD + (\bar{C} + \bar{D})E$；

(6) $Y = \bar{A}\bar{C} + AC + A\bar{B}\bar{C}\bar{D} + \bar{A}B\bar{C}\bar{D}$。

6.10 求下列各式的对偶式：

(1) $Y = A + \overline{A\bar{B}\bar{C} + \bar{A}CD} + \bar{C} \cdot \bar{D}$； (2) $Y = \bar{A}\bar{C}D + \bar{A}B\bar{D} + A\bar{C}\bar{D} + ABD$；

(3) $Y = \overline{\overline{\overline{AB}} + C + D} + E$； (4) $Y = \bar{D} \cdot \overline{A\bar{B}\bar{D} + \bar{A}B\bar{D}}$。

6.11 用反演规则求下列各式的反函数：

(1) $Y = \bar{A}\bar{C} + AC + \bar{B}\bar{D}$； (2) $Y = \overline{(AB + \bar{C} + \bar{A}\bar{B}) \cdot \overline{AB}}$；

(3) $Y = (A + B + C)(A + B + \bar{C})(\bar{A} + B + C)(\bar{A} + B + \bar{C})$；

(4) $Y = A(\bar{C} + BC) + C(A\bar{D} + D)$。

6.12 用卡诺图化简下列函数：

(1) $Y = \bar{A}C + \bar{A}C + B\bar{C} + \bar{B}C$； (2) $Y = \bar{A}\bar{B} + AC + \bar{B}C$；

(3) $Y = ABC + ABD + \bar{C}\bar{D} + A\bar{B}C + \bar{A}C\bar{D} + A\bar{C}D$；

(4) $Y = \overline{\bar{A}\bar{B} + ABD} \cdot (B + \bar{C}D)$；

(5) $Y(A,B,C,D) = \sum m(1,2,3,5,6,7,8,9,12,13)$；

(6) $Y(A,B,C,D) = \sum m(3,5,7,8,11,12,13,15)$；

(7) $Y(A,B,C,D) = \sum m(1,7,9,10,11,12,13,15)$；

(8) $Y(A,B,C,D) = \sum m(2,4,6,9,13,14) + \sum d(0,1,3,11,15)$；

(9) $Y(A,B,C,D) = \sum m(1,5,7,9,15) + \sum d(3,8,11,14)$；

(10) $Y(A,B,C,D) = \sum m(2,3,4,7,12,13,14) + \sum d(5,6,8,9,10,11)$。

6.13　试画出下列函数的逻辑图：

(1) $Y = AB + AC$；　　(2) $Y = A\overline{BC} + \overline{\overline{A\overline{B}} + BC + \overline{A}\,\overline{B}}$。

6.14　写出下列函数的真值表：

(1) $Y = \overline{A}\,\overline{B} + \overline{B}\,\overline{C} + \overline{A}\,\overline{C}$；　　(2) $Y = \overline{\overline{AB} + (C \oplus D)}$。

第7章　基本逻辑门电路

在数字电路中,实现逻辑运算的电路叫做逻辑门电路,最基本的逻辑门电路有二极管与门、或门和三极管非门。本章主要介绍了三种基本逻辑门电路和几种常用的门电路。最后介绍了集成逻辑门电路的组成及工作原理,以及集成逻辑门电路的一些应用和使用注意事项。

7.1　基本逻辑门电路

在前面所学的模拟电路中,三极管都是工作在放大状态。而在数字电路里,只研究三极管的开关状态,也就是工作在截止区和饱和区,相当于开关的断开和闭合。

逻辑运算变量只有1和0,在逻辑电路中,它们对应的是高电平和低电平。其实电平就是电位,高电平、低电平都是一定的电压范围,而不是一个固定不变的数值。例如在TTL电路中,常规定高电平的额定值为3 V,低电平的额定值为0.2 V,其实从0 V~0.8 V都算作低电平,从2 V~5 V都算作高电平。如果超出规定的范围,则不仅会破坏电路的逻辑功能,而且还可能造成器件性能下降甚至损坏。若用1表示高电平,0表示低电平,则称为正逻辑;反之,称为负逻辑。若不特别指明,在讨论各种逻辑关系时,均采用正逻辑。

逻辑门电路是用以实现基本和常用逻辑运算的电子电路,简称门电路。基本和常用的门电路有与门、或门、非门(反相器)、与非门、或非门、与或非门和异或门等。门电路有分立元件门电路和集成门电路。

7.1.1　与门电路

与门电路的电路和符号分别如图7.1.1(a)和(b)所示。此电路充分利用了二极管的单向导电性,二极管加正偏压导通,加反偏压截止。

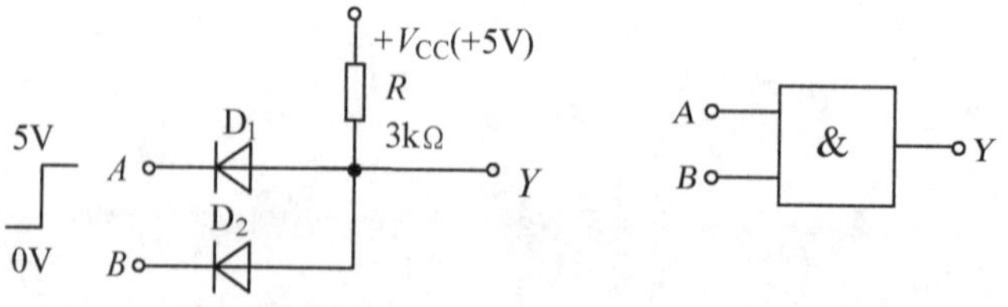

(a) 与门电路图　　(b) 与门符号

图7.1.1　二极管与门电路

电路的输入高电平为5V,低电平为0V,管压降为0.7V。现在分析一下它的逻辑功能:当输入$A=B=0$V时,两个二极管都导通,输出$Y=0.7$V,为低电平。

当输入 $A=0\text{V}$、$B=5\text{V}$ 时，二极管 D_1 优先导通，二极管 D_1 的导通，使 D_2 承受反偏压而截止，输出 $Y=0.7\text{V}$，为低电平。

当输入 $A=5\text{V}$、$B=0\text{V}$ 时，二极管 D_2 优先导通，则 D_1 截止，输出 $Y=0.7\text{V}$，为低电平。

当输入 $A=5\text{V}$、$B=5\text{V}$ 时，两个二极管都截止，输出 $Y=5\text{V}$，为高电平。

各管的导通情况如表 7-1-1 所示。如果把高电平用 1 表示，低电平用 0 表示，可得表 7-1-2 所示的真值表。可见当输入有一个为低的时候，输出就为低；只有输入都为高的时候，输出为高。实现了与逻辑运算，其表达式为

$$Y=AB$$

表 7-1-1　与门的输入、输出情况表

u_A　u_B	u_Y	D_1　D_2
0V　0V	0.7V	导通　导通
0V　5V	0.7V	导通　截止
5V　0V	0.7V	截止　导通
5V　5V	5V	截止　截止

表 7-1-2　与门的真值表

A　B	Y
0　0	0
0　1	1
1　0	1
1　1	1

7.1.2　或门电路

或门电路的电路和符号分别如图 7.1.2(a) 和 (b) 所示，功能如下：

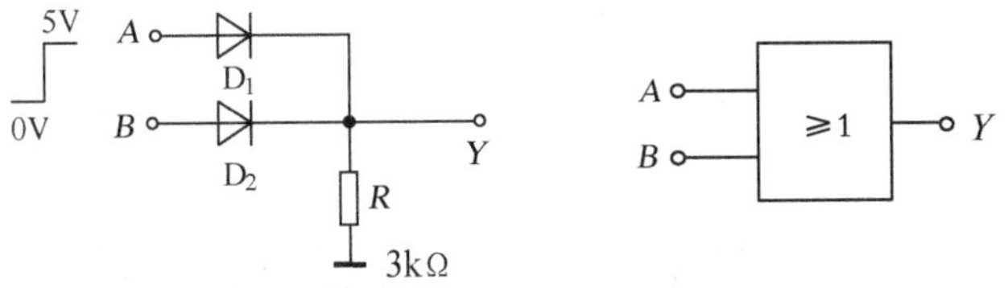

(a) 或门电路图　　(b) 或门符号

图 7.1.2　二极管或门电路

当输入 $A=B=0\text{V}$ 时，两个二极管都截止，输出 $Y=0\text{V}$，为低电平。

当输入 $A=0\text{V}$、$B=5\text{V}$ 时，二极管 D_2 优先导通，而 D_1 截止，输出 $Y=4.3\text{V}$，为高电平。

当输入 $A=5\text{V}$、$B=0\text{V}$ 时，二极管 D_1 优先导通，D_2 截止，输出 $Y=4.3\text{V}$，为高电平。

当输入 $A=5\text{V}$、$B=5\text{V}$ 时，两个二极管都导通，输出 $Y=4.3\text{V}$，为高电平。

各管的导通情况如表 7-1-3 所示。真值表如表 7-1-4 所示。

表 7-1-3　或门的输入、输出情况表

u_A　u_B	u_Y	D_1　D_2
0V　0V	0V	截止　截止
0V　5V	4.3V	截止　导通
5V　0V	4.3V	导通　截止
5V　5V	4.3V	导通　导通

表 7-1-4　或门的真值表

A　B	Y
0　0	0
0　1	1
1　0	1
1　1	1

从真值表可见，此电路实现了或逻辑运算，输出与输入之间的逻辑关系为

$$Y=A+B$$

7.1.3　非门电路

如图7.1.3所示电路为三极管组成的非门电路。当输入A为低电平时,三极管截止,输出Y为高电平5V;输入A为高电平5V时,三极管饱和导通,这时输出Y为低电平0.3V。真值表如表7-1-5所示。

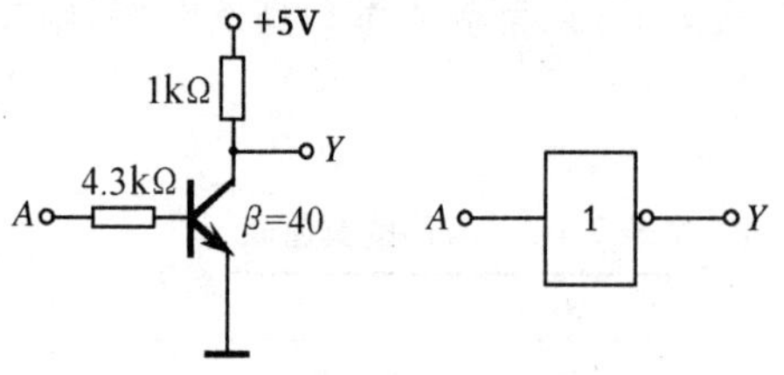

(a) 非门电路图　　(b) 非门符号

图7.1.3　三极管非门电路

表7-1-5　非门的真值表

A	Y
0	1
1	0

这时输出和输入的逻辑关系为

$$Y = \overline{A}$$

除了用三极管组成非门,也可以用场效应管组成非门电路,如图7.1.4所示。

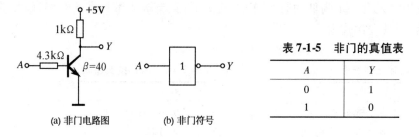

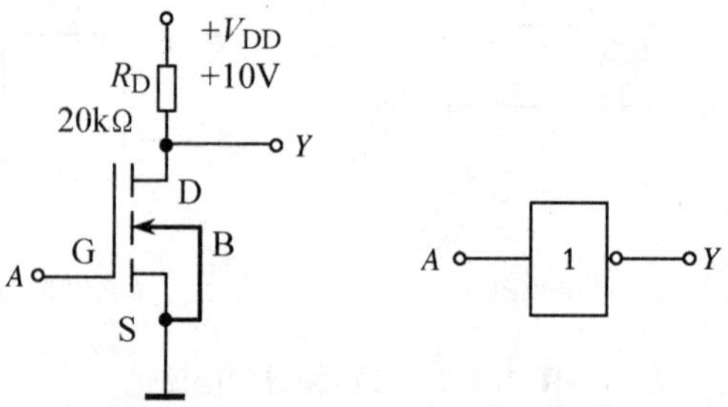

(a) 非门电路图　　(b) 非门符号

图7.1.4　场效应管组成的非门电路

当$u_A=0\text{V}$时,由于$u_{GS}=u_A=0\text{V}$,小于开启电压U_T,所以MOS管截止。输出电压为$u_Y=V_{DD}=10\text{V}$。

当$u_A=10\text{V}$时,由于$u_{GS}=u_A=10\text{V}$,大于开启电压U_T,所以MOS管导通,且工作在可变电阻区,导通电阻很小,只有几百欧姆。输出电压为$u_Y\approx 0\text{V}$。故

$$Y = \overline{A}$$

除了三种基本门电路外,还有其他一些常用的门电路,如与非门是由与门和非门组合的,还有或非门、与或非门,异或门和同或门等。

7.2　TTL集成逻辑门电路

现代数字电路广泛采用了集成电路。根据半导体器件的类型,数字集成门电路分为MOS集成门电路和双极型(晶体三极管)集成门电路。MOS集成门电路中,使用最多的是CMOS集成门电路。双极型集成门电路中,使用最多的是TTL集成门电路。TTL门电路的输入、输出都

是由晶体三极管组成，所以人们称它为晶体管—晶体管逻辑门电路（Transistor Transistor Logic），简称 TTL 门。

7.2.1　TTL 与非门电路

1. 电路组成

TTL 与非门电路如图 7.2.1(a)所示，其中 T_1 管的等效电路如图 7.2.1(b)所示。

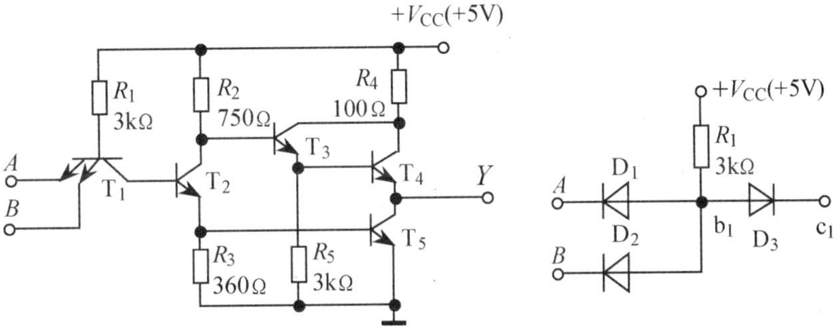

(a) TTL与非门电路图　　(b) T_1管的等效电路

图 7.2.1　TTL 与非门

电路内部分为三级：输入级由多发射极三极管 T_1 和电阻 R_1 组成，多发射极三极管 T_1 有多个发射极作为门电路的输入端，中间放大级由 T_2、R_2、R_3 组成，T_2 集电极输出驱动 T_3、T_4，发射极输出驱动 T_5；输出级由 T_3、T_4、T_5、R_4 和 R_5 组成。

2. 工作原理

(1) 输入信号不全为 1：如 $u_A=0.3V$、$u_B=3.6V$ 时，则 $u_{B1}=0.3V+0.7V=1V$，1V 的电位不能使 T_2、T_5 导通，因为 T_2、T_5 都导通至少需要 1.4V 的电位，故 T_2、T_5 截止；因为 T_2 截止，所以三极管 T_3 的基极电位约为 $V_{CC}-i_{B3}R_2\approx5V$，故 T_3、T_4 导通。忽略 i_{B3}，输出端的电位为

$$u_Y\approx5V-0.7V-0.7V=3.6V$$

输出 Y 为高电平。这时电路中各管的情况如图 7.2.2(a)所示。

(2) 输入信号全为 1：如 $u_A=u_B=3.6V$ 时，则 $u_{B1}=2.1V$，T_2、T_5 导通，T_3、T_4 截止，输出端的电位为

$$u_Y=u_{CES}=0.3V$$

输出 Y 为低电平。这时电路中各管的情况如图 7.2.2(b)所示。

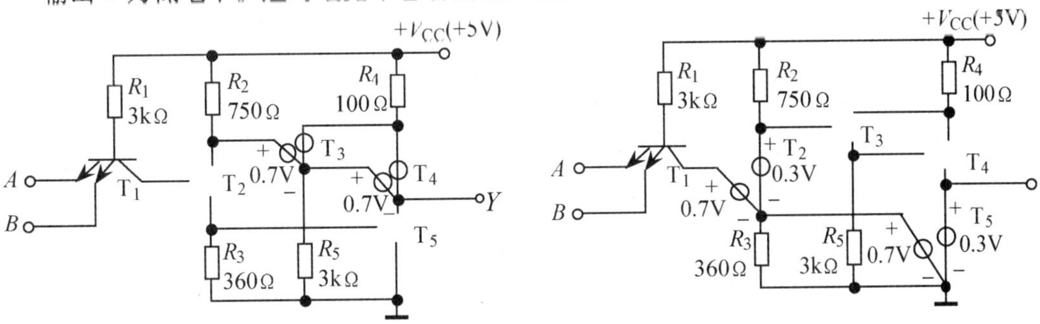

(a) 输入不全为1　　(b) 输入全为1

图 7.2.2　TTL 与非门各管的导通情况

TTL 与非门的功能表如表 7-2-1 所示，如果用 1 表示高电平，用 0 表示低电平，则可以写出 TTL 与非门的真值表如表 7-2-2 所示。

表 7-2-1　TTL 与非门的功能表

u_A	u_B	u_Y
0.3V	0.3V	3.6V
0.3V	3.6V	3.6V
3.6V	0.3V	3.6V
3.6V	3.6V	0.3V

表 7-2-2　TTL 与非门的真值表

A	B	Y
0	0	1
0	1	1
1	0	1
1	1	0

从表 7-2-2 可见，输入有低，输出为高；输入全高，输出为低。其逻辑表达式为

$$Y = \overline{A \cdot B} \tag{7.2.1}$$

常用的 TTL 集成与非门电路有 74LS00 和 74LS20。74LS00 内含 4 个 2 输入与非门，74LS20 内含 2 个 4 输入与非门。其引脚排列分别如图 7.2.2(a)和(b)所示。

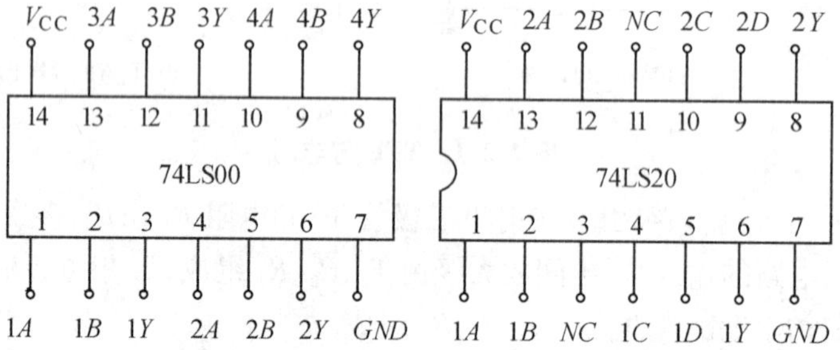

(a) 74LS00引脚排列图　　(b) 74LS20引脚排列图

图 7.2.3　74LS00 和 74LS20 的引脚排列图

7.2.2　其他 TTL 门电路

1. TTL 非门

TTL 非门电路及 74LS04 引脚排列分别如图 7.2.4(a)和(b)所示，电路结构与 TTL 与非门相似，只是 T_1 只有一个输入端，原理和与非门也差不多：$A=0$ 时，T_2、T_5 截止，T_3、T_4 导通，$Y=1$；$A=1$ 时，T_2、T_5 导通，T_3、T_4 截止，$Y=0$。可见实现的是非运算。

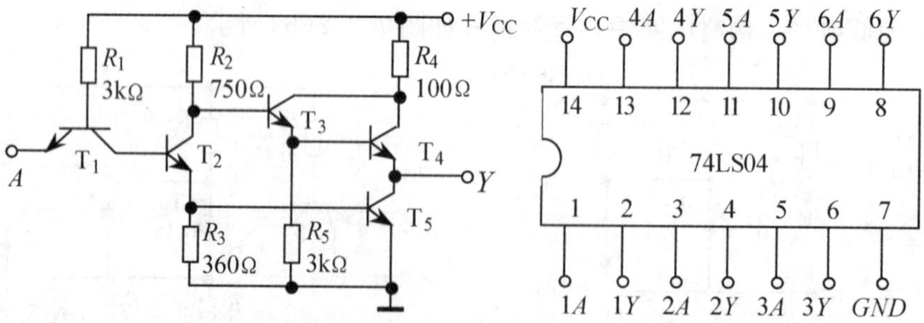

(a) TTL非门电路图　　(b) 74LS04引脚排列图

图 7.2.4　TTL 非门电路及 74LS04 引脚排列图

2. TTL 或非门

TTL 或非门电路及 74LS02 引脚排列分别如图 7.2.5(a)和(b)所示。A、B 中只要有一个为 1,即高电平,如 $A=1$,则 i_{B1} 就会经过 T_1 集电结流入 T_2 基极,使 T_2、T_5 饱和导通,输出为低电平,即 $Y=0$。$A=B=0$ 时,i_{B1}、i'_{B1} 均分别流入 T_1、T'_1 发射极,使 T_2、T'_2、T_5 均截止,T_3、T_4 导通,输出为高电平,即 $Y=1$。可见实现的是或非运算。

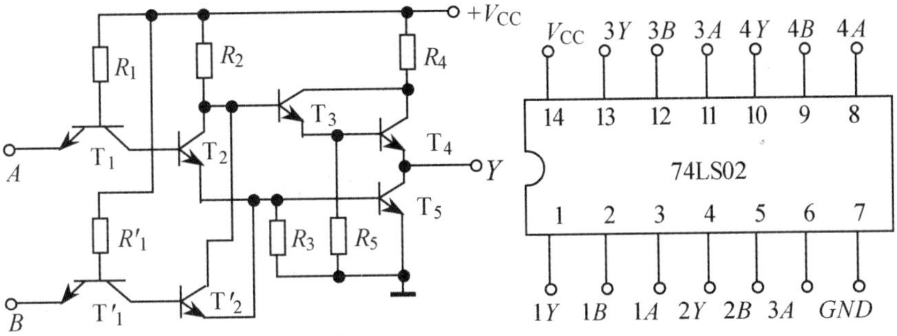

(a) TTL或非门电路图　　(b) 74LS02引脚排列图

图 7.2.5　TTL 或非门电路及 74LS02 引脚排列图

另外还有 TTL 与或非门、TTL 或门、TTL 与门等,它们都是在 TTL 与非门的基础上稍加变化得到的,如图 7.2.6 所示为 TTL 与非门和 TTL 非门构成的 TTL 与门。

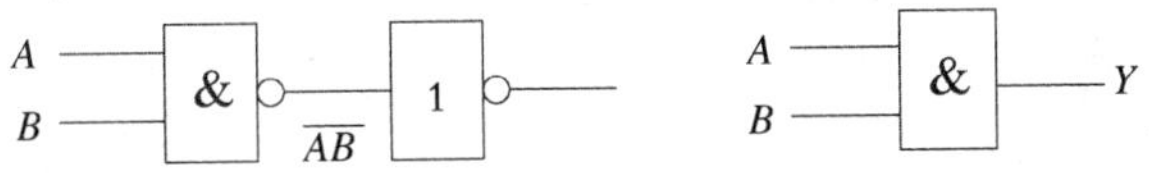

(a) 与非门和非门组成的与门　　(b) 与门等效电路

图 7.2.6　与门电路

其他或门、与或非门也可以通过与非门、非门和或非门等电路组合而成。

3. 集电极开路与非门(OC 门)

在工程上往往需要将两个或多个逻辑门电路的输出端并联以实现与逻辑,称为线与。

但前面介绍的 TTL 门电路,其输出端不能直接并联使用,也就无法线与。因为如果直接将多个 TTL 门电路的输出端直接相连,如图 7.2.7 所示,与非门 G_1 的 T_4 和二极管导通时,G_2 门的 T_5 导通时,就会有电流从 G_1 门流经 G_2 门,然后流入参考点,该电流值远远超出器件的额定值,很容易将器件烧坏。

为了解决这一问题,可以采用集电极开路门(OC 门),OC 门的电路及 OC 门符号分别如图 7.2.8(a)和(b)所示。需要特别强调的是,OC 门必须外接负载 R_L 和电源 V'_{CC} 才能正常工作,如图 7.9(a)。OC 门线与电路如图 7.2.9(b)所示。

图 7.2.9(b)中输出的逻辑表达式为

$$Y = Y_1Y_1 = \overline{AB} \cdot \overline{CD} = \overline{AB + CD} \tag{7.2.2}$$

可见多个 OC 门线与可以实现与或非运算。另外还可以驱动显示器、继电器电路等。

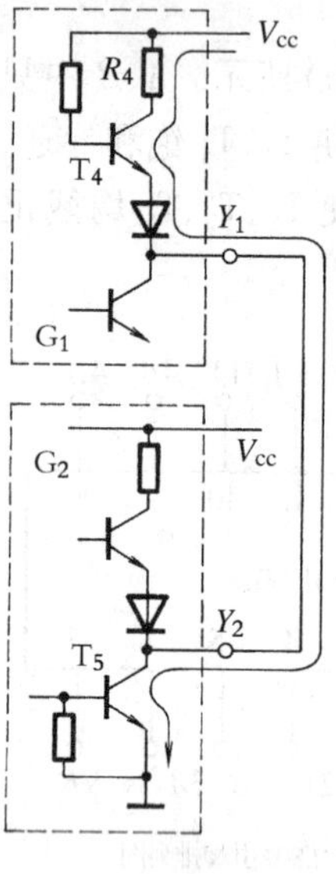

图 7.2.7　两个与非门输出端直接相连

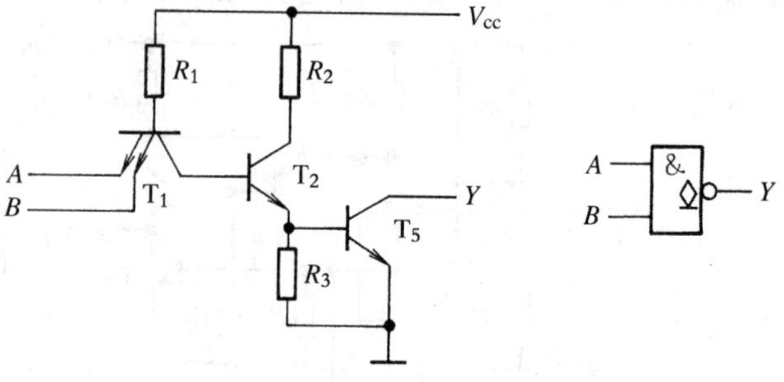

(a) OC门电路图　　　　(b) OC门符号

图 7.2.8　OC 门电路

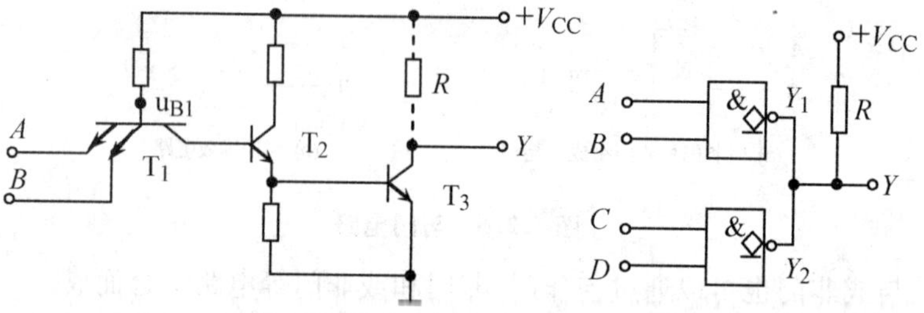

(a) OC门外接电阻和电源　　　　(b) OC门线与电路图

图 7.2.9　OC 门线与电路

4．三态输出门(TSL 门)

(1) 电路结构。

三态输出门有三种输出状态:高电平、低电平、高阻态(禁止态)。其中三态输出门处于高阻态下,输出端相当于开路。三态门是在普通门电路上加上使能控制信号和控制电路构成的,其电路和符号分别如图 7.2.10(a)和(b)所示。

$E=0$ 时,二极管 D 导通,T_1 基极和 T_3 基极均被钳制在低电平,因而 $T_2 \sim T_5$ 均截止,输出端开路,电路处于高阻状态。

$E=1$ 时,二极管 D 截止,TSL 门的输出状态完全取决于输入信号 A 的状态,电路输出与输入的逻辑关系和一般反相器相同,即:$Y=\overline{A}$。$A=0$ 时,$Y=1$,为高电平;$A=1$ 时,$Y=0$,为低电平。

(2) 三态门的应用。

三态门的应用电路如图 7.2.11 所示。

1) 作多路开关:$\overline{E}=0$ 时,门 G_1 使能,G_2 禁止,$Y=A$;$\overline{E}=1$ 时,门 G_2 使能,G_1 禁止,$Y=B$。

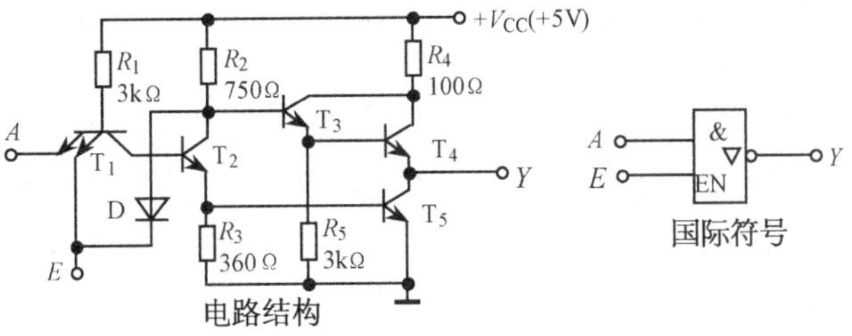

(a) 三态门电路图　　(b) 三态门符号

图 7.2.10　三态门电路

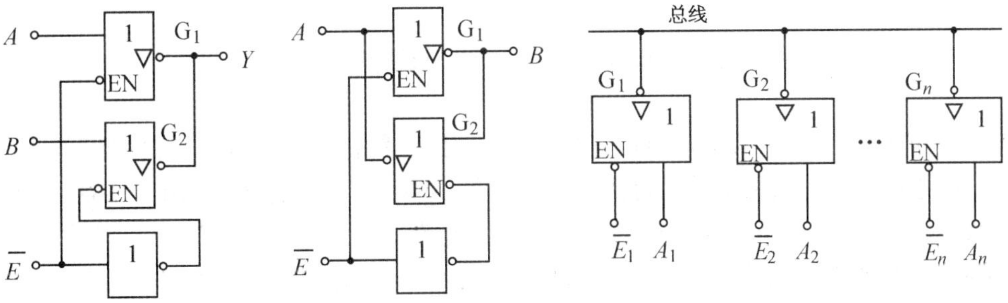

(a) 多路开关　　(b) 信号双向传输　　(c) 构成数据总线

图 7.2.11　三态门的应用

2）信号双向传输：$\overline{E}$ =0 时，信号向右传送，$B=A$；$\overline{E}$ =1 时，信号向左传送，$A=B$。

3）构成数据总线：让各门的控制端轮流处于低电平，即任何时刻只让一个 TSL 门处于工作状态，而其余 TSL 门均处于高阻状态，这样总线就会轮流接受各 TSL 门的输出。

7.2.3　TTL 系列集成电路及使用注意事项

1. TTL 系列集成电路

（1）74 系列：标准系列，前面介绍的 TTL 门电路都属于 74 系列。其典型电路与非门的平均传输时间 $t_{pd}=10$ns，平均功耗 P = 10mW。

（2）74H 系列：高速系列，是在 74 系列基础上改进得到的。其典型电路与非门的平均传输时间 $t_{pd}=6$ns，平均功耗 P = 22mW。

（3）74S 系列：肖特基系列，是在 74H 系列基础上改进得到的。其典型电路与非门的平均传输时间 t_{pd} − 3ns，平均功耗 P − 19mW。

（4）74LS 系列：低功耗肖特基系列，是在 74S 系列基础上改进得到的。其典型电路与非门的平均传输时间 $t_{pd}=9$ns，平均功耗 P = 2mW。74LS 系列产品具有最佳的综合性能，是 TTL 集成电路的主流，也是应用最广的系列。

2. 使用注意事项

（1）对电源的要求：

TTL 集成电路对电源的要求比较严格：当电源电压超过 5.5 V 时，将损坏器件；若电源电压低于 4.5 V，器件的逻辑功能将不正常。因此在以 TTL 门电路为基本器件的系统中，电源电压应满足 5 V ±0.5V。

（2）对输入端的要求：

1）电路各输入端不能直接与高于 +5.5 V 和低于 − 0.5 V 的低内阻电源连接，以免因过流而烧坏电路。

2）若悬空正常时，可视作 1，但易受干扰。多余输入端的处理原则是尽量不要悬空，以免干扰。不使用的输入端可并接到使用的输入端上（LSTTL 除外）；如电源电压不超过 5.5 V，可将不使用的与门及与非门的输入端直接接电源，或通过 1kΩ 电阻再接到电源上；将不使用的或门及或非门输入端接地。

（3）对输出端的要求：

1）TTL 集成电路的输出端不允许直接接地或接 +5V 电源，否则将导致器件损坏。

2）TTL 集成电路的输出端不允许并联使用（集电极开路门和三态门除外），否则将损坏器件。

7.3 CMOS 门电路

MOS 集成电路是数字集成电路的一个重要系列，它具有低功耗、抗干扰性强、制造工艺简单、易于大规模集成等优点，因此得到广泛应用。MOS 集成电路有 N 沟道 MOS 管构成的 NMOS 集成电路、P 沟道 MOS 管构成的 PMOS 集成电路，以及 N 沟道 MOS 管和 P 沟道 MOS 管共同组成的 CMOS 集成电路。CMOS 集成电路功耗小、工作速度快，应用尤为广泛。

7.3.1 CMOS 集成门电路

1. CMOS 非门

CMOS 非门电路如图 7.3.1(a)所示。其中上面的 MOS 管为 P 型管，下面的 MOS 管为 N 型管。且

$$V_{DD} > |U_{TP}| + U_{TN}$$

U_{TP}为 PMOS 管阈值电压，U_{TN}为 NMOS 管阈值电压，G_1、G_2 栅极连在一起作为输入端，漏极连在一起作为输出端。

当输入电压 $u_A = V_{DD} = 10$ V 的高电平时，T_N 导通，T_P 截止，输出低电平，如图 7.3.1(b)所示；当输入 $u_A = 0$ V 的低电平时，T_N 截止，T_P 导通，输出为高电平，如图 7.3.1(c)所示。因此电路实现了非逻辑运算，是非门—反相器 。

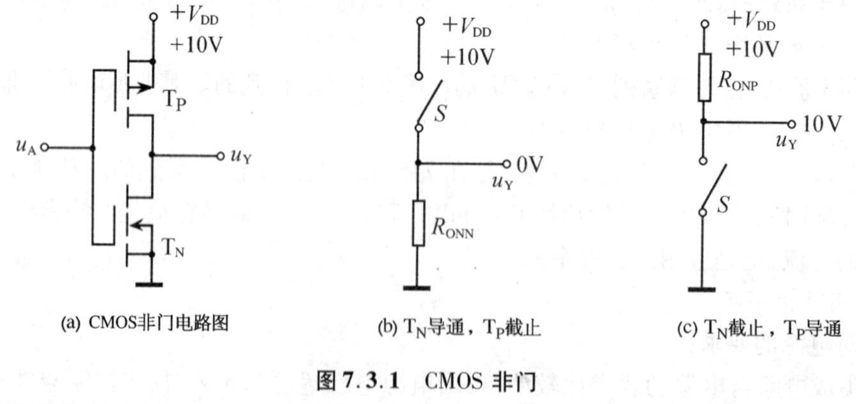

图 7.3.1 CMOS 非门

2. CMOS 与非门

电路如图 7.3.2 所示，T_{N1}、T_{N2}是串联的驱动管，T_{P1}、T_{P2}是并联的负载管。A、B 当中有一个或全为低电平时，T_{N1}、T_{N2} 中有一个或全部截止，T_{P1}、T_{P2} 中有一个或全部导通，输出 Y 为高电

平。只有当输入 A、B 全为高电平时，T_{N1} 和 T_{N2} 才会都导通，T_{P1} 和 T_{P2} 才会都截止，输出 Y 才会为低电平。可见实现了与非功能。

3. CMOS 或非门

电路如图 7.3.3 所示。T_{N1}、T_{N2} 是并联的驱动管，T_{P1}、T_{P2} 是串联的负载管。只要输入 A、B 当中有一个或全为高电平，T_{P1}、T_{P2} 中有一个或全部截止，T_{N1}、T_{N2} 中有一个或全部导通，输出 Y 为低电平。只有当 A、B 全为低电平时，T_{P1} 和 T_{P2} 才会都导通，T_{N1} 和 T_{N2} 才会都截止，输出 Y 才会为高电平。可见实现了或非功能。

另外还可以用 CMOS 非门、与非门和或非门构成其他的门电路，这里不再介绍。

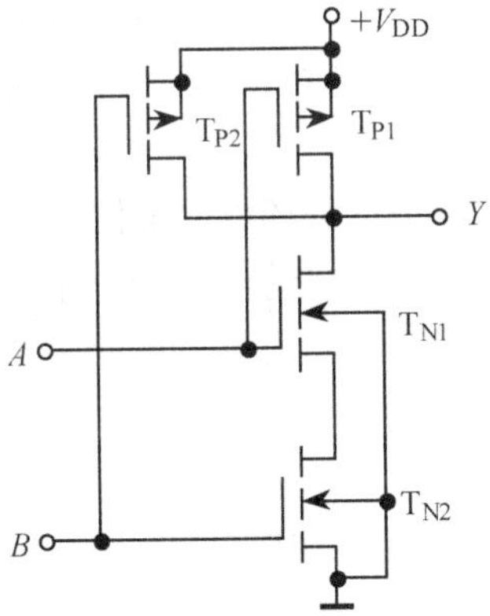

图 7.3.2　CMOS 与非门

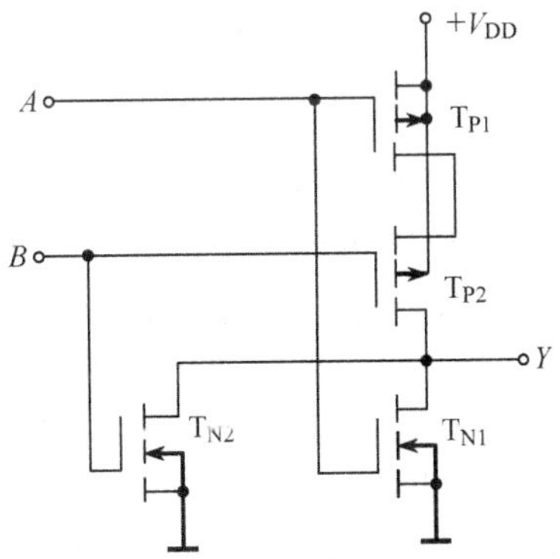

图 7.3.3　CMOS 或非门

4. 传输门

如图 7.3.4 所示，(a) 为 CMOS 传输门电路，图(b) 为它的逻辑符号。图中 T_N、T_P 分别是 NMOS 管和 PMOS 管，它们的结构和参数均对称。两管的栅极引出端分别接高、低电平不同的控制信号 C 和 $\overline{C}$，源极相连作输入端，漏极相连作输出端。

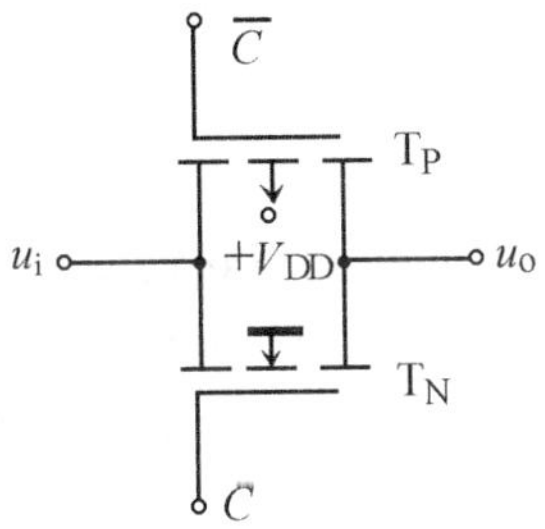

(a) CMOS传输门电路图

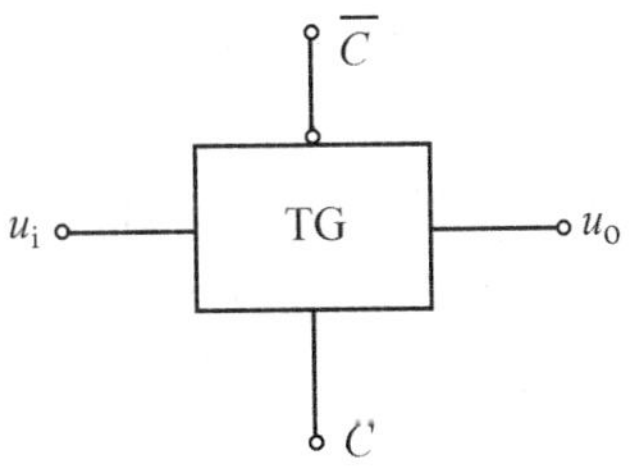

(b) CMOS传输门符号

图 7.3.4　CMOS 传输门

设控制信号的高、低电平分别为 V_{DD} 和 0 V，$U_{TN} = |U_{TP}|$ 且 $V_{DD} > 2\ U_{TN}$。当控制信号 $U_C = 0$、$U_{\bar{c}} = V_{DD}$（即 $C = 0$、$\overline{C} = 1$）时，在输入信号 u_i 为 0 ~ V_{DD} 的范围内，$U_{GSN} < U_{TN}$，$U_{GSP} > U_{TP}$，两管均截止，输入和输出之间是断开的。

当控制信号 $C = 1$、$\overline{C} = 0$ 时，在输入信号 u_i 为 0 ~ V_{DD} 的范围内，至少有一只管子导通，即：当 u_i 在 0 ~ ($V_{DD} - U_{TN}$) 间变化时，NMOS 管导通；当 u_i 在 $|U_{TP}|$ ~ V_{DD} 间变化时，PMOS 管导通。因此，当 $C = 1$、$\overline{C} = 0$ 时，输入电压在 0 ~ V_{DD} 范围内变化，并将传输到输出端，即 u_o

$= u_i$。

综上所述,通过控制 C、$\overline{C}$ 端的电平值,即可控制传输门的通断。另外,由于 MOS 管具有对称结构,源极和漏极可以互换,所以 CMOS 传输门的输入端、输出端可以互换,因此传输门是一个双向开关。

7.3.2 CMOS 数字电路的特点及使用注意事项

1. CMOS 数字电路的特点

(1) CMOS 电路的工作速度比 TTL 电路低,带负载的能力比 TTL 电路强。

(2) CMOS 电路的电源电压允许范围较大,约在 3 ~ 18V,抗干扰能力比 TTL 电路强。

(3) CMOS 电路的功耗比 TTL 电路小得多。门电路的功耗只有几个 μW,中规模集成电路的功耗也不会超过 100μW。

(4) CMOS 集成电路的集成度比 TTL 电路高。电路适合于特殊环境下工作。

(5) CMOS 电路容易受静电感应而击穿,在使用和存放时应注意静电屏蔽,焊接时电烙铁应接地良好,尤其是 CMOS 电路多余不用的输入端不能悬空,应根据需要接地或接高电平。

2. CMOS 集成电路使用注意事项

(1) 对电源的要求:

1) CMOS 电路可以在很宽的电源电压范围内提供正常的逻辑功能,其电源电压范围一般在 8 ~ 12 V 之间,通常选择 V_{DD} = 12 V。

2) V_{DD}绝对不允许接反。否则无论是保护电路或是内部电路,都可能因过大电流而损坏 。

(2) 对输入端的要求:

1) 为保护输入级 MOS 管的氧化层不被击穿,一般 CMOS 电路输入端都有二极管保护网络,这就给电路的应用带来一些限制:输入信号必须在 0 ~ V_{DD}之间取值,以防二极管因正偏电流过大而烧坏。每个输入端的典型输入电流为 10 pA,输入电流以不超过 1mA 为佳。

2) 多余输入端不允许悬空。与门及与非门的多余输入端应接 V_{DD}或接至高电平,或门和或非门的多余输入端应接地或接至低电平。

(3) 对输出端的要求:

1) CMOS 集成电路的输出端不允许直接接 V_{DD}或接地,否则将导致器件损坏。

2) 一般情况下不允许输出端并联。因为不同器件的参数不一致,有可能导致 NMOS 和 PMOS 同时导通,形成大电流。但为了增加驱动能力,可以将同一芯片上相同门电路的输入端、输出端分别并联使用。

本 章 小 结

1. 半导体二极管、三极管和 MOS 管在数字电路中通常工作在开关状态。它们是组成基本门电路的核心元件。

2. 分立元件门电路是组成逻辑门的基本形式,基本与门和或门一般由二极管组成,基本非门电路一般由三极管组成。

3. 集成门电路分为 TTL 和 CMOS 两大类,是目前被广泛采用的两种集成电路。TTL 门电路具有工作速度高、带负载能力强等优点,一直是数字系统普遍采用的器件;CMOS 门电路具有功耗低、集成度高、工作电源范围宽、抗干扰能力强等优点。

4. TTL、CMOS 门电路在使用时，要遵循一定的规则。TTL 门与 CMOS 门之间连接时，需要适当的接口电路。

习　题

7.1　已知 Y_1、Y_2 是关于 x_1、x_2 的函数，根据如图所示的逻辑图和波形图写出 Y_1、Y_2 的函数，并根据 x_1、x_2 的波形画出 Y_1、Y_2 的波形。

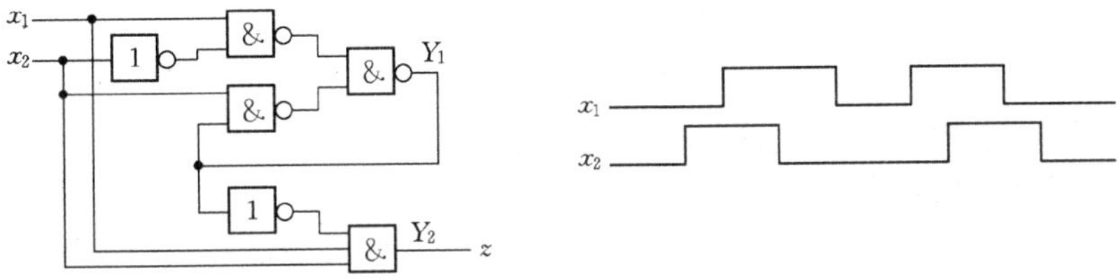

题 7.1 图

7.2　若与非门的输入 A、B、C 中的任意一个输入电平确定之后，能否决定其输出？对于或非门情况又如何？

7.3　试判断如图所示 TTL 门电路输出与输入之间的逻辑关系中哪些是正确的，哪些是错误的？并将接法错误的予以改正。

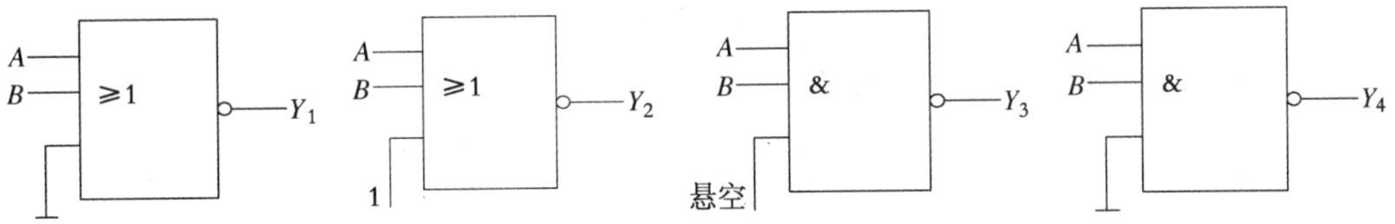

$Y_1=\overline{A+B}$　(a)　　$Y_2=\overline{A+B}$　(b)　　$Y_3=\overline{A\cdot B}$　(c)　　$Y_4=\overline{A\cdot B}$　(d)

题 7.3 图

7.4　根据如图所示的 TTL 门电路，写出输出 Y 的表达式。

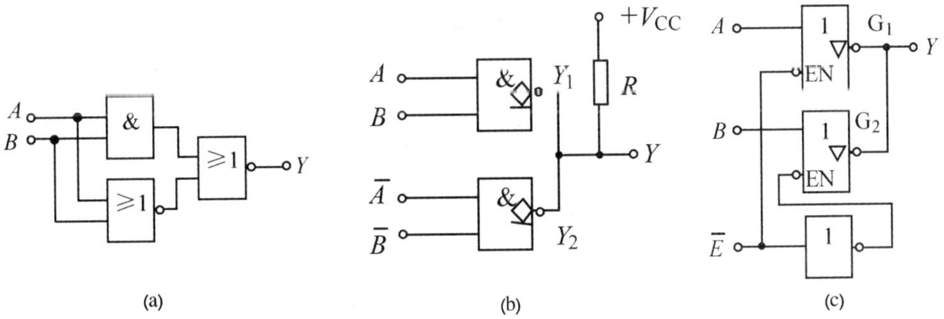

(a)　　(b)　　(c)

题 7.4 图

7.5　已知 TTL 门电路如图所示，试分析其逻辑功能，并写出输出端的表达式。

7.6　试说明 TTL 与非门输出端的下列接法会产生什么后果，并说明原因。

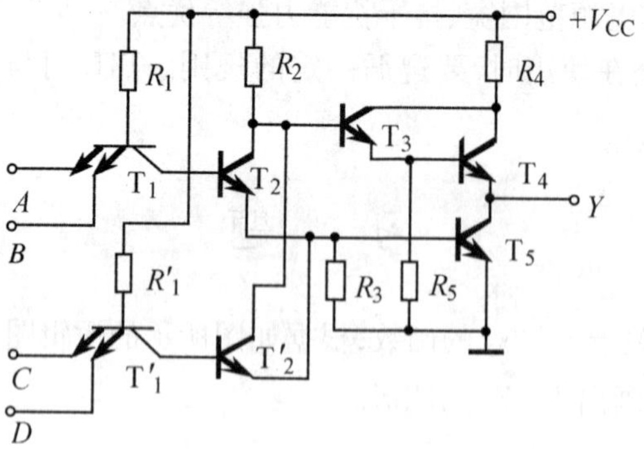

题 7.5 图

(1) 多个 TTL 与非门的输出直接相连;(2) 输出端接地。

7.7　试分析如图所示电路的功能。

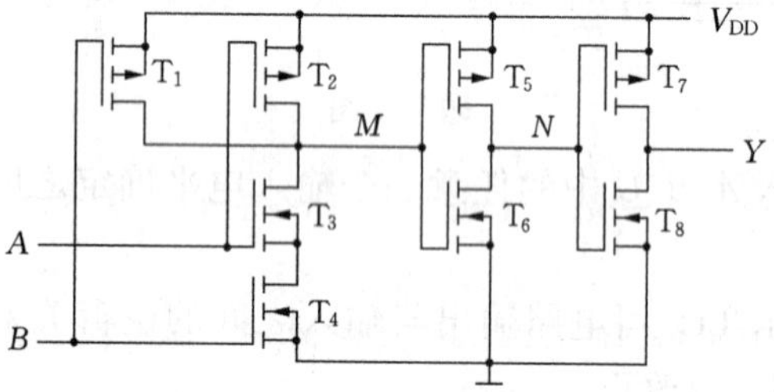

题 7.7 图

7.8　试分析如图所示电路的功能。

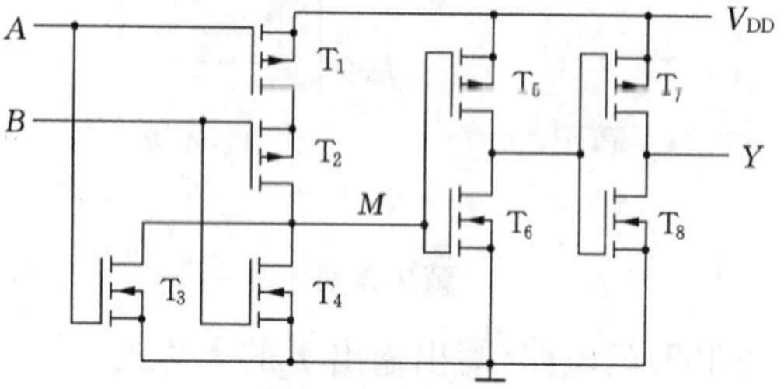

题 7.8 图

第8章　组合逻辑电路

数字电路可以分为组合逻辑电路和时序逻辑电路。组合逻辑电路的输出只取决于当时的输入，与其他无关。本章首先介绍组合逻辑电路的一般分析和设计方法，然后介绍常用组合逻辑电路中编码器、译码器、数值比较器、数据选择器和数据分配器的基本工作原理，以及常用的集成组合逻辑电路的功能和使用方法等。

8.1　逻辑电路的分析和设计方法

8.1.1　组合逻辑电路概述

在数字系统中，数字电路按照逻辑功能的不同可以分为两大类：一类是组合逻辑电路，简称组合电路；一类是时序逻辑电路，简称时序电路。

组合逻辑电路如图8.1.1所示，电路在任意时刻的输出仅仅取决于该时刻输入信号的状态，而与该时刻之前电路的状态无关。电路不包含记忆（存储）元件，不存在输出到输入的反馈回路。

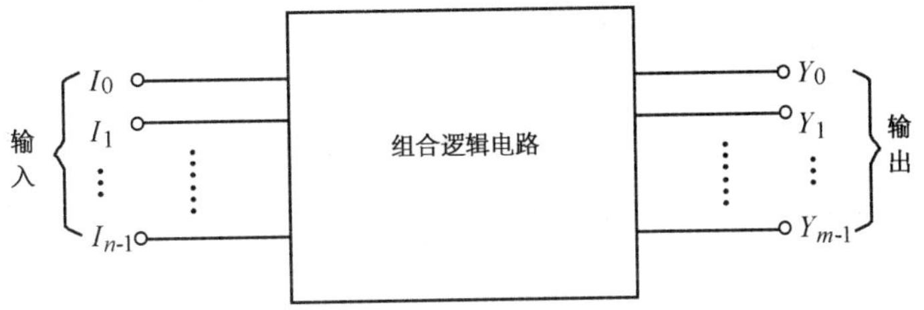

图8.1.1　组合电路的组成

在前面所学的门电路都属于组合电路，它们是构成复杂组合电路的单元电路。

8.1.2　逻辑电路的一般分析方法

分析组合电路，就是根据已知的逻辑图，找出输出变量与输入变量的逻辑关系，从而确定出电路的逻辑功能。分析组合电路的步骤如下：

(1) 根据给定逻辑图写出输出变量的逻辑表达式；

(2) 用公式法或卡诺图法化简逻辑表达式；

(3) 根据化简后的表达式列出真值表；

(4) 根据真值表所反映出的输出与输入变量的取值对应关系，说明电路的逻辑功能。

例8.1.1　电路如图8.1.2所示，分析电路的功能。

解:(1) 根据逻辑图写出函数式并化简。前三个与非门的输出分别为

$$Y_1 = \overline{AB}, \quad Y_2 = \overline{BC}, \quad Y_3 = \overline{CA}$$

输出 Y 为三个与非门的与非关系,故输出 Y 为

$$Y = \overline{Y_1 Y_2 Y_3} = \overline{\overline{AB}\;\;\overline{BC}\;\;\overline{AC}}$$
$$= AB + BC + CA$$

(2) 根据函数式列写真值表,如表 8-1-1 所示。可以看出,当输入 A、B、C 中有 2 个或 3 个为 1 时,输出 Y 为 1,否则输出 Y 为 0。所以这个电路实际上是一种 3 人表决用的组合电路:只要有 2 票或 3 票同意,表决就通过。

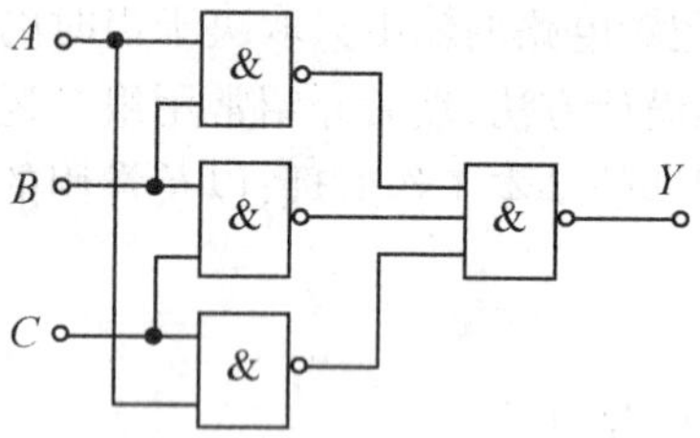

图 8.1.2　例 8.1.1 电路图

表 8-1-1　例 8.1.1 真值表

A B C	Y	A B C	Y
0 0 0	0	1 0 0	0
0 0 1	0	1 0 1	1
0 1 0	0	1 1 0	1
0 1 1	1	1 1 1	1

例 8.1.2　电路如图 8.1.3 所示,分析电路的功能。并说明该电路设计是否合理,以及应该如何改进。

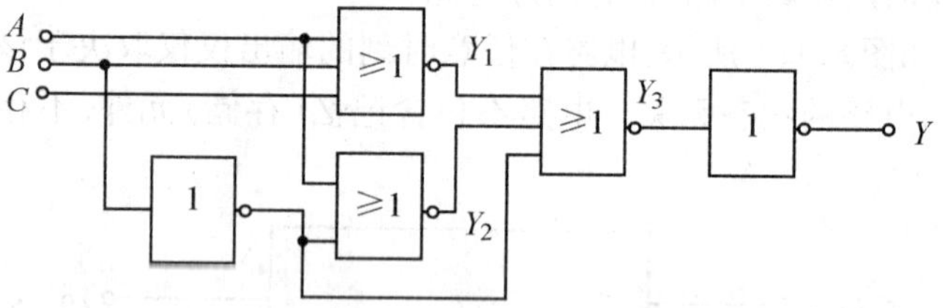

图 8.1.3　例 8.1.2 电路图

解:根据电路图可以写出函数表达式为

$$\begin{cases} Y_1 = \overline{A + B + C} \\ Y_2 = \overline{A + \overline{B}} \\ Y_3 = \overline{Y_1 + Y_2 + \overline{B}} \end{cases}$$

$$Y = \overline{Y_3} = Y_1 + Y_2 + \overline{B} = \overline{A + B + C} + \overline{A + \overline{B}} + \overline{B}$$

根据函数式可以列出函数真值表,如表 8-1-2 所示,电路的输出 Y 只与输入 A、B 有关,而与输入 C 无关。Y 和 A、B 的逻辑关系为:A、B 中只要有一个为 0,$Y=1$;A、B 全为 1 时,$Y=0$。所以 Y 和 A、B 的逻辑关系为与非运算的关系,$Y = \overline{A} + \overline{B} = \overline{AB}$。可以用一个与非门来实现,如图 8.1.4 所示。

表 8-1-2　例 8.1.2 真值表

A B C	Y	A B C	Y
0 0 0	1	1 0 0	1
0 0 1	1	1 0 1	1
0 1 0	1	1 1 0	0
0 1 1	1	1 1 1	0

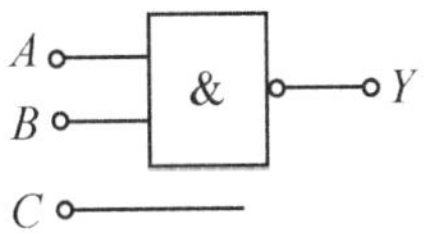

图 8.1.4　与非门实现例 8.1.2 功能

8.1.3　组合逻辑电路的设计方法

设计组合逻辑电路正好和分析组合电路的步骤相反，一般步骤如下：

(1) 设定输入、输出变量，并进行逻辑赋值；

(2) 根据功能要求列出真值表；

(3) 根据真值表写出逻辑表达式并化成最简；

(4) 根据最简表达式画出逻辑图。

例 8.1.3　用与非门设计一个举重裁判表决电路。设举重比赛有 3 个裁判，一个主裁判和两个副裁判。杠铃完全举上的裁决由每一个裁判按一下自己面前的按钮来确定。要求只有当两个或两个以上裁判判明成功，并且其中有一个为主裁判时，表明成功的灯才亮。

解：设主裁判为变量 A，两个副裁判分别为 B 和 C，表示成功与否的灯为 Y，根据逻辑要求列出真值表，如表 8-1-3 所示。

表 8-1-3　例 8.1.3 真值表

A B C	Y	A B C	Y
0 0 0	0	1 0 0	0
0 0 1	0	1 0 1	1
0 1 0	0	1 1 0	1
0 1 1	0	1 1 1	1

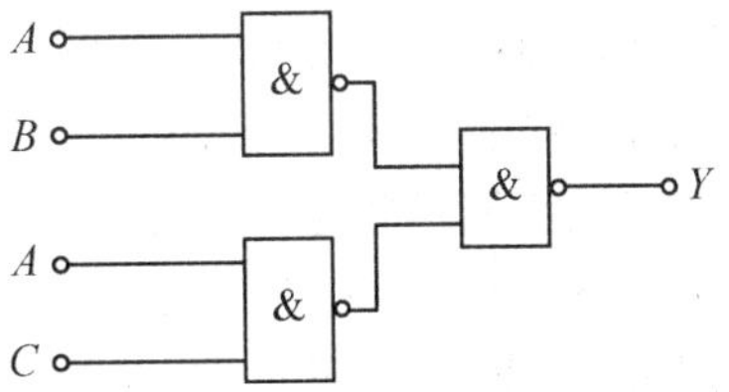

图 8.1.5　例 8.1.3 电路图

根据真值表可写出表达式为

$$Y = m_5 + m_6 + m_7 = A\overline{B}C + AB\overline{C} + ABC$$
$$= AB + AC = \overline{\overline{AB} \cdot \overline{AC}}$$

根据表达式画出逻辑图，如图 8.1.5 所示。

例 8.1.4　设计一个楼上、楼下开关的控制逻辑电路来控制楼梯上的路灯，使之在上楼前，用楼下开关打开电灯，上楼后，用楼上开关关灭电灯；或者在下楼前，用楼上开关打开电灯，下楼后，用楼下开关关灭电灯。

解：设楼上开关为 A，楼下开关为 B，灯泡为 Y。并设 A、B 闭合时为 1，断开时为 0；灯亮时 Y 为 1，灯灭时 Y 为 0。根据逻辑要求列出真值表，如表 8-1-4 所示。

表 8-1-4 例 8.1.4 真值表

A	B	Y
0	0	0
0	1	1
1	0	1
1	1	0

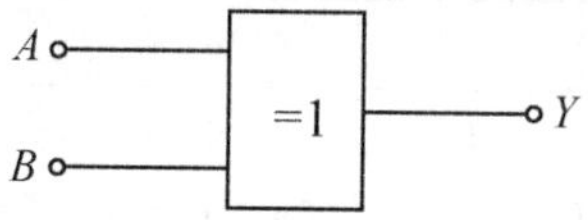

图 8.1.6 例 8.1.4 电路图

根据真值表可以写出表达式为

$$Y = \overline{A}B + A\overline{B} = A \oplus B$$

此电路可以用与或门实现,也可以用异或门实现。用异或门实现的电路如图 8.1.6 所示。

8.2 编 码 器

用文字、符号或者数字表示特定对象的过程都可以叫做编码。数字电路中的编码是指用二进制代码表示某种特定含义的信息。能够实现编码功能的电路称作编码器。

n 位二进制代码可以组成 2^n 个不同的状态,即可以表示 2^n 个信号。若要对 N 个输入信号进行编码,则 $N \leqslant 2^n$,n 为二进制代码的位数,即输入变量的个数。当 $N = 2^n$ 时,是利用了 n 个输入变量的全部组合进行的编码,称为全编码,实现全编码的电路叫做全编码器(或称二进制编码器);当 $N < 2^n$ 时,是利用了 n 个输入变量的部分状态进行编码,称为部分编码。

8.2.1 二进制编码器

对于编码器而言,在编码过程中,一次只能有一个输入信号被编码,被编码的信号必须是有效电平,有效电平可能是高电平,也有可能是低电平。

3 位二进制编码器有 8 个输入端,有 3 个输出端,又叫做 8 线-3 线编码器。真值表如表 8-2-1 所示。由表 8-2-1 可以看出输入信号为高电平有效。输入信号之间互相排斥,即不允许有两个或多个输入信号同时为有效电平,因此这种普通编码器又称作互斥编码器。输出信号为原码。

表 8-2-1 3 位二进制编码器的真值表

I_0	I_1	I_2	I_3	I_4	I_5	I_6	I_7	Y_2	Y_1	Y_0
1	0	0	0	0	0	0	0	0	0	0
0	1	0	0	0	0	0	0	0	0	1
0	0	1	0	0	0	0	0	0	1	0
0	0	0	1	0	0	0	0	0	1	1
0	0	0	0	1	0	0	0	1	0	0
0	0	0	0	0	1	0	0	1	0	1
0	0	0	0	0	0	1	0	1	1	0
0	0	0	0	0	0	0	1	1	1	1

根据真值表可以写出输出的表达式为

$$\begin{aligned} Y_2 &= I_4 + I_5 + I_6 + I_7 = \overline{\overline{I_4}\,\overline{I_5}\,\overline{I_6}\,\overline{I_7}} \\ Y_1 &= I_2 + I_3 + I_6 + I_7 = \overline{\overline{I_2}\,\overline{I_3}\,\overline{I_6}\,\overline{I_7}} \\ Y_0 &= I_1 + I_3 + I_5 + I_7 = \overline{\overline{I_1}\,\overline{I_3}\,\overline{I_5}\,\overline{I_7}} \end{aligned} \tag{8.2.1}$$

从表达式可以看出,3 位二进制编码器可以用或门实现,也可以用与非门实现,电路如图 8.2.1 所示。

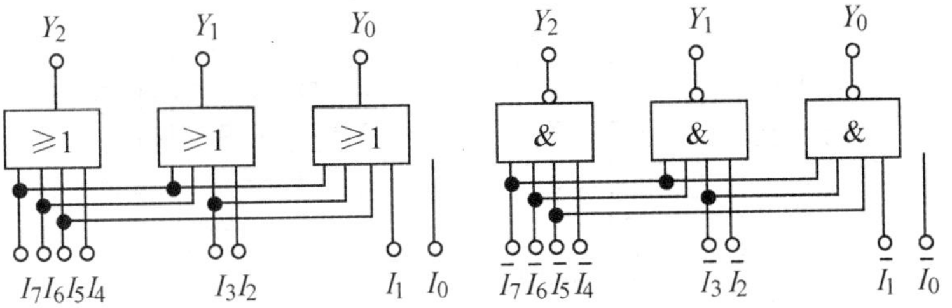

(a) 由或门构成　　(b) 由与非门构成

图 8.2.1　3 位二进制编码器的电路图

8.2.2　二进制优先编码器

1. 3 位二进制优先编码器

与普通编码器不同,优先编码器允许同时有几个输入信号为有效电平,但电路只能对其中优先级别最高的信号进行编码,对级别低的信号不进行编码。同样以 8 线-3 线优先编码器为例,设输入信号 $I_7 \sim I_0$ 为高电平有效,输出为原码。若输入信号的优先级别依次为 I_7、I_6、…、I_1、I_0,则可以得到表 8-2-2 所示的真值表。显然,输入信号允许同时有多个为有效电平 1。

从真值表可以写出表达式为

$$
\begin{aligned}
Y_2 &= I_7 + \bar{I}_7 I_6 + \bar{I}_7 \bar{I}_6 I_5 + \bar{I}_7 \bar{I}_6 \bar{I}_5 I_4 \\
&= I_7 + I_6 + I_5 + I_4 \\
Y_1 &= I_7 + \bar{I}_7 I_6 + \bar{I}_7 \bar{I}_6 \bar{I}_5 \bar{I}_4 I_3 + \bar{I}_7 \bar{I}_6 \bar{I}_5 \bar{I}_4 \bar{I}_3 I_2 \\
&= I_7 + I_6 + \bar{I}_5 \bar{I}_4 I_3 + \bar{I}_5 \bar{I}_4 I_2 \\
Y_0 &= I_7 + \bar{I}_7 \bar{I}_6 I_5 + \bar{I}_7 \bar{I}_6 \bar{I}_5 \bar{I}_4 I_3 + \bar{I}_7 \bar{I}_6 \bar{I}_5 \bar{I}_4 \bar{I}_3 \bar{I}_2 I_1 \\
&= I_7 + \bar{I}_6 I_5 + \bar{I}_6 \bar{I}_4 I_3 + \bar{I}_6 \bar{I}_4 \bar{I}_2 I_1
\end{aligned}
\tag{8.2.2}
$$

表 8-2-2　8 线-3 线优先编码器的真值表

输入								输出		
I_7	I_6	I_5	I_4	I_3	I_2	I_1	I_0	Y_2	Y_1	Y_0
1	×	×	×	×	×	×	×	1	1	1
0	1	×	×	×	×	×	×	1	1	0
0	0	1	×	×	×	×	×	1	0	1
0	0	0	1	×	×	×	×	1	0	0
0	0	0	0	1	×	×	×	0	1	1
0	0	0	0	0	1	×	×	0	1	0
0	0	0	0	0	0	1	×	0	0	1
0	0	0	0	0	0	0	1	0	0	0

实现 8 线-3 线优先编码器的电路如图 8.2.2 所示。如果要求输出、输入均为反变量,则只要在图 2.2.2 中的每一个输出端和输入端都加上反相器就可以了。

2. 集成 3 位二进制优先编码器

常用的集成 3 位二进制优先编码器为 74LS148,其引脚排列和功能示意图分别如图 8.2.3

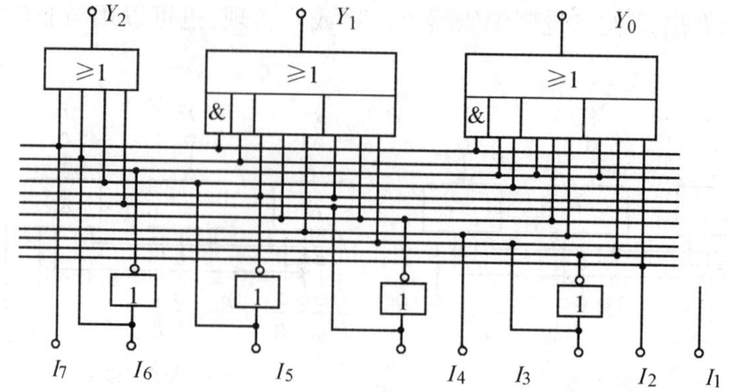

图 8.2.2　8 线-3 线优先编码器的电路图

(a)和(b)所示。$\overline{ST}$ 为使能输入端，低电平有效即只有当 $\overline{ST}=0$ 时，电路才处于工作状态，对输入信号进行编码，否则禁止编码。Y_S 为使能输出端，通常接至低位芯片的端脚。Y_S 和 $\overline{ST}$ 配合可以实现多级编码器之间优先级别的控制。$\overline{Y}_{EX}$ 为扩展输出端，是控制标志。$\overline{Y}_{EX}=0$，表示是编码输出；$\overline{Y}_{EX}=1$，表示不是编码输出。

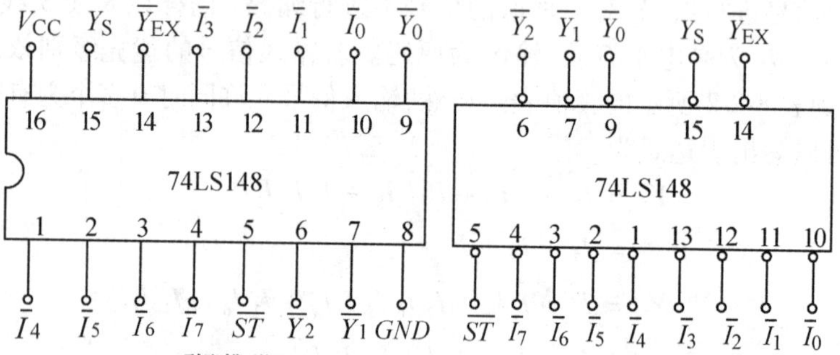

(a) 引脚排列图　　(b) 逻辑功能示意图

图 8.2.3　74LS148 优先编码器

集成 3 位二进制优先编码器 74LS148 的真值表如表 8-2-3 所示。

表 8-2-3　74LS148 的真值表

输入									输出				
$\overline{ST}$	$\overline{I_7}$	$\overline{I_6}$	$\overline{I_5}$	$\overline{I_4}$	$\overline{I_3}$	$\overline{I_2}$	$\overline{I_1}$	$\overline{I_0}$	$\overline{Y_2}$	$\overline{Y_1}$	$\overline{Y_0}$	$\overline{Y_{EX}}$	Y_S
1	×	×	×	×	×	×	×	×	1	1	1	1	1
0	1	1	1	1	1	1	1	1	1	1	1	1	0
0	0	×	×	×	×	×	×	×	0	0	0	0	1
0	1	0	×	×	×	×	×	×	0	0	1	0	1
0	1	1	0	×	×	×	×	×	0	1	0	0	1
0	1	1	1	0	×	×	×	×	0	1	1	0	1
0	1	1	1	1	0	×	×	×	1	0	0	0	1
0	1	1		1	1	1	0	×	1	0	1	0	1
0	1	1	1	1	1	1	0	×	1	1	0	0	1
0	1	1	1	1	1	1	1	0	1	1	1	0	1

8.2.3　二—十进制编码器

将 10 个输入信号 $I_9 \sim I_0$ 分别编成对应的 8421BCD 码的电路称为十进制编码器。十进制编码器有 10 个输入信号,输出是 4 位二进制代码。4 位二进制代码可以组成 16 种状态,而十进制编码器只需其中的 10 个,因而它属于部分编码,又称为 10 线-4 编码器。因为其输出多为 8421BCD 码,故也称为二—十进制编码器或 8421BCD 码编码器。

二—十进制编码器的真值表如表 8-2-4 所示。输入输出都是采用高电平有效,10 个信号的编码也是互相排斥。

从真值表可以写出函数表达式为

$$\begin{aligned} Y_3 &= I_8 + I_9 = \overline{\overline{I_8}\,\overline{I_9}} \\ Y_2 &= I_4 + I_5 + I_6 + I_7 = \overline{\overline{I_4}\,\overline{I_5}\,\overline{I_6}\,\overline{I_7}} \\ Y_1 &= I_2 + I_3 + I_6 + I_7 = \overline{\overline{I_2}\,\overline{I_3}\,\overline{I_6}\,\overline{I_7}} \\ Y_0 &= I_1 + I_3 + I_5 + I_7 + I_9 = \overline{\overline{I_1}\,\overline{I_3}\,\overline{I_5}\,\overline{I_7}\,\overline{I_9}} \end{aligned} \tag{8.2.3}$$

表 8-2-4　二—十进制编码器的真值表

I_0	I_1	I_2	I_3	I_4	I_5	I_6	I_7	I_8	I_9	Y_3	Y_2	Y_1	Y_0
1	0	0	0	0	0	0	0	0	0	0	0	0	0
0	1	0	0	0	0	0	0	0	0	0	0	0	1
0	0	1	0	0	0	0	0	0	0	0	0	1	0
0	0	0	1	0	0	0	0	0	0	0	0	1	1
0	0	0	0	1	0	0	0	0	0	0	1	0	0
0	0	0	0	0	1	0	0	0	0	0	1	0	1
0	0	0	0	0	0	1	0	0	0	0	1	1	0
0	0	0	0	0	0	0	1	0	0	0	1	1	1
0	0	0	0	0	0	0	0	1	0	1	0	0	0
0	0	0	0	0	0	0	0	0	1	1	0	0	1

电路可以用或门实现,也可以用与非门实现,如图 8.2.4 所示。

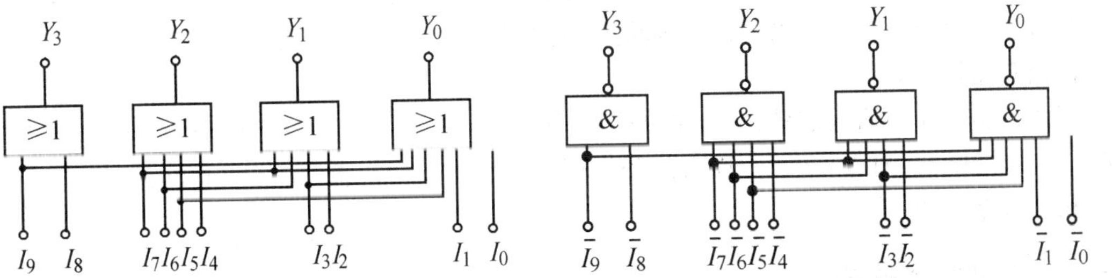

(a) 由或门构成　　(b) 由与非门构成

图 8.2.4　二—十进制编码器的电路图

8.2.4　二—十进制优先编码器

二—十进制优先编码器的真值表如表 8-2-5 所示,优先级别从 I_9 至 I_0 递降。它的集成电路有 74LS147,其引脚排列如图 8.2.5 所示。输入端和输出端都是低电平有效。

表 8-2-5　二—十进制优先编码器的真值表

I_9	I_8	I_7	I_6	I_5	I_4	I_3	I_2	I_1	I_0	Y_3	Y_2	Y_1	Y_0
1	×	×	×	×	×	×	×	×	×	1	0	0	1
0	1	×	×	×	×	×	×	×	×	1	0	0	0
0	0	1	×	×	×	×	×	×	×	0	1	1	1
0	0	0	1	×	×	×	×	×	×	0	1	1	0
0	0	0	0	1	×	×	×	×	×	0	1	0	1
0	0	0	0	0	1	×	×	×	×	0	1	0	0
0	0	0	0	0	0	1	×	×	×	0	0	1	1
0	0	0	0	0	0	0	1	×	×	0	0	1	0
0	0	0	0	0	0	0	0	1	×	0	0	0	1
0	0	0	0	0	0	0	0	0	1	0	0	0	0

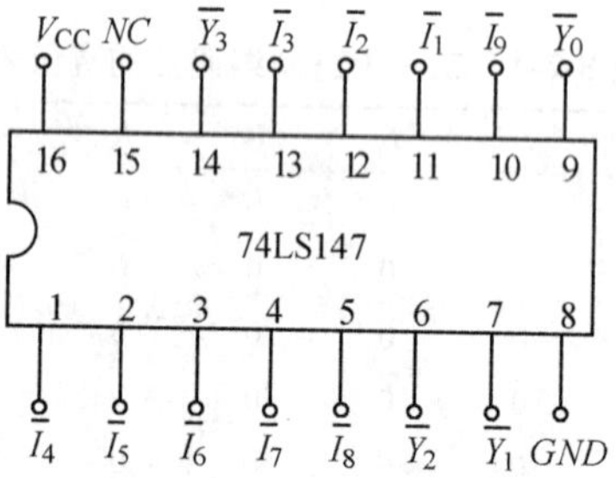

图 8.2.5　74LS147 优先编码器的引脚排列图

8.3　译　码　器

将具有特定含义的二进制代码翻译成原始信息的过程叫做译码。能够实现译码功能的电路叫作译码器。译码是编码的逆过程。译码器是将 n 变量的不同二进制组合所表示的状态一一反映出来。对应于输入代码的每一种状态，输出中只有一个为 1（或为 0），其余全为 0（或为 1）。输出互相排斥。

若译码器有 n 个输入信号，N 个输出信号，则应有 $N \leqslant 2^n$。当 $N = 2^n$ 时，称为全译码器，也叫二进制译码器；当 $N < 2^n$ 时，称为部分译码器。常用的译码器有二进制译码器、十进制译码器和显示译码器。

8.3.1　二进制译码器

3 位二进制译码器有 3 个输入端，8 个输出端，所以又叫 3 线-8 线译码器。其真值表如表 8-3-1所示。

表 8-3-1　3 位二进制译码器的真值表

A_2	A_1	A_0	Y_0	Y_1	Y_2	Y_3	Y_4	Y_5	Y_6	Y_7
0	0	0	1	0	0	0	0	0	0	0
0	0	1	0	1	0	0	0	0	0	0
0	1	0	0	0	1	0	0	0	0	0
0	1	1	0	0	0	1	0	0	0	0
1	0	0	0	0	0	0	1	0	0	0
1	0	1	0	0	0	0	0	1	0	0
1	1	0	0	0	0	0	0	0	1	0
1	1	1	0	0	0	0	0	0	0	1

从真值表可以写出函数表达式，每个输出表达式为三个变量的最小项。

$$Y_0 = \overline{A}_2\,\overline{A}_1\,\overline{A}_0,\quad Y_1 = \overline{A}_2\,\overline{A}_1 A_0,\quad Y_2 = \overline{A}_2 A_1\,\overline{A}_0,\quad Y_3 = \overline{A}_2 A_1 A_0$$

$$Y_4 = A_2\,\overline{A}_1\,\overline{A}_0,\quad Y_5 = A_2\,\overline{A}_1 A_0,\quad Y_6 = A_2 A_1\,\overline{A}_0,\quad Y_7 = A_2 A_1 A_0$$

这样可以得到 3 位二进制译码器的电路如图 8.3.1 所示，是由与门组成的阵列。

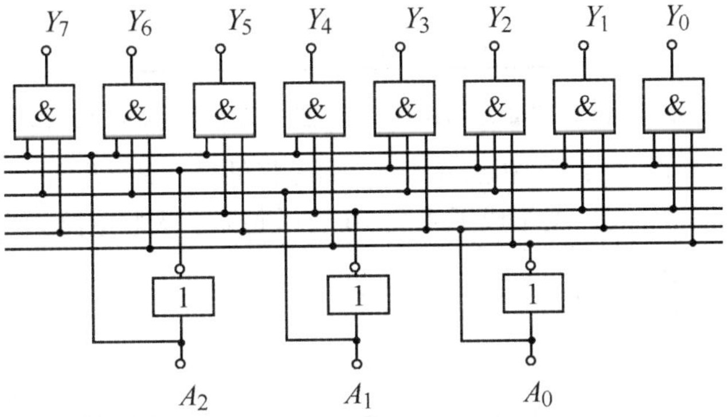

图 8.3.1　3 位二进制译码器的电路图

3 位二进制译码器集成电路有 74LS138，其引脚排列和逻辑功能示意图分别如图 8.3.2(a)和(b)所示。

A_2、A_1、A_0 为二进制译码器输入端，高电平有效。$\overline{Y}_7$ ~ $\overline{Y}_0$ 为译码器输出端，低电平有效。ST_A、$\overline{ST_B}$、$\overline{ST_C}$ 为选通控制端。当 $ST_A=1$、$\overline{ST_B} = \overline{ST_C} = 0$ 时，译码器处于工作状态；当 $ST_A=0$ 或 $\overline{ST_B} + \overline{ST_C} = 1$ 时，译码器处于禁止状态。

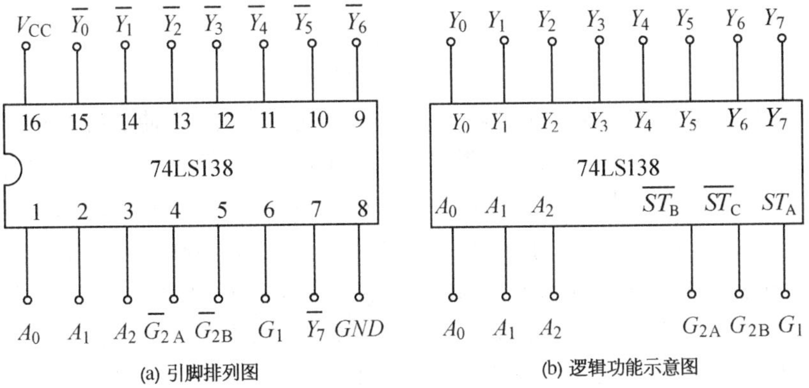

图 8.3.2　74LS138 译码器

74LS138 电路的真值表如表 8-3-2 所示。其中的 G_1 为 ST_A，$\overline{G_2} = \overline{ST_B} + \overline{ST_C}$。

表 8-3-2　74LS138 的真值表

输入					输出							
使能		选择										
G_1	$\overline{G_2}$	A_2	A_1	A_0	$\overline{Y_7}$	$\overline{Y_6}$	$\overline{Y_5}$	$\overline{Y_4}$	$\overline{Y_3}$	$\overline{Y_2}$	$\overline{Y_1}$	$\overline{Y_0}$
×	1	×	×	×	1	1	1	1	1	1	1	1
0	×	×	×	×	1	1	1	1	1	1	1	1
1	0	0	0	0	1	1	1	1	1	1	1	0
1	0	0	0	1	1	1	1	1	1	1	0	1
1	0	0	1	0	1	1	1	1	1	0	1	1
1	0	0	1	1	1	1	1	1	0	1	1	1
1	0	1	0	0	1	1	1	0	1	1	1	1
1	0	1	0	1	1	1	0	1	1	1	1	1
1	0	1	1	0	1	0	1	1	1	1	1	1
1	0	1	1	1	0	1	1	1	1	1	1	1

可以用两片 74LS138 级联组成 4 线-16 线译码器。在级联的时候，将低位片的 ST_A 接高电平 1，高位片的 ST_A 和低位片的 $\overline{ST_B}$ 相连作为 A_3，同时将低位片的 $\overline{ST_C}$ 和高位片的 $\overline{ST_B}$、$\overline{ST_C}$ 相连作为使能端 E（低电平有效），便组成了 4 线-16 线译码器。级联电路如图 8.3.3 所示。

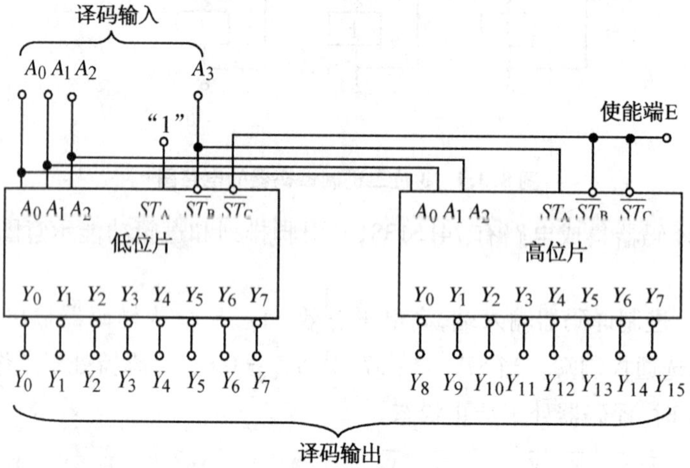

图 8.3.3　两片 74LS138 级联图

两片 74LS138 级联组成的 4 线-16 线译码器的工作原理如下：当使能端 $E=1$ 时，两个译码器的 $\overline{ST_B}$、$\overline{ST_C}$ 都为 1，为无效电平，两个译码器都不工作，输出都为高电平 1。当使能端 $E=0$ 时，两个译码器的 $\overline{ST_B}$、$\overline{ST_C}$ 都为零，电平有效，译码器可以工作。当 $A_3=0$ 时，低位片的 $\overline{ST_B}$ 为有效电平 0，也就是低位片工作，而 $A_3A_2A_1A_0$ 的组合范围是在 0000 ~ 0111 之间。这时高位片的 ST_A 为无效电平 0，故高位片不工作，高位片输出全都为 1。低位片的输出由输入的二进制代码 A_2、A_1、A_0 决定。当 $A_3=1$ 时，低位片的使能端为无效电平 1，故低位片不工作，输出全为 1。高位片的使能端 ST_A 为有效电平，这时高位片工作。输入 $A_3A_2A_1A_0$ 组合的范围在 1000 ~ 1111之间，输出数值由输入的二进制代码决定。

8.3.2　二—十进制译码器(BCD 译码器)

二—十进制译码器的输入是十进制数的 4 位二进制编码(BCD 码),分别用 A_3、A_2、A_1、A_0 表示;输出的是与 10 个十进制数字相对应的 10 个信号,用 $Y_9 \sim Y_0$ 表示。由于二—十进制译码器有 4 根输入线,10 根输出线,所以又称为 4 线-10 线译码器。其真值表如表 8-3-3 所示。

从真值表可以写出输出的表达式为

$$Y_0 = \overline{A_3}\,\overline{A_2}\,\overline{A_1}\,\overline{A_0},\quad Y_1 = \overline{A_3}\,\overline{A_2}\,\overline{A_1}A_0,\quad Y_2 = \overline{A_3}\,\overline{A_2}A_1\overline{A_0},\quad Y_3 = \overline{A_3}\,\overline{A_2}A_1A_0,\quad Y_4 = \overline{A_3}A_2\overline{A_1}\,\overline{A_0}$$

$$Y_5 = \overline{A_3}A_2\overline{A_1}A_0,\quad Y_6 = \overline{A_3}A_2A_1\overline{A_0},\quad Y_7 = \overline{A_3}A_2A_1A_0,\quad Y_8 = A_3\overline{A_2}\,\overline{A_1}\,\overline{A_0},\quad Y_9 = A_3\overline{A_2}\,\overline{A_1}A_0$$

表 8-3-3　二—十进制译码器的真值表

A_3	A_2	A_1	A_0	Y_9	Y_8	Y_7	Y_6	Y_5	Y_4	Y_3	Y_2	Y_1	Y_0
0	0	0	0	0	0	0	0	0	0	0	0	0	1
0	0	0	1	0	0	0	0	0	0	0	0	1	0
0	0	1	0	0	0	0	0	0	0	0	1	0	0
0	0	1	1	0	0	0	0	0	0	1	0	0	0
0	1	0	0	0	0	0	0	0	1	0	0	0	0
0	1	0	1	0	0	0	0	1	0	0	0	0	0
0	1	1	0	0	0	0	1	0	0	0	0	0	0
0	1	1	1	0	0	1	0	0	0	0	0	0	0
1	0	0	0	0	1	0	0	0	0	0	0	0	0
1	0	0	1	1	0	0	0	0	0	0	0	0	0

输入、输出都为高电平有效,输出为输入变量的最小项表达式。实现二—十进制译码器的电路如图 8.3.4 所示。也是一个与门阵列。将与门换成与非门,则输出为反变量,即为低电平有效。

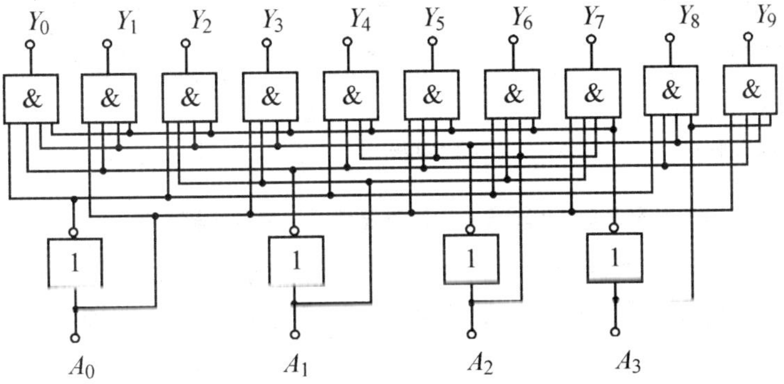

图 8.3.4　4 线-10 线译码器的电路图

集成 8421 BCD 码译码器 74LS42 的引脚排列和功能示意图分别如图 8.3.5(a)和(b)所示,输出为低电平有效。代码 1010 ~ 1111 为伪码。

8.3.3　显示译码器

在实际中,被译出的信号经常需要直观地显示出来,这就需要显示译码器。用来驱动各种

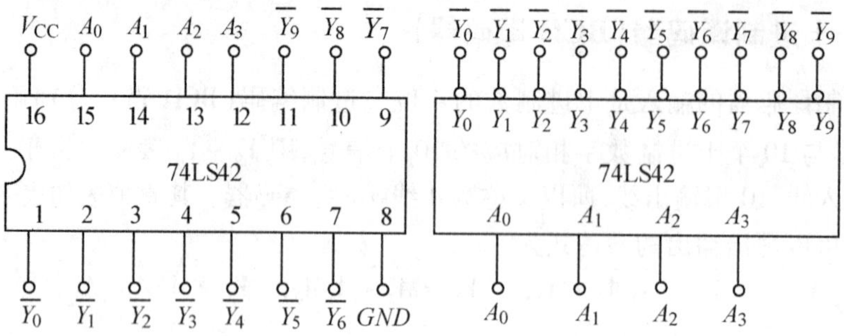

(a) 引脚排列图　　(b) 逻辑功能示意图

图 8.3.5　74LS42 译码器

显示器件，从而将用二进制代码表示的数字、文字、符号翻译成人们习惯的形式直观地显示出来的电路，称为显示译码器。显示译码器通常由译码电路、驱动电路和显示器等组成。常用的显示译码器将译码电路与驱动电路合于一身。

1. 七段数码显示器

常用的七段显示器有半导体数码管显示器（LED）和液晶显示器（LCD），这里仅介绍半导体七段显示器。

图 8.3.6 (a)所示为由七段发光二极管组成的数码显示器的外形，利用字段的不同组合，可以分别显示 0 ~9 十个数字。

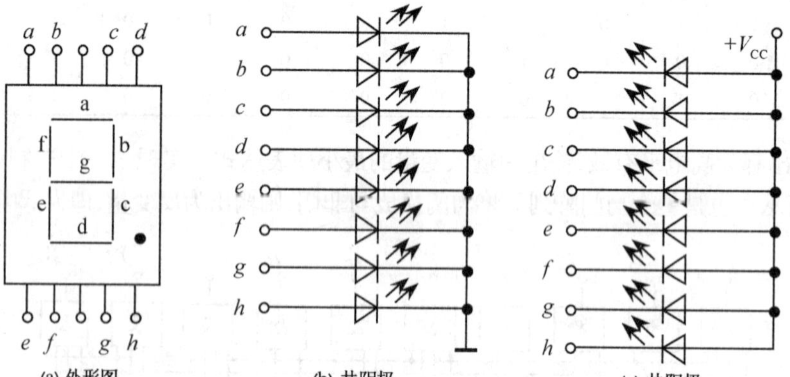

(a) 外形图　　(b) 共阴极　　(c) 共阳极

图 8.3.6　七段发光二极管显示器及两种内部接法

发光二极管数码显示器的内部有两种接法，分别如图 8.3.6(b)、(c)所示 。半导体数码显示器的优点是工作电压较低、体积小、寿命长、工作可靠性高、响应速度快、亮度高，但工作电流比较大。

2. 显示译码器

七段显示译码器的真值表如表 8-3-4 所示。

利用卡诺图可以写出输出的表达式（同学们自行练习），注意在四变量卡诺图中 10 ~ 15 为伪码，可以看作无关项来处理，表达式为

$$a = A_3 + A_2A_0 + A_1A_0 + \overline{A}_2\,\overline{A}_0,\quad b = \overline{A}_2 + \overline{A}_1\,\overline{A}_0 + A_1A_0,\quad c = A_2 + \overline{A}_1 + A_0$$

$$d = \overline{A}_2\,\overline{A}_0 + A_1\,\overline{A}_0 + \overline{A}_2A_1 + A_2\,\overline{A}_1A_0,\quad e = \overline{A}_2\,\overline{A}_0 + A_1\,\overline{A}_0$$

$$f = A_3 + \overline{A}_1\,\overline{A}_0 + A_2\,\overline{A}_1 + A_2\,\overline{A}_0,\quad g = A_3 + A_1\,\overline{A}_0 + \overline{A}_2A_1 + A_2\,\overline{A}_1$$

表 8-3-4　七段显示译码器的真值表

输入				输出							显示字形
A_3	A_2	A_1	A_0	a	b	c	d	e	f	g	
0	0	0	0	1	1	1	1	1	1	0	0
0	0	0	1	0	1	1	0	0	0	0	1
0	0	1	0	1	1	0	1	1	0	1	2
0	0	1	1	1	1	1	1	0	0	1	3
0	1	0	0	0	1	1	0	0	1	1	4
0	1	0	1	1	0	1	1	0	1	1	5
0	1	1	0	0	0	1	1	1	1	1	6
0	1	1	1	1	1	1	0	0	0	0	7
1	0	0	0	1	1	1	1	1	1	1	8
1	0	0	1	1	1	1	0	0	1	1	9

从逻辑表达式可以得到七段显示译码器的逻辑图如图 8.3.7 所示。逻辑图是一个与非门阵列，输出为输入变量的最小项。

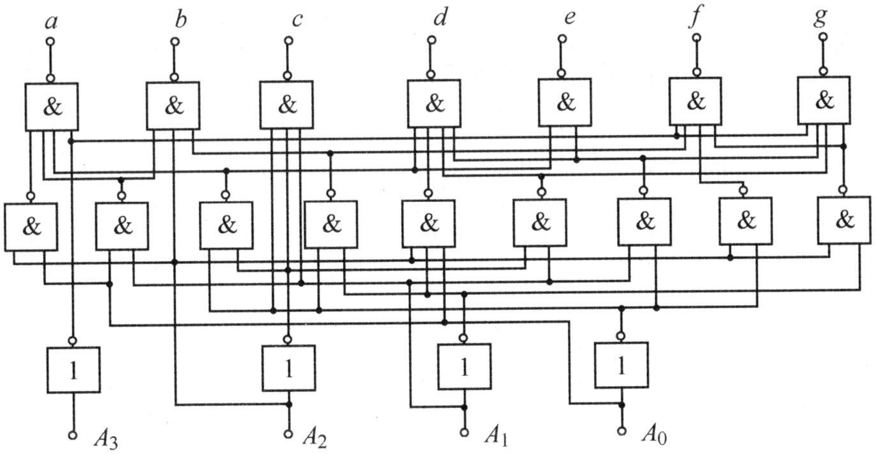

图 8.3.7　七段显示译码器的电路图

集成七段显示译码器 74LS48 的引脚排列如图 8.3.8 所示。它的真值表如表 8-3-5 所示。

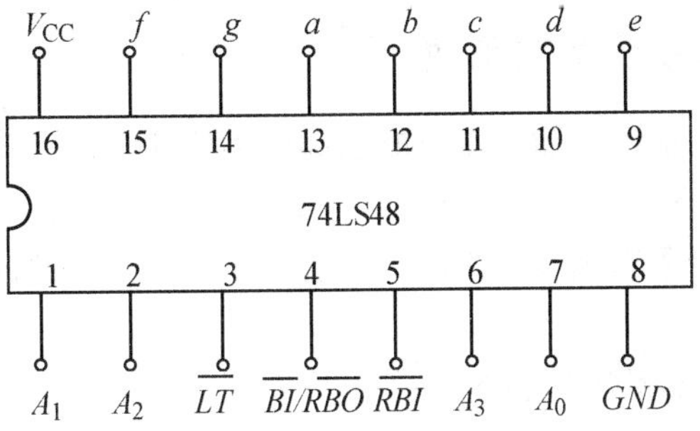

图 8.3.8　74LS48 引脚排列图

由真值表可以看出，为了增强器件的功能，在 74LS48 中还设置了一些辅助端。这些辅助端的功能如下：

（1）试灯输入端 $\overline{LT}$：低电平有效。当 $\overline{LT}=0$ 时，数码管的七段应全亮，与输入的译码信号无关。本输入端用于测试数码管的好坏。

（2）动态灭零输入端 $\overline{RBI}$：低电平有效。当 $\overline{LT}=1$、$\overline{RBI}=0$ 且译码输入全为 0 时，该位输出不显示，即 0 字被熄灭；当译码输入不全为 0 时，该位正常显示。本输入端用于消隐无效的 0。如数据 0034.50 可显示为 34.5。

（3）灭灯输入/动态灭零输出端 $\overline{BI}/\overline{RBO}$：这是一个特殊的端钮，有时用作输入，有时用作输出。当 $\overline{BI}/\overline{RBO}$ 作为输入使用，且 $\overline{BI}/\overline{RBO}=0$ 时，数码管七段全灭，与译码输入无关。当 $\overline{BI}/\overline{RBO}$ 作为输出使用时，将受控于 $\overline{LT}$ 和 $\overline{RBI}$：当 $\overline{LT}=1$ 且 $\overline{RBI}=0$ 时，$\overline{BI}/\overline{RBO}=0$；其他情况下，$\overline{BI}/\overline{RBO}=1$。本端钮主要用于显示多位数字时，多个译码器之间的连接。

表 8-3-5　集成七段显示译码器 74LS48 的真值表

功能或十进制数	输入						输出							
	$\overline{LT}$	$\overline{RBI}$	A_3	A_2	A_1	A_0	$\overline{BI}/\overline{RBO}$	a	b	c	d	e	f	g
$\overline{BI}/\overline{RBO}$（灭灯）	×	×	×	×	×	×	0（输入）	0	0	0	0	0	0	0
$\overline{LT}$（试灯）	0	×	×	×	×	×	1	1	1	1	1	1	1	1
$\overline{RBI}$（动态灭零）	1	0	0	0	0	0	0	0	0	0	0	0	0	0
0	1	1	0	0	0	0	1	1	1	1	1	1	1	0
1	1	×	0	0	0	1	1	0	1	1	0	0	0	0
2	1	×	0	0	1	0	1	1	1	0	1	1	0	1
3	1	×	0	0	1	1	1	1	1	1	1	0	0	1
4	1	×	0	1	0	0	1	0	1	1	0	0	1	1
5	1	×	0	1	0	1	1	1	0	1	1	0	1	1
6	1	×	0	1	1	0	1	0	0	1	1	1	1	1
7	1	×	0	1	1	1	1	1	1	1	0	0	0	0
8	1	×	1	0	0	0	1	1	1	1	1	1	1	1
9	1	×	1	0	0	1	1	1	1	1	0	0	1	1
10	1	×	1	0	1	0	1	0	0	0	1	1	0	1
11	1	×	1	0	1	1	1	0	0	1	1	0	0	1
12	1	×	1	1	0	0	1	0	1	0	0	0	1	1
13	1	×	1	1	0	1	1	1	0	0	1	0	1	1
14	1	×	1	1	1	0	1	0	0	0	1	1	1	1
15	1	×	1	1	1	1	1	0	0	0	0	0	0	0

8.3.4　用译码器实现组合逻辑函数

由于二进制译码器的输出为输入变量的全部最小项，即每一个输出对应一个最小项，而任何一个函数都可以变换为最小项之和的标准与-或表达式，所以用译码器和门电路可以实现任何单输出或多输出的组合逻辑函数。当译码器输出低电平有效时，选用与非门；当输出为高电平有效时，采用或门。

例 8.3.1　已知加法器输出的和 S_i 与进位位 C_i 是关于加数 A_i、B_i 和低位进位 C_{i-1} 的函数，试用译码器和门电路实现下列函数：

$$S_i(A_i,B_i,C_{i-1}) = \sum m(1,2,4,7) = \overline{\overline{m}_1\overline{m}_2\overline{m}_4\overline{m}_7}$$

$$C_i(A_i,B_i,C_{i-1}) = \sum m(3,5,6,7) = \overline{\overline{m_3}\,\overline{m_5}\,\overline{m_6}\,\overline{m_7}}$$

解:因为是关于三变量的函数,可以用 3 位二进制译码器来实现,可以采用 74LS138 来实现。把输入信号 A_i 、B_i 和 C_{i-1} 分别接到 A_2、A_1、A_0 上,把输出端有的最小项通过与非门引出来就可以。电路图如图 8.3.9 所示。

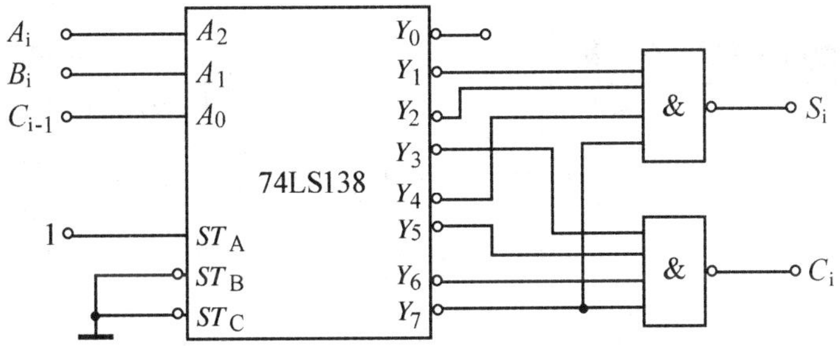

图 8.3.9　例 8.3.1 电路

例 8.3.2　用译码器实现函数 $Y = AB + A\overline{B}C$ 。

解:因为译码器的输出是关于输入变量的最小项,故先把函数 Y 化成最小项形式,表达式为

$$\begin{aligned} Y &= AB + \overline{B}C = AB(C + \overline{C}) + (A + \overline{A})\,\overline{B}C \\ &= ABC + AB\overline{C} + A\overline{B}C = m_5 + m_6 + m_7 = \overline{\overline{m_5}\,\overline{m_6}\,\overline{m_7}} \end{aligned}$$

译码器选用 74LS138 实现,令 $C = A_2$、$B = A_1$、$A = A_0$,然后作相应的连线,连线图如图 8.3.10所示。

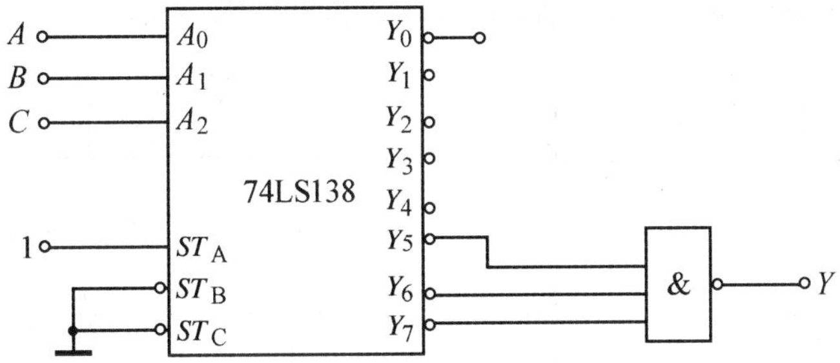

图 8.3.10　例 8.3.2 连线图

8.4　数据选择器

根据输入地址码的不同,从多路输入数据中选择一路进行输出的电路称为数据选择器,又称多路开关。在数字系统中,经常利用数据选择器将多条传输线上的不同数字信号按要求选择其中之一送到公共数据线。

设地址输入端有 n 个,这 n 个地址输入端组成 n 位二进制代码,则输入端最多可有 2^n 个输入信号,但输出端却只有一个。

根据输入信号的个数,数据选择器可分为 4 选 1、8 选 1、16 选 1 等。现以 4 选 1 为例来介绍其原理。

8.4.1 4选1数据选择器

4选1数据选择器的真值表如表8-4-1所示。数据的选择由地址码 A_1、A_0 决定从4路输入中选择哪一路输出。

表8-4-1 4选1数据选择器的真值表

输入			输出
D	A_1	A_0	Y
D_0	0	0	D_0
D_1	0	1	D_1
D_2	1	0	D_2
D_3	1	1	D_3

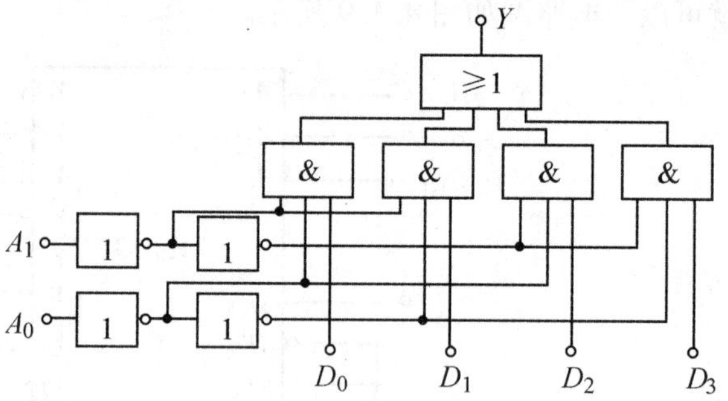

图8.4.1 4选1数据选择器的电路图

根据图8-4-1所示的真值表可以写出输出的表达式为

$$Y = D_0\overline{A_1}\,\overline{A_0} + D_1\overline{A_1}A_0 + D_2A_1\overline{A_0} + D_3A_1A_0 = \sum_{i=0}^{3} D_i m_i \qquad (8.4.1)$$

实现4选1数据选择器的电路图如图8.4.1所示。

8.4.2 集成数据选择器

1. 集成双4选1数据选择器74LS153

74LS153的引脚排列和真值表分别如图8.4.2和表8-4-2所示。

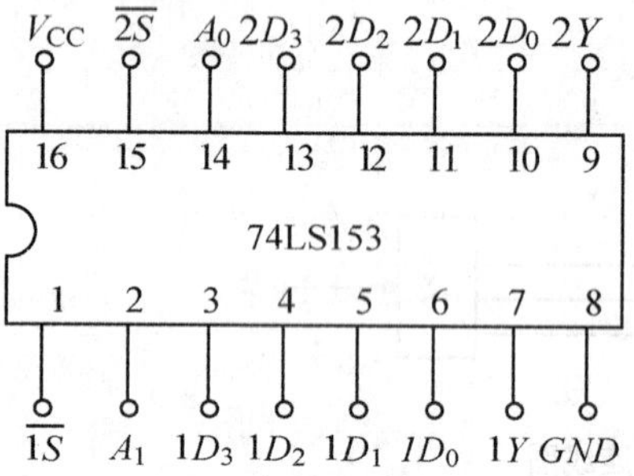

图8.4.2 74LS153引脚排列图

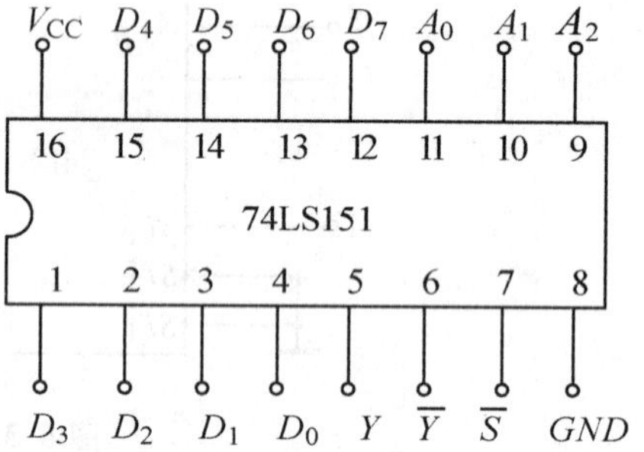

图8.4.3 74LS151引脚排列图

表8-4-2 集成双4选1数据选择器74LS153的真值表

输 入				输 出
S	D	A_1	A_0	Y
1	×	×	×	0
0	D_0	0	0	D_0
0	D_1	0	1	D_1
0	D_2	1	0	D_2
0	D_3	1	1	D_3

2. 集成 8 选 1 数据选择器 74LS151

集成 8 选 1 数据选择器 74LS151 的引脚排列如图 8.4.3 所示，真值表如表 8-4-3 所示。74LS151 有一个使能端 $\overline{S}$，有两个互补输出端 Y 和 $\overline{Y}$。$\overline{S}=1$ 时，选择器被禁止，无论地址码是什么，Y 总是等于 0；$\overline{S}=0$ 时，电路工作，这时输出为

$$Y = D_0\overline{A}_2\overline{A}_1\overline{A}_0 + D_1\overline{A}_2\overline{A}_1A_0 + \cdots + D_7A_2A_1A_0 = \sum_{i=0}^{7} D_i m_i$$

$$\overline{Y} = \overline{D}_0\overline{A}_2\overline{A}_1\overline{A}_0 + \overline{D}_1\overline{A}_2\overline{A}_1A_0 + \cdots + \overline{D}_7A_2A_1A_0 = \sum_{i=0}^{7} \overline{D}_i m_i \tag{8.4.2}$$

表 8-4-3　集成 8 选 1 数据选择器 74LS151 的真值表

输入					输出	
D	A_2	A_1	A_0	$\overline{S}$	Y	$\overline{Y}$
×	×	×	×	1	0	1
D_0	0	0	0	0	D_0	$\overline{D}_0$
D_1	0	0	1	0	D_1	$\overline{D}_1$
D_2	0	1	0	0	D_2	$\overline{D}_2$
D_3	0	1	1	0	D_3	$\overline{D}_3$
D_4	1	0	0	0	D_4	$\overline{D}_4$
D_5	1	0	1	0	D_5	$\overline{D}_5$
D_6	1	1	0	0	D_6	$\overline{D}_6$
D_7	1	1	1	0	D_7	$\overline{D}_7$

8.4.3　用数据选择器实现逻辑函数

数据选择器具有如下特点：具有标准与或表达式的形式，提供了地址变量的全部最小项。一般情况下，D_i 可以当作一个变量处理。因为任何组合逻辑函数总可以用最小项之和的标准形式构成，所以，利用数据选择器的输入 D_i 来选择地址变量组成的最小项 m_i，可以实现任何所需的组合逻辑函数。

实现的步骤一般为：(1)根据逻辑函数确定要选用的数据选择器。n 个地址变量的数据选择器，不需要增加门电路，最多可实现 $n+1$ 个变量的函数。(2)确定地址变量。(3)把函数的标准与或式和数据选择器的输出表达式相对比，令所有变量相等。(4)画出连线图。

例 8.4.1　用数据选择器实现逻辑函数 $L=\overline{A}\,\overline{B}C+\overline{A}B\overline{C}+AB$。

解：(1) 公式法。

因为函数是一个三变量的函数，所以可以选用 8 选 1 数据选择器 74LS151。74LS151 有三个地址变量 A_2、A_1、A_0，可以令 $A_2=A$、$A_1=B$、$A_0=C$。写出函数的标准与或式为

$$\begin{aligned} L &= \overline{A}\,\overline{B}C+\overline{A}B\overline{C}+AB = \overline{A}\,\overline{B}C+\overline{A}B\overline{C}+AB(C+\overline{C}) \\ &= \overline{A}\,\overline{B}C+\overline{A}B\overline{C}+AB\overline{C}+ABC \\ &= m_1+m_2+m_6+m_7 \end{aligned}$$

8 选 1 数据选择器的输出表达式为

$$\begin{aligned} Y &= \overline{A}_2\overline{A}_1\overline{A}_0D_0+\overline{A}_2\overline{A}_1A_0D_1+\overline{A}_2A_1\overline{A}_0D_2+\overline{A}_2A_1A_0D_3 \\ &\quad +A_2\overline{A}_1\overline{A}_0D_4+A_2\overline{A}_1A_0D_5+A_2A_1\overline{A}_0D_6+A_2A_1A_0D_7 \\ &= m_0D_0+m_1D_1+m_2D_2+m_3D_3+m_4D_4+m_5D_5+m_6D_6+m_7D_7 \end{aligned}$$

比较函数的标准与或式和8选1数据选择器的输出表达式,函数式中有的最小项,令数据选择器中相对应的数据为1,函数式中没有的最小项,令数据选择器中相应的数据为0,这样就可以得到

$$D_0 = 0,\ D_1 = 1, D_2 = 1,\ D_3 = 0$$
$$D_4 = 0,\ D_5 = 0, D_6 = 1,\ D_7 = 1$$

然后进行相应的连线,逻辑图如图8.4.4所示。

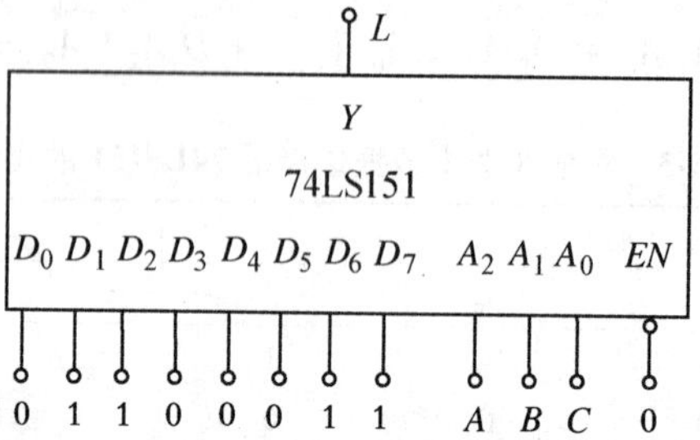

图8.4.4　例8.4.1用8选1数据选择器74LS151实现的逻辑图

(2) 卡诺图法。

画出函数L的卡诺图,然后画出8选1数据选择器的卡诺图,令两卡诺图中的所有变量都相等。函数L的卡诺图如图8.4.5(a)所示,8选1数据选择器的卡诺图如图8.4.5(b)所示。

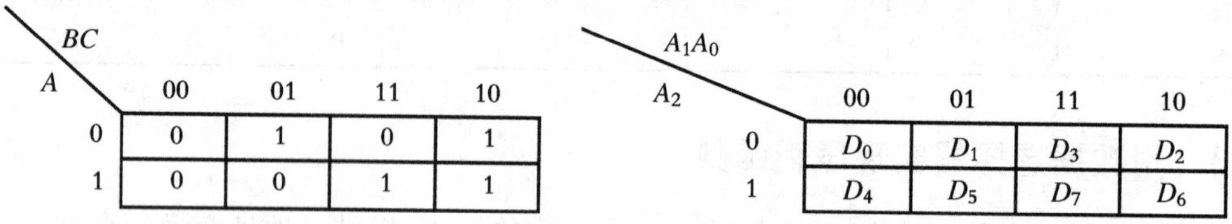

(a) 函数L的卡诺图　　(b) 8选1数据选择器的卡诺图

图8.4.5　例8.4.1的卡诺图

比较两函数的卡诺图后,令

$$D_0 = 0, D_1 = 1, D_2 = 1, D_3 = 0$$
$$D_4 = 0, D_5 = 0, D_6 = 1, D_7 = 1$$

连线如图8.4.4所示。

(3) 分离变量法。

也可以选用数据选择器的地址变量少于函数变量的数据选择器来实现,例如用4选1数据选择器74LS153来实现。分离哪个变量都可以,在这里以分离变量C为例。

74LS153有两个地址变量A_1、A_0。可以令$A_1 = A$、$A_0 = B$,函数的标准与或式为

$$L = \bar{A}\,\bar{B}C + \bar{A}B\,\bar{C} + AB = m_0C + m_1\,\bar{C} + m_2\cdot 0 + m_3\cdot 1$$

4选1数据选择器的输出表达式为

$$Y = m_0D_0 + m_1D_1 + m_2D_2 + m_3D_3$$

比较函数的标准与或式和4选1数据选择器的输出表达式,令

$$D_0 = C, D_1 = \bar{C}, D_2 = 0, D_3 = 1$$

然后进行相应的连线,逻辑图如图8.4.6所示。

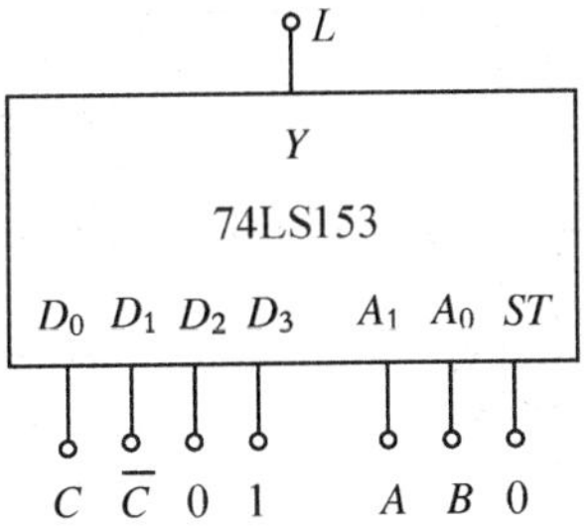

图 8.4.6　例 8.4.1 用 4 选 1 数据选择器 74LS153 实现的逻辑图

8.5　数据分配器

根据输入地址码的不同,将一个数据源输入的数据传送到多个不同输出通道的电路称为数据分配器,又叫多路分配器。根据输出端的个数,数据分配器可分为 1 路-4 路、1 路-8 路、1 路-16路数据分配器等。下面以 1 路-4 路数据分配器为例介绍。

表 8-5-1 为 1 路-4 路数据分配器的真值表,它由地址码 A_1、A_0 决定将输入数据 D 送给哪一路输出,其中 D 为要分配的数据。

表 8-5-1　1 路-4 路数据分配器的真值表

输入			输出			
	A_1	A_0	Y_0	Y_1	Y_2	Y_3
D	0	0	D	0	0	0
	0	1	0	D	0	0
	1	0	0	0	D	0
	1	1	0	0	0	D

由表 8-5-1 可以写出输出的表达式为

$$Y_0 = D\overline{A}_1\overline{A}_0,\quad Y_1 = D\overline{A}_1A_0$$
$$Y_2 = DA_1\overline{A}_0,\quad Y_3 = DA_1A_0 \tag{8.5.1}$$

实现的电路如图 8.5.1 所示。

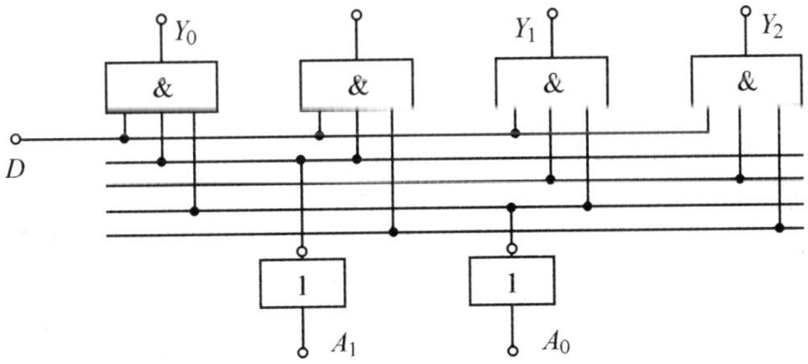

图 8.5.1　1 路-4 路数据分配器的电路图

数据分配器也可以用译码器来实现:把二进制译码器的使能端作为数据输入端,二进制代码输入端作为地址码输入端,则带使能端的二进制译码器就是数据分配器。

图 8.5.2 是由 74LS138 构成的 1 路-8 路数据分配器。

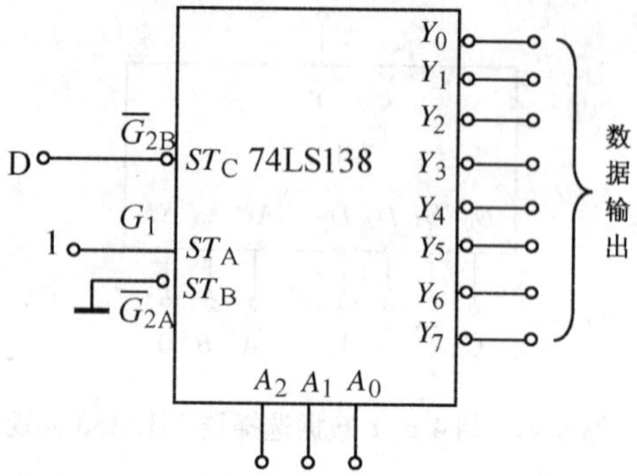

图 8.5.2 74LS138 构成的 1 路-8 路数据分配器

8.6 加法器和数值比较器

加法器分为半加器和全加器两种。所谓半加，是指两个 1 位二进制数相加，没有低位来的进位的加法运算，实现半加运算的电路称为半加器。全加是指两个同位的加数和来自低位的进位三个数相加的运算，实现全加的电路称为全加器。

8.6.1 加法器

1. 半加器

半加器的真值表如表 8-6-1 所示，其中 A_i 和 B_i 为两位加数，S_i 为本位的和，C_i 为向高位的进位。

由此可以写出输出逻辑函数式为

$$S_i = \overline{A}_i B_i + A_i \overline{B}_i = A_i \oplus B_i$$
$$C_i = A_i B_i \qquad (8.6.1)$$

可见半加器是由一个异或门和一个与门组成，逻辑电路和符号分别如图 8.6.1(a)和(b)所示。

表 8-6-1 半加器的真值表

A_i	B_i	S_i	C_i
0	0	0	0
0	1	1	0
1	0	1	0
1	1	0	1

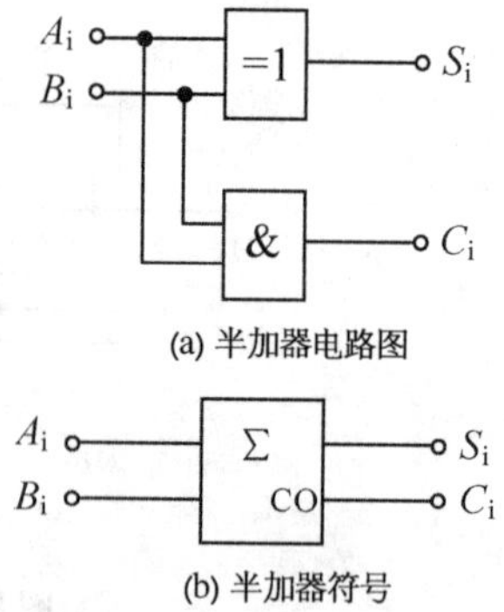

图 8.6.1 半加器的电路和符号

表 8-6-2　全加器的真值表

A_i	B_i	C_{i-1}	S_i	C_i
0	0	0	0	0
0	0	1	1	0
0	1	0	1	0
0	1	1	0	1
1	0	0	1	0
1	0	1	0	1
1	1	0	0	1
1	1	1	1	1

2. 全加器

根据全加器的逻辑功能,可以列出全加器的真值表如表 8-6-2 所示。其中 C_{i-1} 是来自低位的进位, C_i 是向高位的进位。实现全加器功能的电路和符号分别如图 8.6.2(a)和(b)所示。

从真值表中可以写出输出的逻辑函数式为

$$
\begin{aligned}
S_i &= m_1 + m_2 + m_4 + m_7 = \bar{A}_i \bar{B}_i C_{i-1} + \bar{A}_i B_i \bar{C}_{i-1} + A_i \bar{B}_i \bar{C}_{i-1} + A_i B_i C_{i-1} \\
&= \bar{A}_i(\bar{B}_i C_{i-1} + B_i \bar{C}_{i-1}) + A_i(\bar{B}_i \bar{C}_{i-1} + B_i C_{i-1}) \\
&= \bar{A}_i(B_i \oplus C_{i-1}) + A_i \overline{(B_i \oplus C_{i-1})} \\
&= A_i \oplus B_i \oplus C_{i-1}
\end{aligned}
$$

$$
\begin{aligned}
C_i &= m_3 + m_5 + A_i B_i = \bar{A}_i B_i C_{i-1} + A_i \bar{B}_i C_{i-1} + A_i B_i = (\bar{A}_i B_i + A_i \bar{B}_i) C_{i-1} + A_i B \\
&= (A_i \oplus B_i) C_{i-1} + A_i B_i
\end{aligned} \quad (8.6.2)
$$

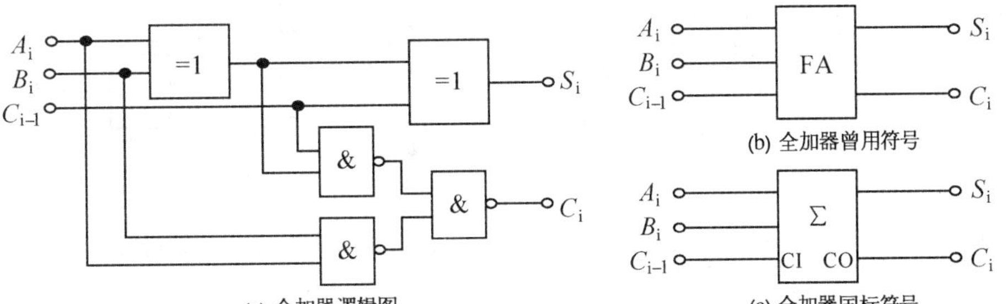

(a) 全加器逻辑图　(b) 全加器曾用符号　(c) 全加器国标符号

图 8.6.2　全加器的电路和符号

电路除了用图 8.6.2 实现以外,也可以用其他门电路实现,同学们可自行画出。

8.6.2　串行进位加法器

实现多位二进制数相加的电路称为加法器。加法器有串行加法器和超前进位加法器。把四个全加器依次级联起来,便可构成 4 位串行进位加法器, 电路如图 8.6.3 所示。

4 位串行进位加法器的电路比较简单,但是速度比较慢。因为进位信号是串行传递,最后一位的进位输出 CO 要经过四位全加器传递之后才能形成。为了提高速度,人们又设计了一种多位数快速进位(又称超前进位)的加法器。这种加法器除含有求和电路之外,在内部还增加了超前进位电路,使之在作加法运算的同时,快速求出向高位的进位,因此该电路运算速度较快。这方面的知识读者可查阅相关资料,这里不再讲述。

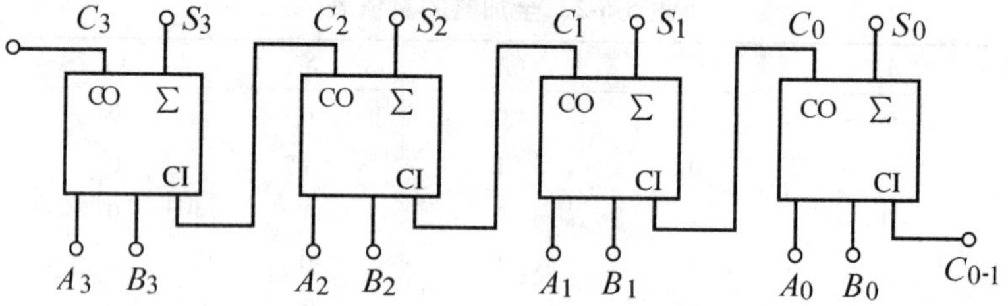

图 8.6.3　4 位串行进位加法器

8.6.3　数值比较器

比较两个二进制数 A 和 B 大小关系的电路称为数值比较器。比较的结果有三种情况，即 $A>B$、$A=B$ 和 $A<B$，分别通过三个输出端给予指示。

1. 1 位数值比较器

设 $A>B$ 时，$L_1=1$；$A<B$ 时，$L_2=1$；$A=B$ 时，$L_3=1$。1 位数值比较器的真值表如表 8-6-3 所示。从真值表可以写出输出的表达式为

$$\begin{cases} L_1 = A\overline{B} \\ L_2 = \overline{A}B \\ L_3 = \overline{A}\,\overline{B} + AB = \overline{\overline{A}B + A\overline{B}} \end{cases} \tag{8.6.3}$$

根据式(8.6.3)，可以用图 8.6.4 所示的逻辑图来实现此功能。

表 8-6-3　1 位比较器的真值表

A	B	$L_1(A>B)$	$L_2(A<B)$	$L_3(A=B)$
0	0	0	0	1
0	1	0	1	0
1	0	1	0	0
1	1	0	0	1

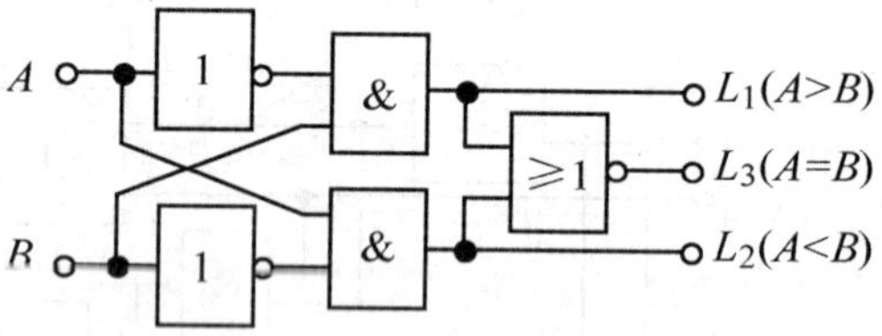

图 8.6.4　1 位比较器的电路图

2. 4 位数值比较器

两个 4 位数值比较器进行比较时，是从高位到低位逐位进行比较，只有在高位数相等时，才能进行低位数的比较。当比较到某一位数值不相等的时候，其结果便为两个 4 位数的比较结果。

4 位数值比较器的真值表如表 8-6-4 所示。真值表中的输入变量包括 A_3 与 B_3、A_2 与 B_2、A_1 与 B_1、A_0 与 B_0 和 A' 与 B' 的比较结果($A'>B'$，$A'<B'$，$A'=B'$)。A' 与 B' 是另外两个低位数，设置低位数比较结果输入端是为了能与其他数值比较器连接，以便组成更多位数的数值比较器。3 个输出信号 $L_1(A>B)$、$L_2(A<B)$ 和 $L_3(A=B)$ 分别表示本级的比较结果。

表 8-6-4　4 位数值比较器的真值表

比较输入				级联输入			输出		
A_3　B_3	A_2　B_2	A_1　B_1	A_0　B_0	$A'>B'$	$A'<B'$	$A'=B'$	$A>B$	$A<B$	$A=B$
$A_3>B_3$	×	×	×	×	×	×	1	0	0
$A_3<B_3$	×	×	×	×	×	×	0	1	0
$A_3=B_3$	$A_2>B_2$	×	×	×	×	×	1	0	0
$A_3=B_3$	$A_2<B_2$	×	×	×	×	×	0	1	0
$A_3=B_3$	$A_2=B_2$	$A_1>B_1$	×	×	×	×	1	0	0
$A_3=B_3$	$A_2=B_2$	$A_1<B_1$	×	×	×	×	0	1	0
$A_3=B_3$	$A_2=B_2$	$A_1=B_1$	$A_0>B_0$	×	×	×	1	0	0
$A_3=B_3$	$A_2=B_2$	$A_1=B_1$	$A_0<B_0$	×	×	×	0	1	0
$A_3=B_3$	$A_2=B_2$	$A_1=B_1$	$A_0=B_0$	1	0	0	1	0	0
$A_3=B_3$	$A_2=B_2$	$A_1=B_1$	$A_0=B_0$	0	1	0	0	1	0
$A_3=B_3$	$A_2=B_2$	$A_1=B_1$	$A_0=B_0$	0	0	1	0	0	1

设 $L'_1=(A'>B')$，$L'_2=(A'<B')$，$L'_3=(A'=B')$；$L_{31}=A_3\overline{B}_3=(A_3>B_3)$，$L_{32}=\overline{A}_3B_3=(A_3<B_3)$，$L_{33}=\overline{\overline{A}_3B_3+A_3\overline{B}_3}=(A_3=B_3)$，其余类推。由真值表可得：

$$
\begin{aligned}
L_1 &= L_{31}+L_{33}L_{21}+L_{33}L_{23}L_{11}+L_{33}L_{23}L_{13}L_{01}+L_{33}L_{23}L_{13}L_{03}L'_1\\
L_2 &= L_{32}+L_{33}L_{22}+L_{33}L_{23}L_{12}+L_{33}L_{23}L_{13}L_{02}+L_{33}L_{23}L_{13}L_{03}L'_2\\
L_3 &= L_{33}L_{23}L_{13}L_{03}L'_3
\end{aligned}
\tag{8.6.4}
$$

3. 集成数值比较器

TTL 和 CMOS 4位集成数值比较器的引脚排列分别如图 8.6.5(a)和(b)所示。

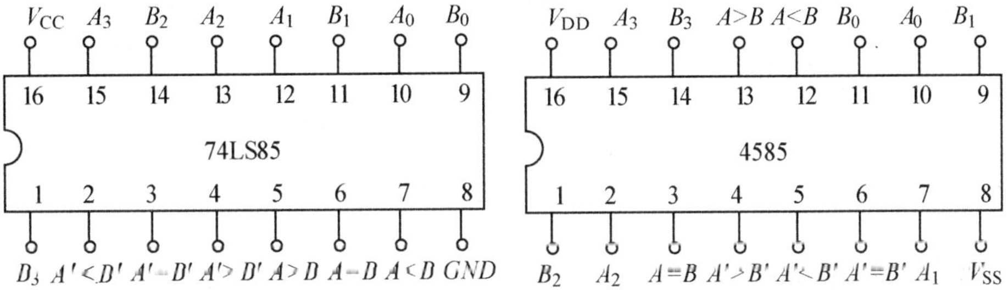

(a) TTL数值比较器引脚排列图　　(b) CMOS数值比较器引脚排列图

图 8.6.5　4 位集成数值比较器的引脚排列图

可以用多片数值比较器进行级联，构成多位数值比较器，如图 8.6.6 所示。最低 4 位的级联输入端 $A'>B'$、$A'<B'$和 $A'=B'$，必须预先分别预置为 0、0 和 1。

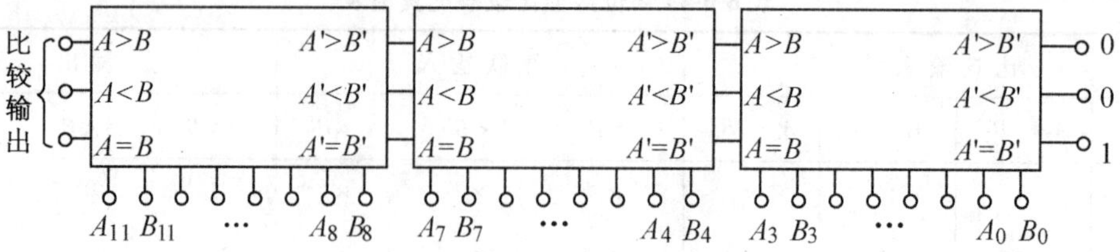

图 8.6.6　多位数值比较器进行的级联

8.7　组合电路中的竞争冒险

8.7.1　竞争冒险产生的原因

在组合电路中,当输入信号的状态发生改变时,输出端可能会出现不正常的干扰信号使电路产生错误的输出,这种现象称为竞争冒险。产生竞争冒险的原因主要是因门电路的延迟时间产生的。

在图 8.7.1 中, $Y_1 = A\overline{A} = 0$, $Y_2 = A + \overline{A} = 1$ 。应该是 Y_1 的输出始终为 0, Y_2 的输出始终为 1。但由于门电路有延迟时间,使得 A 和 $\overline{A}$ 发生跳变的时间不一样,这样就会在一小段时间内出现同时为 1 或同时为 0 的现象:当 $Y_1 = A\overline{A}$ 中的 A 和 $\overline{A}$ 同时为 1 时,就会出现输出为高电平;当 $Y_2 = A + \overline{A}$ 中的 A 和 $\overline{A}$ 同时为 0 时,就会出现输出为 0。这样就会在电路中产生毛刺,出现干扰。但不一定只要有竞争就会出现毛刺现象出现。

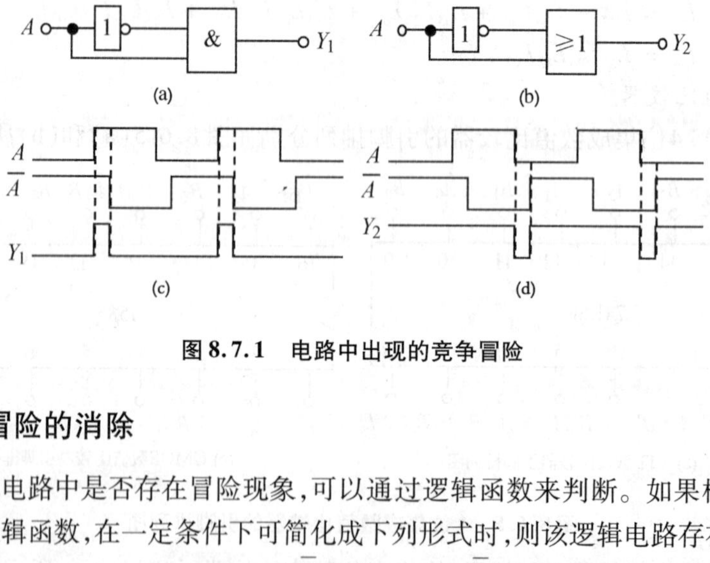

图 8.7.1　电路中出现的竞争冒险

8.7.2　竞争冒险的消除

在组合逻辑电路中是否存在冒险现象,可以通过逻辑函数来判断。如果根据组合逻辑电路写出的输出逻辑函数,在一定条件下可简化成下列形式时,则该逻辑电路存在冒险现象,即

$$Y_1 = A\overline{A} \text{ 和 } Y_2 = A + \overline{A}$$

例 8.7.1　判断函数 $Y = A\overline{B} + BC$ 是否有冒险现象,应该如何消除。

解:当 $A = C = 1$ 时,函数 $Y = \overline{B} + B$,电路有冒险现象。这时可以用增加冗余项 AC 的办法来消除冒险,这样函数 Y 为

$$Y = A\overline{B} + BC + AC$$

消除冒险还可以加封锁脉冲,在输入信号产生竞争冒险的时间内,引入一个脉冲将可能产

生的尖峰干扰脉冲的门锁住。封锁脉冲应该在输入信号转换前到来，转换结束后消失。另外还有一些其他方法，这里不再讲述。

本 章 小 结

1. 组合逻辑电路是由门电路作为基本单元组成的电路。组合电路的输出仅仅取决于该时刻输入信号的状态，而与该时刻之前电路的状态无关。因此电路中没有具有记忆功能的电路。

2. 组合电路的分析是根据已知的逻辑图，找出输出变量与输入变量的逻辑关系，进行必要的化简后，从而确定出电路的逻辑功能。

3. 组合电路的设计是分析的逆过程，它是根据已知逻辑功能设计出能够实现该逻辑功能的逻辑图。在设计一个电路的时候，一定要理解题意，准确地确定输入、输出变量，根据题意列写真值表时一定要准确。

4. 组合逻辑电路的种类很多，常见的有编码器、译码器、加法器、数值比较器、数据选择器等。本章对以上各类组合电路的功能、特点、用途进行了讨论，并介绍了一些常见的集成电路芯片，学习时要注意掌握各控制端的作用、逻辑功能及用途。

5. 编码器是对输入的信息用二进制代码表示的过程。有二进制编码和二—十进制编码。在一般编码电路中，输入变量互相排斥，一次只能有一个信号要求编码。优先编码器可以有多个信号同时要求编码，但只对级别最高的信号编码。译码器的输出是输入变量的最小项表达式，可以用来实现逻辑函数。常用的译码器有二进制译码器、二—十进制译码器和显示译码器。加法电路有半加和全加两种。半加器不考虑低位的进位，而全加器考虑低位的进位。加法器有串行加法器和超前进位加法器。数据选择器可以从多路数据中选择出所要的数据，输出为输入变量的最小项，也可以用来实现逻辑函数。

6. 组合电路存在竞争与冒险现象，产生的原因主要是信号通过门电路时要有传输时间，使信号的翻转时刻不一样造成的。可以采用修改逻辑函数、加封锁脉冲等方法消除竞争冒险，要掌握其消除的方法。

习　　题

8.1　试分析如图所示电路的逻辑功能。

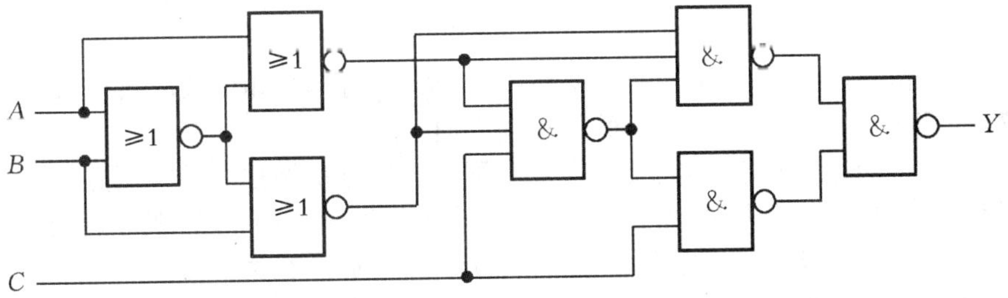

题 8.1 图

8.2　试分析如图所示电路的逻辑功能。

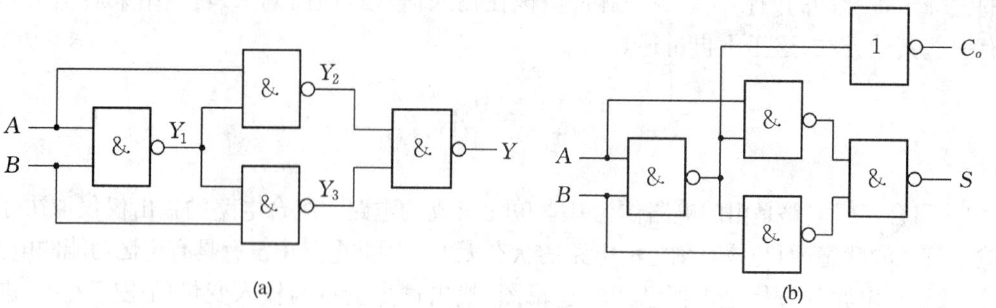

题 8.2 图

8.3 试分析如图所示电路的逻辑功能。

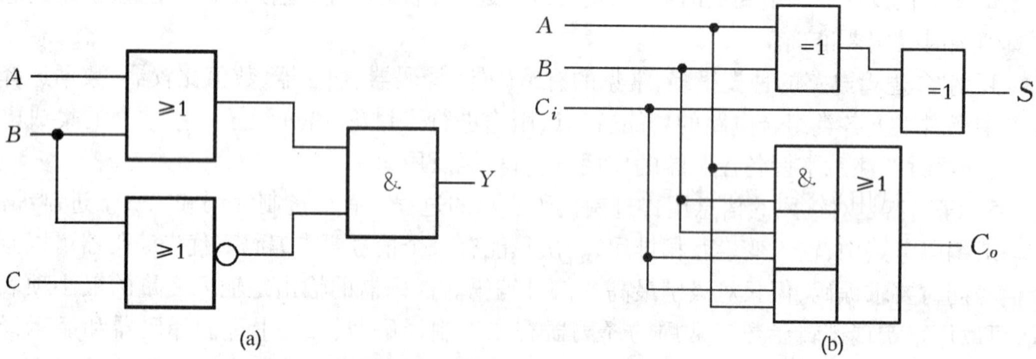

题 8.3 图

8.4 试分析如图所示电路的逻辑功能。

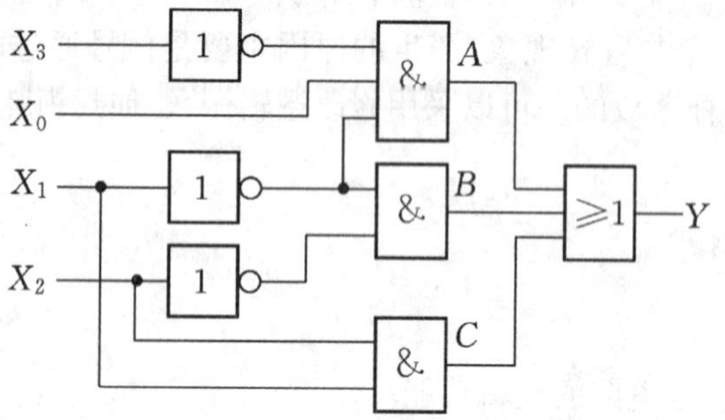

题 8.4 图

8.5 用与非门设计一个 4 人表决电路：对于某一个提案，如赞成时可以按下电钮，不同意则不按下；当多数同意的时候提案通过，否则不通过。

8.6 设计一个路灯控制电路：要求在 4 个不同的地方都能独立地控制路灯的亮灭，当一个开关动作后灯亮，另一个开关动作后则灯灭。设计一个能实现此要求的组合逻辑电路。

8.7 设计一个三变量判奇电路(1 的个数为奇数个时，输出为 1)。

8.8 在 3 个输入信号中 A 的优先权最高，B 次之，最后是 C。它们的输出分别为 Y_A、Y_B 和 Y_C，要求同一时间内只有一个信号输出。如有两个以上的信号同时输入时，则只有优先权最高的有输出。试设计一个能实现此要求的电路。

8.9 设计一个 4 人表决电路：当表决时，多数人同意则通过；如两人同意，其中一人为董事长时也通过。用与非门实现此电路。

8.10　试用 3 线-8 线译码器 74LS138 和门电路实现下列逻辑函数：

(1) $Y = ABC + \bar{A}BC + B\bar{C}$；　(2) $Y = \bar{A}B\bar{C} + A\bar{B} + AC$；

(3) $Y = (\bar{A} + B + \bar{C})(A + \bar{B})(A + C)$；　(4) $Y = AB + \bar{A}C + \bar{B}C$。

8.11　试用 3 线-8 线译码器 74*LS*138 和门电路实现下列逻辑函数：

(1) $Y(A,B,C,D) = \Sigma m(3,5,7,8,11,12,13,15)$；

(2) $Y(A,B,C,D) = \Sigma m(0,2,4,6,8)$；

(3) $Y(A,B,C,D) = BD + CD + A\bar{C}\bar{D}$；

(4) $Y(A,B,C,D) = AB\bar{C} + B\bar{D} + A\bar{C}D + ABC\bar{D}$。

8.12　试用 3 线-8 线译码器 74*LS*138 和门电路设计一个全减器。

8.13　试用 8 选 1 数据选择器实现下列函数：

(1) $Y = A \oplus B \oplus C$；　(2) $Y = AB + \bar{A}C + \bar{B}C$；

(3) $Y = ABC + \bar{A}C + B\bar{C}$；　(4) $Y = A\bar{B} + BC + AC$。

8.14　试用 4 选 1 数据选择器实现下列函数：

(1) $Y = A \oplus B \oplus C$；　(2) $Y = A\bar{B}C + \bar{A}C + B\bar{C}$；

(3) $Y = (\bar{A} + B + \bar{C})(A + \bar{B})(A + C)$。

8.15　试用 8 选 1 数据选择器产生 10101101 的序列脉冲信号，并画出输入和输出波形。设地址输入为自然二进制代码。

8.16　试用 8 选 1 数据选择器实现下列函数：

(1) $Y(A,B,C,D) = \Sigma m(0,2,3,4,6,8,10,12,13,14,15)$；

(2) $Y(A,B,C,D) = AB\bar{C} + B\bar{D} + A\bar{C}D + ABC\bar{D} + \bar{B}D$。

8.17　试判断下列函数是否存在竞争冒险现象：

(1) $Y = A\bar{C} + BC$；　(2) $Y = (A + \bar{C})(B + C)$；

(3) $Y = A\bar{B} + BC + AC$；　(4) $Y = (A + B)(\bar{B} + C)(\bar{A} + C)$。

技 能 训 练

训练 8.1　组合逻辑电路的设计与制作

一、训练目的

1. 学会根据给定的要求设计组合逻辑电路。

2. 会查找、选择所需的器件、芯片，或根据现有器件进行设计。

3. 会按照设计图在实验板上接电路、排除故障、测试性能。

4. 会设计印刷电路、焊接器件、测试性能。

二、训练内容

1. 当 3 个阀门中必须有两个或两个以上开通时才算工作正常，否则不发出正常工作信号。设计一个能发出正常信号的逻辑电路。

2. 3 个工厂由甲、乙两个变电站供电。如一个工厂用电，则由甲站供电；如两个工厂用电，则由乙站供电；如 3 个工厂同时用电，则由甲、乙两个站同时供电。试设计一个供电控制电路。

三、设计制作工程

1. 根据设计要求画出原理图。

2. 选择器件。

3. 对所选器件逻辑功能进行测试。

(1) 测试电源线、接地线及其他信号线。

(2) 按照真值表分别设置各输入线电平,测试输出,并判断是否满足逻辑关系。

(3) 如有必要,进行器件性能的测试。

4. 按原理接线图在实验板上焊接好电路。

5. 测试性能。进行分析检测和排除训练中出现的故障。

训练 8.2 译码器和数据选择器的使用

一、训练目的

1. 掌握译码器 74LS138 和数据选择器的功能测试方法。

2. 熟悉显示译码器的使用。

3. 熟悉译码器和数据选择器的应用。

二、训练内容

1. 测试显示译码器的逻辑功能,观察数码显示器的显示情况。

2. 用 4 线-10 线译码器构成 10 路输出的数据分配器。

3. 用 3 线-8 线译码器 74LS138 设计一个全加器。

4. 用 8 选 1 数据选择器实现三输入多人表决电路。

三、训练过程

1. 上述 4 个训练内容中,可以自选其中 3 个来设计。

2. 写出设计过程,画出逻辑电路图,确定要选择的元器件和集成电路。

3. 按照电路逻辑电路图接线。

4. 测试电路性能,对出现的故障及时调试。

5. 最后写出报告。

第 9 章　触　发　器

触发器是具有记忆功能的基本逻辑单元，一个触发器能够存储一位二进制信号。是构成时序逻辑电路的单元电路。本章介绍了各种触发器的电路结构和逻辑功能。还介绍了一些集成触发器的逻辑功能。

9.1　概　　述

在复杂的数字电路中，要连续进行各种复杂的运算和控制，就必须将曾经输入过的信号以及运算的结果暂时保存起来，以便与新的输入信号进一步运算，共同确定电路新的输出状态。这样就要求数字电路中必须包含具有记忆功能的电路单元，这种电路单元通常具有两种稳定的逻辑状态，即 0 状态和 1 状态。触发器就是具有记忆一位二进制代码的基本单元。

由于一位二进制信号有 0 和 1 两种取值，因而触发器应该具有以下功能特点：

(1) 有两个稳定状态——0 状态和 1 状态，能存储一位二进制信息。

(2) 如果外加输入信号为有效电平，触发器将发生状态转换，即可以从一种稳态翻转到另一种新的稳态。

为便于描述，把触发器原来所处的稳态用 Q^n 表示，称为现态；而将新的稳态用 Q^{n+1} 表示，称为次态。分析触发器的逻辑功能，主要就是求其次态 Q^{n+1} 的值。

(3) 当输入信号有效电平消失后，触发器能保持新的稳态。因此说触发器具有记忆功能，是存储信息的基本单元。

根据逻辑功能的不同，触发器可以分为 *RS* 触发器、*D* 触发器、*JK* 触发器、*T* 和 *T'* 触发器；按照结构形式的不同，又可分为基本 *RS* 触发器、同步触发器、主从触发器和边沿触发器。

在分析逻辑功能时，常用的分析方法有特性表、特性方程、状态转换图、工作波形图（时序图）等。

9.2　触发器的基本形式

基本 *RS* 触发器又称直接置 0、置 1 触发器。它是各种触发器电路中结构形式最简单的一种，也是构成其他复杂电路结构触发器的基本组成部分。

1. 电路结构

将两个与非门首尾交叉相连，就组成一个基本 *RS* 触发器，电路和符号分别如图 9.2.1(a) 和(b)所示，图中 $\bar{S}$ 和 $\bar{R}$ 是两个输入信号（触发信号），低电平有效。Q 和 $\bar{Q}$ 是两个互补输出端，触发器处于稳态时，其输出信号相反。通常规定触发器 Q 端的输出状态为触发器的状态，例如：当 $Q=0, \bar{Q}=1$ 时，称触发器处于 0 态；当 $Q=1, \bar{Q}=0$ 时，称触发器处于 1 态。符号中 R、

$\overline{S}$外边的小圆圈表示低电平有效。

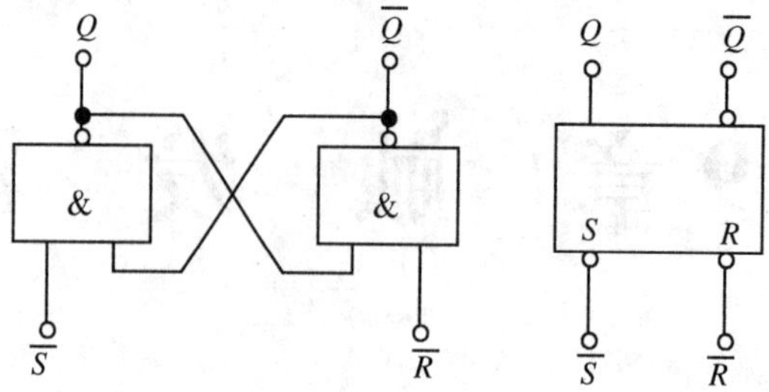

(a) 逻辑电路　　(b) 逻辑符号

图 9.2.1　基本 RS 触发器的电路和符号

2. 逻辑功能分析

（1）$\overline{R}=0$、$\overline{S}=1$ 时：由于 $\overline{R}=0$，不论原来 Q 为 0 还是为 1，都有 $\overline{Q}=1$；再由 $\overline{S}=1$、$\overline{Q}=1$，可得 $Q=0$。即：不论触发器原来处于什么状态都将变成 0 的状态，这种情况称将触发器置 0 或复位。$\overline{R}$ 端称为触发器的置 0 端或复位端。

（2）$\overline{R}=1$、$\overline{S}=0$ 时：由于 $\overline{S}=0$，不论原来 Q 为 0 还是为 1，都有 $Q=1$，再由 $\overline{R}=1$、$Q=1$，可得 $\overline{Q}=0$。即：不论触发器原来处于什么状态都将变成 1 的状态，这种情况称将触发器置 1 或置位。$\overline{S}$ 端称为触发器的置 1 端或置位端。

（3）$\overline{R}=1$、$\overline{S}=1$ 时：根据与非门的逻辑功能不难推知，触发器保持原有状态不变，即原来的状态被触发器存储起来，这体现了触发器具有记忆能力。

（4）$\overline{R}=0$、$\overline{S}=0$ 时：$Q=\overline{Q}=1$，不符合触发器的逻辑关系。并且由于与非门延迟时间不可能完全相等，在两输入端的 0 同时撤除后，将不能确定触发器是处于 1 状态还是 0 状态。所以触发器不允许出现这种情况，这就是基本 RS 触发器的约束条件。

3. 逻辑功能描述

（1）特性表。

把触发器的次态 Q^{n+1} 和电路原有的现态 Q^n 之间关系的真值表称为特性表，如表 9-2-1 所示。

表 9-2-1　基本 RS 触发器的特性表

$\overline{R}$	$\overline{S}$	Q^n	Q^{n+1}	功能
0	0	0	不用	不允许
0	0	1	不用	
0	1	0	0	$Q^{n+1}=0$，置 0
0	1	1	0	
1	0	0	1	$Q^{n+1}=1$，置 1
1	0	1	1	
1	1	0	0	$Q^{n+1}=Q^n$，保持
1	1	1	1	

（2）特性方程。

根据特性表，可以利用图 9.2.2 所示的卡诺图，化简得出次态和输入、现态之间的逻辑表达式,称为特征方程式。

$$\begin{cases} Q^{n+1} = \overline{(\bar{S})} + \bar{R}Q^n = S + \bar{R}Q^n \\ \bar{R} + \bar{S} = 1 \quad \text{约束条件} \end{cases} \tag{9.2.1}$$

Q_n \ $\bar{R}\bar{S}$	00	01	11	10
0	×	0	0	1
1	×	0	1	1

图 9.2.2　表 9-2-1 的卡诺图

(3) 时序图。

触发器的状态也可以用工作波形图表示,这就是时序图。如图 9.2.3 所示,图中黑影的地方表示输出不确定。

在数字电路中,凡根据输入信号 R、S 情况的不同,具有置 0、置 1 和保持功能的电路,都称为 RS 触发器。

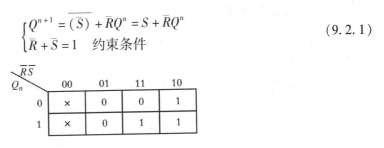

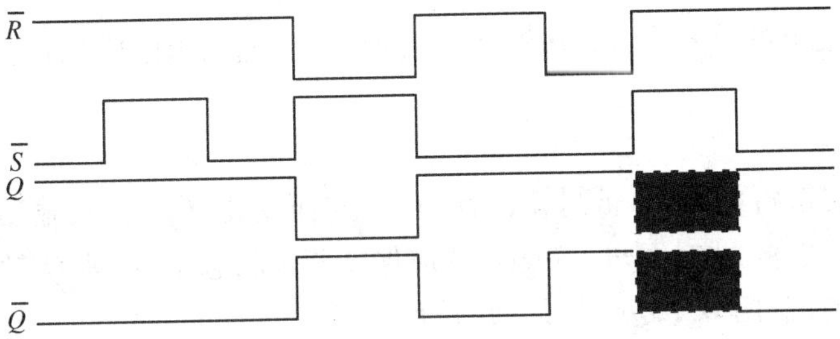

图 9.2.3　基本 RS 触发器的时序图

9.3　同步触发器

基本 RS 触发器的状态无法从时间上加以控制,只要输入端有触发信号,触发器就立即做相应的状态变化。而在实际的数字系统中,往往是由多个触发器组成,这时常常需要各个触发器按一定的节拍同步动作,因此必须给电路加上一个统一的控制信号,用以协调各触发器的同步翻转,这个统一的控制信号叫作时钟脉冲,用 CP 表示。本节即介绍用 CP 作控制信号的触发器,称作钟控触发器,或者称为同步触发器。

钟控触发器有四种触发方式。所谓触发方式,是指在时钟脉冲 CP 的什么时刻,触发器的输入信号控制输出信号,使输出状态发生变化。

$CP = 1$ 期间,输入控制输出,称为高电平触发,记为“⊓”;

$CP = 0$ 期间,输入控制输出,称为低电平触发,记为“⊔”;

CP 由 0 变 1 瞬间,输入控制输出,称为上升沿触发,记为“↑”;

CP 由 1 变 0 瞬间,输入控制输出,称为下降沿触发,记为“↓”。

9.3.1 同步 *RS* 触发器

1. 电路结构

同步 *RS* 触发器的电路和符号分别如图 9.3.1(a)、(b)和(c)所示,在基本 *RS* 触发器的基础上加了两个由时钟脉冲 *CP* 控制的门 G_3、G_4,*R*、*S* 为信号输入端。

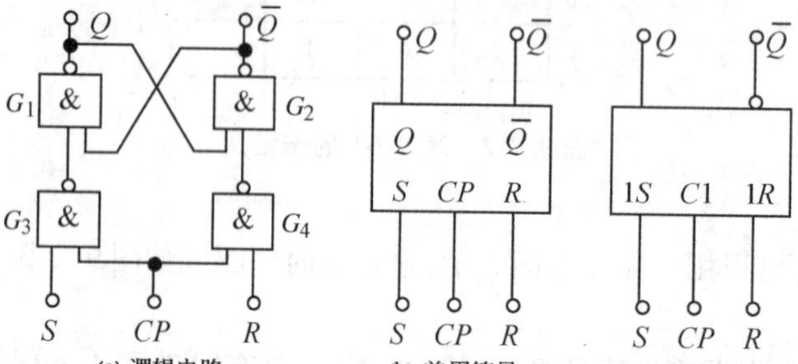

(a) 逻辑电路　(b) 曾用符号　(c) 国标符号

图 9.3.1　同步 *RS* 触发器的电路和符号

在同步 *RS* 触发器的符号中,*CP* 脉冲所接处什么符号也不画的,表示是电平触发,并且是高电平有效。

2. 逻辑功能分析

当 $CP = 0$ 时,控制门 G_3、G_4 被封锁,无论 *R*、*S* 如何变化,G_3、G_4 均输出高电平 1,根据基本 *RS* 触发器的逻辑功能,此时同步 *RS* 触发器应保持原来状态不变,即 $Q^{n+1} = Q^n$。

当 $CP = 1$ 时,控制门 G_3、G_4 被打开,此时有:

若 $R = 0, S = 0$,触发器保持原来状态,$Q^{n+1} = Q^n$;

若 $R = 0, S = 1$,G_3 门输出 0,从而使 $Q = 1$,即触发器被置 1;

若 $R = 1, S = 0$,G_4 门输出 0,从而使 $\overline{Q} = 1$,触发器被置 0;

若 $R = 1, S = 1$,触发器状态不定,因此这种取值要避免。

3. 逻辑功能描述

(1) 特性表。

同步 *RS* 触发器的特性表如表 9-3-1 所示。它的 *CP* 触发方式属于电平触发方式。

表 9-3-1　同步 *RS* 触发器的特性表

CP	*R*	*S*	Q^n	Q^{n+1}	功　能
0	×	×	×	Q^n	$Q^{n+1} = Q^n$,保持
1	0	0	0	0	$Q^{n+1} = Q^n$,保持
1	0	0	1	1	
1	0	1	0	1	$Q^{n+1} = 1$,置 1
1	0	1	1	1	
1	1	0	0	0	$Q^{n+1} = 0$,置 0
1	1	0	1	0	
1	1	1	0	不用	不允许
1	1	1	1	不用	

(2) 特性方程。

根据同步 RS 触发器的特性表,可以得到其特性方程为

$$\begin{cases} Q^{n+1} = S + \bar{R}Q^n \\ RS = 0 \end{cases} \quad (CP\text{ 等于 1 期间有效}) \tag{9.3.1}$$

(3) 状态转换图。

同步 RS 触发器的状态转换关系也可以形象地用状态转换图表示,如图 9.3.2 所示。图中的两个大圆圈分别代表触发器的两个状态,箭头表示在输入时钟信号 CP 作用下触发器状态转换的方向,箭头旁边的标注表示状态转换的输入条件。

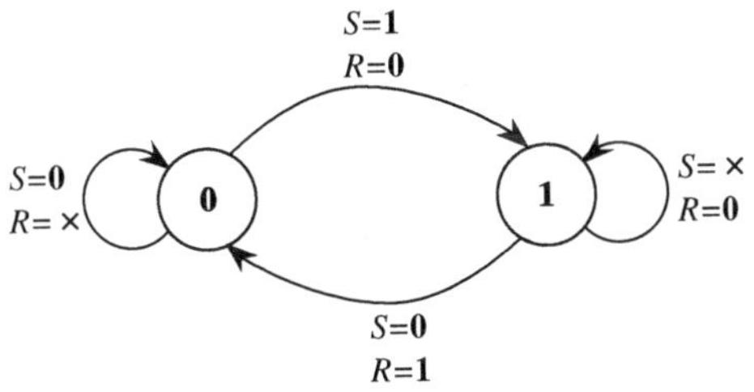

图 9.3.2 同步 RS 触发器的状态转换图

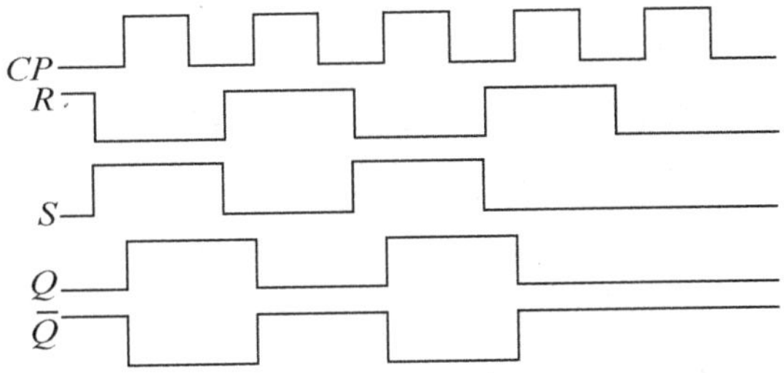

图 9.3.3 同步 RS 触发器的时序图

(4) 时序图。

同步 RS 触发器的时序图如图 9.3.3 所示,电路状态的翻转只有在时钟脉冲 CP 高电平期间有效,在低电平期间电路的状态保持不变。

同步 RS 触发器的特点是属于时钟电平控制电路。在 $CP = 1$ 期间,接收输入信号;$CP = 0$ 时,状态保持不变。与基本 RS 触发器相比,同步 RS 触发器对触发器状态的转变增加了时间控制,R、S 之间有约束。不能允许出现 R 和 S 同时为 1 的情况,否则会使触发器处于不确定的状态。

9.3.2 同步 JK 触发器

1. 电路结构

同步 JK 触发器是在同步 RS 触发器的基础上稍加改进得到的。它可以克服同步 RS 触发器在输入都为 1 时状态不定的缺点。其电路和符号分别如图 9.3.4(a)、(b)和(c)所示。

与同步 RS 触发器相比,两者电路结构相似,都是有四个与非门,同步 RS 触发器里的 S 在这里相当于 $J\overline{Q^n}$,R 相当于 KQ^n,这样把 $S = J\overline{Q^n}$、$R = KQ^n$ 带入同步 RS 触发器的特征方程式,就得到了同步 JK 触发器的特征方程:

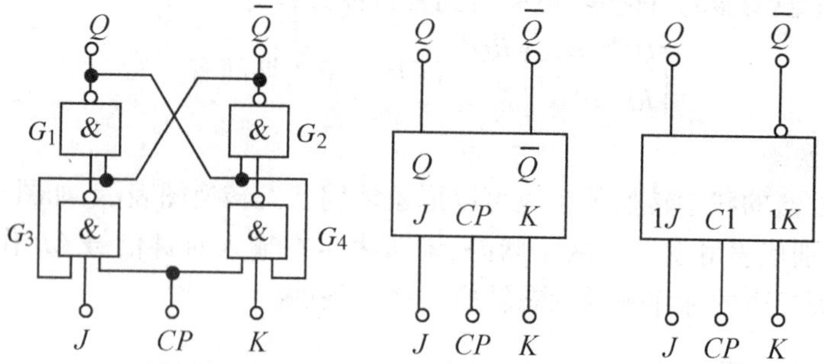

(a) 逻辑电路 (b) 曾用符号 (c) 国标符号

图 9.3.4 同步 *JK* 触发器的电路和符号

$$\begin{aligned}Q^{n+1} &= S+\bar{R}Q^n = J\overline{Q}^n+\overline{KQ^n}Q^n \\ &= J\overline{Q}^n+\bar{K}Q^n\end{aligned} \quad (CP=1\text{ 期间有效}) \tag{9.3.2}$$

2. 逻辑功能描述

(1) 逻辑功能。

在 $CP=1$ 期间,同步 JK 触发器有四种功能:

1) 当 $J=K=0$ 时,G_3 和 G_4 门的输出都为 1,电路的功能是保持原态不变。

2) 当 $J=1$、$K=0$ 时,如果触发器的 $Q^n=0$,$\overline{Q^n}=1$,则在 $CP=1$ 时,G_3 输入全 1,输出为 0,G_1 输出 $Q^{n+1}=1$;由于 $K=0$,G_4 输出为 1,这时 G_2 的输入全为 1,输出$\overline{Q^{n+1}}=0$,触发器翻到 1 状态,即 $Q^{n+1}=1$。如果触发器 $Q^n=1$,$\overline{Q^n}=0$ 的状态,在 $CP=1$ 时,G_3 和 G_4 的输入分别为$\overline{Q^n}=0$ 和 $K=0$,这两个门的输出都为 1,触发器保持原状态不变,即 $Q^{n+1}=1$。

可见在 $J=1$、$K=0$ 时,不论触发器原来处于什么状态,在 CP 由 0 变成 1 后,触发器翻到和 J 相同的 1 状态。

3) 当 $J=0$、$K=1$ 时,同样可以分析出,在 CP 由 0 变为 1 后,触发器的状态翻到和 J 相同的 0 状态。

4) 当 $J=K=1$ 时,如果触发器的 $Q^n=0$、$\overline{Q^n}=1$,G_4 输入有 0,输出为 1,G_3 输入全为 1,输出为 0,G_1 输出 $Q^{n+1}=1$,G_2 输出$\overline{Q^{n+1}}=0$,触发器的状态翻到 1 状态,和电路原来的状态相反。同理可以分析 $Q^n=1$、$\overline{Q^n}=0$ 时,触发器的输出翻到 $Q^n=0$,和原来的状态相反。

可见,在 $J=K=1$ 时,每输入一个时钟脉冲,触发器的状态就翻转一次,电路处于计数状态,这时 $Q^{n+1}=\overline{Q^n}$。

综上所述,同步 JK 触发器有置 0、置 1、保持、翻转四种功能。凡是具有这四种功能的触发器都称为 JK 触发器。

在 $CP=0$ 期间,G_3、G_4 门封锁,输出都为 1,电路保持原态不变,信号不能输入。

(2) 特性表。

根据 JK 触发器的逻辑功能,列出 JK 触发器的特性表如表 9-3-2 所示。

表 9-3-2 同步 *JK* 触发器的特性表

CP	*J*	*K*	Q^n	Q^{n+1}	功能
0	×	×	×	Q^n	$Q^{n+1}=Q^n$，保持
1 1	0 0	0 0	0 1	0 1	$Q^{n+1}=Q^n$，保持
1 1	0 0	1 1	0 1	0 0	$Q^{n+1}=0$，置 0
1 1	1 1	0 0	0 1	1 1	$Q^{n+1}=1$，置 1
1 1	1 1	1 1	0 1	1 0	$Q^{n+1}=\overline{Q^n}$，翻转

(3) 状态转换图。

根据同步 *JK* 触发器的特性表可以画出它的状态转换图，如图 9.3.5 所示。

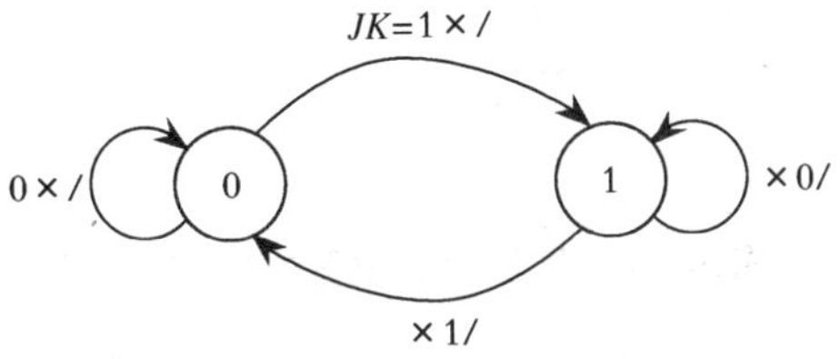

图 9.3.5 同步 *JK* 触发器的状态转换图

(4) 时序图。

根据同步 *JK* 触发器的功能，可在各种输入信号下得到电路的时序图，如图 9.3.6 所示。

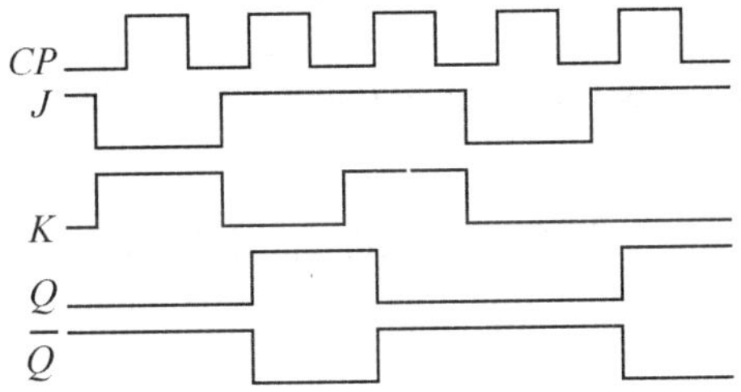

图 9.3.6 同步 *JK* 触发器的时序图

9.3.3 同步 *D* 触发器

同步 *D* 触发器也是在同步 *RS* 触发器的基础上稍加改进得到的，其电路和符号分别如图 9.3.7(a)、(b)和(c)所示。将 $S=D$、$R=\overline{D}$ 代入同步 *RS* 触发器的特性方程，得到同步 *D* 触发器的特性方程如下：

$$Q^{n+1}=S+\overline{R}Q^n=D+\overline{\overline{D}}Q^n=D\ (CP=1\ 期间有效) \tag{9.3.3}$$

从式(9.3.3)和电路图中可以看出同步 *D* 触发器的功能：在 $CP=0$ 期间，门 G_3、G_4 封锁，输出都为 1，电路保持原态不变。在 $CP=1$ 期间，触发器的输出和 *D* 的输入是一样的，$D=0$，Q

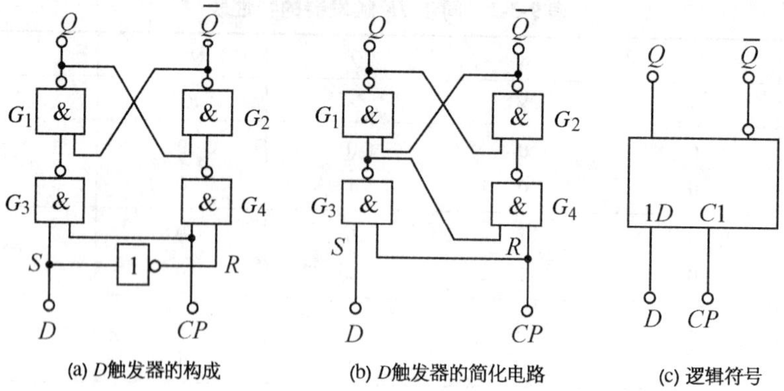

图 9.3.7　同步 D 触发器的电路和符号

=0;D=1,Q=1。可见 D 触发器有两种功能,即置 0 和置 1。凡是具有置 0 和置 1 功能的触发器都叫做 D 触发器。得到的状态转换图和时序图分别如图 9.3.8 和 9.3.9 所示。

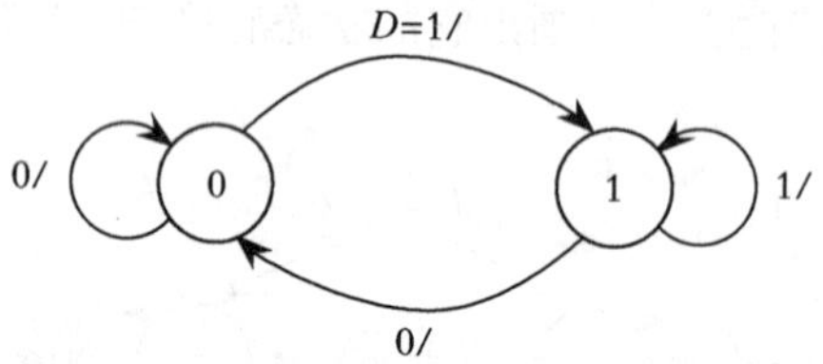

图 9.3.8　同步 D 触发器的状态转换图

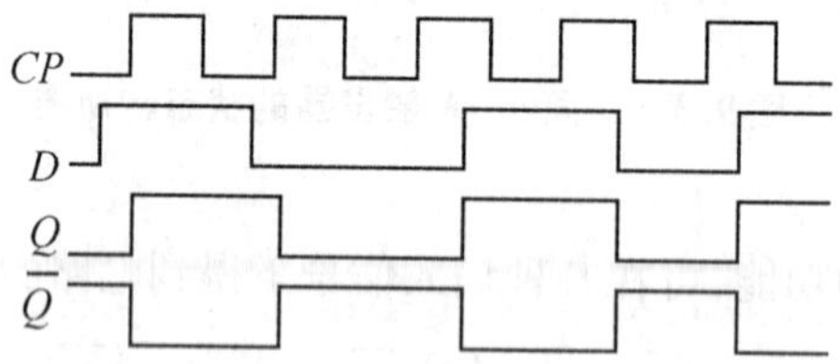

图 9.3.9　同步 D 触发器的时序图

9.4　主从触发器

9.4.1　主从 RS 触发器

1. 电路结构

将两个同步 RS 触发器串联起来就可组成主从 RS 触发器。其电路和符号分别如图 9.4.1(a)、(b)和(c)所示。这里有两个触发器,一个叫主触发器,主触发器能够接收并存储输入信号,是触发导引电路。一个叫从触发器,从触发器的状态是整个触发器的状态。门 G_9 是反相器,由它产生的 $\overline{CP}$ 作为从触发器的脉冲信号,从而使主、从触发器的工作分别进行。符号中,在 CP 脉冲处有一三角号,表示是边沿触发方式;在外面有一个小圆圈,表示是下降沿有效,没有小圆圈,表示上升沿有效。

2. 逻辑功能分析

(1) 接收输入信号过程。

在 $CP=1$ 期间，主触发器控制门 G_7、G_8 打开，接收输入信号 R、S，有

$$\begin{cases}Q_m^{n+1}=S+\bar{R}Q_m^n\\RS=0\end{cases}$$

从触发器控制门 G_3、G_4 封锁，其状态保持不变。

（2）输出信号过程。

CP 下降沿到来时，主触发器控制门 G_7、G_8 封锁，在 $CP=1$ 期间接收的内容被存储起来。同时，从触发器控制门 G_3、G_4 被打开，主触发器将其接收的内容送入从触发器，输出端随之改变状态。在 $CP=0$ 期间，由于主触发器保持状态不变，因此受其控制的从触发器的状态即 Q、$\bar{Q}$ 的值当然也不可能改变。这时特征方程为

$$\begin{cases}Q^{n+1}=S+\bar{R}Q^n\\RS=0\end{cases}\quad(CP\ 下降沿有效)\tag{9.4.1}$$

综上所述，主从触发器的工作方式是分两拍进行的：第一拍是 CP 由 0 变 1 后，主触发器接收 R、S 信号，因为从触发器封锁，整个触发器状态保持不变；第二拍是 CP 由 1 变为 0，即 CP 下降沿到来时，主触发器存放的信息送入从触发器中，可使整个触发器的状态随之变化，而这时主触发器不接收外来信号。所以 $CP=0$ 期间，电路的输出也不发生改变。就是说电路输出状态的改变是在 CP 脉冲下降沿的时候改变的。

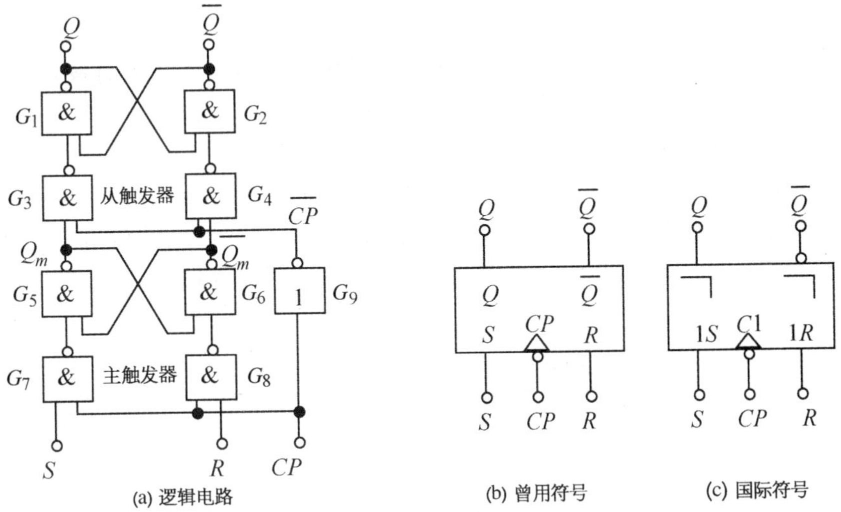

图 9.4.1 主从 RS 触发器的电路和符号

主从 RS 触发器采用主从控制结构，从根本上解决了输入信号直接控制的问题，具有 $CP=1$ 期间接收输入信号、CP 下降沿到来时触发翻转的特点。但其仍然存在着约束问题，即在 $CP=1$ 期间，输入信号 R 和 S 不能同时为 1。

9.4.2 主从 JK 触发器

1. 电路结构和符号

在主从 RS 触发器的基础上，将 Q 和 $\bar{Q}$ 分别反馈到 G_7、G_8 门的输入端，并将原输入信号 R、S 重新命名为 J 和 K，就构成主从 JK 触发器。其电路和符号分别如图 9.4.2(a) 和 (b) 所示。

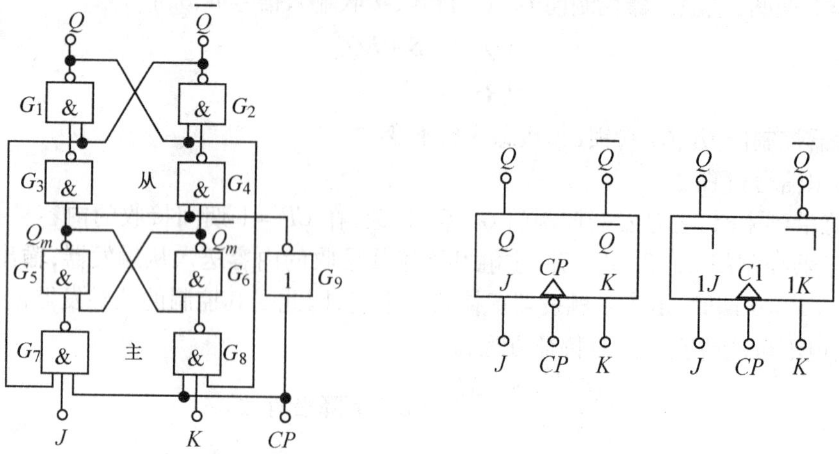

(a) 逻辑电路　　(b) 曾用符号　　(c) 国际符号

图 9.4.2　主从 *JK* 触发器的电路和符号

2. 功能分析

将 $S=J\overline{Q}^n$ 和 $R=KQ^n$ 代入主从 *RS* 触发器的特性方程，即可得到主从 *JK* 触发器的特性方程：

$$
\begin{aligned}
Q^{n+1} &= S+\overline{R}Q^n \\
&= J\overline{Q}^n+\overline{KQ^n}Q^n \quad (CP\text{ 下降沿有效}) \qquad (9.4.2)\\
&= J\overline{Q}^n+\overline{K}Q^n
\end{aligned}
$$

根据特征方程式，可以得到主从 *JK* 触发器的特性表，如表 9-4-1 所示。其具有的功能和前面的同步 *JK* 触发器功能一相同，即：保持、置 0、置 1、翻转。

主从 *JK* 触发器采用主从控制结构，从根本上解决了输入信号直接控制的问题，具有 $CP=1$ 期间接收输入信号、*CP* 下降沿到来时触发翻转的特点。其输入信号 *J*、*K* 之间没有约束，但存在一次变化问题。

表 9-4-1　主从 *JK* 触发器的特性表

J	K	Q^n	Q^{n+1}	功　能
0	0	0	0	$Q^{n+1}=Q^n$，保持
0	0	1	1	
0	1	0	0	$Q^{n+1}=0$，置 0
0	1	1	0	
1	0	0	1	$Q^{n+1}=1$，置 1
1	0	1	1	
1	1	0	1	$Q^{n+1}=\overline{Q}^n$，翻转
1	1	1	0	

根据主从 *JK* 触发器的功能，在输入信号作用下可以画出输出的波形，如图 9.4.3 所示。

3. 集成主从 *JK* 触发器

74LS76 和 7472 为集成主从 JK 触发器，其引脚排列分别如图 9.4.4(a) 和(b) 所示。74LS76 里有两个主从 *JK* 触发器，并且带直接置 0 和置 1 端。$1\overline{S}_D$、$1\overline{R}_D$、$2\overline{S}_D$、$2\overline{R}_D$ 就是两个触

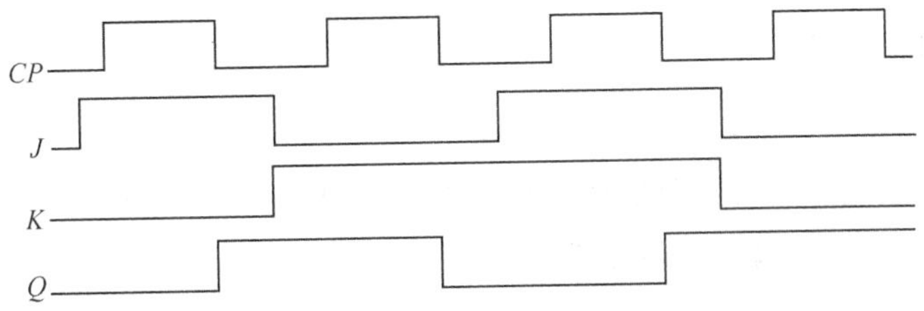

图9.4.3 主从 *JK* 触发器的时序图

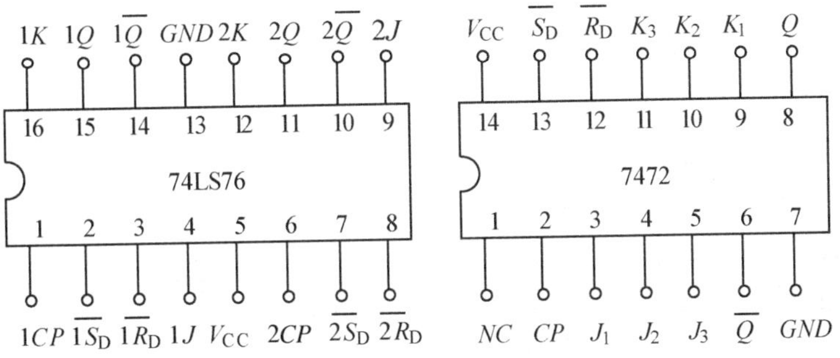

(a) 74LS76的引脚排列图　　(b) 7472的引脚排列图

9.4.4 集成主从 *JK* 触发器的引脚排列图

发器的直接置1和置0端。7472里也有直接置0和置1端。在7472中输入采用与输入，$J=J_1J_2J_3$。触发方式都是采用下降沿触发。与输入主从 *JK* 触发器的逻辑符号如图9.4.5所示。

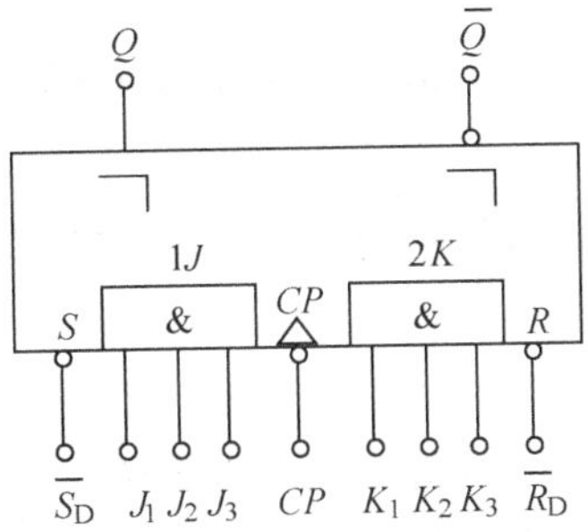

图9.4.5 与输入主从 *JK* 触发器的逻辑符号

主从 *JK* 触发器功能完善，并且输入信号 *J*、*K* 之间没有约束。但主从 *JK* 触发器还存在着一次变化问题，即主从 *JK* 触发器中的主触发器，在 $CP=1$ 期间其状态能且只能变化一次，这种变化可以是 *J*、*K* 变化引起的，也可以是干扰脉冲引起的，因此其抗干扰能力尚需进一步提高。

9.5 边沿触发器

为了解决主从 *JK* 触发器的一次变化问题，同时增强电路工作的可靠性，便研制出边沿触发器。边沿触发器的具体电路结构形式较多，其特点却是相同的。

9.5.1 边沿 D 触发器

1. 电路结构

边沿 D 触发器的电路和符号分别如图 9.5.1(a)、(b)和(c)所示。门 G_1、G_2、G_3、G_4 构成从触发器,门 G_5、G_6、G_7、G_8 构成主触发器。

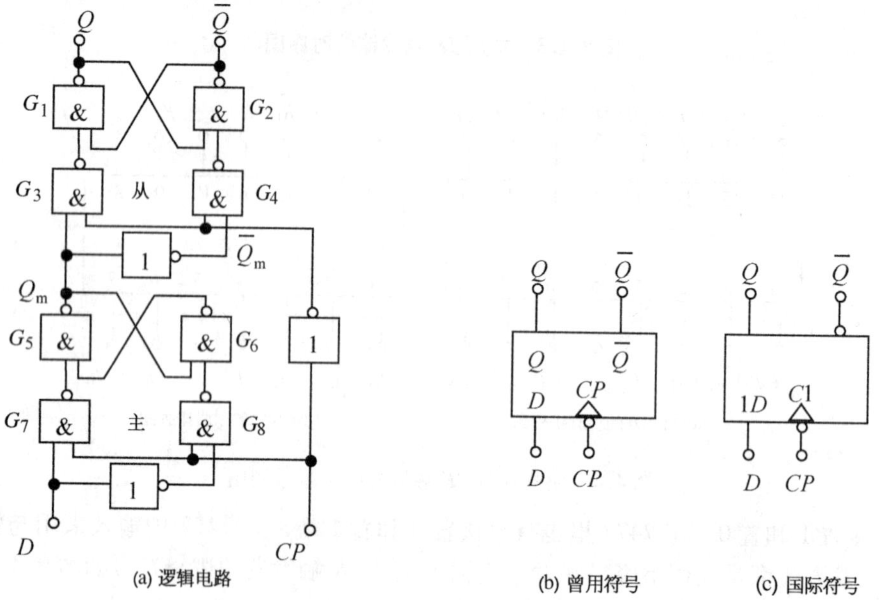

图 9.5.1 边沿 D 触发器的电路和符号

2. 功能分析

(1) $CP=0$ 时,门 G_7、G_8 被封锁,门 G_3、G_4 打开,从触发器的状态取决于主触发器 $Q=Q_m$、$\overline{Q}=\overline{Q_m}$,输入信号 D 不起作用。

(2) $CP=1$ 时,门 G_7、G_8 打开,门 G_3、G_4 被封锁,从触发器状态不变,主触发器的状态跟随输入信号 D 的变化而变化,即在 $CP=1$ 期间始终都有 $Q_m=D$。

(3) CP 下降沿到来时,封锁门 G_7、G_8,打开门 G_3、G_4,主触发器锁存 CP 下降时刻 D 的值,即 $Q_m=D$,随后将该值送入从触发器,使 $Q=D$。

(4) CP 下降沿过后,主触发器锁存的 CP 下降沿时刻 D 的值被保存下来,而从触发器的状态也将保持不变。

综上所述,边沿 D 触发器的特性方程为

$$Q^{n+1}=D\ (\text{下降沿有效}) \tag{9.5.1}$$

边沿 D 触发器没有一次变化问题。

3. 集成边沿 D 触发器

集成边沿 D 触发器 74LS74 和 CC4013 的引脚排列分别如图 9.5.2(a)和(b)所示。

74LS74 和 CC4013 都带有直接置 0 和置 1 端,在 74LS74 中的置 0 和置 1 端是低电平有效,而在 CC4013 中的置 0 和置 1 端是高电平有效。CP 脉冲都是采用上升沿触发方式,两个集成触发器内部都有两个边沿 D 触发器。

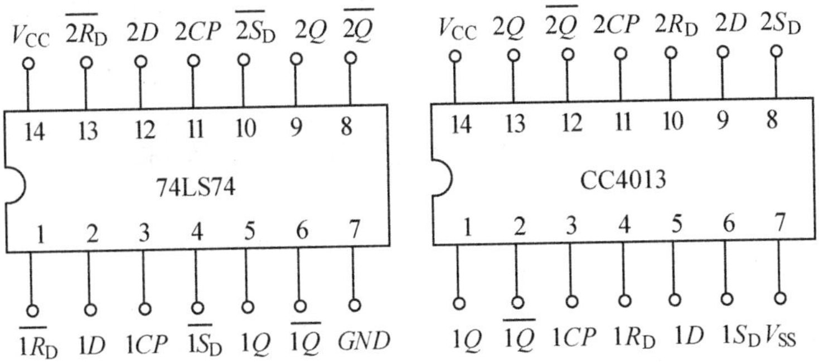

(a) 741S74引脚排列图　　(b) CC4013引脚排列图

图 9.5.2　集成边沿 *D* 触发器的引脚排列图

9.5.2　边沿 *JK* 触发器

1. 电路结构

边沿 *JK* 触发器的电路和符号分别如图 9.5.3(a)、(b)和(c)所示。它是在边沿 *D* 触发器的基础上增加了两个或非门和一个与门电路组成，输入端为 *J* 和 *K*。从图 9.5.3(a)中可以写出 *D* 的表达式为

$$
\begin{aligned}
D &= \overline{\overline{J+Q^n}+KQ^n} \\
&= (J+Q^n)\cdot\overline{KQ^n} \\
&= (J+Q^n)(\overline{K}+\overline{Q}^n) \\
&= J\overline{Q}^n+\overline{K}Q^n+J\overline{K} \\
&= J\overline{Q}^n+\overline{K}Q^n
\end{aligned}
$$

将 *D* 的表达式代入 *D* 触发器的特征方程，得到此电路的特征方程式为

$$Q^{n+1}=D=J\overline{Q}^n+\overline{K}Q^n \quad (CP\text{ 下降沿有效}) \tag{9.5.2}$$

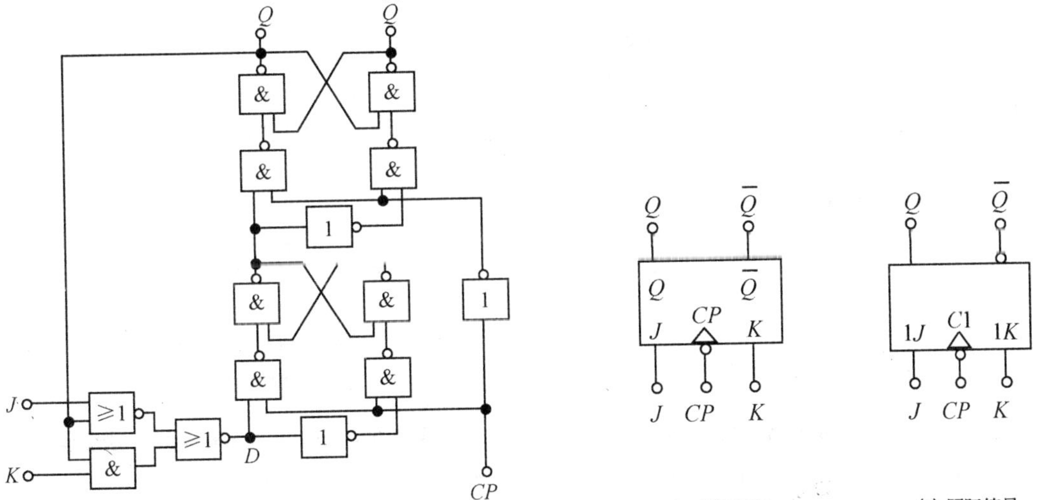

(a) 逻辑电路　　(b) 曾用符号　　(c) 国际符号

图 9.5.3　边沿 *JK* 触发器的电路和符号

边沿 *JK* 触发器边沿触发，无一次变化问题；功能齐全，使用方便灵活；抗干扰能力极强，工作速度很高。

9.6 不同类型触发器之间的转换

由于实际生产的集成时钟触发器，只有 *JK* 型和 *D* 型两种，因此在这里也只介绍如何把这两种触发器转换成其他类型的触发器。

1. 转换方法

利用令已有触发器和待求触发器特性方程相等的原则，求出转换逻辑。

2. 转换步骤

(1) 写出已有触发器和待求触发器的特性方程。

(2) 变换待求触发器的特性方程，使之与已有触发器的特性方程形式一致。

(3) 比较已有和待求触发器的特性方程，根据两个方程相等的原则求出转换逻辑。

(4) 根据转换逻辑画出逻辑电路图。

9.6.1 将 *JK* 触发器转换为 *RS*、*D*、*T* 和 *T'* 触发器

1. *JK* 触发器转换为 *RS* 触发器

变换 *RS* 触发器的特性方程，使之与 *JK* 触发器的特性方程形式一致。*RS* 触发器的特征方程为

$$\begin{cases} Q^{n+1} = S + \bar{R}Q^n \\ RS = 0 \end{cases}$$

把上式进行一下变换，成为下面的形式：

$$\begin{aligned} Q^{n+1} &= S + \bar{R}Q^n = S(\bar{Q}^n + Q^n) + \bar{R}Q^n \\ &= S\bar{Q}^n + SQ^n + \bar{R}Q^n \\ &= S\bar{Q}^n + \bar{R}Q^n + SQ^n(\bar{R} + R) \\ &= S\bar{Q}^n + \bar{R}Q^n + \bar{R}SQ^n + RSQ^n \\ &= S\bar{Q}^n + \bar{R}Q^n \end{aligned}$$

然后与 *JK* 触发器的特征方程 $Q^{n+1} = J\bar{Q}^n + \bar{K}Q^n$ 进行比较，令所有的项相等，则有

$$J = S, K = R$$

可画出逻辑图如图 9.6.1 所示。

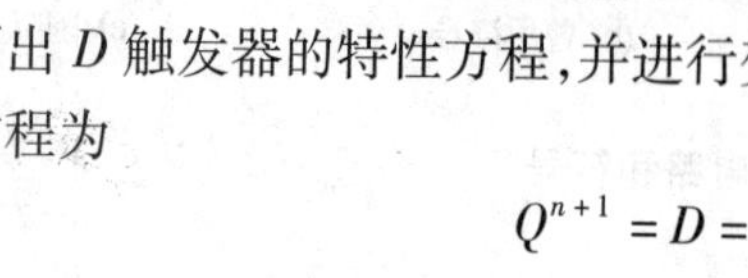

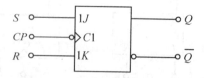

图 9.6.1 *JK* 触发器转换为 *RS* 触发器

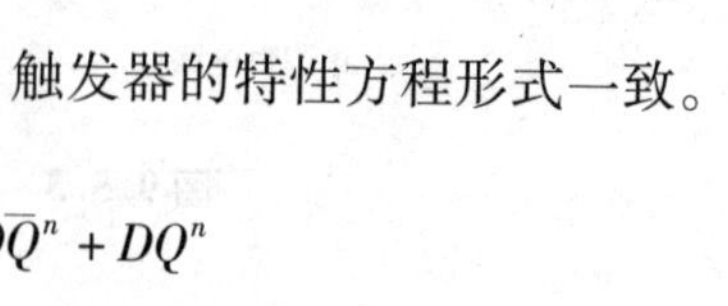

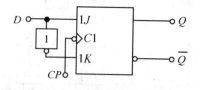

图 9.6.2 *JK* 触发器转换为 *D* 触发器

2. *JK* 触发器转换为 *D* 触发器

写出 *D* 触发器的特性方程，并进行变换，使之与 *JK* 触发器的特性方程形式一致。*D* 触发器的方程为

$$Q^{n+1} = D = D(\bar{Q}^n + Q^n) = D\bar{Q}^n + DQ^n$$

与 JK 触发器的特征方程比较后可令

$$J = D, K = \overline{D}$$

可画出逻辑图,如图 9.6.2 所示。

3. *JK* 触发器转换为 *T* 触发器

在数字电路中,凡在 CP 时钟脉冲控制下,只具有保持和翻转功能的电路叫做 T 触发器,即:当 $T=0$ 时能保持状态不变、$T=1$ 时状态一定翻转的电路,都称为 T 触发器。

T 触发的特性表如表 9-6-1 所示,符号如图 9.6.3 所示

表 9-6-1　T 触发器的特性表

T	Q^n	Q^{n+1}	功　能
0	0	0	$Q^{n+1}=Q^n$,保持
0	1	1	
1	0	1	$Q^{n+1}=\overline{Q^n}$,翻转
1	1	0	

从表 9-6-1 所示的特性表可以写出 T 触发器的特征方程为

$$Q^{n+1} = T\overline{Q}^n + \overline{T}Q^n = T \oplus Q^n \tag{9.6.1}$$

把 T 触发器的特征方程与 JK 触发器的特征方程进行比较,令

$$J = T, K = T$$

可画出电路如图 9.6.4 所示。

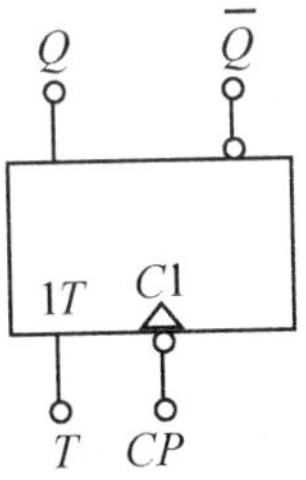

图 9.6.3　T 触发器的符号

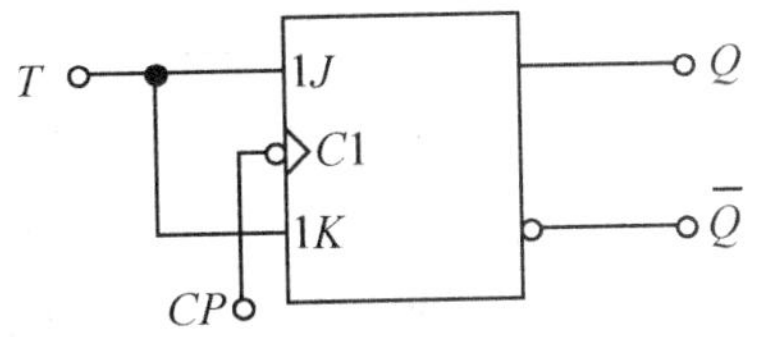

图 9.6.4　JK 触发器转换为 T 触发器

T 触发器的状态转换图和时序图分别如图 9.6.5 和图 9.6.6 所示。

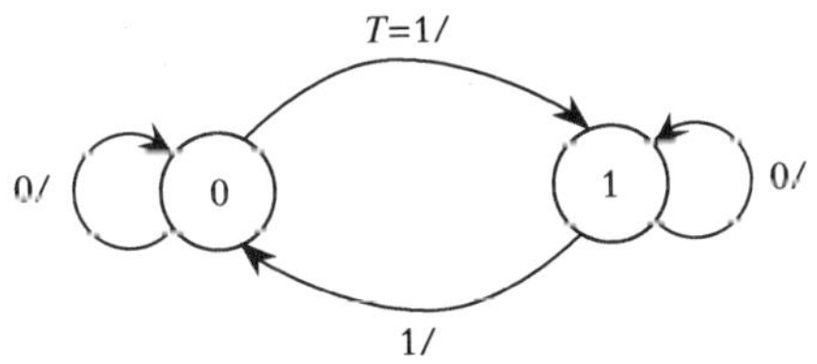

图 9.6.5　T 触发器的状态转换图

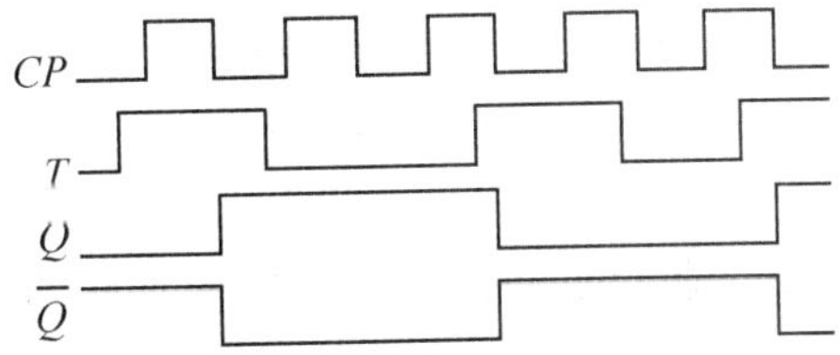

图 9.6.6　T 触发器时序图

4. *JK* 触发器转换为 *T′* 触发器

在数字电路中,凡每来一个时钟脉冲就翻转一次的电路,都称为 T′触发器。T′触发器的特性表如表 9-6-2 所示,符号如图 9.6.7 所示。

表 9-6-2 T'触发器的特性表

Q^n	Q^{n+1}	功 能
0	1	$Q^{n+1}=\overline{Q}^n$，翻转
1	0	

T'触发器的特性方程为

$$Q^{n+1}=\overline{Q}^n \tag{9.6.2}$$

变换 T'触发器的特性方程

$$Q^{n+1}=\overline{Q}^n=1\cdot\overline{Q}^n+\overline{1}\cdot Q^n$$

令

$$J=K=1$$

这样就得到如图 9.6.8 所示的电路。

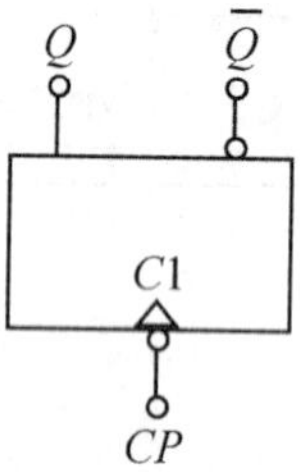

图 9.6.7 T'触发器的符号

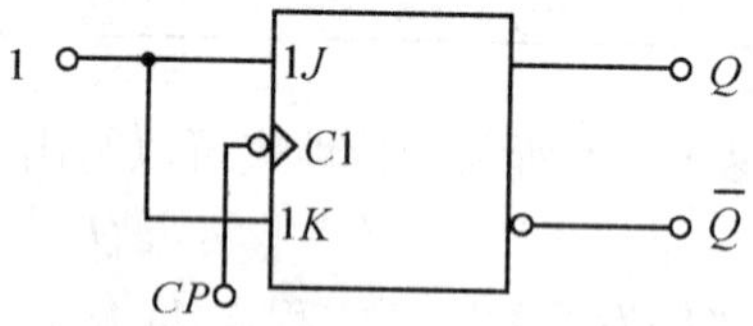

图 9.6.8 JK触发器转换为 T'触发器

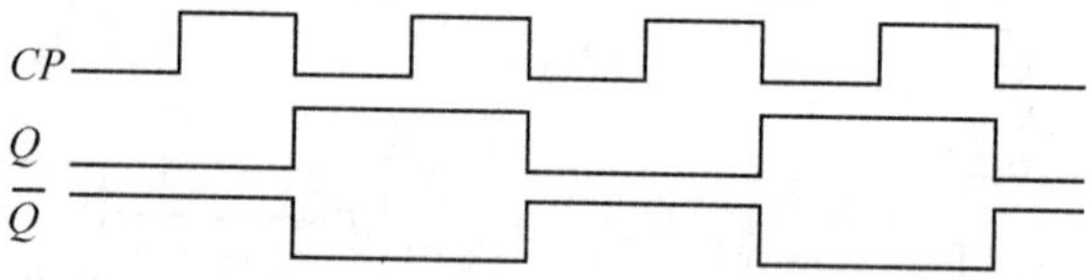

图 9.6.9 T'触发器的时序图

根据表 9-6-2 所示的特性表可以画出 T'触发器的时序图，如图 9.6.9 所示。T'触发器又叫做二分频电路，每经过一个 T'触发器，电路的频率就减少一半。

9.6.2 将 D 触发器转换为 JK、T、T'触发器

1. D 触发器转换为 JK 触发器

直接令两输入端相等就可以，也就是

$$D=J\overline{Q}^n+\overline{K}Q^n$$

然后相应地连线，得到如图 9.6.10 所示的电路。

2. D 触发器转换为 T 触发器

也是直接令两触发器的输入端相等就可以，有

$$D=T\oplus Q^n$$

然后相应地连线，得到如图 9.6.11 所示的电路。

3. D 触发器转换为 T'触发器

令 D 触发器的特征方程与 T'触发器的特征方程相等，则

$$D=\overline{Q}^n$$

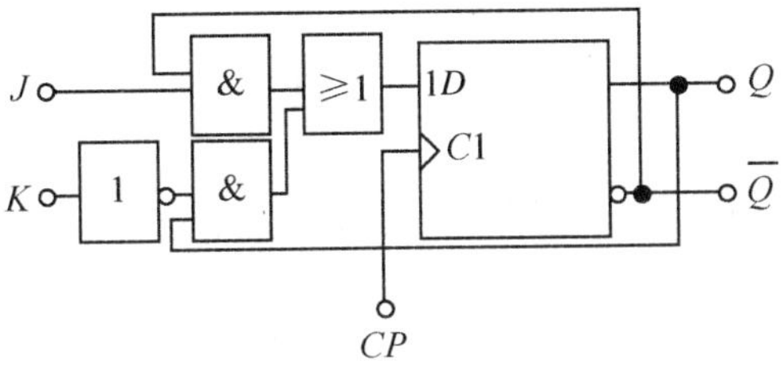

图 9.6.10　将 D 触发器转换为 JK 触发器

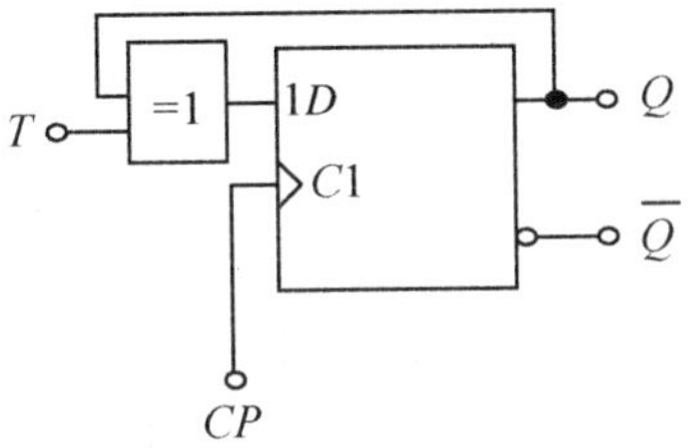

图 9.6.11　将 D 触发器转换为 T 触发器

然后相应地连线，就得到 T' 触发器，电路如图 9.6.12 所示。

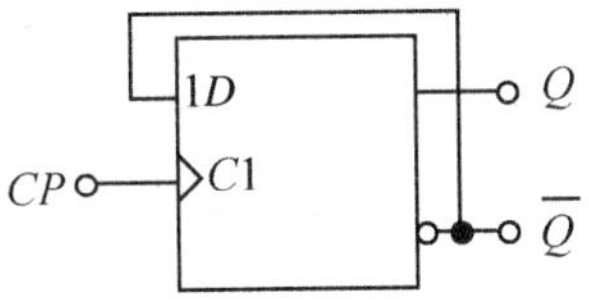

图 9.6.12　将 D 触发器转换为 T' 触发器

本 章 小 结

1. 触发器是数字电路中的一种基本逻辑单元，它有 0 和 1 两个稳态。触发器从一种稳态转换成另一种稳态不仅取决于输入信号，还与触发器的原始状态有关。触发器输入信号去掉以后，这个信号对触发器造成的影响却保留下来，所以称触发器是具有记忆功能的单元电路。

2. 触发器的种类很多，通常按照两个标准进行分类：一是从触发器逻辑功能上分类，有 RS 触发器、D 触发器、JK 触发器、T 触发器和 T' 触发器；从结构上分类，有基本触发器、同步触发器、主从触发器和边沿触发器。

触发器的逻辑功能和结构形式是两个不同的概念。所谓逻辑功能是指触发器次态输出和现态以及输入信号的逻辑关系。同一功能的触发器，可以用不同电路结构形式来实现。反之，同一种电路结构形式，又可以构成具有不同逻辑功能的触发器。

3. 分析触发器的逻辑功能，常用的分析方法有真值表、特性方程、状态转换图、工作波形图（时序图）。这些方法各有特点，它们之间可以相互转换。

4. 不同触发器之间可以相互转换。根据触发器的实际生产情况，通常是将 JK 和 D 触发器转换成其他类型的触发器。

习　题

9.1 如图所示是由或非门组成的基本 RS 触发器,试分析其工作原理,并写出特征方程和特性表。

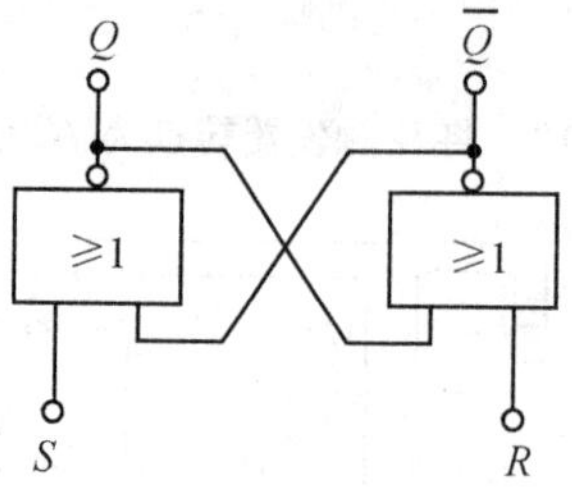

题 9.1 图

9.2 在基本 RS 触发器中,输入 R、S 的波形如图所示,试画出输出 Q 的波形。初始状态为 0。

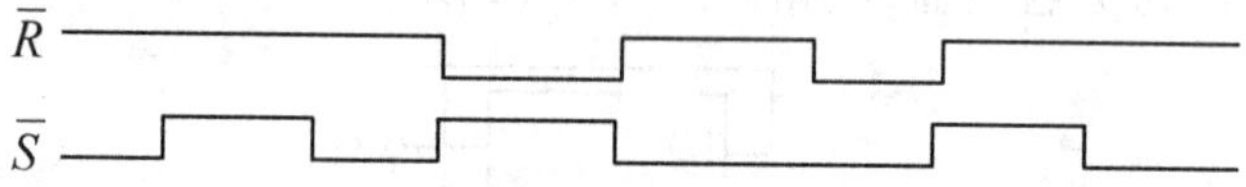

题 9.2 图

9.3 在同步 RS 触发器中,已知脉冲 CP 和输入 R、S 的波形如图所示,试画出输出 Q 的波形。初始状态为 1。

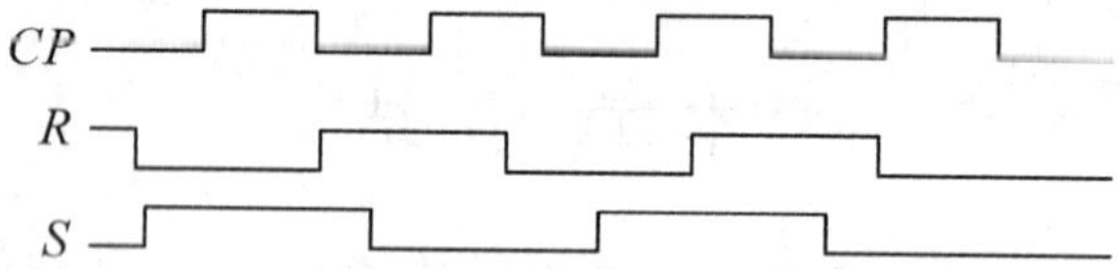

题 9.3 图

9.4 在同步 JK 触发器中,已知脉冲 CP 和输入信号 J、K 的波形如图所示,试画出输出 Q 的波形。初始状态为 0。

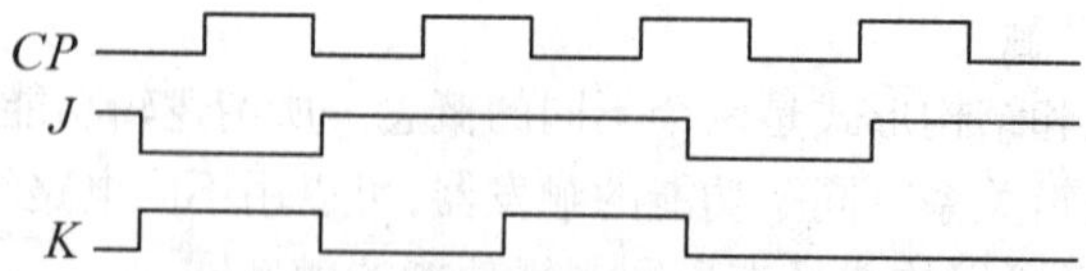

题 9.4 图

9.5 在边沿 JK 触发器中,已知 CP 和输入 J、K 的波形如图所示,试画出输出 Q 的波形（CP 采用上升沿触发器方式）。初始状态为 0。

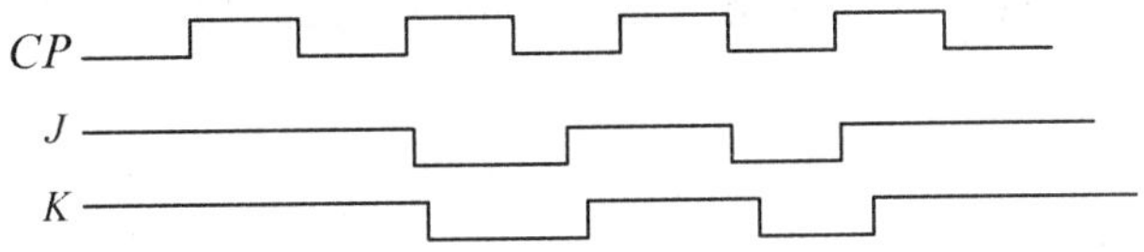

题 9.5 图

9.6 已知电路如图(a)所示,输入 x_1、x_2 的波形如图(b)所示,试分析电路的功能,写出输出 z 的表达式并画出输出 z 的波形。

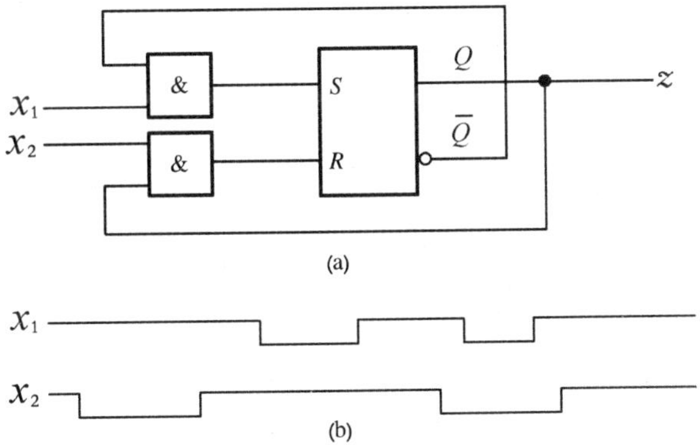

题 9.6 图

9.7 如图所示各边沿 D 触发器的初始状态都为 0 态,试对应输入 CP 波形画出 Q_0 端的输出波形。

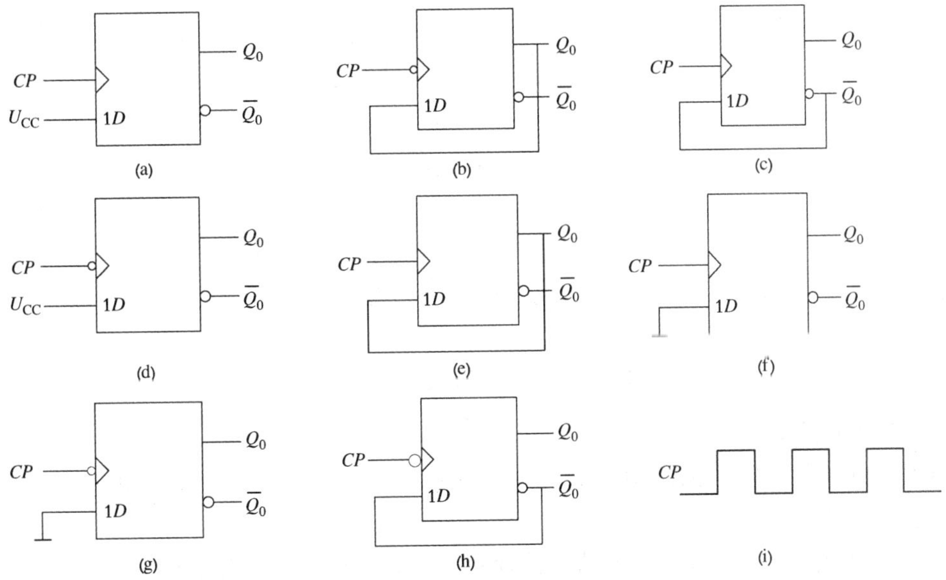

题 9.7 图

9.8 如图所示各触发器为边沿 JK 触发器，其初始状态都为 1，试对应输入 CP 波形画出 Q_0 端的输出波形。

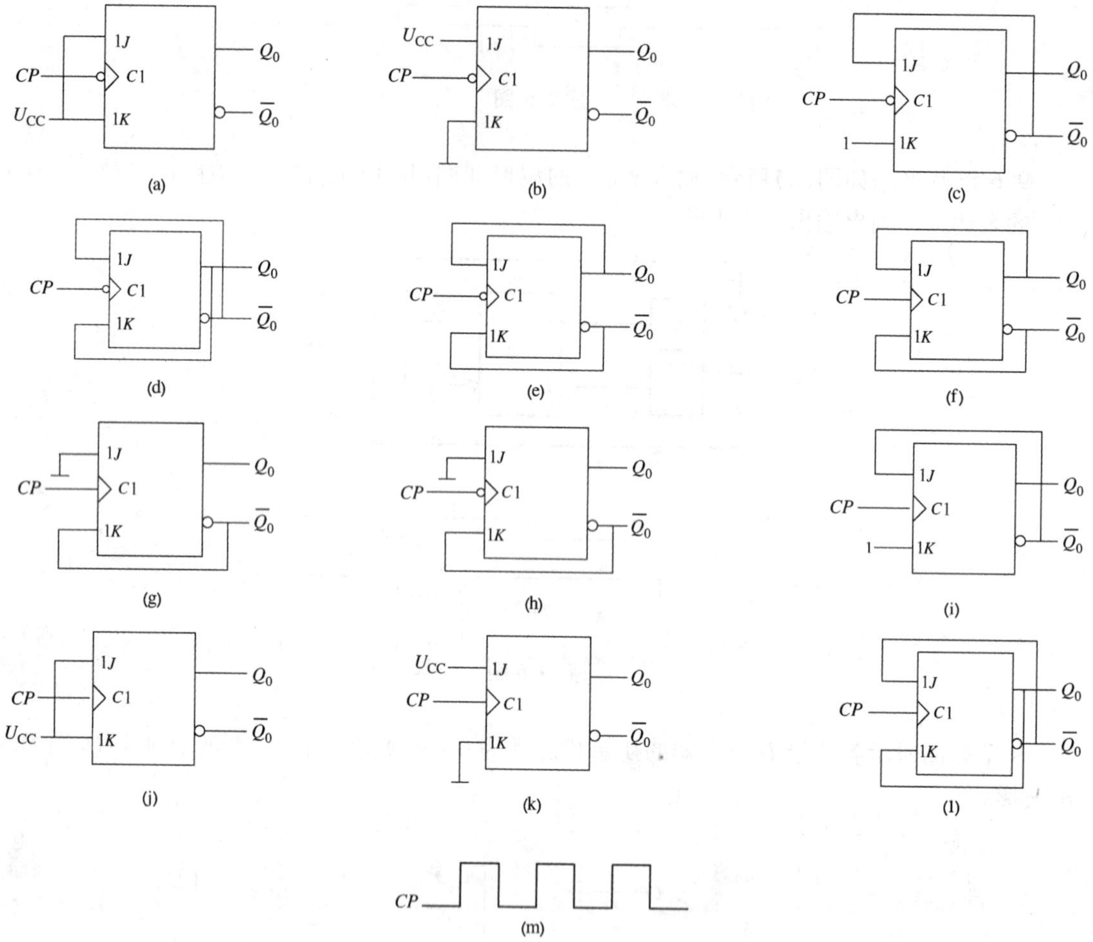

题 9.8 图

技 能 训 练

训练 9.1　触发器的应用

一、训练项目

熟悉集成触发器和门电路的应用。

二、训练内容

用集成 D 触发器和与非门等元器件设计一个智力竞赛的四人抢答电路。

说明：这是鉴别第一信号的电路。当第一个抢答者的信号到达时，相应的发光二极管发光，并封锁抢答者的信号通路，最后由主持人复原电路，使发光二极管熄灭。

三、预习要求

1. 用 D 触发器和与非门进行逻辑设计，要求使用集成芯片最少。

2. 熟悉所选用集成触发器和与非门的外引线排列,画出接线图。

四、训练要求

1. 根据要求自己设计逻辑电路。
2. 自己进行电路的连接,并自拟测试和调试的方法。
3. 独立分析、检测和排除训练中出现的故障。
4. 说明原理、分析方法,最后写出报告。

第 10 章　时序逻辑电路

本章主要介绍了时序逻辑电路的分析与设计方法，还分析了异步计数器、同步计数器、寄存器、移位寄存器、顺序脉冲发生器的工作原理，同时介绍了一些集成电路的逻辑功能、使用方法等。

10.1　概　　述

时序逻辑电路又叫时序电路，它主要是由存储电路和组合逻辑电路两部分组成，如图 10.1.1所示。与组合逻辑电路不同，时序电路的输出不仅取决于该时刻的输入信号，而且与电路的原状态有关。简而言之，时序电路具有“记忆性”。在时序逻辑电路中，触发器是必不可少的，组合逻辑电路在有些时序逻辑电路中是可以没有的。

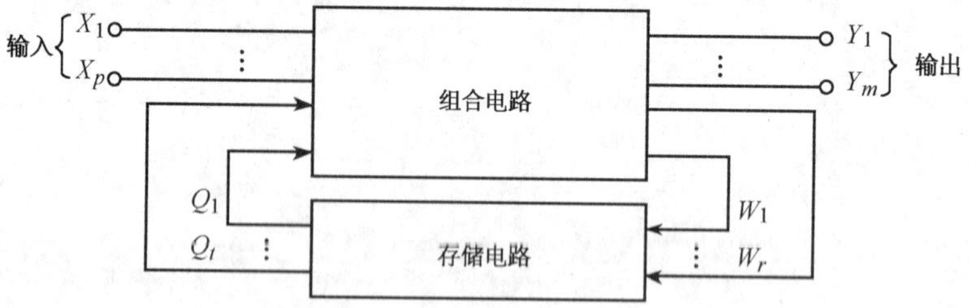

图 10.1.1　时序逻辑电路框图

次态是由组成该时序逻辑电路的触发器的现态和次态来表示的，其时序波形也是根据各个触发器的状态变化情况来描述的。

时序电路的逻辑功能可用逻辑表达式、状态表、状态图、时序图和逻辑图 5 种方式表示，这些表示方法在本质上相同，可以互相转换。

根据时钟分类，可以分为同步时序电路和异步时序电路：同步时序电路中，各个触发器的时钟脉冲相同，即电路中有一个统一的时钟脉冲，每来一个时钟脉冲，电路的状态只改变一次；异步时序电路中，各个触发器的时钟脉冲不同，即电路中没有统一的时钟脉冲来控制电路状态的变化，电路状态改变时，电路中要更新状态的触发器的翻转有先有后，是异步进行的。

根据输出分类，分为米利型时序电路和穆尔型时序电路：米利型时序电路的输出不仅与现态有关，而且还决定于电路当前的输入；穆尔型时序电路的输出仅决定于电路的现态，与电路当前的输入无关，而以电路的状态直接作为输出。

10.2　时序逻辑电路的分析方法

时序电路的种类很多，它们的逻辑功能各异，不可能全部掌握，但只要掌握了它的分析方法，就能比较方便地分析出电路的逻辑功能。

10.2.1　同步时序逻辑电路的分析方法

同步时序逻辑电路中所有触发器的时钟脉冲都来自同一个，它只控制触发器的翻转时刻，而对触发器翻转到何种状态无影响，所以在分析同步时序逻辑电路时可以不考虑时钟条件。

1. 同步时序逻辑电路的分析步骤

(1) 写方程式。

1) 输出方程：时序逻辑电路的输出逻辑表达式，它通常为现态和输入信号的函数。

2) 驱动方程：各触发器输入端的逻辑表达式。如 JK 触发器 J 和 K 的逻辑表达式。

3) 状态方程：将驱动方程带入相应触发器的特征方程中，便得到该触发器的状态方程，时序逻辑电路的状态方程由各触发器次态的逻辑表达式组成。

(2) 列状态转换真值表(状态表)。

将电路现态的各种数值带入状态方程和输出方程进行计算，求出相应的次态和输出，从而列出状态转换真值表。

(3) 根据状态表画出状态转换图和时序图。

(4) 分析电路逻辑功能。

2. 分析举例

例 10.2.1　如图 10.2.1 所示电路，分析其逻辑功能。

解：

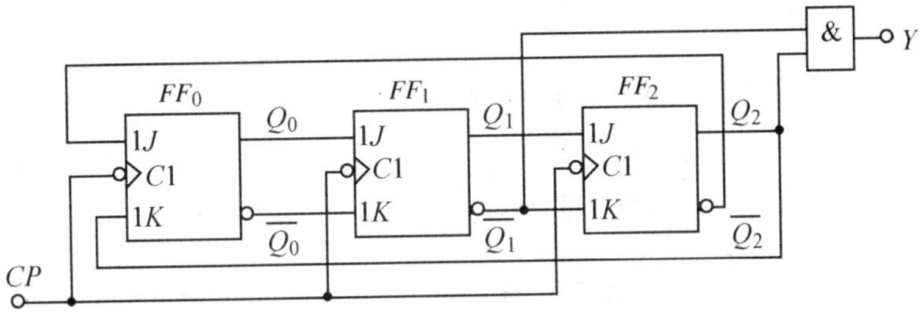

图 10.2.1　例 10.2.1 的电路图

(1) 写方程。

1) 时钟方程：$CP_2 = CP_1 = CP_0 = CP$，同步时序逻辑的时钟方程也可以不写。

2) 输出方程：$Y = \overline{Q}_1^n Q_2^n$，输出仅与电路现态有关，为穆尔型时序电路。

3) 驱动方程：
$$\begin{cases} J_2 = Q_1^n & K_2 = \overline{Q}_1^n \\ J_1 = Q_0^n & K_1 = \overline{Q}_0^n \\ J_0 = \overline{Q}_2^n & K_0 = Q_2^n \end{cases}$$

4) 状态方程：将上式的驱动方程带入 JK 触发器的特征方程 $Q^{n+1} = J\overline{Q}^n + \overline{K}Q^n$，得到其状态方程为

$$\begin{cases} Q_2^{n+1} = J_2\overline{Q}_2^n + \overline{K}_2 Q_2^n = Q_1^n\overline{Q}_2^n + Q_1^n Q_2^n = Q_1^n \\ Q_1^{n+1} = J_1\overline{Q}_1^n + \overline{K}_1 Q_1^n = Q_0^n\overline{Q}_1^n + Q_0^n Q_1^n = Q_0^n \\ Q_0^{n+1} = J_0\overline{Q}_0^n + \overline{K}_0 Q_0^n = \overline{Q}_2^n\overline{Q}_0^n + \overline{Q}_2^n Q_0^n = \overline{Q_2^n} \end{cases} \tag{10.2.1}$$

（2）列状态表。

根据式(10.2.1)，将现态的所有组合带入状态方程和输出方程，得到次态的不同组合，如假设电路的现态 $Q_2^n Q_1^n Q_0^n = 000$，带入式(10.2.1)和输出方程，得到 $Q_2^{n+1} Q_1^{n+1} Q_0^{n+1} = 001$，$Y = 0$，说明输入第一个计数脉冲，电路的状态从 000 翻转到 001。然后将 001 再当作现态，带入输出方程和状态方程，得到下一个次态。最后得到表 10-2-1 所示的状态表。

表 10-2-1　例 10.2.1 的状态表

现　　态			次　　态			输　　出
Q_2^n	Q_1^n	Q_0^n	Q_2^{n+1}	Q_1^{n+1}	Q_0^{n+1}	Y
0	0	0	0	0	1	0
0	0	1	0	1	1	0
0	1	0	1	0	1	0
0	1	1	1	1	1	0
1	0	0	0	0	0	1
1	0	1	0	1	0	1
1	1	0	1	0	0	0
1	1	1	1	1	0	0

（3）画状态转换图和时序图。

根据状态表可以画出状态转换图 10.2.2 和时序图 10.2.3。

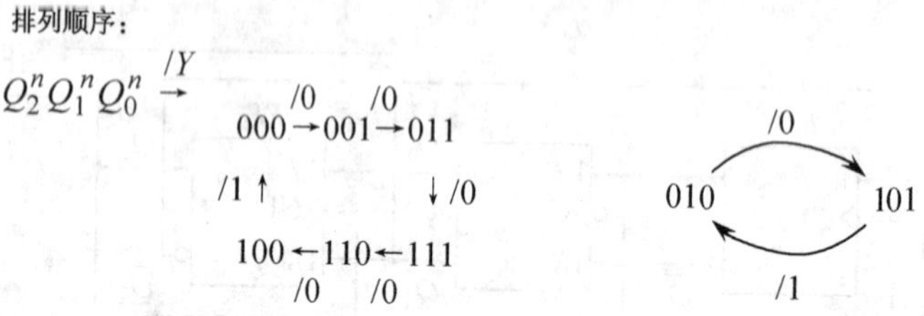

(a) 有效循环　　(b) 无效循环

图 10.2.2　例 10.2.1 的状态转换图

有效循环的 6 个状态分别是 0 ~ 5 这 6 个十进制数的格雷码，并且在时钟脉冲 *CP* 的作用下，这 6 个状态是按递增规律变化的，即：

000→001→011→111→110→100→000→⋯

所以这是一个用格雷码表示的六进制同步加法计数器。当对第 6 个脉冲计数时，计数器又重新从 000 开始计数，并产生输出 $Y = 1$。

例 10.2.2　电路如图 10.2.4 所示，分析该电路的逻辑功能。

解：（1）输出方程：$Y = \overline{X\overline{Q}_1^n} = \overline{X} + Q_1^n$。输出与输入有关，为米利型时序电路。

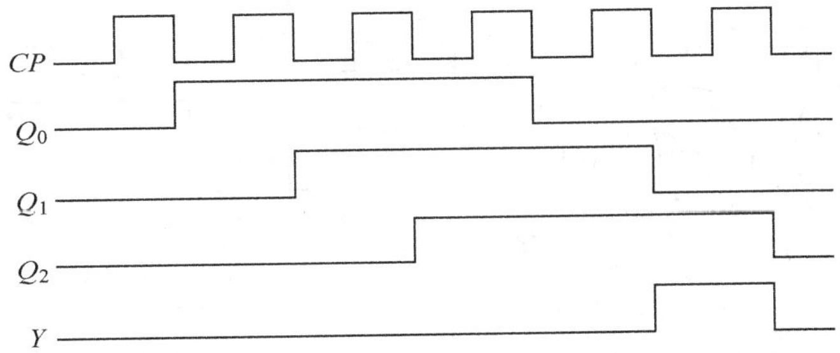

图 10.2.3　例 10.2.1 的时序图

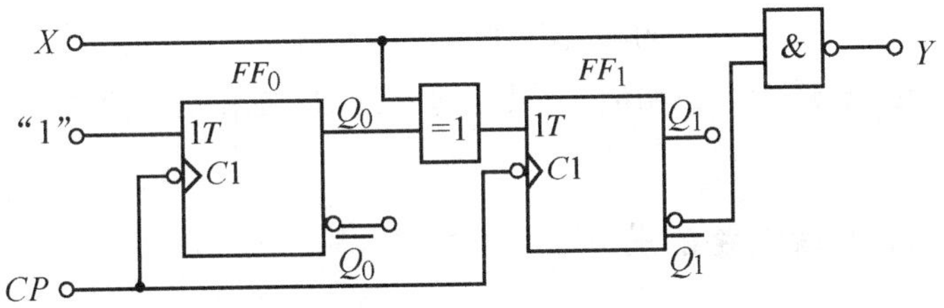

图 10.2.4　例 10.2.2 的逻辑电路图

驱动方程：$\begin{cases} T_1 = X \oplus Q_0^n \\ T_0 = 1 \end{cases}$。

状态方程：将驱动方程带入 T 触发器的特征方程 $Q^{n+1} = T \oplus Q^n$，得

$$\begin{cases} Q_1^{n+1} = T_1 \oplus Q_1^n = X \oplus Q_0^n \oplus Q_1^n \\ Q_0^n = T_0 \oplus Q_0^n = 1 \oplus Q_0^n = \overline{Q}_0^n \end{cases}$$

(2) 列状态转换表，如表 10-2-2 所示，X 可以取 0，也可以取 1。

表 10-2-2　例 10.2.2 的电路状态转换表

输　入	现　态		次　态		输　出
X	Q_1^n	Q_0^n	Q_1^{n+1}	Q_0^{n+1}	Y
0	0	0	0	1	1
0	0	1	1	0	1
0	1	0	1	1	1
0	1	1	0	0	1
1	0	0	1	1	0
1	0	1	0	0	0
1	1	0	0	1	1
1	1	1	1	0	1

(3) 电路的状态图和时序图分别如图 10.2.5(a)和(b)所示。

由图 10.2.5(a)所示的状态图可以看出，当输入 $X=0$ 时，在时钟脉冲 CP 的作用下，电路的 4 个状态按递增规律循环变化，即：

$$00 \rightarrow 01 \rightarrow 10 \rightarrow 11 \rightarrow 00 \rightarrow \cdots$$

当 $X=1$ 时，在时钟脉冲 CP 的作用下，电路的 4 个状态按递减规律循环变化，即：

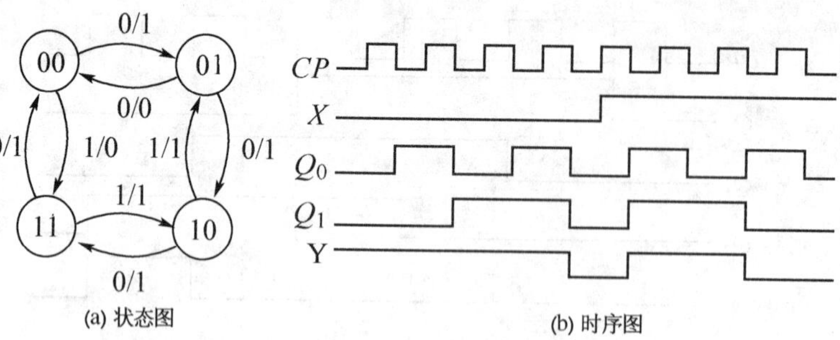

(a) 状态图　　(b) 时序图

图 10.2.5　例 10.2.2 电路的状态图和时序图

$$00\rightarrow11\rightarrow10\rightarrow01\rightarrow00\rightarrow\cdots$$

可见,该电路既具有递增计数功能,又具有递减计数功能,是一个 2 位二进制同步可逆计数器。

10.2.2　异步时序逻辑电路的分析

异步时序逻辑电路的分析方法与同步时序逻辑电路的分析方法相同,只是在分析的时候要注意,异步时序逻辑电路的时钟脉冲不是来自同一个脉冲源,所以在分析电路的状态转换时,要注意脉冲的有效时刻。

例 10.2.3　电路如图 10.2.6 所示,分析该时序逻辑电路的功能。

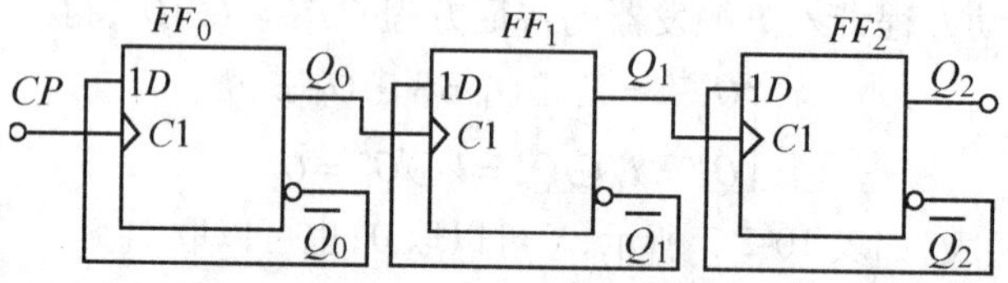

图 10.2.6　例 10.2.3 的逻辑电路

解:(1)列写方程。

异步时序电路的时钟方程:$CP_2 = Q_1, CP_1 = Q_0, CP_0 = CP$。

驱动方程:$D_2 = \overline{Q}_2^n, D_1 = \overline{Q}_1^n, D_0 = \overline{Q}_0^n$。

状态方程:将驱动方程带入 D 触发器的特征方程 $Q^{n+1} = D$,得

$$\begin{cases} Q_2^{n+1} = D_2 = \overline{Q}_2^n & Q_1 \text{ 上升沿时刻有效} \\ Q_1^{n+1} = D_1 = \overline{Q}_1^n & Q_0 \text{ 上升沿时刻有效} \\ Q_0^{n+1} = D_0 = \overline{Q}_0^n & CP \text{ 上升沿时刻有效} \end{cases} \tag{10.2.2}$$

(2) 列写状态表,如表 10-2-3 所示。

表 10-2-3　例 10.2.3 的电路特性表

现态			次态			注
Q_2^n	Q_1^n	Q_0^n	Q_2^{n+1}	Q_1^{n+1}	Q_0^{n+1}	时钟条件
0	0	0	1	1	1	$CP_0CP_1CP_2$
0	0	1	0	0	0	CP_0
0	1	0	0	0	1	CP_0CP_1

续表

现	态		次	态		注
0	1	1	0	1	0	CP_0
1	0	0	0	1	1	$CP_0CP_1CP_2$
1	0	1	1	0	0	CP_0
1	1	0	1	0	1	CP_0CP_1
1	1	1	1	1	0	CP_0

(3) 画出状态转换图和时序图,分别如图 10.2.7(a)和(b)所示。

排列顺序：$Q_2^nQ_1^nQ_0^n$ →

000←001←010←011

↓　　　　　　↑

111→110→101→100

(a) 状态图

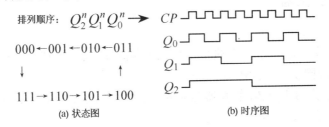

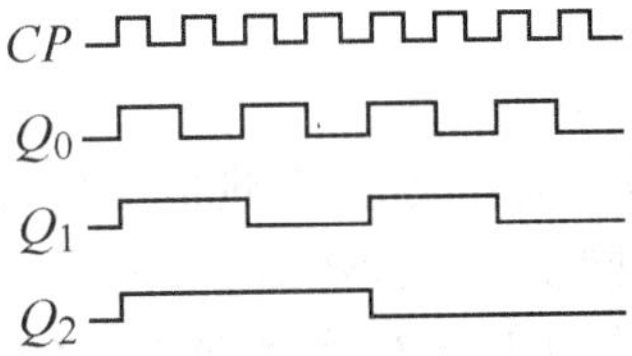

(b) 时序图

图 10.2.7　例 10.2.3 的状态图和时序图

由图 10.2.7(a)所示的状态图可以看出,在时钟脉冲 CP 的作用下,电路的 8 个状态按递减规律循环变化,即:

$$000 \to 111 \to 110 \to 101 \to 100 \to 011 \to 010 \to 001 \to 000 \to \cdots$$

电路具有递减计数功能,是一个 3 位二进制异步减法计数器。

10.3　计　数　器

用以统计输入计数脉冲 CP 个数的电路,称作计数器。它主要是由触发器组成。计数器的输出通常是现态的函数。计数器的分类很多,可以有以下 3 种分类。

1. 同步计数器和异步计数器

按照计数器中各个触发器状态更新(翻转)情况的不同,可分成两大类。

同步计数器:在同步计数器中,各个触发器都受同一时钟脉冲(输入计数脉冲)CP 的控制,因此它们状态的更新是同步的。

异步计数器:有的触发器直接受输入计数脉冲的控制,有的则是把其他触发器的输出用作时钟脉冲,因此它们状态的更新有先有后、是异步的。

2. N 进制计数器

计数器有效状态的个数称为计数长度,也称为计数器的计数容量或模 M。

二进制计数器: 模为 2 的是二进制计数器,按二进制数运算规律进行计数的电路称为二进制计数器。

十进制计数器: 模为 10 的是十进制计数器,按十进制数运算规律进行计数的电路称为十进制计数器。

任意进制计数器:除了二进制计数器和十进制计数器以外的其他进制计数器统称为任意进制计数器,也叫 N 进制计数器。

3. 加法计数器和减法计数器

按照在输入计数脉冲操作下计数器中数值增、减情况的不同,可分为加法、减法和可逆计数器3种类型。

随着计数脉冲的输入做递增计数的叫加法计数器,简称加计数器;进行递减计数的叫减法计数器,简称减计数器;而有增有减的计数器称为可逆计数器。有些计数器有效状态的转换规律不按计数器中数值的增减排列,因而也就无所谓加法计数器或减法计数器了。

对于任何计数器,至少应说明它是由哪种触发器构成的,是同步计数器还是异步计数器,是几进制计数器,是加法计数器还是减法计数器(或计数过程中状态的变化规律)。

10.3.1 二进制计数器

1. 同步二进制计数器

同步二进制计数器的种类很多,现以3位二进制同步计数器为例,说明其原理。

(1) 3位二进制同步加法计数器。

图10.3.1所示为由3个 *JK* 触发器构成的3位同步二进制加法计数器。计数脉冲都采用下降沿有效。工作原理如下:

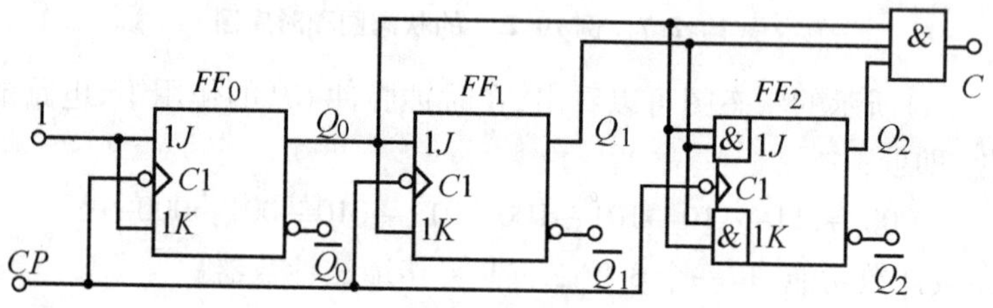

10.3.1 3位二进制同步加法计数器

1) 时钟方程:$CP_0 = CP_1 = CP_2 = CP$。

输出方程:$C = Q_2^n Q_1^n Q_0^n$。

驱动方程:$J_0 = K_0 = 1, J_1 = K_1 = Q_0^n, J_2 = K_2 = Q_1^n Q_0^n$。

状态方程:
$$\begin{cases} Q_2^{n+1} = J_2\overline{Q}_2^n + \overline{K}_2 Q_2^n = Q_1^n Q_0^n \overline{Q}_2^n + \overline{Q_1^n Q_0^n} Q_2^n \\ Q_1^{n+1} = J_1\overline{Q}_1^n + \overline{K}_1 Q_1^n = Q_0^n \overline{Q}_1^n + \overline{Q}_0^n Q_1^n \\ Q_0^{n+1} = J_0\overline{Q}_0^n = \overline{K}_0 Q_0^n = \overline{Q}_0^n \end{cases}$$
。

2) 列写状态转换表,如表10-3-1所示。

表10-3-1 3位二进制同步计数器的特性表

现态			次态			输出
Q_2^n	Q_1^n	Q_0^n	Q_2^{n+1}	Q_1^{n+1}	Q_0^{n+1}	Y
0	0	0	0	0	1	0
0	0	1	0	1	0	0
0	1	0	0	1	1	0
0	1	1	1	0	0	0
1	0	0	1	0	1	0
1	0	1	1	1	0	0
1	1	0	1	1	1	0
1	1	1	0	0	0	1

3）状态转图和时序图分别如图 10.3.2 和 10.3.3 所示。

从特性表和状态转换图都可以看出，所示电路在输入第八个计数脉冲 CP 后返回到初始状态 000，同时进位输出端 C 输出一个进位信号 1。所以该电路为八进制计数器。

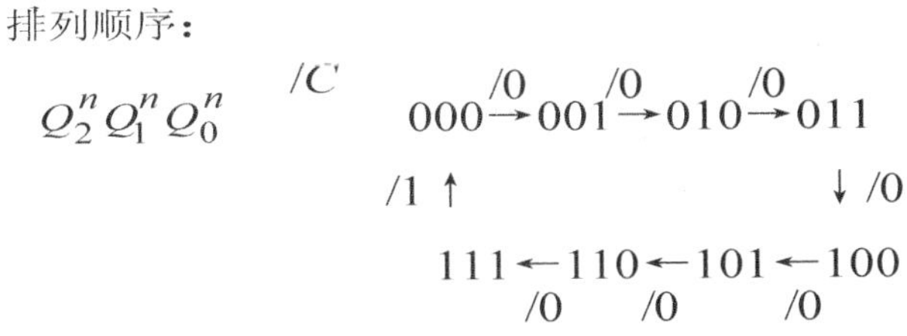

图 10.3.2　3 位二进制同步加法计数器的状态转换图

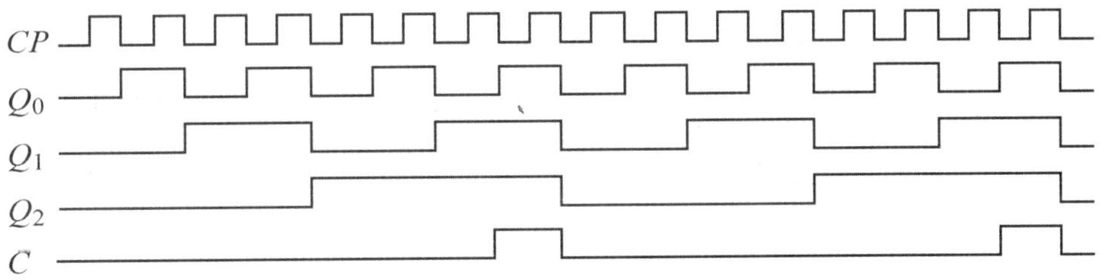

图 10.3.3　八进制计数器的状态转换图

电路没有无效状态，所以电路能够自启动。如果是 N 位二进制同步加法计数器，则驱动方程和输出方程可以推广如下：

$$\text{驱动方程：}\begin{cases} J_0 = K_0 = 1 \\ J_1 = K_1 = Q_0^n \\ J_2 = K_2 = Q_1^n Q_0^n \\ \cdots\cdots \\ J_{n-1} = K_{n-1} = Q_{n-2}^n Q_{n-3}^n \cdots Q_1^n Q_0^n \end{cases}。$$

输出方程：$C = Q_{n-1}^n Q_{n-2}^n \cdots Q_1^n Q_0^n$。

(2) 3 位二进制同步减法计数器。

要实现 3 位同步二进制减法计数器，必须在输入第一个减法计数脉冲时，电路的状态由 000 变为 111，所以只要将 3 位同步加法计数器的输出由 Q 端改为 $\overline{Q}$ 端就可以了。3 位二进制同步减法计数器的电路如图 10.3.4 所示。

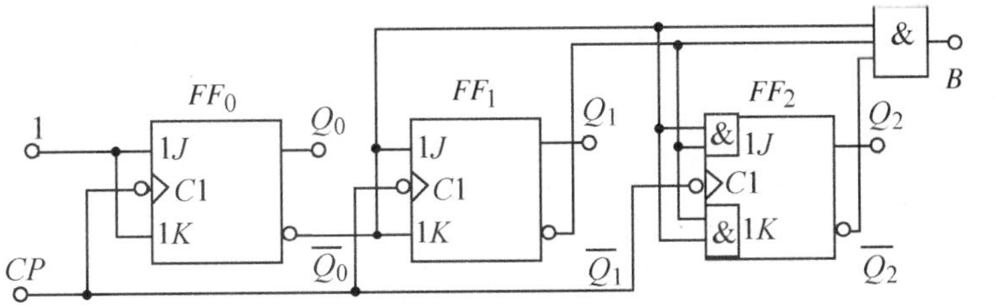

图 10.3.4　3 位二进制同步减法计数器的电路图

(3) 3 位二进制同步可逆计数器。

3 位二进制同步可逆计数器电路如图 10.3.5 所示。其中 $\overline{U}/D$ 为控制加法和减法的控制信号：$\bar{U}$ 控制加法，低电平有效，当 $\overline{U}/D=0$ 时把 $\overline{Q}$ 封锁，所以电路作为加法计数；D 控制减法，高电平有效，当 $\overline{U}/D=1$ 时把 Q 封锁，所以电路作为减法计数。原理可自行分析。

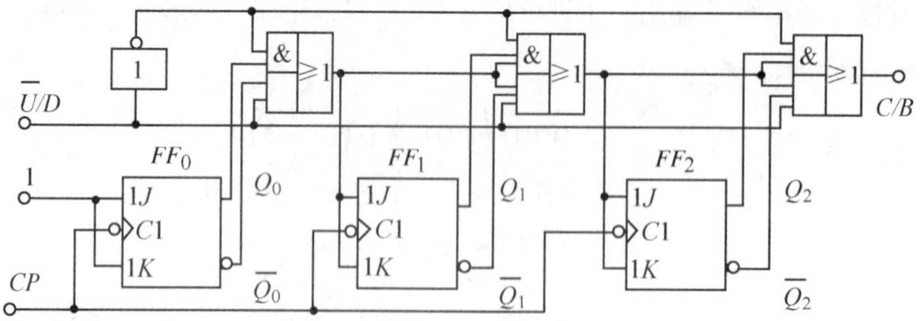

图 10.3.5　3 位二进制同步可逆计数器的电路图

（4）4 位集成二进制同步加法计数器 74LS161/163。

图 10.3.6(*a*)和(*b*)分别为 4 位集成二进制同步加法计数器 74LS161/163 的引脚排列图和逻辑功能示意图，$\overline{CR}$为异步置 0 控制端，低电平有效，$\overline{CR}=0$ 时，电路异步清零。$\overline{LD}$为同步置数控制端，低电平有效，当$\overline{LD}=0$、$\overline{CR}=1$ 时，电路同步置数。CT_T、CT_P 为计数控制端，当$\overline{LD}=1$、$\overline{CR}=1$ 时，且 $CT_T=1$、$CT_P=1$ 时，电路按照 4 位自然二进制码进行同步二进制计数。当$\overline{LD}=1$、$\overline{CR}=1$、$CT_T=CT_P=0$ 时，电路既不置 0，也不置数和计数，也就是计数器状态保持不变。$D_0\sim D_3$ 为并行数据输入端。

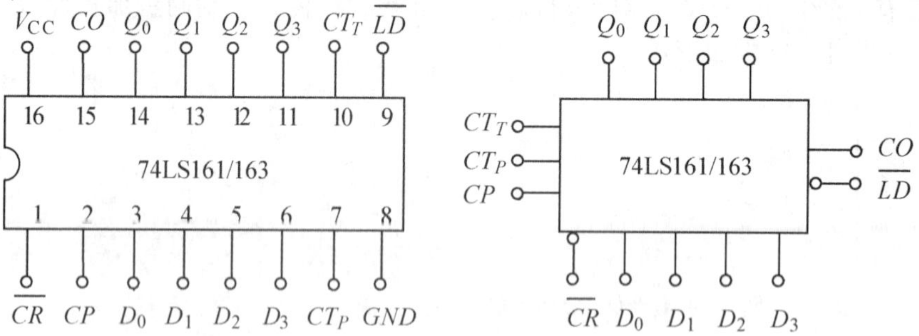

(a) 引脚排列图　　(b) 逻辑功能示意图

图 10.3.6　74LS161/163 的引脚排列和逻辑功能示意图

74LS163 的引脚排列与 74LS161 相同，不同之处是 74LS163 采用同步清零方式。

2. 异步二进制计数器

（1）3 位二进制异步加法计数器。

图 10.3.7 为 3 位二进制异步加法计数器的电路图，三个 *JK* 触发器都接成 *T'* 触发器，用计数脉冲的 *CP* 下降沿触发，上一个触发器的输出 *Q* 作为下一个触发器的脉冲。工作原理如下：

计数前使各个触发器都为 0 态，当输入第一个计数脉冲 *CP* 时，第一位触发器 FF_0 由 0 状态翻到 1 态，Q_0 端输出正跃变，FF_1 不能翻转，保持 0 状态不变，这时计数器的状态为 001。

当输入第二个计数脉冲时，FF_0 由 1 状态翻到 0 态，Q_0 端输出负跃变，FF_1 由 0 状态翻到 1 态，Q_1 端输出正跃变，FF_2 不能翻转，保持 0 状态不变，这时计数器的状态为 010。

当连续输入计数脉冲时，根据上述计数规律，只要低位触发器由 1 态翻转到 0 态，相邻高位触发器的状态就改变一次，当输入到第八个脉冲的时候，三个触发器都回到初始状态 000。这时 *C* 输出一个进位信号。其状态转换图和时序图分别如图 10.3.8 和图 10.3.9 所示。

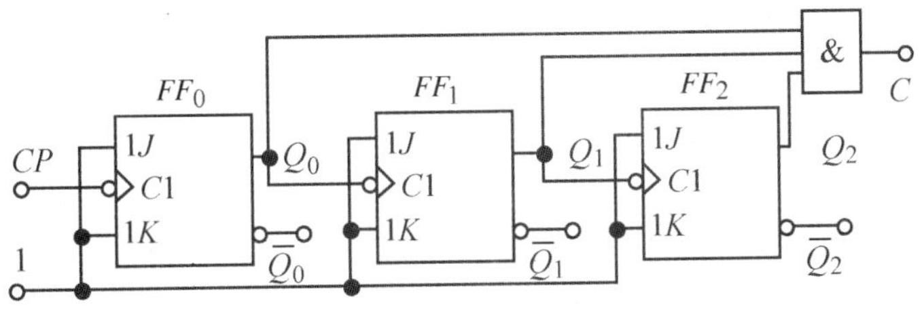

图 10.3.7　3 位二进制异步加法计数器的电路图

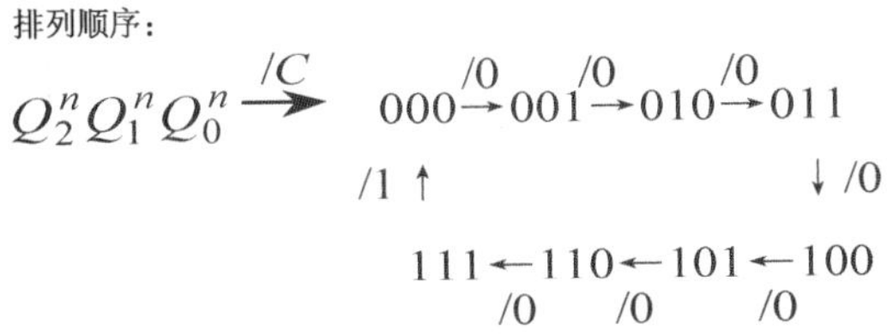

图 10.3.8　3 位二进制异步加法计数器的转换图

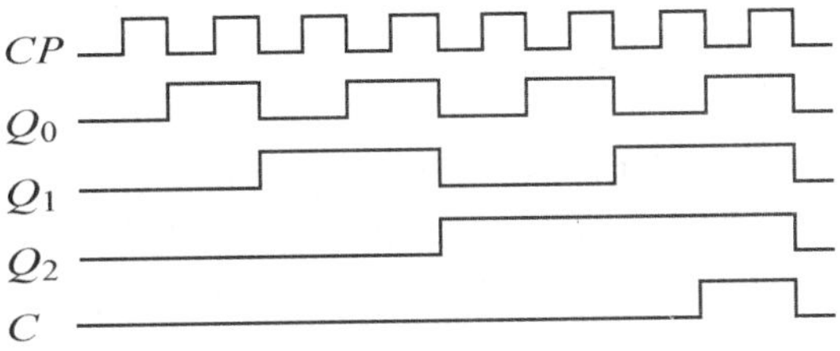

图 10.3.9　3 位二进制异步加法计数器的时序图

(2) 3 位二进制异步减法计数器。

先来介绍一下二进制数的减法运算规则：1 - 0 = 0，0 - 1 不够，可向相邻高位借 1 作 2，这时可视为(1)0 - 1 = 1。如二进制数 000 - 1 时，可视为(1)000 - 1 = 111，可见 3 位二进制减法计数器实现减法运算的关键是输入第一个减法脉冲后，计数器的状态应由 000 变为 111。

图 10.3.10 为 3 位二进制异步减法计数器的电路图，三个 JK 触发器也都接成 T′触发器，采用 CP 下降沿触发，为了能实现向相邻高位触发器输出借位信号，要求低位触发器由 0 态变为 1 态时能使高位触发器的状态翻转，故 3 位二进制异步减法计数器是把上一个触发器的输出 $\overline{Q}$ 作为下一个触发器的脉冲，工作原理如下：

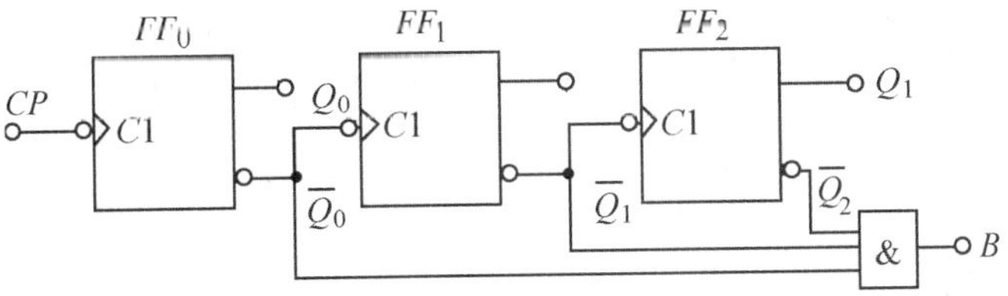

图 10.3.10　3 位二进制异步减法计数器的电路图

当输入第一个减法脉冲，第一位触发器 FF_0 由 0 状态翻到 1 态，$\overline{Q}_0$ 输出一个由 1 到 0 的下降沿，产生一个负跃变，使 FF_1 的状态由 0 翻转到 1，$\overline{Q}_1$ 输出负跃变的借位信号，使 FF_2 由 0 态翻到 1 态，也就是第一个脉冲后触发器的状态由 000 翻转到 111。连续输入脉冲后，只要低位端的状态由 0 到 1，高位端的状态就会发生翻转。其状态转换图和时序图分别如图 10.3.11 和 10.3.12 所示。

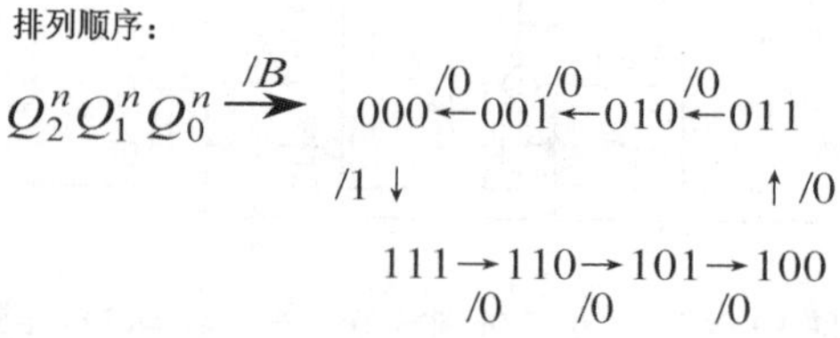

图 10.3.11 3 位二进制异步减法计数器的状态图

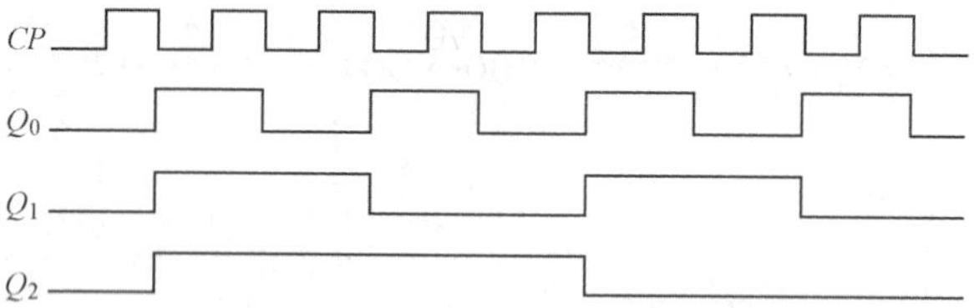

图 10.3.12 3 位二进制异步减法计数器的时序图

从以上分析可以得出，二进制异步计数器级间连接规律如表 10-3-2 所示。首先把触发器都接成 T' 触发器。当是加法计数器时，如果是上升沿触发的话，就把上一个触发器的反输出当作下一个触发器的脉冲；如果是下降沿触发的话，就把上一个触发器的原输出当作下一个触发器的脉冲。当是减法计数器时，如果是上升沿触发方式，就把上一个触发器的原输出当作下一个触发器的脉冲；如果是下降沿触发方式，就把上一个触发器的反输出当作下一个触发器的脉冲。

表 10-3-2 二进制异步计数器级间连接规律

连接规律	T' 触发器的触发沿	
	上升沿	下降沿
加法计数	$CP_i = \overline{Q}_{i-1}$	$CP_i = Q_{i-1}$
减法计数	$CP_i = Q_{i-1}$	$CP_i = \overline{Q}_{i-1}$

（3）4 位集成二进制异步加法计数器 74LS197。

电路引脚排列图和逻辑功能示意图分别如图 10.3.13(a)和(b)所示。$\overline{CR}$ 为异步清零端，低电平有效。$CT/\overline{LD}$ 脚中 CT 为异步加法计数控制端，高电平有效。$\overline{LD}$ 为异步置数控制端，低电平有效。$D_0 \sim D_3$ 为并行数据输入端。将 CP 加在 CP_0 端，Q_0 与 CP_1 连接起来，构成 4 位二进制即异步十六进制加法计数器；若将 CP 加在 CP_1 端，则计数器中 FF_1、FF_2、FF_3 构成 3 位二进制即八进制计数器，FF_0 不工作；如果只将 CP 加在 CP_0 端，CP_1 接 0 或 1，那么 FF_0 工作，形成一位二进制即二进制计数器，FF_1、FF_2、FF_3 不工作。因此，也把 74197、74LS197 称为二—八—十六进制计数器。

10.3.2 十进制计数器

1. 同步十进制计数器

（1）同步十进制加法计数器。

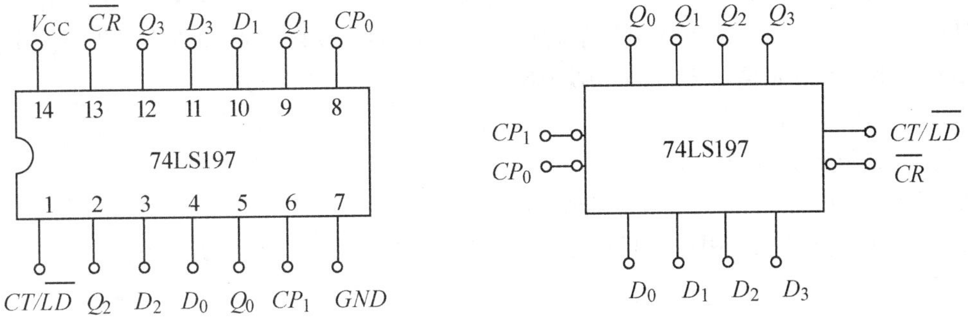

(a) 引脚排列图　　(b) 逻辑功能示意图

图 10.3.13　74LS197 的引脚排列和逻辑功能示意图

同步十进制加法计数器的电路如图 10.3.14 所示，采用下降沿触发方式。工作原理如下：

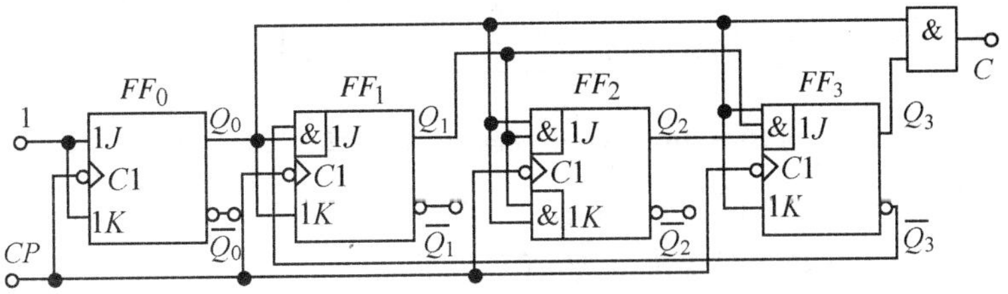

图 10.3.14　十进制同步加法计数器的电路图

输出方程：$C = Q_3^n Q_0^n$。

驱动方程：$\begin{cases} J = K_0 = 1 \\ J_1 = \overline{Q}_3^n Q_0^n, K_1 = Q_0^n \\ J_2 = K_2 = Q_1^n Q_0^n \\ J_3 = Q_2^n Q_1^n Q_0^n, K_3 = Q_0^n \end{cases}$。

状态方程：$\begin{cases} Q_0^{n+1} = 1 \cdot \overline{Q}_0^n + \overline{1} \cdot Q_0^n \\ Q_1^{n+1} = \overline{Q}_3^n Q_0^n \cdot \overline{Q}_1^n + \overline{Q}_0^n \cdot Q_1^n \\ Q_2^{n+1} = \overline{Q}_1^n Q_0^n \cdot \overline{Q}_2^n + \overline{Q_1^n Q_0^n} \cdot Q_2^n \\ Q_3^{n+1} = Q_2^n Q_1^n Q_0^n \cdot \overline{Q}_3^n + \overline{Q}_0^n \cdot Q_3^n \end{cases}$。

根据状态方程可以得到状态转换图如图 10.3.15 所示。电路在输入第十个脉冲回到初始状态 000，同时向高位输出一个下降沿的进位信号。

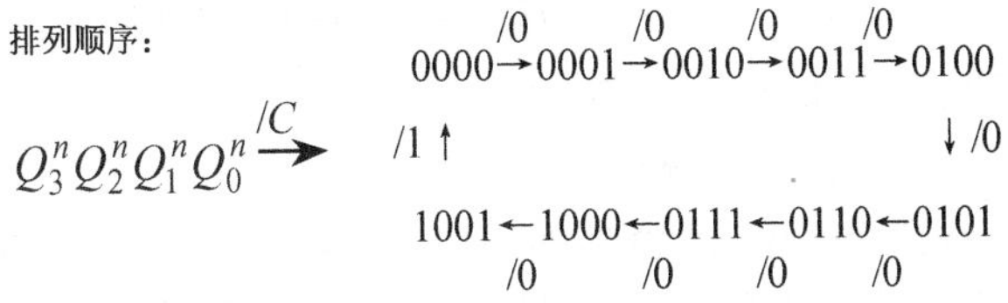

图 10.3.15　同步十进制加法计数器的状态图

(2) 集成十进制同步计数器。

集成十进制同步加法计数器 74LS160、74LS162 的引脚排列图、逻辑功能示意图与

74LS161、74LS163 相同，不同的是 74LS160 和 74LS162 是十进制同步加法计数器，而 74LS161 和 74LS163 是 4 位二进制（16 进制）同步加法计数器。此外 74LS160 和 74LS162 的区别在于，74LS160 采用的是异步清零方式，而 74LS162 采用的是同步清零方式。

2. 十进制异步计数器

（1）十进制异步加法计数器

电路如图 10.3.16 所示，异步十进制加法计数器是在 3 位异步二进制计数器的基础上经过修改得到的，它跳过了 1010～1111 这 6 个状态，利用自然二进制数的前 10 个状态实现十进制数。

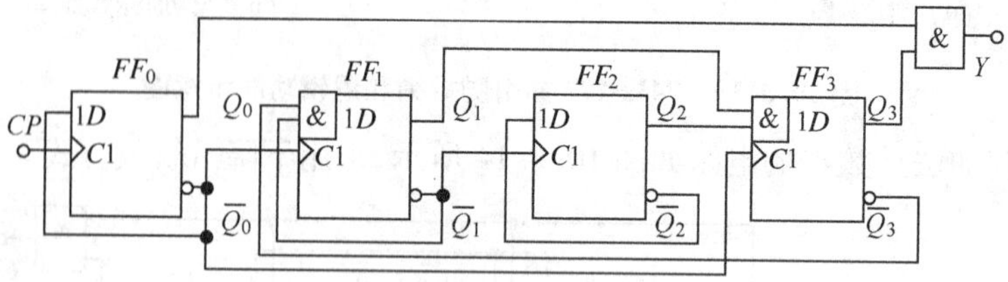

图 10.3.16　异步十进制加法计数器的逻辑图

驱动方程：$D_0=\overline{Q}_0^n, D_1=\overline{Q}_3^n\overline{Q}_1^n, D_2=\overline{Q}_2^n, D_3=Q_2^nQ_1^n$。

时钟方程：$CP_0=CP, CP_1=\overline{Q}_0, CP_2=\overline{Q}_1, CP_3=\overline{Q}_0$。

$$\text{状态方程：}\begin{cases}Q_0^{n+1}=\overline{Q}_0^n\\ Q_1^{n+1}=\overline{Q}_3^n\overline{Q}_1^n\\ Q_2^{n+1}=\overline{Q}_2^n\\ Q_3^{n+1}=Q_2^nQ_1^n\end{cases}\text{。}$$

根据状态方程可以得到状态图如图 10.3.117 所示，从状态图可以看出是十进制计数器，将无效状态 1010～1111 分别代入状态方程进行计算，可以验证在多个 CP 脉冲作用下都能回到有效状态，电路能够自启动。这点读者可以自行带入状态方程验证。需要注意的是，今后在描述计数器的逻辑功能时，除二进制计数器外，都要说明其能否自启动。

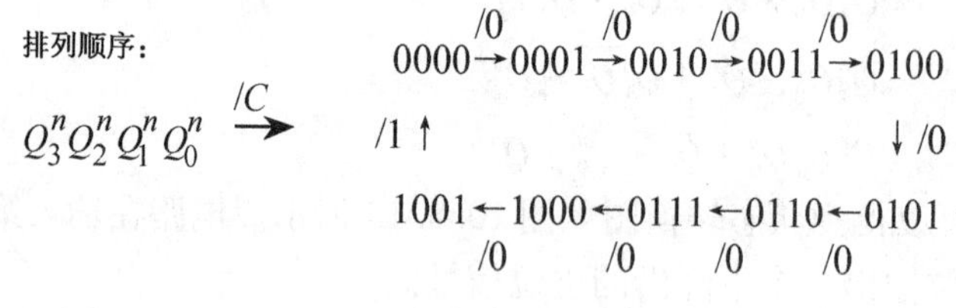

图 10.3.17　异步十进制加法计数器的状态图

异步十进制加法计数器的时序图如图 10.3.18 所示。

（2）集成十进制异步计数器 74LS90。

集成十进制异步计数器 74LS90 的引脚排列和逻辑功能示意图如图 10.3.19（a）和（b）所示，内部由一个一位二进制计数器和一个五进制计数器两部分组成。

74LS90 的功能表如表 10-3-3 所示。

1）异步置 0 功能：当 $R_{OA}\cdot R_{OB}=1$、$S_{OA}\cdot S_{OB}=0$ 时，计数器置 0，与时钟脉冲 CP 无关，属于异步置 0。

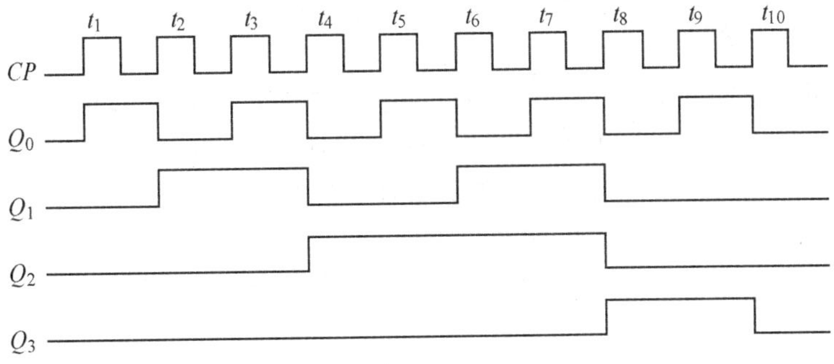

图 10.3.18　异步十进制加法计数器时序图

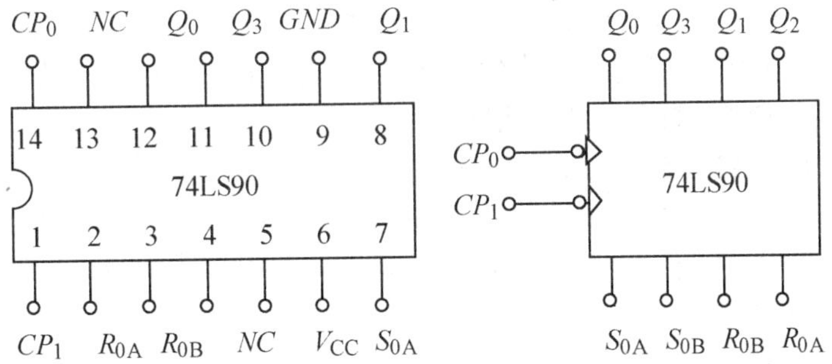

(a) 引脚排列图　　(b) 逻辑功能示意图

图 10.3.19　74LS90 的引脚排列和逻辑功能示意图

2）异步置 9 功能：当 $S_{0A} \cdot S_{0B} = 1$ 时，计数器置 9，它也与 CP 无关，为异步置 9。

3）计数功能：当 $R_{0A} \cdot R_{0B} = 0$、$S_{0A} \cdot S_{0B} = 0$ 时，电路处于计数状态：

表 10-3-3　74LS 90 的功能表

输入						输出			
R_{0A}	R_{0B}	S_{0A}	S_{0B}	CP_0	CP_1	Q_0^{n+1}	Q_1^{n+1}	Q_2^{n+1}	Q_3^{n+1}
1	1	0	×	×	×	0	0	0	0（清零）
1	1	×	0	×	×	0	0	0	0（清零）
×	×	1	1	×	×	1	0	0	1（置 9）
×	0	×	0	↓	0	二进制数			
×	0	0	×	0	↓	五进制数			
0	×	×	0	↓	Q_0	8421 码十进制计数			
0	×	0	×	Q_1	↓	5421 码十进制计数			

计数脉冲从 CP_0 端输入、从 Q_0 端输出时，则构成一位二进制计数器。

计数脉冲从 CP_1 端输入、输出为 $Q_3Q_2Q_1$ 时，则构成五进制计数器。

如将 Q_0 和 CP_1 相连，计数脉冲从 CP_0 输入、输出为 $Q_3Q_2Q_1Q_0$ 时，则构成 8421BCD 码异步十进制计数器。

如将 Q_3 和 CP_0 相连，计数脉冲由 CP_1 端输入、从高位到低位的输出为 $Q_0Q_3Q_2Q_1$ 时，则构成 5421BCD 码异步十进制加法计数器。

10.3.3 N进制计数器

目前,尽管各种不同逻辑功能的计数器已经做成中规模集成电路,并逐步取代了触发器组成的计数器,但不可能做到任一进制的计数器都有其对应的集成产品。中规模集成计数器常用的定型产品有四位二进制计数器、十进制计数器等。在需要其他任意进制计数器时,可用已有的计数器产品外加适当的反馈电路连接而成。

构成N进制计数器的方法主要有两种:反馈归零法和反馈置数法。

1. *反馈归零法*

(1) 异步置0法:

利用计数器的异步置0功能可获得N进制计数器。这时,只要异步置0输入端出现置0信号,计数器便立即被置0。因此利用异步置0输入端获得N进制计数器时,应在输入第N个计数脉冲*CP*后,通过控制电路(或反馈线)产生一个置0信号加到异步置0输入端上,使计数器置0,便实现了N进制计数。具体方法如下:

1) 写出N进制计数器状态S_N的二进制代码。

2) 求归零逻辑函数,即求异步清零端信号的逻辑表达式。把S_N的二进制代码中都为1的输出端通过与门(或与非门)引回到置0端就可,置0是高电平有效的经过与门回来,置0是低电平有效地经过与非门回来。

3) 画连线图。

(2) 同步置0法:

利用计数器的同步置0功能也可获得N进制计数器,但它与异步置0功能实现任意进制计数不同,因为在同步置0控制端获得置0信号后,计数器并不能立刻置0,还需要输入一个计数脉冲*CP*后才能被置0,所以利用同步置0控制端获得N进制计数器时,应在输入第N-1个计数脉冲*CP*后,通过控制电路使同步置0控制端获得置0信号,这样,在输入第N个计数脉冲时,计数器才被置0,回到初始0的状态,从而实现了N进制计数。具体方法如下:

1) 写出状态S_{N-1}的二进制代码。

2) 求归零逻辑,即求同步清零端信号的逻辑表达式。把S_{N-1}的二进制代码中都为1的输出端通过与门(或与非门)引回到置数端就可,置数是高电平有效地经过与门回来,置数是低电平有效地经过与非门回来。

3) 画连线图。

2. *反馈置数法*

(1) 异步置数法:

利用异步置数功能可以获得N进制计数器,与异步置0相同,异步置数和时钟脉冲没有关系,只要异步置数控制端出现置数信号,并行数据输入端$D_0 \sim D_3$输入的数据便立刻被置入计数器。因此利用异步置数控制端构成N进制计数器时,应在输入第N个计数脉冲时,通过控制电路产生的置数信号加到计数器的异步置数控制端上,使计数器回到初始的置数状态,实现了N进制计数。构成N进制计数器的方法和前面讲的异步置0方法相同,但在利用异步置数功能构成N进制计数器时,并行数据输入端$D_0 \sim D_3$必须接入计数起始数据。

(2) 同步置数法:

它与同步置0的方法差不多,也是在第N-1个计数脉冲时,通过控制电路使同步置数控制端上获得一个置数信号,这时数据虽不能置入计数器,但在第N个脉冲的时候,数据被置入计数器,从而构成了 N 进制计数器。

在前面介绍的集成计数器中,清零、置数均采用同步方式的有 74LS163,均采用异步方式的有 74LS197。清零采用异步方式、置数采用同步方式的有 74LS161、74LS160。74LS90 则具有异步清零和异步置 9 功能。74LS162 的清零方式为同步。

例 10.3.1　用 74LS163 来构成一个十二进制计数器。

解:(1)因为 74LS163 的清零和置数都是同步的,所以写十二进制代码的时候写出 S_{N-1} 的二进制代码:$S_{N-1}=S_{12-1}=S_{11}=1011$。

(2) 求归零函数:$\overline{CR}=\overline{LD}=\bar{P}_{N-1}=\bar{P}_{11}, P_{N-1}=P_{11}=Q_3^nQ_1^nQ_0^n$。

(3) 画连线图:可以采用同步清零法,也可以采用同步置数法。电路如图 10.3.20 所示。

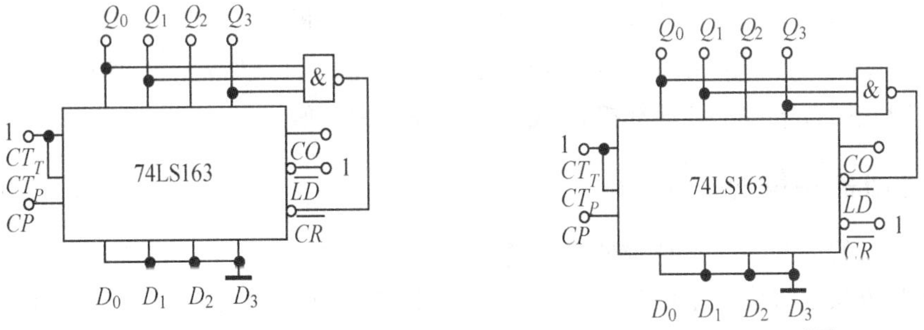

(a) 用同步清零端$\overline{CR}$归零　　(a) 用同步置零端$\overline{LD}$归零

图 10.3.20　例 10.3.1 的连线图

当 $Q_3^nQ_1^nQ_0^n=1$ 时,也就是计数达到 $Q_3^nQ_2^nQ_1^nQ_0^n=1011$ 时,$Q_3^nQ_1^nQ_0^n$ 经过与非门后为 0,把它引到清零端$\overline{CR}$上,但由于是同步清零,所以这时还不能清零。等到下一个脉冲,也就是第十二个脉冲时,电路清零,回到初始状态 0000,构成了十二进制。同步置数原理相同。

例 10.3.2　用 74LS197 来构成一个十二进制计数器。

解:(1) 因为清零和置数都是异步的,所以写状态 S_N 的二进制代码,$S_N=S_{12}=1100$。

(2) 求归零逻辑:$\overline{CR}=\overline{CT/\overline{LD}}=\bar{P}_N=\bar{P}_{12}, P_N=P_1=Q_3^nQ_2^n$。

(3) 画连线图:电路分别如图 10.3.21(a)和(b)所示。

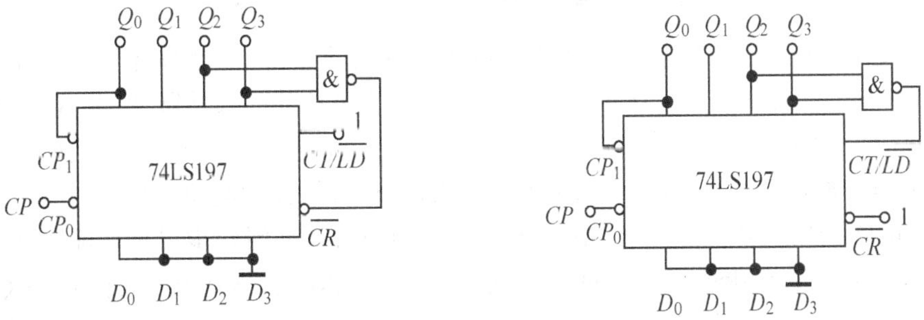

(a) 用异步清零端$\overline{CR}$归零　　(b) 用异步置数端$CT/\overline{LD}$归零

图 10.3.21　例 10.3.2 的连线图

例 10.3.3　用 74LS161 来构成一个十二进制计数器。

解: 74LS161 的清零为异步清零,置数为同步置数。如果用异步清零法,则写二进制代码为 $S_N=S_{12}=1100$,归零函数为$\overline{CR}=\overline{Q_3^nQ_2^n}$。如果用同步置数法,则写二进制代码为 $S_{N-1}=S_{11}=$

1011,归零函数为$\overline{LD}=\overline{Q_3^nQ_1^nQ_0^n}$。连线图分别如图 10.3.22(a)和(b)所示。

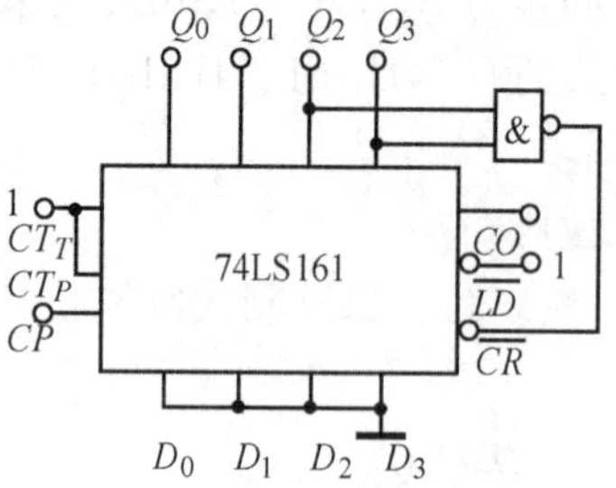

(a) 用异步清零端$\overline{CR}$归零

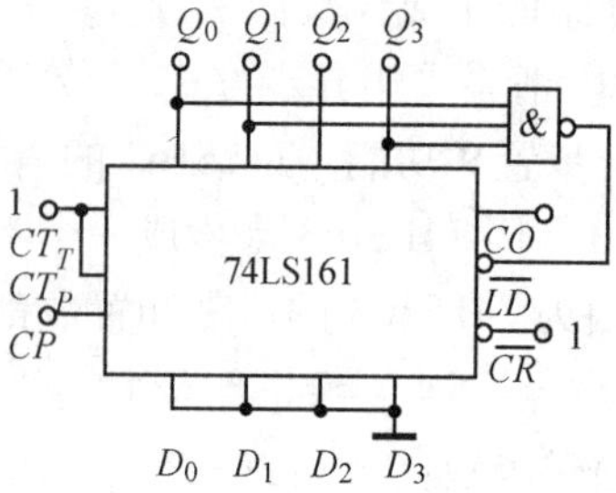

(b) 用同步置数端$\overline{LD}$归零

图 10.3.22 例 10.3.3 的连线图

这里需要注意的是,采用异步清零法时,数据 $D_0 \sim D_3$ 可以随意处置,接什么数值都可以。但用同步置数法时,$D_0 \sim D_3$ 必须都接 0,或者接所要置的数值。

10.3.4 计数器容量的扩展

当所要构成的进制数大于计数器最大的计数范围时,就需要用到级联来扩展计数器的容量。计数器的级联是将多个集成计数器串联起来,以获得计数容量更大的 N 进制计数器。一般集成计数器都有级联用的输入端和输出端,只要正确连接这些级联端,就可以获得所要进制的计数器。

图 10.3.23 是用两片 74LS90 所构成的 100 进制计数器。

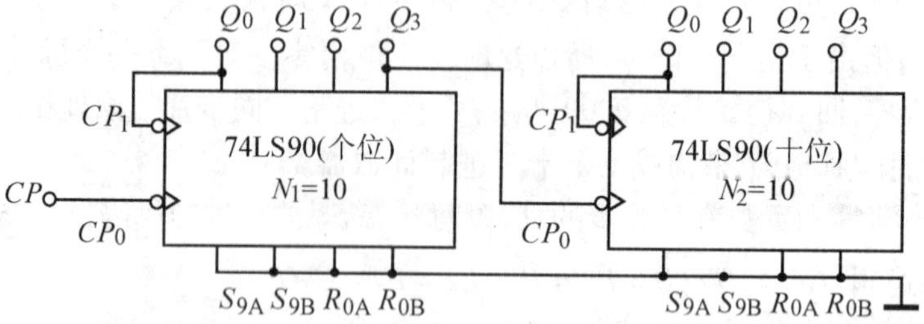

图 10.3.23 两片 74LS90 构成的 100 进制计数器

在进行级联的时候,首先要把每个片连接成十进制计数器。然后把低位片中的 Q_3 接高位片的脉冲 CP_0。图中低位片 74LS90(个位)的 Q_3 作为高位片的计数脉冲,只有 Q_3 在下降沿的时候,高位片才能计一个数。在计到 1001 时,Q_3 为 1,当再来一个脉冲时,低位片的状态变成 $Q_3Q_2Q_1Q_0=0000$,这时 Q_3 有一个从 1 态到 0 态的下降沿,此时高位片加 1。

图 10.3.24 为用两片 74LS90 组成的 64 进制计数器,是利用异步置 0 功能来实现的。因为是异步置 0 功能,所以要写的二进制数为高位片 $Q_3Q_2Q_1Q_0=0110$,低位片 $Q_3Q_2Q_1Q_0=0100$,这样把低位片的 Q_2 和高位片的 Q_2Q_1 通过与门引回到异步置 0 端就可以了。每当 10 个脉冲的时候,低位片就会给高位片一个有效的脉冲,高位片就加 1,直到 01100100 时,也就是 64 时,高位片的 $Q_2Q_1=1$,低位片的 $Q_2=1$,经过与门为 1,这时开始置 0,从而构成了 64 进制。

同步计数器有进位或借位输出端,可以选择合适的进位或借位输出信号来驱动下一级计数器计数。同步计数器级联的方式有两种:一种级间采用串行进位方式,即异步方式,这种方式是将低位计数器的进位输出直接作为高位计数器的时钟脉冲,异步方式的速度较慢;另一种

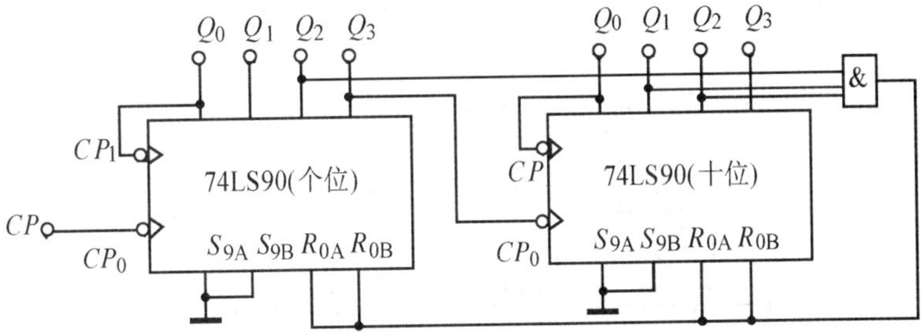

图 10.3.24　两片 74LS90 构成的 64 进制计数器

级间采用并行进位方式，即同步方式，这种方式一般是把各计数器的 CP 端连在一起接统一的时钟脉冲，而低位计数器的进位输出送高位计数器的计数控制端。

图 10.3.25 为三片 74LS161 构成的 12 位二进制计数器。连接时将每位片的 CT_T、CT_P 连在一起。最低片的接 1，处于计数状态。将每位片的进位端 CO 接下一高位片的 CT_T、CT_P 上，当低位片每记满时就会向高位片有一个进位 1，这时高位片就处于计数状态，就会在计数脉冲下记一个数。一直到全都记满为止。

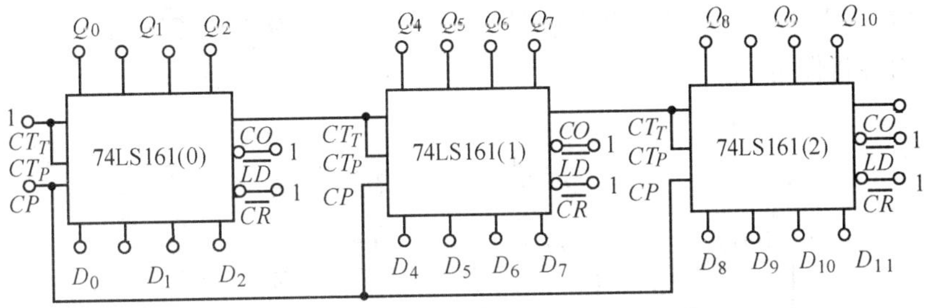

图 10.3.25　三片 74LS161 构成 12 位二进制计数器的连线图

10.4　寄　存　器

寄存器是一种重要的数字逻辑部件，在数字系统中常常需要将二进制代码表示的信息暂时存放起来等待处理，能够完成暂时存放数据的逻辑部件称为寄存器。一个触发器就是一个能存放一位二进制数码的寄存器。存放 n 位二进制数码就需要 n 个触发器，从而构成 n 位寄存器。

寄存器是由触发器和门电路组成的，具有接收数据、存放数据和输出数据的功能，只有在接到指令(时钟脉冲)时，寄存器才能接收要寄存的数据。

寄存器按逻辑功能分为数码寄存器(也称基本寄存器)和移位寄存器，基本寄存器只能并行送入数据，需要时也只能并行输出。移位寄存器中的数据可以在移位脉冲作用下依次逐位右移或左移，数据既可以并行输入、并行输出，也可以串行输入、串行输出，还可以并行输入、串行输出和串行输入、并行输出，十分灵活，用途也很广。

10.4.1　基本寄存器

1. 单拍工作方式基本寄存器

图 10.4.1 所示为由 4 个 D 触发器构成的单拍工作方式的 4 位基本寄存器，$D_0 \sim D_3$ 为并

行数码输入端，CP 为时钟脉冲端，$Q_3Q_2Q_1Q_0$ 为并行数据输出端。

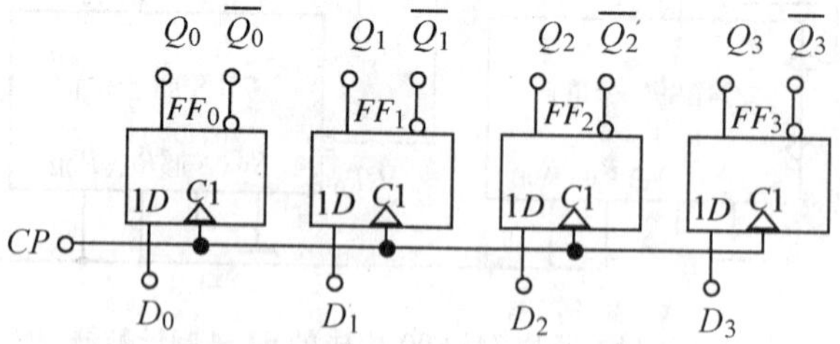

图 10.4.1 单拍工作方式基本寄存器

无论寄存器中原来的内容是什么，只要送数控制时钟脉冲 CP 上升沿到来，加在并行数据输入端的数据 $D_0 \sim D_3$ 就立即被送入进寄存器中，即有

$$Q_3^{n+1}Q_2^{n+1}Q_1^{n+1}Q_0^{n+1} = D_3D_2D_1D_0$$

2. 双拍工作方式基本寄存器

图 10.4.2 为双拍工作方式基本寄存器，$\overline{CR}=0$ 时，异步清零，这时有 $Q_3^nQ_2^nQ_1^nQ_0^n=0000$。当$\overline{CR}=1$ 时，CP 上升沿送数，即有 $Q_3^{n+1}Q_2^{n+1}Q_1^{n+1}Q_0^{n+1}=D_3D_2D_1D_0$。$\overline{CR}=1$、$CP$ 上升沿以外的时间，寄存器内容将保持不变。

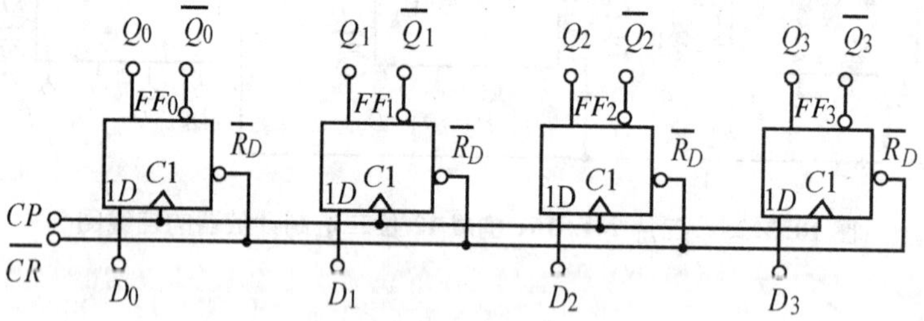

图 10.4.2 双拍工作方式基本寄存器

10.4.2 移位寄存器

1. 单向移位寄存器

(1) 右移移位寄存器。

图 10.4.3 为 4 位右移移位寄存器，触发器都采用 D 触发器，移位时钟脉冲来自同一个，故为同步时序逻辑电路。数据由 FF_0 输入，采用串行输入方式，输出可以串行、也可以并行。工作原理如下：

时钟方程：$CP_0=CP_1=CP_2=CP_3=CP$。

驱动方程：$D_0=D_i, D_1=Q_0^n, D_2=Q_1^n, D_3=Q_2^n$。

状态方程：$Q_0^{n+1}=D_i, Q_1^{n+1}=Q_0^n, Q_2^{n+1}=Q_1^n, Q_3^{n+1}=Q_2^n$。

由状态方程可以看出，每一个触发器的次态就是上一个触发器的现态。可以得到 4 位右移移位寄存器的特性表如表 10-4-1 所示。

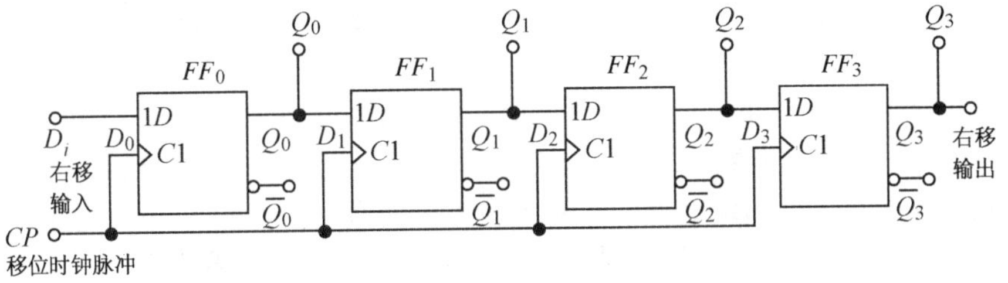

图 10.4.3　4 位右移移位寄存器

表 10-4-1　4 位右移移位寄存器的特性表

输　入		现　态				次　态				说　明
D_i	CP	Q_0^n	Q_1^n	Q_2^n	Q_3^n	Q_0^{n+1}	Q_1^{n+1}	Q_2^{n+1}	Q_3^{n+1}	
1	↑	0	0	0	0	1	0	0	0	连续输入 4 个 1
1	↑	1	0	0	0	1	1	0	0	
1	↑	1	1	0	0	1	1	1	0	
1	↑	1	1	1	0	1	1	1	1	

从表 10-4-1 中可以看出，每输入一个计数脉冲，触发器的状态就改变一次，数据依次往右移一位。

(2) 左移移位寄存器。

如图 10.4.4 所示，为 4 位左移移位数据寄存器。工作原理如下：

时钟方程：$CP_0 = CP_1 = CP_2 = CP_3 = CP$。

驱动方程：$D_0 = Q_1^n, D_1 = Q_2^n, D_2 = Q_3^n, D_3 = D_i$。

状态方程：$Q_0^{n+1} = Q_1^n, Q_1^{n+1} = Q_2^n, Q_2^{n+1} = Q_3^n, Q_3^{n+1} = D_i$。

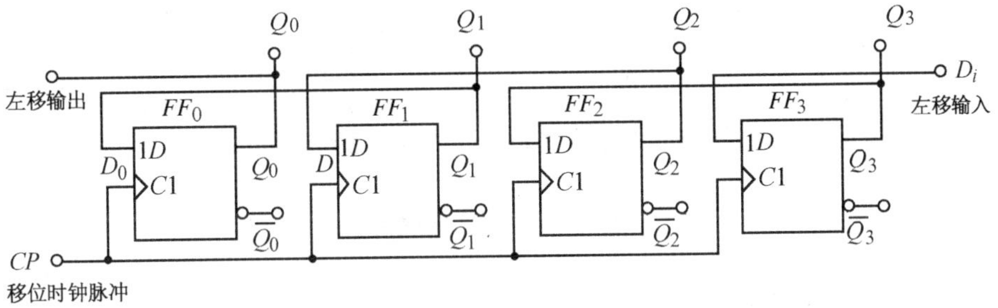

图 10.4.4　4 位左移移位寄存器

根据状态方程可以得到 4 位左移移位寄存器的特性表，如表 10-4-2 所示。

表 10-4-2　4 位左移移位寄存器的特性表

输　入		现　态				次　态				说　明
D_i	CP	Q_0^n	Q_1^n	Q_2^n	Q_3^n	Q_0^{n+1}	Q_1^{n+1}	Q_2^{n+1}	Q_3^{n+1}	
1	↑	0	0	0	0	0	0	0	1	连续输入 4 个 1
1	↑	1	0	0	0	0	0	1	1	
1	↑	1	1	0	0	0	1	1	1	
1	↑	1	1	1	0	1	1	1	1	

从表 10-4-2 可以看出，每输入一个计数脉冲，计数器的状态就改变一次，数据就左移一位。

单向移位寄存器具有以下主要特点：单向移位寄存器中的数码在 CP 脉冲操作下，可以依次右移或左移；N 位单向移位寄存器可以寄存 N 位二进制代码。N 个 CP 脉冲即可完成串行输入工作，此后可从 $Q_0 \sim Q_{N-1}$ 端获得并行的 N 位二进制数码，再用 N 个 CP 脉冲又可实现串行输出操作。若串行输入端状态为 0，则 N 个 CP 脉冲后，寄存器便被清零。

2. 双向移位寄存器

由前面的讨论可知，右移移位寄存器和左移移位寄存器的电路结构是基本相同的，适当加入一些控制电路和控制信号，就可以把右移移位寄存器和左移移位寄存器结合在一起。图 10. 4. 5为双向移位寄存器，M 控制移位方向，$M=0$ 时进行右移，$M=1$ 时进行左移。图中的 D_{SL}为左移输入的数据，D_{SR}为右移输入的数据。从图 10. 4. 5 可得：

$$\begin{cases} Q_0^{n+1} = D_0 = \bar{M}D_{SR} + MQ_1^n \\ Q_1^{n+1} = D_1 = \bar{M}Q_0^n + MQ_2^n \\ Q_2^{n+1} = D_2 = \bar{M}Q_1^n + MQ_3^n \\ Q_3^{n+1} = D_3 = \bar{M}Q_2^n + MD_{SL} \end{cases}$$

当 $M=0$ 时，$Q_0^{n+1}=D_{SR}$，$Q_1^{n+1}=Q_0^n$，$Q_2^{n+1}=Q_1^n$，$Q_3^{n+1}=Q_2^n$，数据右移；

当 $M=1$ 时，$Q_0^{n+1}=Q_1^n$，$Q_1^{n+1}=Q_2^n$，$Q_2^{n+1}=Q_3^n$，$Q_3^{n+1}=D_{SL}$，数据左移。

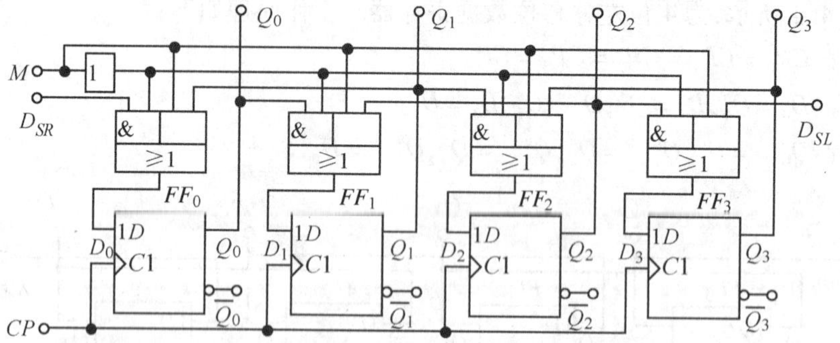

图 10. 4. 5 双向移位寄存器

双向移位寄存器的集成电路有 74LS194，其引脚排列和逻辑功能分别如图 10. 4. 6(a)和(b)所示。

其中$\overline{CR}$为异步清零端，M_1、M_0 为工作方式控制端，$D_0 \sim D_3$ 为并行数据输入端，D_{SR}为右移串行数据输入端，D_{SL}为左移串行数据输入端，$Q_0 \sim Q_3$ 为并行数据输出端，CP 为移位脉冲输入端。74LS194 的功能见表 10-4-3 所示，主要功能如下：

(1) 置 0 功能：当$\overline{CR}=0$ 时，双向移位寄存器置 0。

(2) 保持功能：当$\overline{CR}=1$、$M_1M_0=00$ 时，双向移位寄存器保持原来的状态不变。

(3) 并行送数功能：当$\overline{CR}=1$、$M_1M_0=11$ 时，在 CP 上升沿作用下，使 $D_0 \sim D_3$ 端输入数据并行送入寄存器。

(4) 右移串行送数功能：当$\overline{CR}=1$、$M_1M_0=01$、CP 上升沿时，执行右移功能。

(5) 左移串行送数功能：当$\overline{CR}=1$、$M_1M_0=10$、CP 上升沿时，执行左移功能。

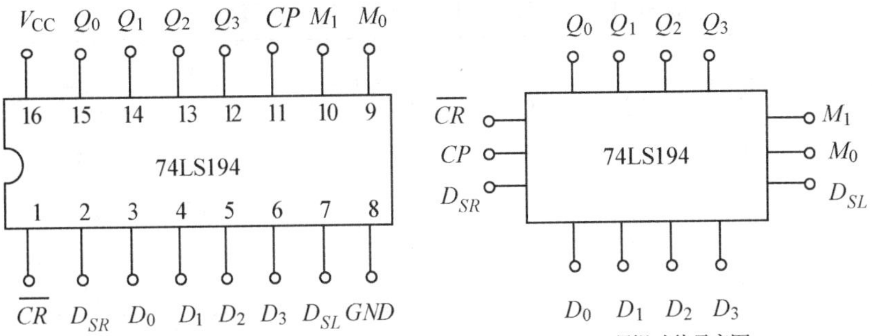

(a) 引脚排列图　　(b) 逻辑功能示意图

图 10.4.6　74LS194 的引脚排列和逻辑功能示意图

表 10-4-3　74LS194 功能表

$\overline{CR}$	M_1	M_0	CP	工作状态
0	×	×	×	异步清零
1	0	0	×	保持
1	0	1	↑	右移
1	1	0	↑	左移
1	1	1	↑	并行输入

10.4.3　寄存器的应用

1. 能自启动的环形计数器

图 10.4.7 所示为由移位寄存器组成的自启动环形计数器，为同步时序逻辑电路，工作原理如下：

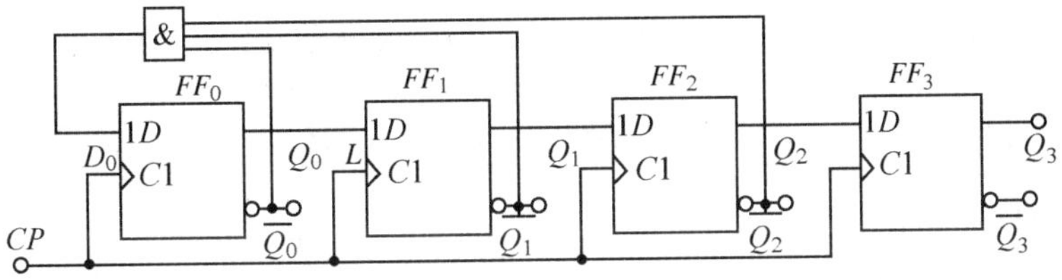

图 10.4.7　自启动环形计数器

（1）驱动方程：$D_0=\overline{Q}_2\overline{Q}_1\overline{Q}_0$，$D_1=Q_0^n$，$D_2=Q_1^n$，$D_3=Q_2^n$。

状态方程：将驱动方程带入 D 触发器的特征方程 $Q^{n+1}=D$ 中，便得到环形计数器的状态方程为

$$Q_0^{n+1}=D_0=\overline{Q}_2\overline{Q}_1\overline{Q}_0$$
$$Q_1^{n+1}=D_1=Q_0^n$$
$$Q_2^{n+1}=D_2=Q_1^n$$
$$Q_3^{n+1}=D_3=Q_2^n$$

（2）列状态转换真值表。

设环形计数器的现态为 $Q_3^nQ_2^nQ_1^nQ_0^n=0001$，带入上式计算，可以得到表 10-4-4 所示的状态转换真值表。

表 10-4-4 自启动环形计数器状态转换真值表

输入脉冲	现态				次态			
	Q_0^n	Q_1^n	Q_2^n	Q_3^n	Q_0^{n+1}	Q_1^{n+1}	Q_2^{n+1}	Q_3^{n+1}
0	1	0	0	0	0	1	0	0
1	0	1	0	0	0	0	1	0
2	0	0	1	0	0	0	0	1
3	0	0	0	1	1	0	0	0

（3）逻辑功能

从表 10-4-4 可知，4 位环形计数器只有 4 个有效工作状态，即只能计 4 个数，有 12 个无效状态，所以环形计数器的利用率是很低的。电路如果进入到无效状态，经过继续输入计数脉冲 *CP*，电路就会自动返回到有效工作状态。环形计数器的输出为一组顺序脉冲，因此环形计数器也是一个顺序脉冲发生器。

环形计数器电路结构简单，可以直接由各触发器的输出端输出，不需要译码器。但是利用率比较低，不经济。

2. 扭环形计数器

图 10.4.8 为 4 位自启动扭环形计数器，也为同步时序逻辑电路，工作原理如下：

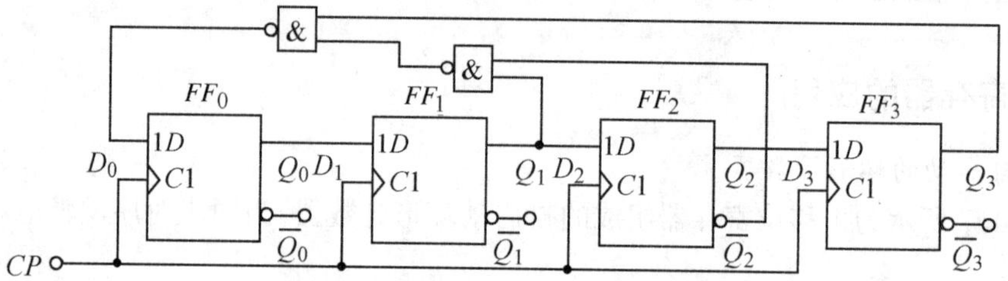

图 10.4.8 4 位扭环形计数器的逻辑图

（1）驱动方程：$D_0 = \overline{Q_3^n \cdot \overline{Q_1^n \overline{Q_2^n}}}$，$D_1 = Q_0^n$，$D_2 = Q_1^n$，$D_3 = Q_2^n$。

状态方程：
$$
\begin{cases}
Q_0^{n+1} = D_0 = \overline{Q_3^n \cdot \overline{Q_1^n \overline{Q_2^n}}} \\
Q_1^{n+1} = D_1 = Q_0^n \\
Q_2^{n+1} = D_2 = Q_1^n \\
Q_3^{n+1} = D_3 = Q_2^n
\end{cases}
$$
。

（2）根据状态方程可列出状态图，如图 10.4.9 所示。4 位扭环形计数器有 8 个有效状态，即可计 8 个数，比环形计数器的利用率提高了一倍，但是还有 8 个无效状态。从 10.4.9 中可以看出电路进入无效状态时，经过几个脉冲以后电路就能进入有效状态，故能自启动。

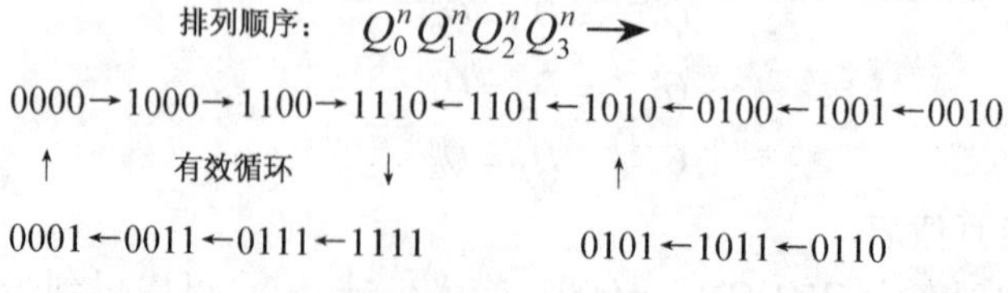

图 10.4.9 4 位扭环形计数器的状态图

10.5 顺序脉冲发生器

在数字电路中,能按一定时间、一定顺序轮流输出脉冲波形的电路称为顺序脉冲发生器。顺序脉冲发生器也称脉冲分配器或节拍脉冲发生器,一般由计数器(包括移位寄存器型计数器)和译码器组成。作为时间基准的计数脉冲由计数器的输入端送入,译码器将计数器状态译成输出端上的顺序脉冲,使输出端上的状态按一定时间、一定顺序轮流为1,或者轮流为0。前面介绍过的环形计数器的输出就是顺序脉冲,故可不加译码电路即可直接作为顺序脉冲发生器。

计数器型顺序脉冲发生器一般用按自然态序计数的二进制计数器和译码器构成。

计数器型顺序脉冲发生器电路如图10.5.1所示,四个与门作为译码器,两个 JK 触发器组成2位二进制计数器。计数状态为从00~11,将触发器的输出送入四个与门,对所输入的信号进行译码。在输出端依次输出高电平。工作原理如下:

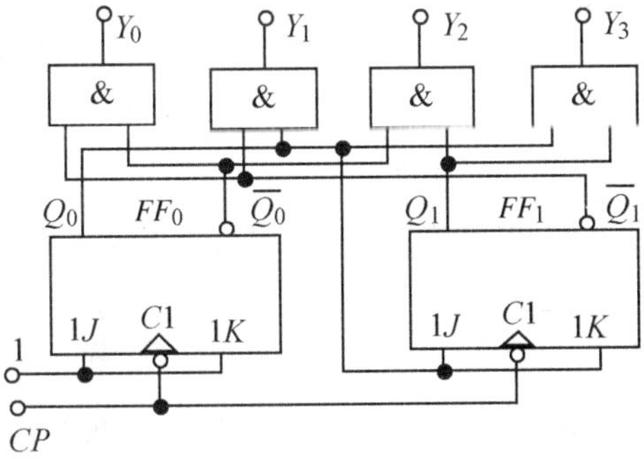

图10.5.1 计数器型顺序脉冲发生器的电路图

两个 JK 触发器都接1,每一个有效脉冲时,触发器的状态都会翻转一次。CP 脉冲从 FF_0 端输入,FF_0 的输出接到 FF_1 的 CP 脉冲上,当 FF_0 的输出 Q_0 产生一个下降沿的时候,FF_1 的状态翻转一次。Q_1Q_0 的状态按自然二进制序态从00~11循环变化。产生的工作波形如图10.5.2所示。根据电路图可写出输出方程和状态方程如下:

$$
\text{输出方程:}\begin{cases} Y_0=\overline{Q}_1^n\overline{Q}_0^n \\ Y_1=\overline{Q}_1^nQ_0^n \\ Y_2=Q_1^n\overline{Q}_0^n \\ Y_3=Q_1^nQ_0^n \end{cases}。
$$

$$
\text{状态方程:}\begin{cases} Q_0^{n+1}=\overline{Q}_0^n \\ Q_1^{n+1}=Q_0^n\overline{Q}_1^n+\overline{Q}_0^nQ_1^n \end{cases}。
$$

图10.5.3是用集成计数器74LS163和集成3线-8线译码器74LS138构成的8输出顺序脉冲发生器。$\overline{CR}$和$\overline{LD}$都接1,既不清零,也不置数。CT_TCP_P 接1为计数状态,其输出端 Q_3 不用,把 $Q_2Q_1Q_0$ 作为74LS138的输入数据。这样在输出端依次得到一个低电平。

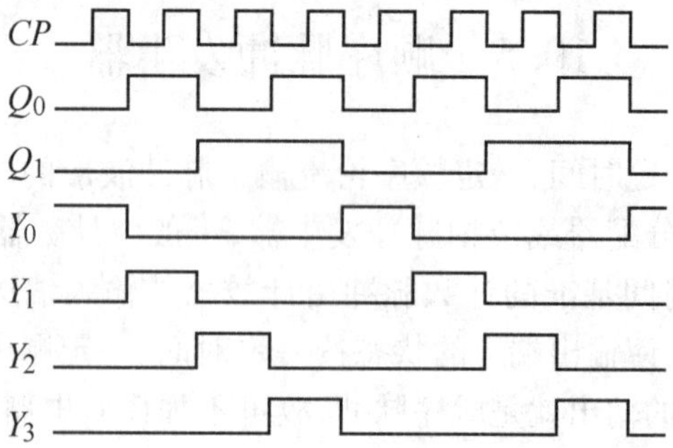

图 10.5.2 计数器型顺序脉冲发生器的工作波形

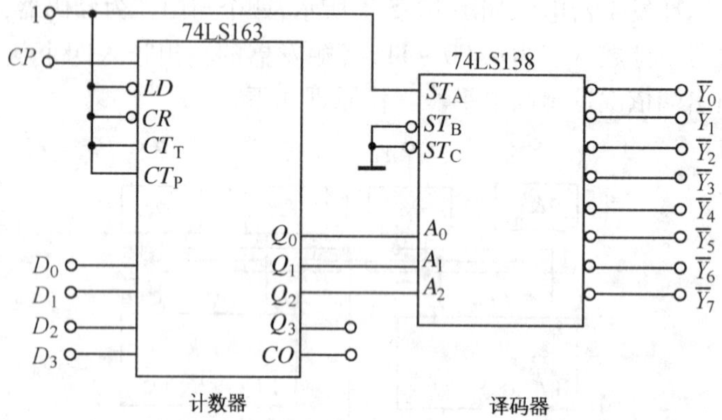

图 10.5.3 74LS163 和 74LS138 构成的 8 输出顺序脉冲发生器

10.6 同步时序逻辑电路的设计方法

同步时序逻辑电路的设计方法正好与同步时序逻辑电路的分析方法相反,它是根据给定的逻辑功能设计出能满足要求的同步时序逻辑电路。

1. *设计方法*

同步时序逻辑电路设计的方法如下:

(1) 根据设计要求,设定状态,画出状态转换图。

(2) 状态化简。

拟定状态转换图时,在保证满足逻辑功能要求的前提下,电路越简单越好,所以要将多余重复的状态合并为一个状态。

(3) 状态分配,列出状态转换编码表。

化简后的电路状态通常采用自然二进制数进行编码。每个触发器表示一位二进制数,可以根据有效状态的个数确定触发器的状态。

(4) 选择触发器的类型,求出状态方程、驱动方程、输出方程。一般多选择 *JK* 触发器。

(5) 根据驱动方程和输出方程画出逻辑图。

(6) 检查电路有无自启动功能。

2. *设计举例*

例 10.6.1 设计一个按自然态序变化的 7 进制同步加法计数器,计数规则为逢七进一,产生一个进位输出。

解：(1) 画出状态转换图。

根据设计要求,设定状态,画状态转换图。因为设计的是七进制,应有 7 个不同的状态,在状态 6 的时候输出一个 1,当输入第 7 个计数脉冲时,计数器返回初始状态,同时,输出 Y 向高位计数器送出一个进位脉冲,状态转换图如图 10.6.1 所示。

排列顺序：

$$Q_2^n Q_1^n Q_0^n \xrightarrow{/Y} 000 \xrightarrow{/0} 001 \xrightarrow{/0} 010 \xrightarrow{/0} 011$$

$$\uparrow /1 \qquad\qquad\qquad\qquad \downarrow /0$$

$$110 \xleftarrow{/0} 101 \xleftarrow{/0} 100$$

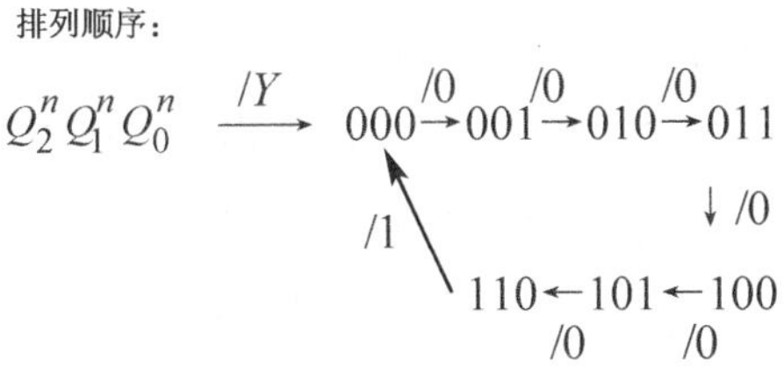

图 10.6.1　例 10.6.1 的状态转换图

(2) 状态化简：七进制计数器应该有 7 个不同的状态,所以不用再化简。

(3) 状态分配：设计的是七进制计数器,采用三位二进制代码。该计数器选用三位自然二进制加法计数编码。表 10-6-1 所示的为状态转换编码表。

表 10-6-1　例 10.6.1 的状态转换编码表

现　　　态			次　　　态			输　　出
Q_2^n	Q_1^n	Q_0^n	Q_2^{n+1}	Q_1^{n+1}	Q_0^{n+1}	Y
0	0	0	0	0	1	0
0	0	1	0	1	0	0
0	1	0	0	1	1	0
0	1	1	1	0	0	0
1	0	0	1	0	1	0
1	0	1	1	1	0	0
1	1	0	0	0	0	1

(4) 选择触发器的类型,求出状态方程、驱动方程和输出方程。这里选用 JK 触发器,特性方程为 $J\overline{Q}^n + \overline{K}Q^n$,根据表 10-6-1 可画出图 10.6.2 所示的各触发器次态和输出函数的卡诺图。

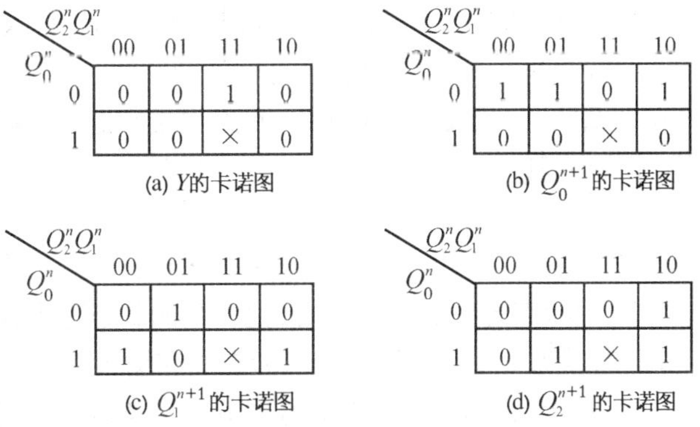

图 10.6.2　例 10.6.1 各计数器的次态和输出函数的卡诺图

根据卡诺图,可以化简得出计数器输出和次态的特性方程。

输出方程:$Y = Q_1^n Q_2^n$

$$
\text{状态方程:}\begin{cases}
Q_0^{n+1} = \overline{Q}_2^n\overline{Q}_0^n + \overline{Q}_1^n\overline{Q}_0^n \\
\qquad\;\; = \overline{Q_2^n Q_1^n}\,\overline{Q}_0^n + \overline{1}Q_0^n \\
\overline{Q}_1^{n+1} = Q_0^n\overline{Q}_1^n + \overline{Q}_2^n\overline{Q}_0^n Q_1^n \\
\overline{Q}_2^{n+1} = Q_1^n Q_0^n\overline{Q}_2^n + \overline{Q}_1^n Q_2^n
\end{cases}\text{。} \tag{10.6.1}
$$

将式(10.6.1)的状态方程与 JK 触发器的特征方程 $J\overline{Q}^n + \overline{K}Q^n$ 比较后,求出驱动方程为

$$
\begin{cases}
J_0 = \overline{Q_2^n Q_1^n},\ K_0 = 1 \\
J_1 = Q_0^n, K_1 = \overline{\overline{Q}_2^n\overline{Q}_0^n} \\
J_2 = Q_1^n Q_0^n, K_2 = Q_1^n
\end{cases}
$$

(5) 根据驱动方程和输出方程画逻辑图,如图 10.6.3 所示。

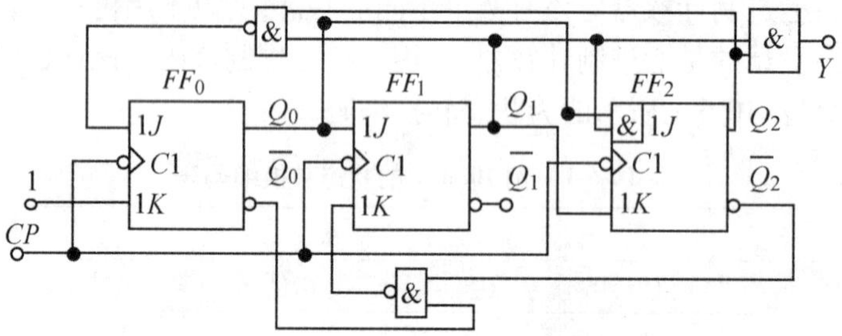

图 10.6.3　同步七进制加法计数器的逻辑图

(6) 检查电路有无自启动能力。如果电路进入无效状态 111 时,将该状态代入式(10.6.1)中进行计算得 000,说明电路一旦进入无效状态,经过一个脉冲以后就可以使电路回到有效状态 000。所以设计的该电路有自启动能力。

例 10.6.2　设计一个串行数据检测电路,当连续输入 3 个或 3 个以上 1 时,电路的输出为 1,其他情况下输出为 0。例如:

输入 X　101100111011110,

输入 Y　000000001000110。

解:(1) 根据要求,设定初始状态,画状态转换图。设电路开始处于初始状态 S_0。第一次输入 1 时,由状态 S_0 转入状态 S_1,并输出 0;若继续输入 1,由状态 S_1 转入状态 S_2,并输出 0;如果仍接着输入 1,由状态 S_2 转入状态 S_3,并输出 1;此后若继续输入 1,电路仍停留在状态 S_3,并输出 1。电路无论处在什么状态,只要输入 0,都应回到初始状态,并输出 0,以便重新计数。这样可以画出状态转换图,如图 10.6.4(a)所示。

(2) 状态化简。

原始状态图中,凡是在输入相同、输出相同、要转换到的次态也相同的状态,称为等价状态。状态化简就是将多个等价状态合并成一个状态,把多余的状态都去掉,从而得到最简的状态图。所得的原始状态图中,状态 S_2 和 S_3 等价。因为它们在输入为 1 时,输出都为 1,且都转换到次态 S_3;在输入为 0 时,输出都为 0,且都转换到次态 S_0。所以它们可以合并为一个状态,合并后的状态用 S_2 表示。合并以后的状态图如图 10.6.4(b)所示。

(3) 状态分配,从化简后的状态图 10.6.4(b)可以看出总共有 3 种状态,即可以采用 2 位

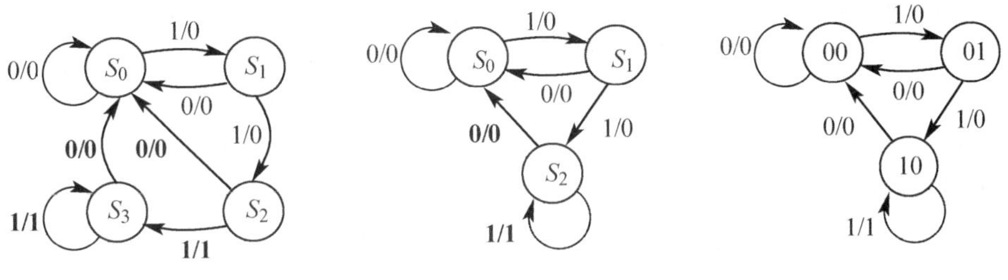

(a) 原始状态图　　(b) 简化状态图　　(c) 二进制状态图

图 10.6.4　串行数据检测状态图

二进制代码。该串行数据检测电路用自然二进制加法计数编码。也就是令 $S_0=00$、$S_1=01$、$S_2=10$,这样又可以列出串行数据检测的二进制状态图,如图 10.6.4(c)所示。

(4) 选择触发器类型,求输出方程、状态方程、驱动方程。

选用 2 个 CP 下降沿触发的 JK 触发器,分别用 FF_0、FF_1 表示。采用同步方案。根据图 10.6.4(c)利用卡诺图 10.6.5,可化简得到输出方程和状态方程。

X \ $Q_1^nQ_0^n$	00	01	11	10
0	0	0	×	0
1	1	0	×	0

(a) Q_0^{n+1}的卡诺图

X \ $Q_1^nQ_0^n$	00	01	11	10
0	0	0	×	0
1	0	1	×	1

(b) Q_1^{n+1}的卡诺图

X \ $Q_1^nQ_0^n$	00	01	11	10
0	0	0	×	0
1	0	0	×	1

(c) Y的卡诺图

图 10.6.5　例 10.6.2 的次态和输出函数的卡诺图

输出方程:$Y=XQ_1^n$。

状态方程:
$$\begin{aligned}Q_0^{n+1}&=X\bar{Q}_1^n\bar{Q}_0^n\\Q_1^{n+1}&=XQ_0^n\bar{Q}_1^n+XQ_1^n\end{aligned}\qquad(10.6.2)$$

将式(10.6.2)与 JK 触发器的特征方程 $J\bar{Q}^n+\bar{K}Q^n$ 进行比较后得到驱动方程。

驱动方程:
$$\begin{cases}J_0=X\bar{Q}_1^n,K_0=1\\J_1=XQ_0^n,K_1=\bar{X}\end{cases}$$

(5) 根据驱动方程画出电路的逻辑图,如图 10.6.6 所示。

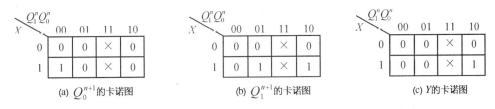

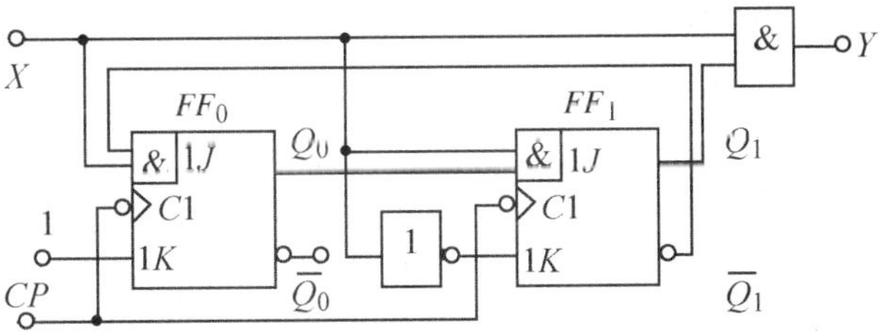

图 10.6.6　例 10.6.2 串行数据检测的逻辑图

(6) 检查电路能否自启动,将无效状态 11 代入输出方程和状态方程计算:当输入为 0 时,电路状态回到 00,输出为 0;当输入为 1 时,电路状态回到 01,输出为 1。可见电路在无效状态时,经过一个脉冲后是可以回到有效状态的,所以电路可以自启动。

从以上例题可知,在设计时序电路时,应特别注意:

（1）正确理解题意、定义有效状态并画出其状态转换图，这一步是整个设计的基础。

（2）画卡诺图，应根据状态转换图将每个小方格内填入其对应的次态，无效状态可作为无关项处理。

（3）根据卡诺图求解状态方程时，应使状态方程的形式与所用触发器的特性方程有对应关系，以便求解驱动方程。

（4）与任何设计相同，时序电路设计完毕，一定要检验。

本章小结

1. 时序电路在任一时刻的输出，不仅与当时的输入信号有关，还与原来的状态有关。为了记忆原来的状态，时序电路不仅包含逻辑门电路，还包含具有记忆功能的触发器，这是时序电路结构上的特点。

2. 计数器能对输入脉冲作计数统计。目前集成计数器品种多，功能全，应用灵活，价格低廉，得到广泛应用。

实用电路中除二进制计数器和十进制计数器外，还常用其他进制的计数器。以集成计数器作为基本器件，采用反馈法可以实现任意进制计数器。

3. 寄存器具有存储数码和信息的功能。它分为数码寄存器和移位寄存器两大类。一般寄存器都具有清零、接收、存储和输出的功能。用移位寄存器可构成环形和扭环形计数器。

4. 利用计数器和寄存器以及各种组合电路，可以实现功能更多更复杂的时序电路。顺序脉冲发生器由计数器和与之匹配的译码器组成，在连续 *CP* 脉冲作用下，它将输出多路宽度为 *CP* 周期的脉冲，用于协调数字系统有条不紊地工作。环形计数器可不需译码器直接作为顺序脉冲发生器。

5. 利用触发器和门电路可以设计具有各种功能的时序逻辑电路，其关键是正确定义输入变量、输出变量及有效状态，准确求出所设计电路中各触发器的驱动方程和输出方程。

习　题

10.1　试分析如图所示时序逻辑电路的逻辑功能。写出驱动方程、状态方程，列出状态转换真值表，并画出 Q_0、Q_1、Q_2、Q_3 的波形。

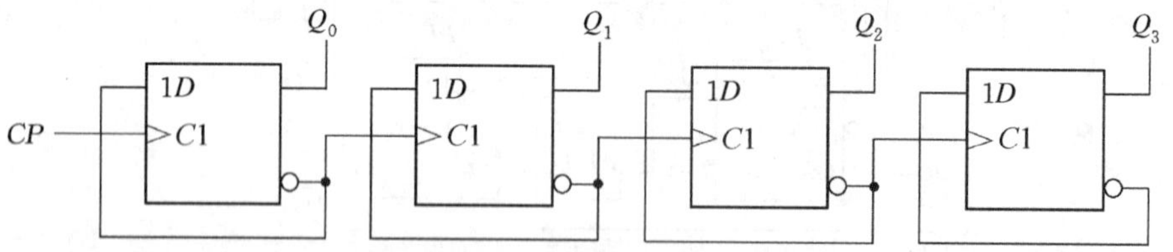

题 10.1 图

10.2　试分析如图所示时序逻辑电路的逻辑功能。写出驱动方程、状态方程，列出状态转换真值表，并画出 Q_0、Q_1、Q_2 的波形。

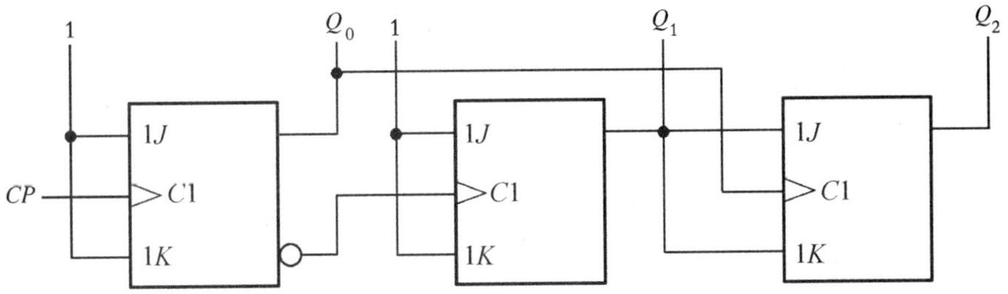

题 10.2 图

10.3　试分析如图所示时序逻辑电路的逻辑功能。写出驱动方程、状态方程，列出状态转换真值表，并画出状态转换图。

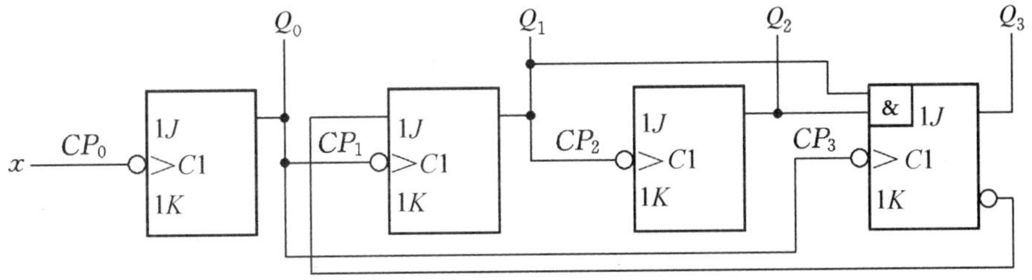

题 10.3 图

10.4　写出如图所示电路的驱动方程和状态方程。

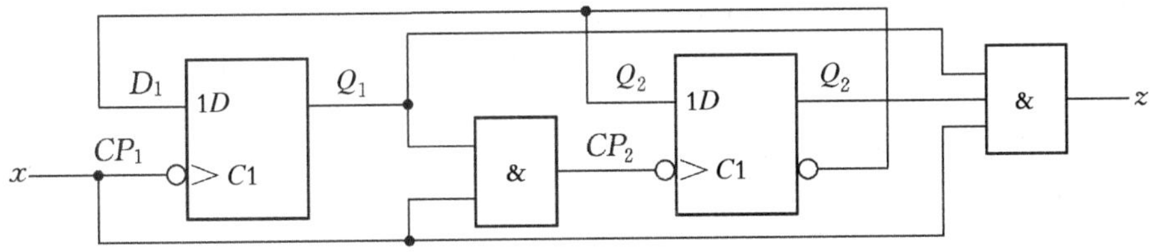

题 10.4 图

10.5　写出如图所示电路的驱动方程和状态方程。

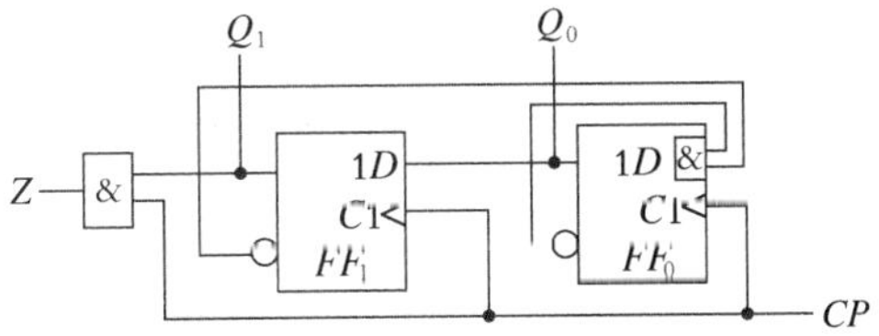

题 10.5 图

10.6　试分析如图所示逻辑电路的逻辑功能，写出驱动方程、状态方程，列出状态转换真值表，并画出状态转换图。

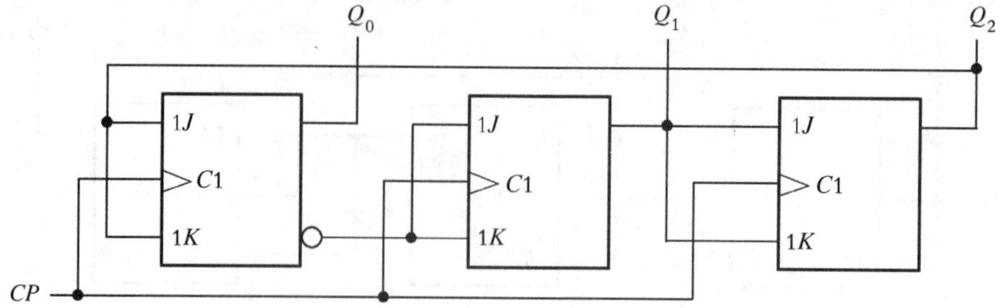

题 10.6 图

10.7　试分析如图所示逻辑电路是几进制计数器。

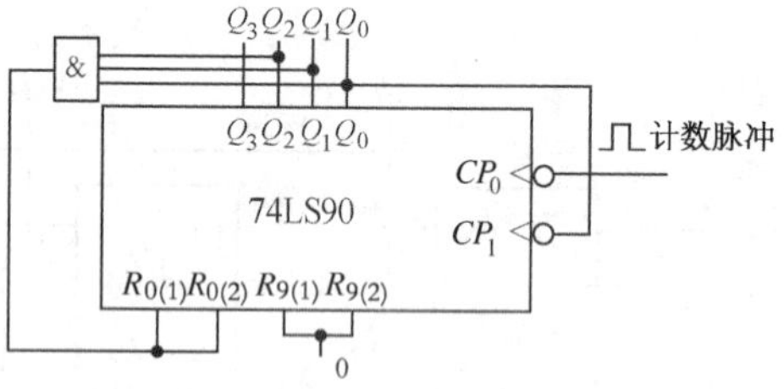

题 10.7 图

10.8　试分析如图所示逻辑电路是几进制计数器。

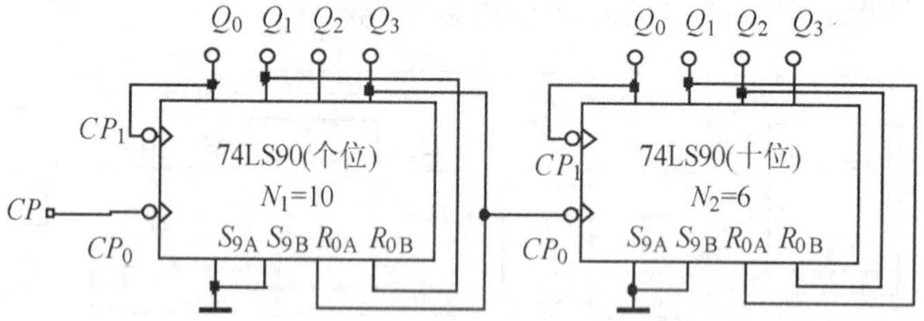

题 10.8 图

10.9　试分析如图所示逻辑电路是几进制计数器。

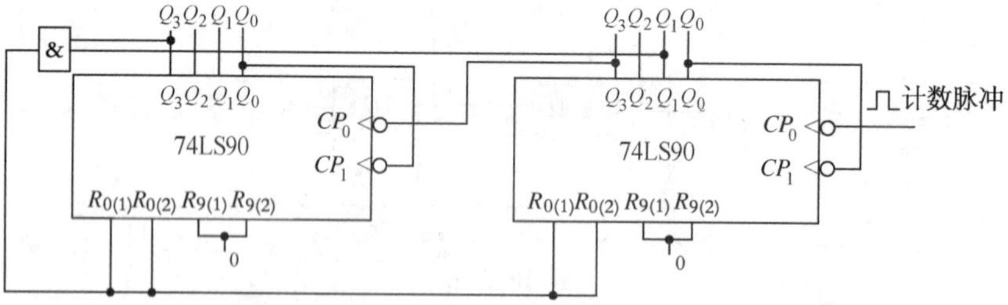

题 10.9 图

10.10　试用 74LS161 的同步置数和异步置 0 功能分别构成下列计数器：（1）九进制计数器；（2）六十进制；（3）一百五十六进制。

10.11　试用 74LS163 的同步置数和同步置 0 功能分别构成下列计数器：（1）五进制计数器；（2）五十九进制计数器。

10.12　试用 74LS90 构成七进制计数器和三十七进制计数器。

10.13　试用边沿 JK 触发器设计一个同步五进制加法计数器，并检查能否自启动。

10.14　试用边沿 D 触发器设计一个同步十二进制加法计数器，并检查能否自启动。

10.15　试用边沿 JK 触发器设计一个脉冲序列为 11010 的时序逻辑电路。

10.16　试用 74LS161 设计一个十一进制计数器，其计数状态在 0100～1110 间循环。

技能训练

训练 10.1　二进制计数器及其级联

一、训练目的

1. 掌握中规模集成异步计数器的使用方法。

2. 掌握中规模集成同步计数器的使用方法。

3. 熟悉集成计数器的级联方法。

二、训练内容

1. 用集成异步二进制计数器构成十进制计数器和六十进制计数器。

2. 用集成同步二进制计数器构成十进制计数器和二十六进制计数器。

三、训练过程

1. 自选集成异步二进制计数器和同步二进制计数器集成芯片，并掌握计数器的功能和使用方法。

2. 同一集成芯片采用不同的功能来构成所要构成的二进制计数器。

3. 写出设计方法，画出连线图。然后接线。

4. 输入单脉冲时，测量十进制计数器各触发器的输出状态。

5. 用双踪示波器观测和记录集成计数器的输入和输出波形，并说明输出脉冲与输入脉冲间的频率关系。

6. 进行性能测试，写出调试步骤。

7. 记录数据，写出报告。

训练 10.2　设计一个简易脉冲宽度测量的电路

一、训练目的

1. 熟悉控制电路的设计。

2. 掌握电路之间的连接关系，熟悉各集成电路的使用。

3. 让学生锻炼自己理解电路的能力和设计能力。

二、训练内容

设计一个测量脉冲宽度的控制电路，能显示两位数，时间单位为毫秒。

三、训练要求

1. 自选集成计数器、译码器、触发器、门电路和半导体数码管，并熟悉它们的原理、功能和使用方法。

2. 书写设计过程，画出逻辑电路图。

3. 被测脉冲的频率不大于 100 Hz。10 Hz 的时间基准信号由信号发生器提供。

四、训练要求

1. 自拟测试调整步骤。

2. 简要说明测量脉冲宽度的原理。

3. 进行性能测试,能自己进行调试,并找出其中的故障。

五、提示

1. 10 Hz 的矩形脉冲信号由信号发生器提供,它和分频器组成一个时间标准信号电路,用以产生 1 ms 的计时单位时间。通过计数器、译码器和显示器显示出被测脉冲的宽度。

2. 被测信号为周期性矩形脉冲,在测量控制信号启动后,控制器使控制门只能让被测信号的第一个正脉冲通过,从而测出脉冲宽度的时间。因此控制器应由触发器和门电路组成。

第 11 章　脉冲波形的产生与整形

本章主要讨论的施密特触发器和单稳态触发器是常用的脉冲整形电路，主要介绍它们的工作原理和应用。同时，本章讲述 *RC* 多谐振荡器、CMOS 多谐振荡器和石英晶体振荡器，以及 555 定时器的电路结构及其构成的施密特触发器和单稳态触发器的方法和工作原理。

11.1　多谐振荡器

获得脉冲波形主要有两种方法：一种是利用多谐振荡器直接产生符合要求的矩形脉冲；一种是通过整形电路对已有的波形进行整形、变换，使之符合系统的要求。

11.1.1　由门电路构成的多谐振荡器

能产生矩形脉冲的自激振荡电路叫做多谐振荡器。多谐振荡器是一种无稳态电路，在接通电源后，不需要外加触发信号，它没有稳定状态，只有两个暂稳态，通过电容的充放电，使电路在两个暂稳态之间作交替变化，产生矩形波输出。由于矩形波中除基波外，包含了许多高次谐波，因此这类振荡器被称做多谐振荡器。多谐振荡器常用作时钟脉冲源。

1. *RC* 环形多谐振荡器

（1）*RC* 环形多谐振荡器的电路结构和工作波形分别如图 11.1.1(a)和(b)所示。

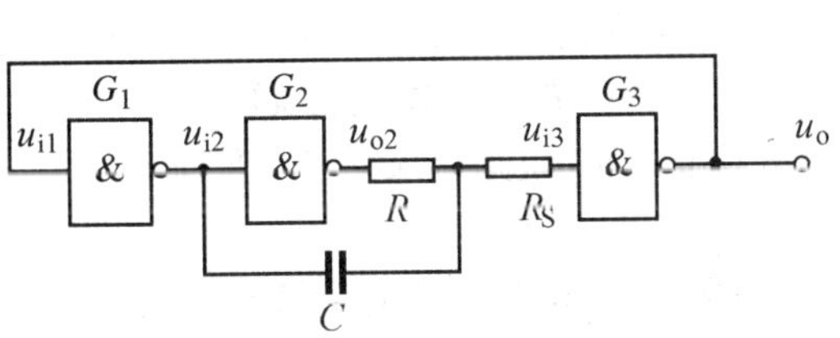

(a) 电路图

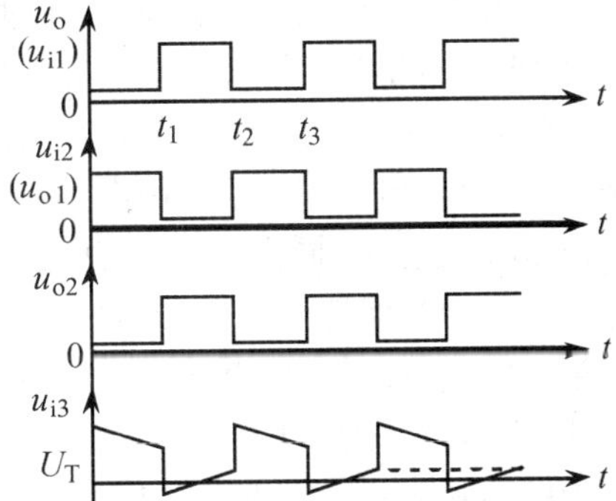

(b) 波形图

图 11.1.1　*RC* 环形多谐振荡器的电路图和波形图

（2）工作原理。

1)第一暂稳态及其自动翻转的工作过程：

在 t_1 时刻，u_{i1}(u_o)由 0 变为 1，于是 u_{o1}(u_{i2})由 1 变为 0，u_{o2}由 0 变为 1。由于电容电压不能跃变，故 u_{i3}必定跟随 u_{i2}发生负跳变。这个低电平保持 u_o为 1，以维持已进入的这个暂稳态。

在这个暂稳态期间，u_{o2}（高电平）通过电阻 R 对电容 C 充电，使 u_{i3} 逐渐上升。在 t_2 时刻，u_{i3} 上升到门电路的阈值电压 U_T，使 u_o（u_{i1}）由1变为0，u_{o1}（u_{i2}）由0变为1，u_{o2} 由1变为0。同样由于电容电压不能跃变，故 u_{i3} 跟随 u_{i2} 发生正跳变。这个高电平保持 u_o 为0。至此，第一个暂稳态结束，电路进入第二个暂稳态。

2）第二暂稳态及其自动翻转的工作过程：

在 t_2 时刻，u_{o2} 变为低电平，电容 C 开始通过电阻 R 放电。随着放电的进行，u_{i3} 逐渐下降。在 t_3 时刻，u_{i3} 下降到 U_T，使 u_o（u_{i1}）又由0变为1，第二个暂稳态结束，电路返回到第一个暂稳态，又开始重复前面的过程。造成振荡器自动翻转的原因是电容 C 的充放电。

电路的振荡周期可以用式

$$T \approx 2.2\,RC$$

进行估算。

2. CMOS 多谐振荡器

（1）CMOS 多谐振荡器电路结构和工作波形分别如图11.1.2（a）和（b）所示。电路是由两个 CMOS 反相器 G_1、G_2 组成的多谐振荡器。为了使电路能够振荡，G_1、G_2 应工作在放大区。

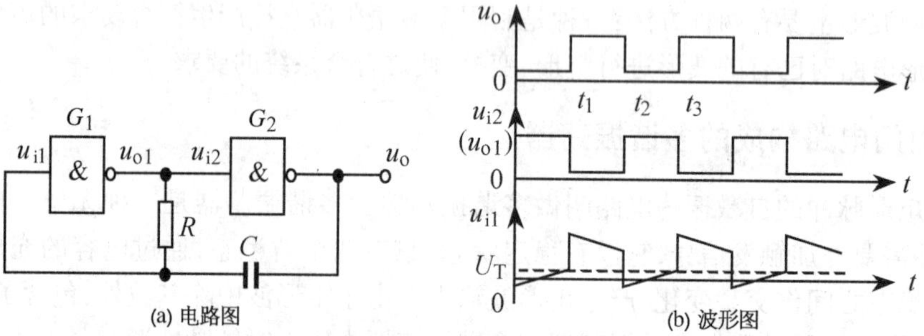

图 11.1.2 CMOS 多谐振荡器的电路图和波形图

（2）工作原理。

1）第一暂稳态及其自动翻转的工作过程：

在 t_1 时刻，u_o 由0变为1，由于电容电压不能跃变，故 u_{i1} 必定跟随 u_o 发生正跳变，于是 u_{i2}（u_{o1}）由1变为0。这个低电平保持 u_o 为1，以维持已进入的这个暂稳态。在这个暂稳态期间，电容 C 通过电阻 R 放电，使 u_{i1} 逐渐下降。在 t_2 时刻，u_{i1} 下降到门电路的开启电压 U_T，使 u_{o1}（u_{i2}）由0变为1，u_o 由1变为0。同样由于电容电压不能跃变，故 u_{i1} 跟随 u_o 发生负跳变，于是 u_{i2}（u_{o1}）由0变为1。这个高电平保持 u_o 为0。至此，第一个暂稳态结束，电路进入第二个暂稳态。

2）第二暂稳态及其自动翻转的工作过程：

在 t_2 时刻，u_{o1} 变为高电平，这个高电平通过电阻 R 对电容 C 充电。随着充电的进行，u_{i1} 逐渐上升。在 t_3 时刻，u_{i1} 上升到 U_T，使 u_o（u_{i1}）又由0变为1，第二个暂稳态结束，电路返回到第一个暂稳态，又开始重复前面的过程。

若 $U_T = 0.5U_{DD}$，电路的振荡周期大约为

$$T \approx 1.4RC$$

3. 石英晶体多谐振荡器

前面介绍的多谐振荡器的一个共同特点就是振荡频率不稳定，容易受温度、电源电压波动和 RC 参数误差的影响。在数字系统中，矩形脉冲信号常用作时钟信号来控制和协调整个系统的工作，所以控制信号的不稳定会直接影响到系统的稳定性。为了保证其稳定性，可以采用

频率稳定度很高的石英晶体振荡器。石英晶体具有很好的选频特性，频率也很稳定。

石英晶体振荡电路如图 11.1.3(a) 所示，电阻 R_1、R_2 的作用是保证两个反相器在静态时都能工作在线性放大区。对 TTL 反相器，常取 $R_1 = R_2 = R = 0.7 \sim 2\ \text{k}\Omega$，对于 CMOS 门，则常取 $R_1 = R_2 = R = 10 \sim 100\ \text{k}\Omega$。$C_1 = C_2 = C$ 是耦合电容，它们的容抗在石英晶体谐振频率 f_0 时可以忽略不计。石英晶体构成选频环节，它的阻抗频率特性如图 11.1.3(b) 所示。

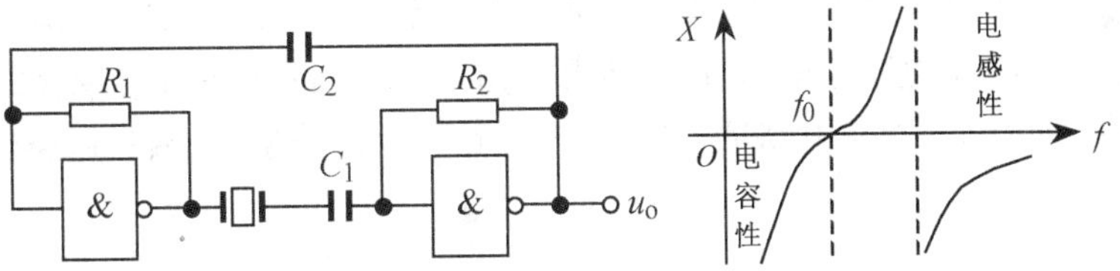

(a) 石英晶体多谐振荡器　(b) 石英晶体的阻抗频率特性

图 11.1.3　石英晶体多谐振荡器电路图和石英晶体的阻抗频率特性

11.1.2　多谐振荡器的应用

电图 11.1.4 是一个秒信号产生电路，它是由石英晶体多谐振荡器经过与非门后、经分频电路后产生的。CMOS 石英晶体多谐振荡器产生 $f = 32\ 768$ Hz 的基准信号，经由 T' 触发器构成的 15 级异步计数器分频后，便可得到稳定度极高的秒信号。$f = 32\ 768$ Hz 的信号经过一级分频后变成 16 384 Hz，经过二级分频后变成 8 192 Hz，这样经过 15 级分频后就得到了 1 Hz 的信号，即一秒的信号。

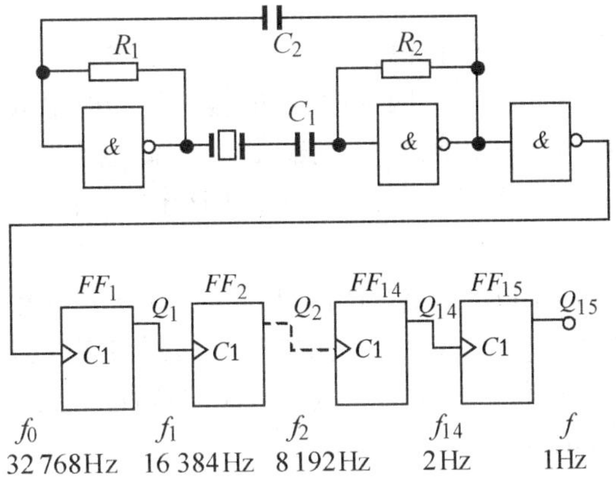

图 11.1.4　秒信号发生器

11.2　单稳态触发器

单稳态触发器是一种常用的脉冲整形电路。在数字电路中，一般用于定时(产生一定宽度的矩形波)、整形(把不规则的波形转换成宽度、幅度都相等的波形)以及延时(把输入信号延迟一定时间后输出)等。与一般双稳态触发器的不同在于：它只有一个稳态，另外有一个暂稳态。暂稳态是一种不能长久保持的状态，这时电路的电压和电流会随着电容器的充电与放电发生变化，而稳态时它们是不变的。

在单稳态触发器中，没有外加信号的触发，电路始终处于稳态；在外加触发信号的作用下，电路能从稳态翻转到暂稳态,经过一段时间后,又能自动返回到稳态。暂稳态持续时间的长短取决于电路自身参数,与外触发信号无关。

11.2.1 微分型单稳态触发器

1. 电路结构

微分型单稳态触发器的电路结构和工作波形分别如图 11.2.1(a)和(b)所示,是由两个 CMOS 或非门和 RC 定时电路组成,G_1 门输入和 G_2 门输出之间采用直接耦合方式,G_1 门输出和 G_2 门输入之间采用 RC 微分电路耦合,所以该电路称为微分型单稳态触发器。

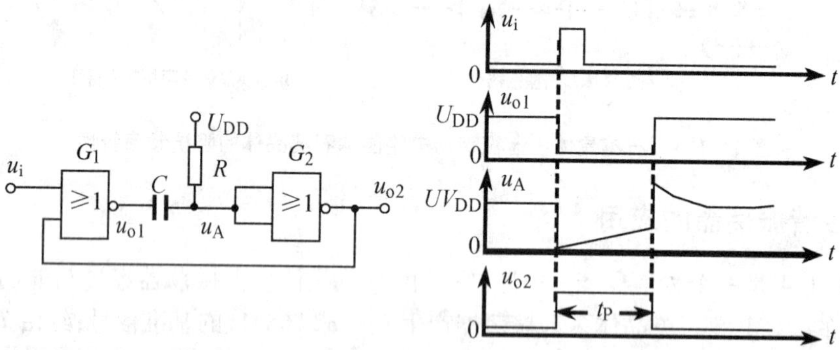

(a) 电路图　　(b) 波形图

图 11.2.1　微分型单稳态触发器电路图和波形图

2. 工作原理

(1) 没有触发信号时,电路工作在稳态。

当没有触发信号时,u_i 为低电平。因为门 G_2 的输入端经电阻 R 接至 U_{DD},U_A 为高电平,因此 u_{o2}为低电平;门 G_1 的两个输入均为 0,其输出 u_{o1}为高电平,电容 C 两端的电压接近 0。这是电路的稳态,在触发信号到来之前,电路一直处于这个状态:$u_{o1}=1$,$u_{o2}=0$。

(2) 外加触发信号使电路由稳态翻转到暂稳态。

当正触发脉冲 u_i 到来时,门 G_1 输出 u_{o1}由 1 变为 0。由于电容电压不能跃变,u_A 也随之跳变到低电平,使门 G_2 的输出 u_{02}变为 1。这个高电平反馈到门 G_1 的输入端,此时即使 u_i 的触发信号撤除,仍能维持门 G_1 的低电平输出。但是电路的这种状态是不能长久保持的,所以称为暂稳态。暂稳态时,$u_{o1}=0$,$u_{o2}=1$。

(3) 电容充电,使电路由暂稳态自动返回到稳态。

在暂稳态期间,U_{DD}经 R 和 G_1 的导通工作管对 C 充电,随着充电的进行,C 上的电荷逐渐增多,使 u_A 升高。当 u_A 上升到阈值电压 U_T 时,G_2 的输出 u_{o2}由 1 变为 0。由于这时 G_1 输入触发信号已经过去,G_1 的输出状态只由 u_{o2}决定,所以 G_1 又返回到稳定的高电平输出。u_A 向正方向跳变,加速了 G_2 的输出向低电平变化。最后使电路退出暂稳态而进入稳态,此时 $u_{o1}=1$,$u_{o2}=0$。

脉冲宽度为

$$t_p=0.7RC$$

11.2.2 积分型单稳态触发器

1. 电路结构

把微分型单稳态触发器中的 R 和 C 的位置换一下,就构成积分型单稳态触发器。其电路结构和工作波形分别如图 11.2.2(a)和(b)所示。工作原理如下：

稳态时，$u_i=1$，G_1、G_2 均导通。$u_{o1}=0$，$u_A=0$，$u_{o2}=0$。

u_i 负跳变到 0 时，G_1 截止，u_{o1} 随之跳变到 1。由于电容电压不能跃变，u_A 仍为 0，故门 G_2 截止，u_{o2} 跳变到 1。在 G_1、G_2 截止时，C 通过 R 和 G_1 的导通管放电，使 u_A 逐渐上升。当 u_A 上升到管子的开启电压 U_T 时，如果 u_i 仍为低电平，G_2 导通，u_{o2} 变为 0。当 u_i 回到高电平后，G_1 导通，C 又通过 R 和 G_1 的导通管充电，电路恢复到稳定状态。

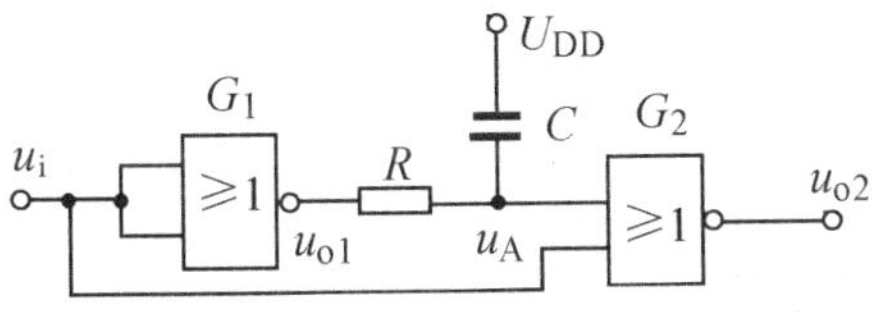

(a) 电路图

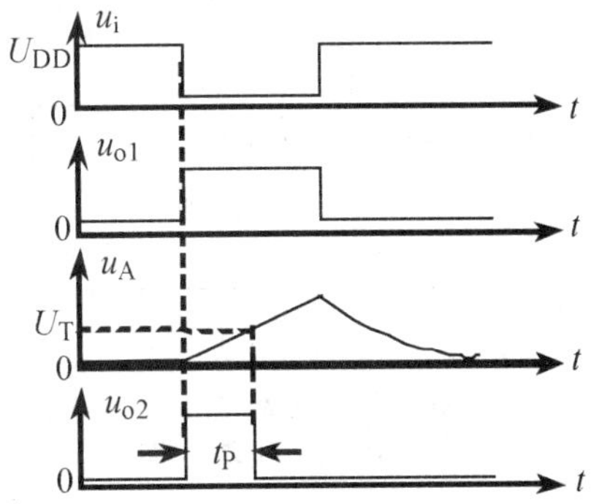

(b) 波形图

图 11.2.2　积分型单稳态触发器的电路图和波形图

11.2.3　集成单稳态触发器

单稳态触发器的应用很广泛，因而被做成集成器件。集成单稳态触发器在应用时，只需要很少的外围元件，电路可以在多种触发条件下使用，且定时范围宽、电路稳定性好。

集成单稳态触发器通常可分为两类：非重触发型和可重触发型。非重触发型单稳态触发器在稳态情况下，一旦受到触发进入暂稳态，暂稳态持续的时间仅取决于定时元件 R 和 C，与在暂稳态期间是否再受到触发无关，也就是输出脉冲的宽度是固定的；可重触发型单稳态触发器在电路进入暂稳态后，后来的触发信号仍可对它触发，再触发后电路仍然要维持 t_p 的时间。

常用的集成单稳态触发器有 TTL 型的 74121、74122、74123、74221 及 CMOS 型的 CC14528 等。现以非重触发型单稳态触发器 74121 及可重触发型单稳态触发器 74122 为例进行介绍。

1. 非重触发型单稳态触发器 74121

非重触发型单稳态触发器 74121 的引脚排列图如图 11.2.3(a)所示。TR_{-A}、TR_{-B}是两个下降沿有效的触发信号输入端，TR_+是上升沿有效的触发信号输入端。Q 和 $\overline{Q}$ 是两个状态互补的输出端。R_{ext}/C_{ext}、C_{ext} 是外接定时电阻和电容的连接端，外接定时电阻 R（$R=1.40\sim40\ k\Omega$）接在 U_{CC} 和 R_{ext}/C_{ext}之间，外接定时电容 C（$C=10\ pF\sim10\ \mu F$）接在 C_{ext}（正）和 R_{ext}/C_{ext} 之间。74121 内部已设置了一个 2 kΩ 的定时电阻，R_{in}是其引出端，使用时只需将 R_{in} 与 U_{CC} 连接起来即可，不用时则应将 R_{in} 开路。74121 的输出脉冲宽度：$t_p\approx0.7RC$。

电路的功能如下：

(1) 稳定状态。

1）输入端 TR_+、TR_{-A}、TR_{-B}端中，有一个为 0；

2）当 TR_+ 为 1，TR_{-A}、TR_{-B}端无论什么状态时；

3）当 TR_{-A}、TR_{-B}端同时为 1，TR_+ 端无论什么状态时，电路都处于 $Q=0$、$\overline{Q}=1$ 的稳定状态。

（2）接受触发信号。在下述情况下接受信号，电路由稳态翻转到暂稳态。

1）下降沿触发。TR_+端接高电平1时，TR_{-A}、TR_{-B}端中有一个或者两个输入端同时输入下降沿信号时，电路进入暂稳态。

2）上升沿触发。TR_{-A}、TR_{-B}端中至少有一个0，TR_+端输入一个上升沿触发信号时，电路进入暂稳态。

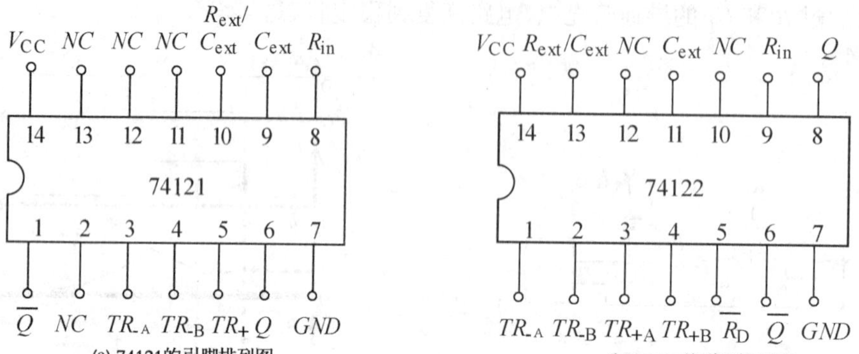

(a) 74121的引脚排列图　(b) 74122的引脚排列图

图11.2.3　74121和74122的引脚排列图

2. 重触发型单稳态触发器74122

图11.2.3(b)为重触发型单稳态触发器74122的引脚排列图。

TR_{-A}、TR_{-B}是两个下降沿有效的触发信号输入端，TR_{+A}、TR_{+B}是两个上升沿有效的触发信号输入端。Q是和两个状态互补的输出端。R_{ext}/C_{ext}、C_{ext}、R_{in}是供外接定时元件使用的3个引出端，外接定时电阻$R(R=5\sim50\text{ k}\Omega)$、电容$C$（无限制）的接法与74121相同。$R_D$为直接复位输入端，低电平有效。当定时电容$C>1\ 000\text{ pF}$时，74122的输出脉冲宽度：$t_p\approx0.32RC$。

3. 单稳态触发器的应用

（1）延迟与定时

用单稳态触发器构成的定时电路和工作波形分别如图11.2.4(a)和(b)所示。单稳态触发器输出的脉冲u_o'可作为与门电路开通时间的控制信号：只有在输出u_o'为高电平期间，与门才打开，输入信号才可以通过与门，与门打开的时间完全由单稳态触发器决定；在u_o'为低电平期间，与门封锁，输入信号u_A不能通过。

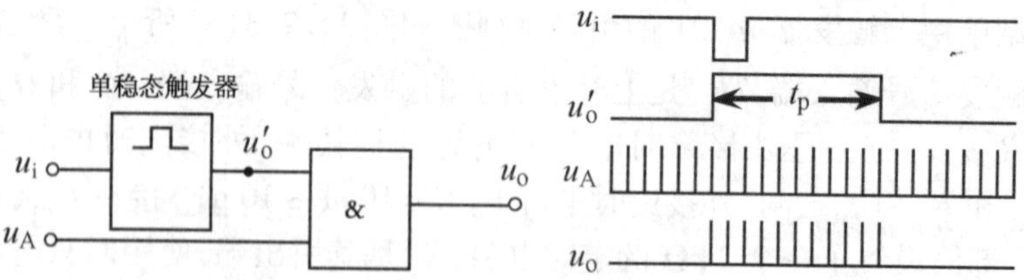

(a) 电路图　(b) 波形图

图11.2.4　单稳态触发器构成的定时电路和工作波形

（2）整形。

脉冲信号在经过长距离传输后，其边沿会变差或在波形上叠加了某些干扰信号，为了使这些脉冲信号变成符合要求的波形，可以用单稳态触发器进行整形，电路如图11.2.5所示。

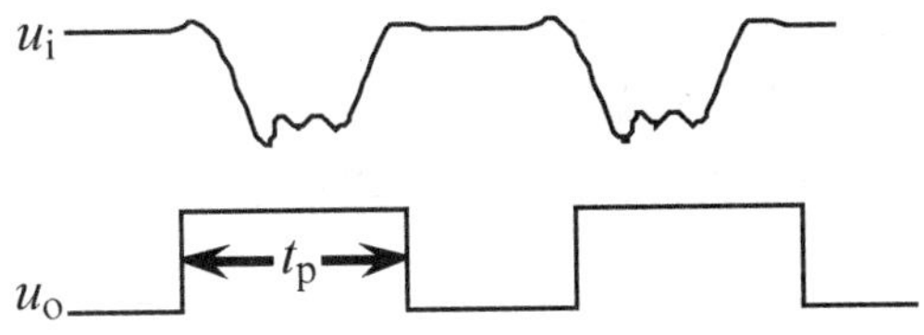

图 11.2.5　利用单稳态触发器整形

11.3　施密特触发器

施密特触发器是另一种脉冲信号的整形电路，它能够将变化非常缓慢的输入脉冲波形，整形成为适合于数字电路需要的矩形脉冲，而且由于具有滞回特性，所以抗干扰能力也很强。施密特触发器在脉冲的产生和整形电路中应用很广。

施密特触发器与双稳态触发器都具有两个稳态，但在性能上有下面两个重要特点：(1) 施密特触发器属于电平触发，缓慢变化的信号也可作为输入信号，当输入信号达到某一特定值时，输出电平就会发生突变；(2) 输入信号从低电平上升时，电路状态转换时对应的输入电平，与输入信号从高电平下降过程中对应的输入转换电平不同。

11.3.1　由门电路构成的施密特触发器

施密特触发器的电路结构和工作波形分别如图 11.3.1(a) 和 (b) 所示。电路由基本 *RS* 触发器和非门组成，工作原理如下：

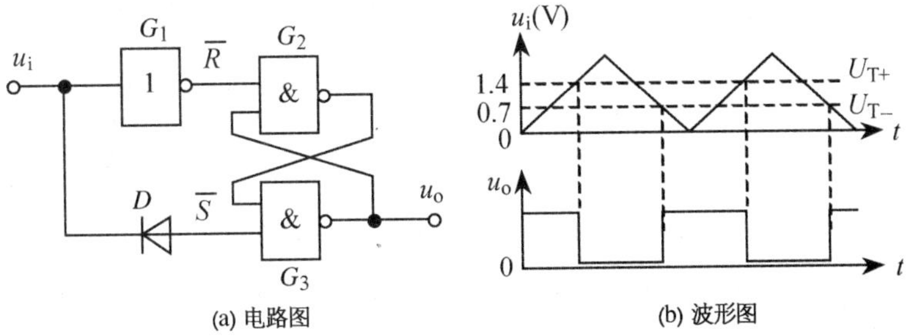

图 11.3.1　施密特触发器的电路图和波形图

设 $u_i \geq 1.4$ V，为高电平；小于 $u_i \leq 0.7$ V，为低电平。

(1) $u_i = 0$ 时，$\overline{R} = 1$，$\overline{S} = 0$，u_o 为高电平，这是第一种稳态。

(2) u_i 上升到 $U_D = 0.7$ V 时，$\overline{R} = 1$，$\overline{S} = 0$，*RS* 触发器不翻转，u_o 仍为高电平，电路仍维持在第一种稳态。

(3) u_i 继续上升到 $U_{T+} = U_T = 1.4$ V 时，$\overline{R} = 0$，$\overline{S} = 1$，*RS* 触发器翻转，u_o 为低电平，这是第二种稳态。电路翻转后，u_i 再上升，电路状态不变。

(4) u_i 上升到最大值后下降时，若 u_i 下降到 U_{T+}，$\overline{R} = 0$。$\overline{S} = 1$，*RS* 触发器不翻转，电路仍维持在第二种稳态。

(5) u_i 继续下降到 $U_{T-} = 0.7$ V 时，$\overline{R} = 1$，$\overline{S} = 0$，*RS* 触发器翻转，u_o 为高电平，电路返回到第一种稳态。

U_{T+} 叫做上门限电压，U_{T-} 叫做下门限电压，它们的差值叫做回差电压。

$$\Delta U_T = U_{T+} - U_{T-} = U_T - (U_T - U_D) = U_D = 0.7\ \text{V}$$

此电路的回差电压比较小并且不能调节。

由门电路构成的施密特触发器的传输特性和逻辑符号分别如图 11.3.2(a)和(b)所示。

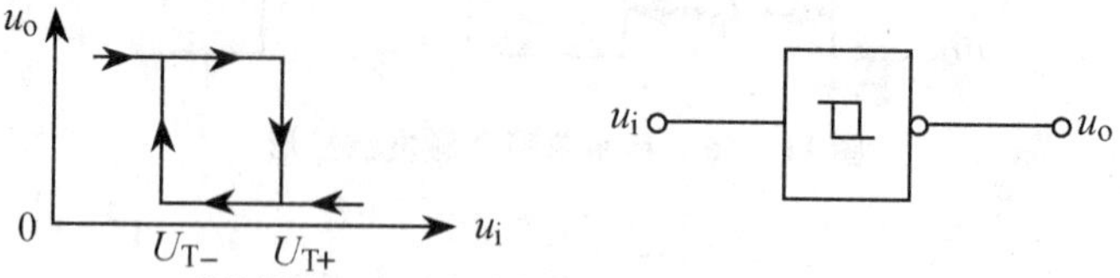

(a) 传输特性 (b) 逻辑符号

图 11.3.2 门电路构成的施密特触发器的传输特性和逻辑符号

11.3.2 集成施密特触发器及应用

施密特触发器因其性能良好,得到了广泛应用,它可由分立元器件也可由集成门电路组成。无论是集成 TTL 还是集成 CMOS 电路中,都有施密特触发器产品。

图 11.3.3(a)为 TTL 集成施密特触发器 7414(六反相器),它有六个独立的施密特触发器。图 11.3.3(b)为四个 2 输入的集成施密特触发器 74132。

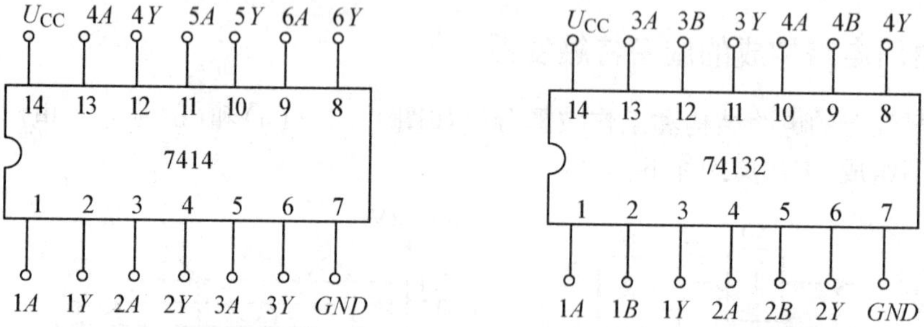

(a) 7414的引脚排列图 (b) 74132的引脚排列图

图 11.3.3 7414 和 74132 的引脚图

施密特触发器多应用于脉冲整形、波形变换、幅度鉴别等方面。图 11.3.4 所示分别为施密特触发器的具体应用。

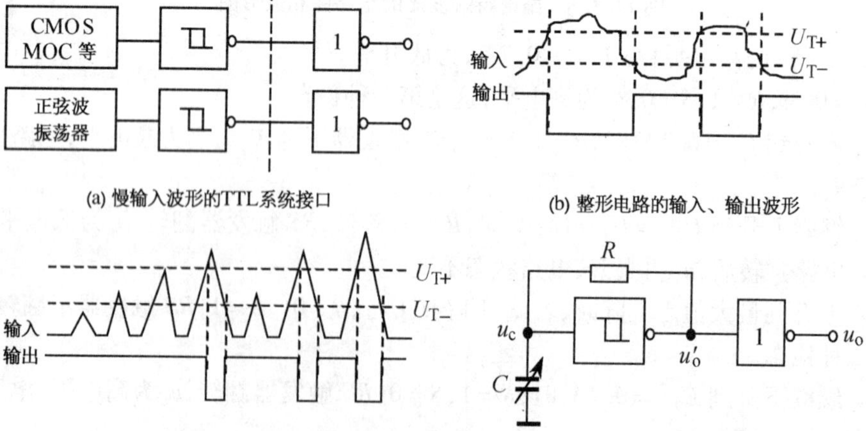

(a) 慢输入波形的TTL系统接口 (b) 整形电路的输入、输出波形

(c) 幅度鉴别的输入、输出波形 (d) 多谐振荡器

图 11.3.4 施密特触发器的应用

11.4　555 定时器及其应用

555 定时器是一种中规模集成电路，以它为核心在其外部配上少量阻容元件，就可以方便地构成多谐振荡器、施密特触发器、单稳态触发器等。由于使用灵活、方便，555 定时器在波形的产生与变换、测量与控制、家用电器、电子玩具等许多领域中都得到应用。

555 定时器根据内部器件类型可分为双极型和单极型，均有单或双定时器集成电路。双极型型号为 555（单定时）和 556（双定时），电源电压使用范围为 5 ~ 15 V，输出电流可达 200 mA，可直接驱动继电器、发光二极管、扬声器、指示灯等；单极型型号为 7555（单定时）和 7556（双定时），电源电压范围为 3 ~ 18 V，但输出电流仅 1 mA。

11.4.1　555 定时器的结构及其功能

1. 电路结构

图 11.4.1 为 555 定时器的电路图。555 集成定时器由以下几个部分组成：

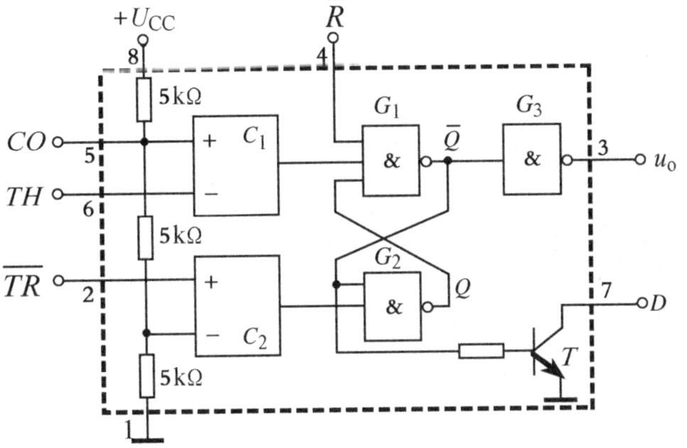

图 11.4.1　555 定时器电路图

（1）分压器。

三个阻值均为 5 kΩ 的电阻串联起来构成分压器（“555”因此而得名），其作用是为后面的电压比较器 C_1 和 C_2 提供参考电压：C_1 同相输入端 $U_+ = 2U_{CC}/3$，C_2反相输入端 $U_- = U_{CC}/3$。如果在电压控制端 CO 另加控制电压，则可改变 C_1、C_2 的参考电压。工作中不使用 CO 端时，一般都通过一个 0.01 μF 的电容接地，以避免旁路高频干扰。

（2）电压比较器。

C_1、C_2 是由运放构成的两个电压比较器。比较器有两个输入端，即同相输入端和反相输入端，分别标有“ + ”、“ − ”号，其输入电压分别用 U_+ 和 U_- 表示。当 $U_+ > U_-$ 时，电压比较器输出高电平；当 $U_+ < U_-$ 时，输出低电平。

（3）基本 *RS* 触发器。

在电压比较器之后，是由两个与非门组成的基本 *RS* 触发器，这是专门设置的可从外部进行置 0 的复位端。当 $\overline{R} = 0$ 时，使 $Q = 0$，$\overline{Q} = 1$。

（4）晶体管开关和输出缓冲器。

晶体管 T 构成开关，其状态受端控制。当为 0 时，T 截止；为 1 时，T 导通。输出缓冲器就是接在输出端的反相器 G_3，其作用是提高定时器的带负载能力和隔离负载对定时器的影响。

综上所述，555 定时器不仅提供了一个复位电平 $2U_{CC}/3$、置位电平 $U_{CC}/3$，而且有可通过端直接从外部进行置 0 的基本 RS 触发器，还给出了一个状态受该触发器端控制的晶体管开关，因此使用起来非常灵活。

2. 电路功能

$\bar{R}=0$ 时，$\bar{Q}=1$，经过非门使得输出电压 $u_o = U_{OL}$，为低电平，三极管 T 饱和导通。

$\bar{R}=1$，$U_{TH}>2U_{CC}/3$、$U_{\overline{TR}}>U_{CC}/3$ 时，C_1 输出低电平，C_2 输出高电平，$\bar{Q}=1$，$Q=0$，这时 $u_o=U_{OL}$，三极管 T 饱和导通。

$\bar{R}=1$，$U_{TH}<2U_{CC}/3$、$U_{\overline{TR}}>U_{CC}/3$ 时，C_1、C_2 输出均为高电平，基本 RS 触发器保持原来状态不变，因此 u_o 与三极管 T 保持原来状态不变。

$\bar{R}=1$，$U_{TH}<2U_{CC}/3$、$U_{\overline{TR}}<U_{CC}/3$ 时，C_1 输出高电平，C_2 输出低电平，$\bar{Q}=0$，$Q=1$，$u_o=U_{OH}$，三极管 T 截止。

11.4.2 由 555 定时器构成的多谐振荡器

1. 电路结构

将 555 定时器的 TH 端和 $\overline{TR}$ 端连在一起，再外接电阻 R_1、R_2 和电容 C，便构成了多谐振荡器，图 11.4.2(a)和(b)分别为该多谐振荡器的电路结构和工作波形。该电路不需要外加触发信号，加电后就能产生周期性的矩形脉冲或方波。

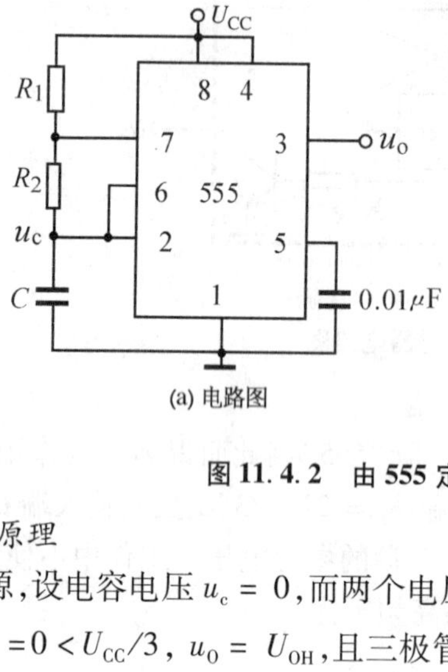

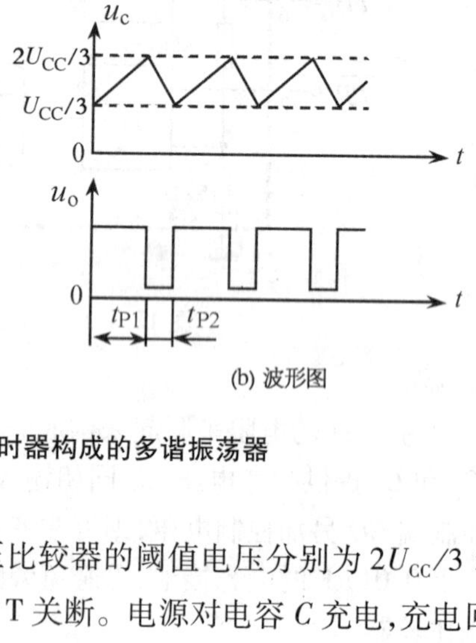

图 11.4.2 由 555 定时器构成的多谐振荡器

2. 工作原理

接通电源，设电容电压 $u_c=0$，而两个电压比较器的阈值电压分别为 $2U_{CC}/3$ 和 $U_{CC}/3$，所以 $U_{TH}=U_{\overline{TR}}=0<U_{CC}/3$，$u_O=U_{OH}$，且三极管 T 关断。电源对电容 C 充电，充电回路为

$$U_{CC}\rightarrow R_1\rightarrow R_2\rightarrow C\rightarrow \text{地}$$

随着充电过程的进行，电容电压 u_C 上升，当上升到 $2U_{CC}/3$ 时，u_O 从 U_{OH} 跃变为 U_{OL}，这时三极管 T 导通。此后电容 C 放电，放电回路为

$$C\rightarrow R_2\rightarrow \text{放电三极管 T}\rightarrow \text{地}$$

随着放电过程的进行，u_C 下降；当 u_C 下降到 $U_{CC}/3$ 时，u_O 从 U_{OL} 跃变为 U_{OH}，且三极管 T 再次关断，电容 C 又充电，充电到 $2U_{CC}/3$ 又放电，如此周而复始，电路形成自激振荡。输出电压为矩形波，工作波形如图 11.4.2(b)所示。

第一个暂稳态的脉冲宽度 t_{P1}，即 u_c 从 $U_{CC}/3$ 充电上升到 $2U_{CC}/3$ 所需的时间，

$$t_{p1} \approx 0.7(R_1 + R_2)C$$

第二个暂稳态的脉冲宽度 t_{p2}，即 u_c 从 $2U_{CC}/3$ 放电下降到 $U_{CC}/3$ 所需的时间，

$$t_{p2} \approx 0.7R_2C$$

故振荡周期

$$T = t_{p1} + t_{p2} \approx 0.7(R_1 + 2R_2)C$$

11.4.3　由 555 定时器构成的单稳态触发器

1. 电路结构

如图 11.4.3(a)所示，将 555 定时器高电平触发端 TH 与三极管 T 端相连后接定时元件 R、C，从低电平触发端加入触发信号 u_i，则构成单稳态触发器。

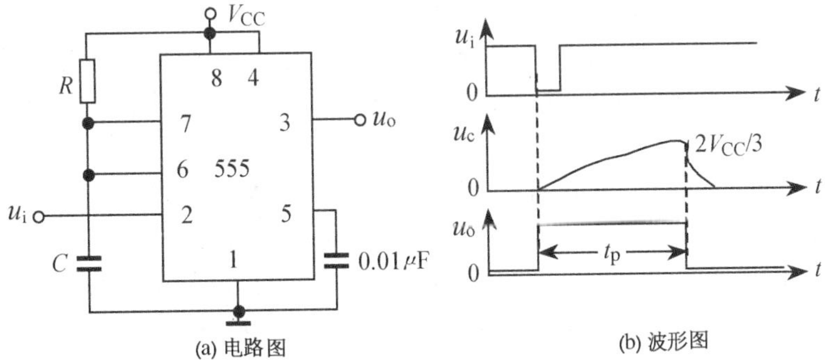

图 11.4.3　由 555 定时器构成的单稳态触发器

2. 工作原理

接通 U_{CC}后瞬间，U_{CC}通过 R 对 C 充电，当 u_c 上升到 $2U_{CC}/3$ 时，比较器 C_1 输出为 0，将触发器置 0，$u_o=0$。这时 $\overline{Q}=1$，放电管 T 导通，C 通过 T 放电，电路进入稳态。

u_i 到来时，因为 $u_i < U_{CC}/3$，使 $C_2=0$，触发器置 1，u_o又由 0 变为 1，电路进入暂稳态。由于此时 $\overline{Q}=0$，放电管 T 截止，U_{CC}经 R 对 C 充电。虽然此时触发脉冲已消失，比较器 C_2 的输出变为 1，但充电继续进行，直到 u_c 上升到 $2U_{CC}/3$ 时，比较器 C_1 输出为 0，将触发器置 0，电路输出 $u_o=0$，T 导通，C 放电，电路恢复到稳定状态，等待下一个触发脉冲的到来。u_i、u_C、u_O 的波形如图 11.4.3(b)所示。

从以上分析可知，单稳态触发器触发脉冲的高电平应大于 $2U_{CC}/3$，低电平应小于 $U_{CC}/3$，且脉冲宽度应小于暂态时间。输出脉冲的宽度 t_p 为暂态时间，它等于电容 C 上电压从 0 开始充电到 $2U_{CC}/3$ 所需的时间，即

$$t_p \approx RC\ln 3 \approx 1.1RC \tag{11.4.1}$$

调节 R 和 C 的值可以改变脉冲宽度 t_p，t_p 值的可调范围从几秒到几分钟。

11.4.4　由 555 定时器构成的施密特触发器

1. 电路结构

如图 11.4.4(a)所示，将 555 定时器的 TH 端和$\overline{TR}$端连在一起作为信号的输入端，便构成施密特触发器。

2. 工作原理

(1) 当 $u_i=0$ 时，由于比较器 $C_1=1$、$C_2=0$，触发器置 1，即 $Q=1$、$\overline{Q}=0$，$u_{o1}=u_o=1$。u_i 升

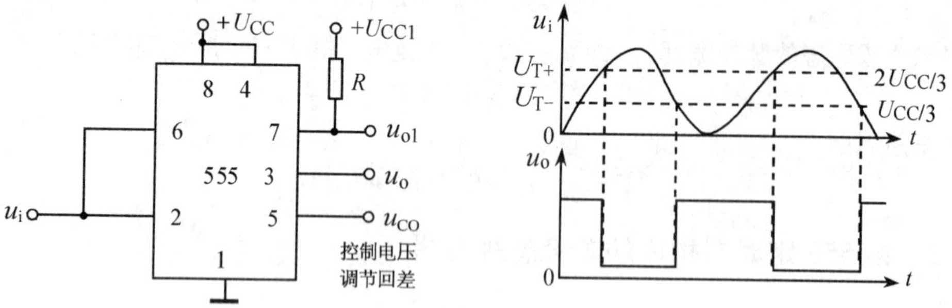

(a) 电路图 (b) 波形图

图 11.4.4 由 555 定时器构成的施密特触发器

高时,在未到达 $2U_{CC}/3$ 以前,$u_{o1}=u_o=1$ 的状态不会改变。

(2) u_i 升高到 $2U_{CC}/3$ 时,比较器 C_1 输出为 0、C_2 输出为 1,触发器置 0,即 $Q=0$、$\overline{Q}=1$,$u_{o1}=u_o=0$。此后,u_i 上升到 U_{CC},然后再降低,但在未到达 $U_{CC}/3$ 以前,$u_{o1}=u_o=0$ 的状态不会改变。

(3) u_i 下降到 $2U_{CC}/3$ 时,比较器 C_1 输出为 1、C_2 输出为 0,触发器置 1,即 $Q=1$、$\overline{Q}=0$,$u_{o1}=u_o=1$。此后,u_i 继续下降到 0,但 $u_{o1}=u_o=1$ 的状态不会改变。

电路的上门限电压 U_{T+} 为 $2U_{CC}/3$,下门限电压 U_{T-} 为 $U_{CC}/3$,则回差电压为

$$\Delta U_T = U_{T+} - U_{T-} = U_{CC}/3$$

本 章 小 结

1. 单稳态触发器有一个稳态和一个暂稳态。在外来触发信号的作用下,电路由稳态进入暂稳态,经过一段时间 t_p 后,自动翻转为稳定状态。t_p 的长短取决于电路中定时元件 R、C 的参数。单稳态触发器主要用于脉冲定时和延迟控制。

2. 多谐振荡器是一种无稳态的电路。在接通电源后,它能够自动地在两个暂稳态之间不停地翻转,输出矩形脉冲电压。矩形脉冲的周期 T 以及高、低电平持续时间的长短,取决于电路定时元件 R、C 的参数。在脉冲数字电路中,多谐振荡器常用作产生标准时间信号和频率信号的脉冲发生器。

3. 施密特触发器是一种具有回差特性的双稳态电路。它的主要特点是能够对输入信号进行整形,将变化缓慢的输入信号整形成边沿陡峭的矩形脉冲。

4. 555 定时器是一种多用途的单片集成电路,本章介绍了定时器的电路组成及功能,然后介绍了由 555 定时器构成的单稳态触发器、多谐振荡器和施密特触发器。因此对 555 定时器的三种工作状态及其对应的输入电压必须熟练掌握。

应用 555 定时器还可以构成矩形脉冲发生器、可控方波发生器、分频电路等。

习 题

11.1 试述 *RC* 环形多谐振荡器的工作原理。

11.2 试述微分型单稳态触发器的工作原理。

11.3 试述由基本 *RS* 触发器构成的施密特触发器的工作原理。

11.4　试述 555 定时器的组成及工作原理。

11.5　如图是由 555 定时器组成的一个触摸定时开关，当没有人触摸开关 P 的时候，灯不亮；当有人触摸开关 P 的时候，灯亮一段时间以后就自动灭了。试说明其工作原理。

11.6　如图是一个由 555 定时器构成的简易催眠器，一个极低频振荡器输出一个个短的脉冲，使扬声器发出类似雨滴的声音。试说明此电路的工作原理。

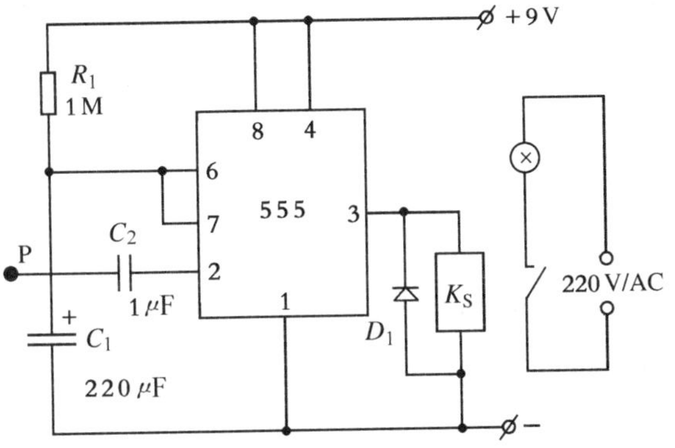

题 11.5 图

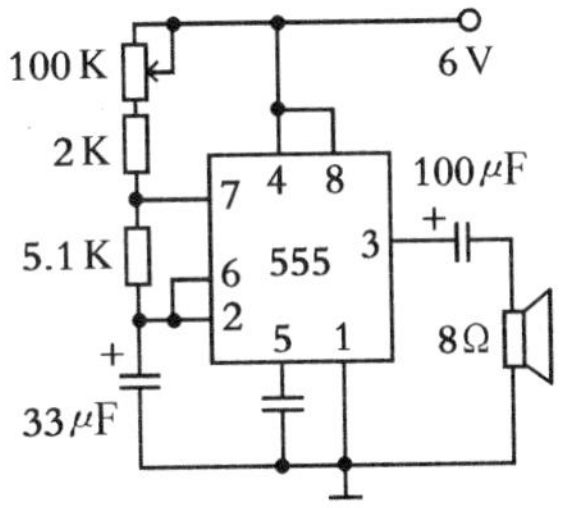

题 11.6 图

11.7　如图是用 555 定时器组成的模拟声响电路，试说明电路的工作原理。

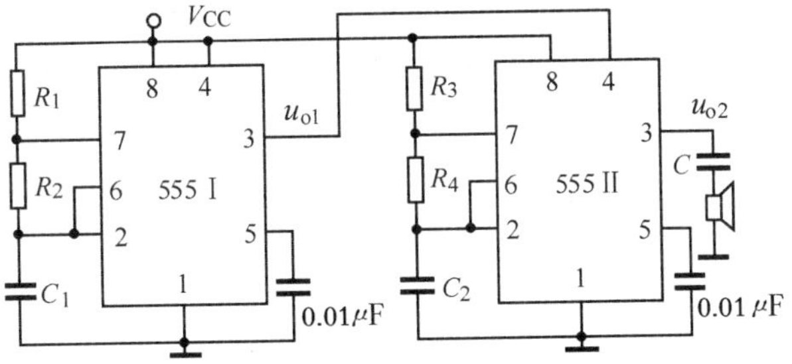

题 11.7 图

11.8　试用 555 定时器设计一个电子门铃电路，每按一次按钮开关，电子门铃以 1 Hz 的频率响 10 s。

技 能 训 练

训练 11.1　555 定时器的应用

一、训练目的

1. 熟练掌握 555 定时器的组成和功能原理。
2. 掌握 555 定时器构成的单稳态触发器、多谐振荡器和施密特触发器的功能原理。
3. 会用 555 定时器构成一些小的实用电路。

二、训练内容

1. 设计一个简易的电子门铃。当按下电钮的时候，电子门铃以 1 Hz 的频率响 10 s。
2. 能调节电子门铃的声响。

3. 能调节电子门铃铃声持续时间的长短。

三、训练过程

1. 根据题意要求,设计出满足要求的电路图。
2. 连接电路,然后进行测试。
3. 自己会分析故障原因。
4. 写出工作原理,汇总数据,写出报告。

第 12 章 数模与模数转换

数字系统特别是计算机的应用范围越来越广，它们处理的都是不连续的数字信号 0 和 1，处理后的结果也是数字信号。然而实际所遇到的许多物理量，如语音、温度、压力、流量、亮度等都是在数值和时间上连续变化的模拟量，这些物理量经传感器转换后的电压或电流也是连续变化的模拟信号，这些模拟信号不能直接送入数字系统处理，需要把它们先转换成相应的数字信号，然后才能输入数字系统进行处理。处理后的数字信息也必须先转换成电模拟量，送到执行元件中才能对控制对象实行实时控制，进行必要的调整。在这一章介绍了模拟量和数字量互相转换的电路及原理。

12.1 D/A 转换器(DAC)

12.1.1 二进制权电阻网络 DAC

能将数字量转换为模拟量的电路称为数模转换器，简称 D/A 转换器或 DAC。将输入的每一位二进制代码按其权的大小转换成相应的模拟量，然后将代表各位的模拟量相加，所得的总模拟量就与数字量成正比，这样便实现了从数字量到模拟量的转换。

1. 电路结构

电路如图 12.1.1 所示，它是由权电阻 D/A 转换网络、模拟电子开关 S_3、S_2、S_1、S_0、基准电压 V_{REF} 和运算放大器四部分组成。权电阻网络中的电阻值是按 4 位二进制数的位权大小决定的。最低位电阻值最大，然后依次减半，最高位对应的电阻值最小。输入数字量 N(二进制表示为 $d_3d_2d_1d_0$)，输出模拟电压 u_o。这里 $R_F = R/2$。

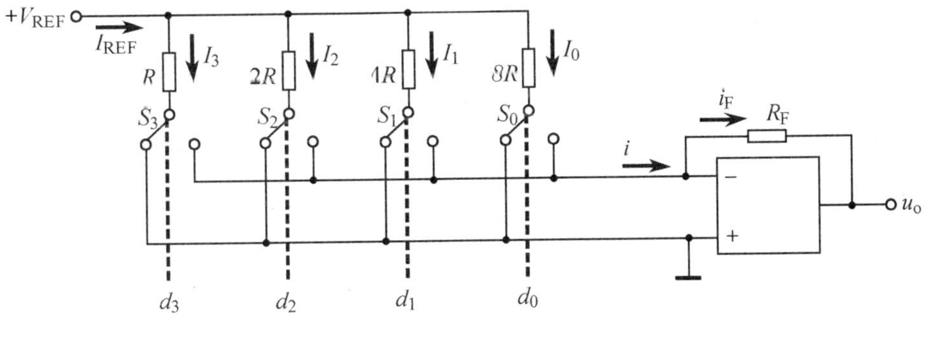

图 12.1.1 4 位权电阻 D/A 转换器电路图

2. 工作原理

电路为一个反相求和电路，根据“虚断”和“虚短”可得

$$i = i_F$$

电子开关 $d=1$ 时,接"-";$d=0$ 时,接"+"。不论 d 接哪端(虚地或实地),各支路电流不变,则流过电阻 $8R$、$4R$、$2R$、R 的电流分别为

$$I_0 = \frac{V_{REF}}{8R}, I_1 = \frac{V_{REF}}{4R}, I_2 = \frac{V_{REF}}{2R}, I_3 = \frac{V_{REF}}{R}$$

电流 i 为各个电流的总和。当电子开关打到运放的反相端,即 $d=1$ 时,相应的电流为 i 的一部分;当电子开关打到地时,即 $d=0$ 时,没有电流汇成 i,则电流 i 可以表示为

$$\begin{aligned} i &= I_0 d_0 + I_1 d_1 + I_2 d_2 + I_3 d_3 \\ &= \frac{V_{REF}}{8R} d_0 + \frac{V_{REF}}{4R} d_1 + \frac{V_{REF}}{2R} d_2 + \frac{V_{REF}}{R} d_3 \\ &= \frac{V_{REF}}{2^3 R}(d_3 \cdot 2^3 + d_2 \cdot 2^2 + d_1 \cdot 2^1 + d_0 \cdot 2^0) \end{aligned}$$

电路的输出 $u_0 = -R_F i_F$,而 $i = i_F$,故有输出电压

$$u_o = -R_F i_F = -\frac{R}{2} \cdot i = -\frac{V_{REF}}{2^4}(d_3 \cdot 2^3 + d_2 \cdot 2^2 + d_1 \cdot 2^1 + d_0 \cdot 2^0) = -\frac{V_{REF}}{2^4} N_B (R_F = R/2) \tag{12.1.1}$$

从式(12.1.1)中可以看出,输出电压与二进制数字量的大小成正比,从而实现了 D/A 转换。当输入的数字量 $d_3 d_2 d_1 d_0$ 都为 0 时,输出电压 u_o 为 0。当输入的数字量 $d_3 d_2 d_1 d_0$ 都为 1 时,输出电压为 $-\frac{V_{REF}}{2^4}15$。

例 12.1.1 在图 12.1.1 所示电路中,已知 $V_{REF} = -8\text{ V}$,$R_F = R/2$,试求输入不同数字量时输出电压的值:(1)$d_3 d_2 d_1 d_0 = 0001$;(2)$d_3 d_2 d_1 d_0 = 1000$;(3)$d_3 d_2 d_1 d_0 = 1111$。

解:将输入的各值分别带入到式(12.1.1),可求得输出电压分别为

(1) $u_0 = -\frac{-8}{2^4}(0 \cdot 2^3 + 0 \cdot 2^2 + 0 \cdot 2^1 + 1 \cdot 2^0) = 0.5(\text{V})$;

(2) $u_0 = -\frac{-8}{2^4}(1 \cdot 2^3 + 0 \cdot 2^2 + 0 \cdot 2^1 + 0 \cdot 2^0) = 4(\text{V})$;

(3) $u_0 = -\frac{-8}{2^4}(1 \cdot 2^3 + 1 \cdot 2^2 + 1 \cdot 2^1 + 1 \cdot 2^0) = 7.5(\text{V})$。

权电阻网络 D/A 转换器实现数字量到模拟量的转换的原理比较容易理解,并且具有电路结构简单、使用权电阻少等优点。但是各相邻电阻之间应严格保持依次相差一半的要求;最大电阻值和最小电阻值相差很大,当位数增加时,这种差别更严重,所以造出上述要求的高精度电阻是很困难的。采用 R—2RT 型和 R—2R 倒 T 型电阻网络 D/A 转换器,就可以克服上述缺点。

12.1.2 T 型电阻网络 DAC

1. 电路结构

电路如图 12.1.2 所示,组成仍由权电阻网络、模拟电子开关和求和运算放大器组成。与权电阻网络相比,这种电路里只有 R 和 $2R$ 两种电阻值,这对集成工艺是非常有利的。下面介绍这种电路的工作原理。

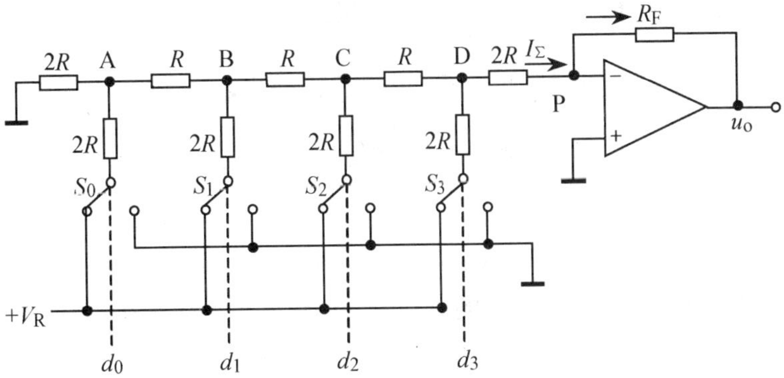

图 12.1.2　T 型权电阻网络

2. 工作原理

在图 12.1.2 中,电子开关 $d=1$ 时,接“V_R”;$d=0$ 时,接“地”。

当只有一个电子模拟开关合向 1、而其余模拟电子开关合向 0 时,如 V_R 通过 S_0 到 D 点的电压值,也就是 S_0 接 V_R,S_1 S_2 S_3 接地时,这时从该支路向左向右看过去的等效电路如图 12.1.3(a)和(b)所示。

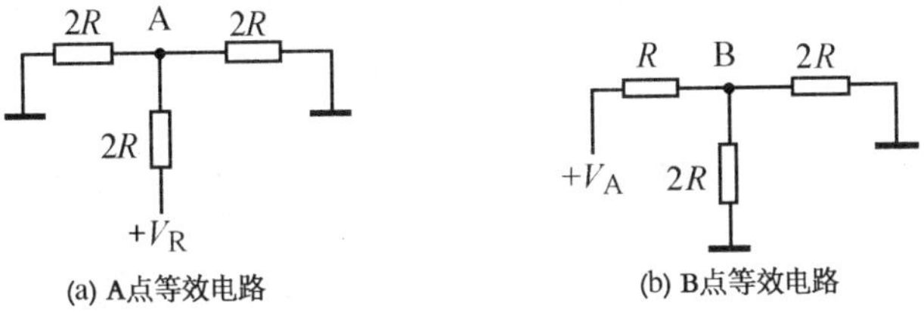

图 12.1.3　电路的等效电路

从等效电路图中,可以看出等效电阻均为 2 R,故此时各点电位情况为

$$V_A=\frac{R}{2R+R}V_R=\frac{V_R}{3}$$

$$V_B=\frac{R}{R+R}V_A=\frac{V_A}{2}=\frac{1}{2}\times\frac{V_R}{3}$$

同理可得

$$V_C=\frac{V_B}{2}=\frac{1}{4}\times\frac{V_R}{3}$$

$$V_D=\frac{V_C}{2}=\frac{1}{8}\times\frac{V_R}{3}$$

所以

$$当\ d_3d_2d_1d_0=0001\ 时,V_D=\frac{1}{8}\times\frac{V_R}{3}$$

$$当\ d_3d_2d_1d_0=0010\ 时,V_D=\frac{1}{4}\times\frac{V_R}{3}$$

$$当\ d_3d_2d_1d_0=0100\ 时,V_D=\frac{1}{2}\times\frac{V_R}{3}$$

$$当\ d_3d_2d_1d_0=1000\ 时,V_D=\frac{V_R}{3}$$

$d_3d_2d_1d_0$ 为任意值时,根据叠加原理, D 点的电压值

$$V_D = \frac{V_R}{3}d_3 + \frac{V_R}{2\times3}d_2 + \frac{V_R}{4\times3}d_1 + \frac{V_R}{8\times3}d_0$$

$$= \frac{V_R}{2^3\times3}(2^3d_3 + 2^2d_2 + 2^1d_1 + 2^0d_0) \qquad (12.1.2)$$

$$= \frac{V_R}{2^3\times3}N_B$$

从式(12.1.2)可以看出,输出电压的值和二进制值的数值成正比,输出为

$$V_O = -\frac{R_f}{2R}V_D = -\frac{R_f}{2R}\cdot\frac{V_R}{2^3\times3}N_B$$

当取 $R_f = 3R$ 时,输出电压为

$$V_O = -\frac{V_R}{2^4}N_B$$

如果是 n 位 T 型电阻网络 DAC 的话,则输出电压的表达式为

$$V_O = -\frac{V_R}{2^n}N_B$$

例 12.1.2 设在 T 型电阻网络中,输入二进制的位数 $n=6$,参考电压 $V_R = 10$ V,当输入 $X = 110101$时,求:(1)$R_F = 2R$ 时,$V_O = $?(2)$R_F = 3R$ 时,$V_O = $?

解:(1) 根据 T 型电阻网络 DAC 输出的表达式 $V_O = -\frac{V_R}{2^n}N_B$,把相应的数据带入,可得

$$V_O = -\frac{2R}{3R}\cdot\frac{10}{2^6}(1\times2^5 + 1\times2^4 + 1\times2^2 + 1\times2^0) = -\frac{20\times53}{192} = -5.52(\text{V})$$

(2) $V_O = -\frac{3R}{3R}\cdot\frac{10}{2^6}\times53 = -\frac{10\times53}{64} = -8.28(\text{V})$。

例 12.1.3 设在 T 型电阻网络中,参考电压 $V_R = 6$ V,$R_F = 3$ R 作输入,求:(1)$d_3 \sim d_0 = 1111$ 时,$V_O = $?(2)$d_3 \sim d_0 = 0001$ 时,$V_O = $?

解:(1) 根据 T 型电阻网络 DAC 输出的表达式 $V_O = -\frac{V_R}{2^n}N_B$,把相应的数据带入,可得

$$V_O = V_{O\max} = -\frac{6}{2^4}(1\times2^3 + 1\times2^2 + 1\times2^1 + 1\times2^0) = -\frac{6\times15}{16} = -5.625(\text{V})$$

$V_{O\max}$ 叫 DAC 的满刻度输出电压值,位数越多,V_{Ovmax} 越接近 V_R。

(2) $V_O = V_{O\min} = -\frac{6}{2^4}(1\times2^0) = -\frac{6}{16} = -0.375(\text{V})$。

$V_{O\min}$ 叫 DAC 的最小输出电压值,位数越多,$V_{O\min}$ 越接近 0。

12.1.3 倒 T 型电阻网络 DAC

1. 电路结构

倒 T 型电阻网络电路如图 12.1.4 所示,与 T 型电阻网络相比,不仅仅是把 R 和 $2R$ T 型电阻网络的电阻倒置了一下位置,而是模拟开关的接法也不一样,现来分析一下工作原理。

2. 工作原理

电子开关置于电阻网络和运放之间。$d_i = 1$ 电流入 P 点(虚地), $d_i = 0$ 电流入地(实地)。

无论开关在左(实地)还是在右(虚地),电流不变,故无需电流建立时间。

节点 A、B、C、D 以左对地的等效电阻都为 $2R$。总等效电阻为 R,那总电流为

$$I=\frac{V_R}{R}$$

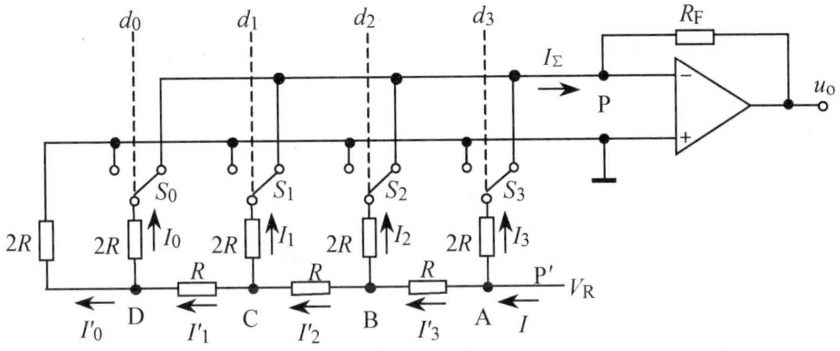

图 12.1.4 倒 T 型电阻网络

每经过一个 $2R$ 电阻,电流就被分流一半,所以每个节点的电流分别为

$$I_3=\frac{I}{2}=\frac{V_R}{2R},I_1=\frac{I_2}{2}=\frac{V_R}{8R}$$

$$I_2=\frac{I_3}{2}=\frac{V_R}{4R},I_0=\frac{I_1}{2}=\frac{V_R}{16R}$$

流入 P 点的总电流为各个电流之和,故为

$$I_\Sigma=\frac{1}{16}\times\frac{V_R}{R}(d_32^3+d_22^2+d_12^1+d_02^0)$$

从电路可以求出输出电压的表达式为

$$V_O=-I_\Sigma R_F=-\frac{1}{2^4}\times\frac{V_R}{R}R_F(d_32^3+d_22^2+d_12^1+d_02^0)$$

如果取 $R_F=R$,则输出为

$$V_O=-\frac{V_R}{2^4}\times(d_32^3+d_22^2+d_12^1+d_02^0)=-\frac{V_R}{2^4}N_B$$

可见输出电压和二进制数值量成正比。倒 T 型电阻网络由于流过各支路的电流恒定不变,故在开关状态变化时不用建立电流时间,转换速度高,在数模转换电路中应用较广。

12.1.4 D/A 转换器的主要技术指标

1. 分辨率

$$分辨率=\frac{最小输出电压}{最大输出电压}$$

如 10 位 DAC 的分辨率为$\frac{1}{2^{10}-1}=\frac{1}{1023}\approx\frac{1}{2^{10}}$。分辨率取决于 DAC 的位数,故常用输入二进制数码的位数 n 来表示分辨率,

$$分辨率=\frac{1}{2^n}$$

2. 绝对误差

绝对误差 = 理论满度值 - 实际满度值 < ±1/2LSB

如 8 位 DAC, $1\text{LSB} = \frac{1}{256}V_R$, $\frac{1}{2}\text{LSB} = \frac{1}{512}V_R$。

3. 线性度

在满度范围内，偏离理想转换特性的最大值与满度输出值之比，称为非线性误差。常用非线性误差的大小表征线性度。

相邻数码对应的输出模拟量之差的理想值为 $2-n$ 。

$$线性度 = \frac{\Delta_{max}}{V_{omax}}$$

$$\Delta_{max} = \max\{|V_{o1实} - V_{01理}|, |V_{02实} - V_{02}理|, \cdots\}$$

4. 建立时间 ts（转换速度）

转换器输入变化为满度值时（全0→全1，或全1→全0），输出模拟量达到稳定所需要的时间为建立时间 ts。ts 不含运放的 DAC 的建立时间，一般小于 0.1 μs；含运放的集成 DAC 的建立时间，一般小于 1.5 μs。

12.2 A/D 转换电路

A/D 转换器（ADC）是将输入模拟信号转换成数字信号的装置。它是模拟系统到数字系统的接口电路，A/D 转换器在转换期间，要求输入的模拟电压保持不变，故对连续变化的模拟信号进行转换前，需要对模拟信号进行离散处理，即在一系列选定时间上对输入的模拟信号进行采样，在采样和保持期间内完成对样值的量化和编码，最后输出数字信号。所以 A/D 转换分为采样、保持、量化与编码四步完成。

A/D 转换电路按原理可以分为并行比较型、逐次逼近型、双积分型等。按转换方式可以分为直接转换和间接转换。直接转换将模拟电压转换成输出的数字代码，间接转换是将模拟电压量转换成一个中间量（如时间或频率）。直接转换的转换速度快，间接转换的转换速度慢。

12.2.1 转换原理

模拟信号（A）转换成数字信号（D）需要时间，所以转换时间上是离散的；另一方面，模拟信号辐值连续，数字信号辐值离散。所以 AD 转换需要做的是对模拟信号进行辐值离散和时间离散，其转换电路如图 12.2.1 所示。

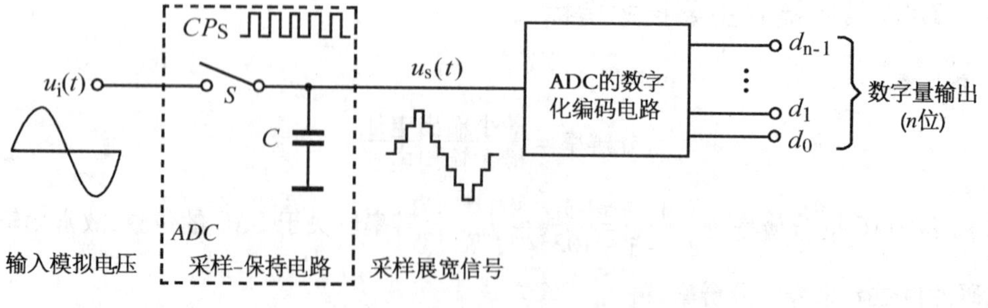

图 12.2.1 A/D 转换电路图

1. 采样—保持

对于采样要求在采样时间内,信号维持不变以提供足够的转换时间,采样后保持原信号特征。为了不失真地恢复原模拟信号,采样频率应不小于输入模拟信号频谱中最高频率的两倍,这就是采样定理,即

$$f_S \geqslant 2f_{imax} \tag{12.2.1}$$

由于 A/D 转换需要一定的时间,所以在每次采样结束后,应保持采样电压值在一段时间内不变,直到下一次采样开始,这就要在采样后加上保持电路。实际上采样保持电路是由一个电路完成的,电路如图 12.2.2 所示。

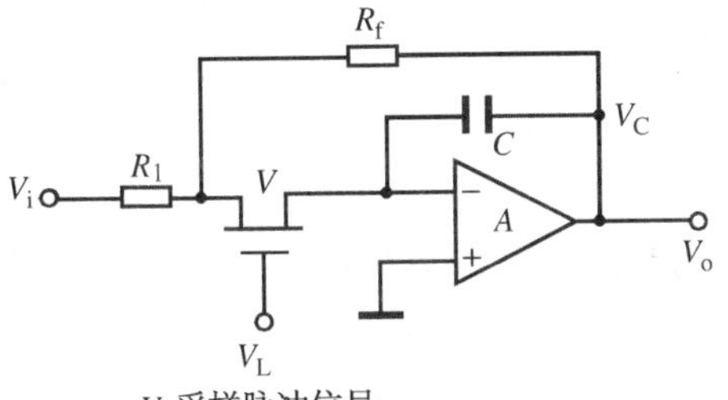

(a) 电路图

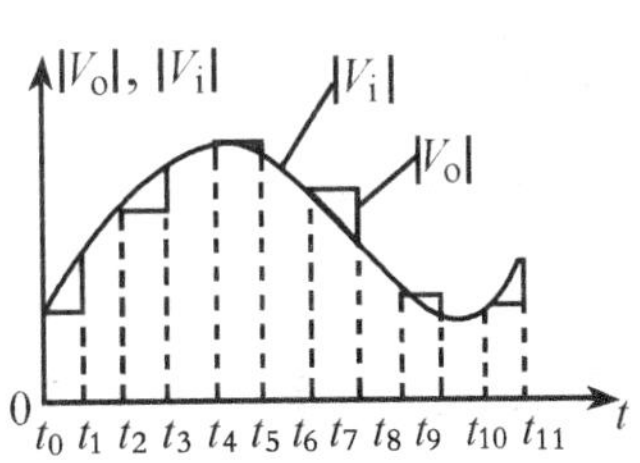

(b) 波形图

图 12.2.2　采样保持电路的电路和工作波形

图 12.2.2(a)中的模拟开关 V 为 N 沟道增强型 MOS 管。当采样控制信号 V_L 为高电平时,场效应晶体管 V 导通,输入信号 V_i 经过电阻 R_1 和 V 向电容 C 充电。若 $R_1 = R_f$,忽略运算放大器的输入电流,则充电结束时,$V_0 = -V_i = V_C$。这里 V_C 为电容 C 上的电压。

在取样信号返回低电平后,场效应晶体管 V 截止。由于电容 C 上的电压在一段时间内基本保持不变,所以输出电压 V_0 也保持不变,取样结果得以保存下来。C 的漏电越小,运算放大器的输入阻抗越高,V_0 保持的时间越长。

然而此电路很不完善,因为在采样过程中需要通过电阻 R_1 和 V 向电容 C 充电,所以使采样速度受到了限制。同时,R_1 的阻值又不允许取得太小,否则会降低电路的输入阻抗。

2. 量化编码

数字信号不仅在时间上是离散的,而且在数值上的变化也是不连续的。也就是说,任何一个数字量的大小都是以某个最小数量单位的整数倍来表示的。因此,在用数字量表示取样电压时,也必须把它化成这个最小数量单位的整数倍,所规定的最小数量单位称为量化单位,用 Δ 表示。将量化的结果用二进制代码表示称为编码。这个二进制代码就是 A/D 转换的输出信号。

输入模拟电压通过取样保持后转换成阶梯波,其阶梯幅值仍然是连续可变的,所以它就不一定能被量化单位 Δ 整除,因而不可避免地会引起量化误差。对于一定的输入电压范围,输出的数字量的位数越高,Δ 就越小,因此量化误差也越小。而对于一定的输入电压范围、一定位数的数字量输出,不同的量化方法产生的量化误差的大小也不同。

为了产生量化编码,在设计(或选择)AD 器件时,首先应确定最小量化单位,即单位数字量所代表的模拟量。如量化单位用 Δ 表示,量化过程为把要转换的模拟量除 Δ,得到

(1) 整数部分,用二进制表示,即得转换数字量;

(2) 余数部分,即量化误差。

量化的方法有两种,下面将分别说明。

设输入电压 u_i 的输入电压范围为 $0 \sim U_M$,输出为 n 位的二进制代码。现取 $U_M = 1$ V,$n = 3$。

第一种量化方法:取 $\Delta = U_M/2^n = (1/2^3)$ V $= (1/8)$ V,规定 0Δ 表示 0 V $< u_i <$ (1/8) V,对应的输出二进制代码为 000;1Δ 表示(1/8) V $< u_i <$ (2/8) V,对应的输出二进制代码为 001;…;7Δ 表示(7/8) V $< u_i <$ 1 V,对应的输出二进制代码为 111,显然这种量化方法的最大量化误差为 Δ。

第二种量化方法:取 $\Delta = 2U_M/(2^{n+1} - 1) = (2/15)$ V,并规定 0Δ 表示 0 V $< u_i <$ (1/15) V,对应的输出二进制代码为 000;1Δ 表示(1/15) V $< u_i <$ (3/15) V,对应的输出二进制代码为 001;…;7Δ 表示(13/15) V $< u_i <$ 1 V,对应的输出二进制代码为 111,显然这种量化方法的最大量化误差为 Δ/2。实际电路中多采用这种量化方法。

对于误差处理,有四舍五入,则误差小;只舍不入,则误差大。

在量化过程中,量化单位越小,则转换位数越多,量化误差越小。

12.2.2 逐次逼近型 ADC

逐次逼近型 A/D 转换器是一种反馈比较型 A/D 转换器。它进行模数转换的过程类似于天平称质量,把砝码从大到小依次置于天平上与被称物体比较,如砝码比物体轻,则保留该砝码,否则去掉,直到称出物体的质量为止。例如假设物体质量为 13 g,砝码的质量分别为 8 g、4 g、2 g 和 1 g。第一次称的时候可以拿一个 8 g 的砝码,和物体一比较,小于物体的质量,则保留。然后再放上一个 4 g 的砝码,则砝码总质量为 12 g,和物体质量比较还是小于物体质量 13 g,则 4 g 砝码也保留。然后再拿一个 2 g 的砝码,这时砝码总质量为 14 g,和物体质量比较,大于物体质量,则 2 g 的砝码去掉。最后拿一个 1 g 的砝码,这时砝码总质量为 13 g,和物体比较,正好相等。如果砝码保留则记为 1,去掉的记为 0,这样被称物体的质量可以表示为二进制数 1101。利用这一原理可构成逐次逼近型 A/D 转换器。

1. 电路结构

转换方法:根据设定的转换位数,从大到小依次给出各数位的权值数字量(如 4 位 AD,权值数字量分别为 1000,0100,0010,0001),进行 DA 转换,分别得到不同的 V_o,使 V_o 与 V_i 进行比较,比较结果决定各数值位的取舍,直至 V_o 最逼近 V_i 为止,从而得到最终的转换结果。电路如图 12.2.3 所示。

设 $V_i = 13.5$ V,量化单位 $\Delta = 1$ V。

在移位寄存器中,$G = 1$ 时置数,令 $EDCBA = 11110$。当有 CP 脉冲时,数据左移,左移数据 $D_L = 1$。

输出寄存器 $F_0 \sim F_4$ 由边沿 D 触发器组成,触发方式采用上升沿触发。D 为比较结果,在比较中,当 $V_i > V_o'$ 时,$D = 1$。此寄存器使用了异步清零和异步置 1。此外电路还有其他一些部分,如 DAC 电路、比较器 C、控制电路(G_1、G_2、F_5)等。

2. 工作原理

开始时,DAC 的 $B_4B_3B_2B_1$ 为零。当 $G_1 = 0$ 时,$\overline{R_d} = 0$,电路清零,采用异步清零方式,这时 $Q_3Q_2Q_1Q_0 = 0000$。

当移位寄存器的 $G_1 = 1$ 时,移存置数,这时 $Q_E \sim Q_A = 11110$,因为 $Q_A = 0$,故触发器 F_4 的 $\overline{S_d} = 0$,使输出寄存器 F_4 的输出端置 1,故 $Q_4 = 1$。

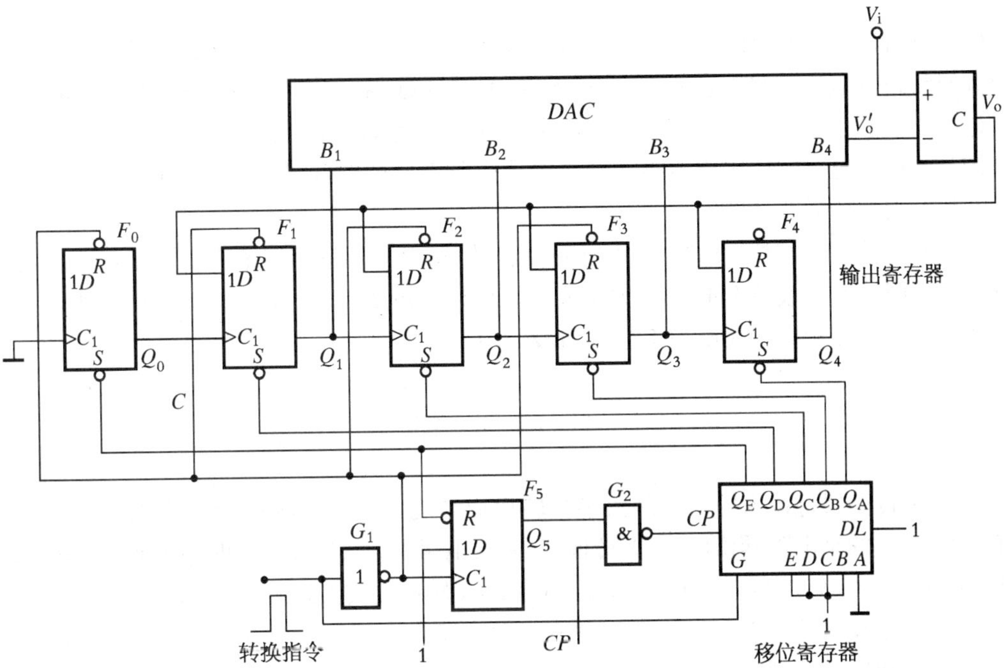

图 12.2.3　逐次逼近型 A/D 转换器原理图

数字量 $B_4B_3B_2B_1=1000$，经 DAC 得 $V_{o'}=8$ V，因为 $V_{o'}<V_i$，故 $V_o=1$。

G_1 门的输出为 1，并且触发器 F_5 的脉冲在上升沿的时候，触发器 F_5 的输出等于输入 D，这时 $Q_5=1$，则门 G_2 开启，CP 脉冲可以进入移位寄存器。当移位寄存器的 $G=0$ 时，置数结束，然后为移位做好准备。

当移位寄存器左移 1 位时，$Q_E \sim Q_A=11101$，这时 $Q_B=0$，使触发器 F_3 的$\overline{S_d}=0$，其输出置 1，也就是 $Q_3=1$。这时 Q_3 有一个上升沿，即触发器 F_4 有一个有效的触发脉冲，刚才比较的结果 $V_o=1$ 输入到触发器 F_4 的输入端，使触发器 F_4 的结果 Q_4 保持 1。所以这时数字量 $B_4B_3B_2B_1=1100$，经 DAC 得 $V_{o'}=12$ V，$V_{o'}<V_i$，故 $V_o=1$。

再左移 1 位，这时 $Q_E \sim Q_A=11011$，故 $Q_C=0$，则触发器 F_2 的$\overline{S_d}=0$，故 $Q_2=1$。同理 Q_2 有一个上升沿，即触发器 F_3 有一个有效的脉冲，刚才比较的结果 $V_o=1$ 可以输入到触发器 F_3 的输入端，使触发器 F_3 的结果 Q_3 保持 1。这时数字量 $B_4B_3B_2B_1=1110$，经 DAC 得 $V_{o'}=14$ V，$V_{o'}>V_i$，故 $V_o=0$。

再左移 1 位，这时 $Q_E \sim Q_A=10111$，故 $Q_D=0$，则触发器 F_1 的 $\overline{S}_d=0$，所以 $Q_1=1$。同理使触发器 F_2 有一个有效的上升沿，刚才的比较结果 $V_o=0$ 可以输入触发器 F_3，使 $Q_2=0$，数字量 $B_4B_3B_2B_1=1101$，经 DAC 得 $V_{o'}=13$ V，$V_{o'}<V_i$，故 $V_o=1$。

再左移 1 位，这时 $Q_E \sim Q_A=01111$，则 $Q_E=0$。触发器 F_0 的$\overline{S_d}=0$，则 $Q_0=1$，使触发器 F_1 有一个有效的脉冲上升沿，刚才的比较结果 $V_o=1$ 使 $Q_1=1$。当触发器 F_5 的$\overline{S_d}=0$ 时，$Q_5=0$，这时 G_2 封锁，CP 不能进入移位寄存，则转换结束。故 AD 转换结果为

$$Q_4Q_3Q_2Q_1=1101$$

逐次逼近型 ADC 的特点为：速度较高；精度较高；转换时间固定（如 4 位 ADC 需 4 个 CP 脉冲）；一般输出带有缓冲器，便于与微机接口，应用较广泛。

3. 主要技术指标

(1) 分辨率:理论精度用 A/D 转换位数表示。指 A/D 转换器输出数字量的最低位变化一个数码时,对应输入模拟量的变化量。显然 A/D 转换器的位数越多,分辨最小模拟电压的值就越小。一般来说,一个 n 位的 A/D 转换器,其分辨率也可以说是 n 位。

(2) 转换速度:指 A/D 转换器完成一次转换所需要的时间,即从转换开始到输出端出现稳定的数字信号所需要的时间。

(3) 相对精度:相对精度是指 A/D 转换器实际输出数字量和理论输出数字量之间的最大差值。通常用最低有效位 LSB 的倍数来表示。如相对精度不大于(1/2)LSB,就说明输出数字量与理论输出数字量的最大误差不超过(1/2)LSB。

本 章 小 结

1. D/A 转换器将输入的二进制数字量转换成与之成正比的模拟量。实现数模转换的方式有很多,常用的是电阻网络的 D/A 转换器,有权电阻网络、R—$2R$ T 型电阻网络和 R—$2R$ 倒 T 型电阻网络 D/A 转换器,其中 T 型电阻网络 D/A 转换器转换速度快、性能好,适合于集成工艺,因而使用比较广泛。D/A 转换器的分辨率和转换精度都与 D/A 转换器的位数有关,位数越多,分辨率和转换精度就越高。

2. A/D 转换器将输入的模拟电压转换成与之成正比的二进制数字量。A/D 转换器分直接转换和间接转换两种类型。直接转换型的转换速度快,间接转换型的转换速度慢。逐次逼近型 A/D 转换器属于直接转换型,但要经过多次反馈比较,所以速度稍慢,但要比间接转换的速度快。

3. A/D 转换器要经过采样、保持、量化和编码四个步骤。采用—保持电路对输入模拟信号抽取样值并展宽。量化是对样值脉冲进行分级。编码是将分级后的信号转换成二进制代码。在对模拟信号采样时,必须满足采样定理。

4. 无论是 A/D 转换器还是 D/A 转换器,其基准电压都是一个很重要的应用参数。要理解基准电压的作用,尤其是在 A/D 转换器中,它的值对量化误差、分辨率都有影响。

习 题

12.1 试述 R—$2R$ 倒 T 型电阻网络实现 D/A 转换器的原理。

12.2 试述逐次逼近型 A/D 转换器的工作原理。

12.3 一个 8 位的 R—$2R$ 倒 T 型电阻网络 D/A 转换器,如果 $R_F = 3\,R$,$V_{REF} = 6\,V$,试求输入数字量分别为 00000001、10000000 和 01111111 时的输出电压值。

12.4 根据逐次逼近型 A/D 转换器的工作原理,一个 8 位的 A/D 转换器,它完成一次转换需要几个时钟脉冲?如果时钟脉冲的频率为 1 MHz,则完成一次转换需要多长时间?

参 考 书 目

1. 杨志忠. 数字电子技术(第二版). 北京:高等教育出版社, 2003.
2. 胡宴如. 模拟电子技术. 北京:高等教育出版社, 2000.
3. 王宗江. 数字电子技术. 南京:南京大学出版社, 2007.
4. 付植桐. 电子技术. 北京:高等教育出版社, 2000.
5. 江路明. 模拟电子技术基础. 北京:中国传媒大学出版社, 2008.
6. 刘吉来. 模拟电子技术. 北京:机械工业出版社, 2007.
7. 杨文霞. 数字逻辑电路. 北京:科学出版社, 2007.
8. 陈洪明. 电子技术基础·模拟部分. 习题全解(第四版). 北京:中国建材工业出版社, 2004.
9. 唐　竞. 数字电子技术基础解题指南. 北京:清华大学出版社, 1993.
10. 龙忠琪. 数字集成电路教程(第二版). 北京:科学出版社, 2007.
11. 朱晓红. 模拟电子电路. 北京:机械工业出版社, 2007.
12. 吕　强. 电子技术基础. 北京:机械工业出版社, 2007.
13. 唐泽滢. 数字逻辑电路基础. 西安:西安交通大学出版社, 1994.
14. 周政新. 电子设计自动化实践与训练. 北京:中国民航出版社, 1998.
15. 李德润. 张如森. 电子技术基础(第二版). 北京:高等教育出版社, 2001.
16. 卞小梅. 电子技术基础. 北京:电子工业出版社, 2001.
17. 谢红梅. 模拟电子技术基础. 哈尔滨:哈尔滨工程大学出版社, 2007.

图书在版编目(CIP)数据

电子技术基础/司淑梅主编. —上海:复旦大学出版社,2009.2(2020.1 重印)
ISBN 978-7-309-06484-1

Ⅰ. 电…　Ⅱ. 司…　Ⅲ. 电子技术-高等学校:技术学校-教材　Ⅳ. TN

中国版本图书馆 CIP 数据核字(2009)第 017421 号

电子技术基础
司淑梅　主编
责任编辑/梁　玲

复旦大学出版社有限公司出版发行
上海市国权路 579 号　邮编:200433
网址:fupnet@fudanpress.com　http://www.fudanpress.com
门市零售:86-21-65642857　团体订购:86-21-65118853
外埠邮购:86-21-65109143
上海春秋印刷厂

开本 787×1092　1/16　印张 17.5　字数 448 千
2020 年 1 月第 1 版第 6 次印刷
印数 6 901—8 000

ISBN 978-7-309-06484-1/T · 334
定价: 29.00 元